GUTI FEIWU
GUANKONG YU JIANBIE

固体废物
管控与鉴别

郑建国　李政军　主编

化学工业出版社
·北京·

本书根据国家监管、企业应用和检验机构检测的需求，对固体废物的管理、法律法规、技术标准规范及固体废物鉴别技术进行了全面介绍，并在阐述相关法规和检测技术基础之上，介绍了近期进口固体废物属性鉴别案例。

　　本书可供从事固体废物管理、口岸监管，固体废物贸易、加工、使用、经营、仓储运输以及废物检验、科研人员阅读参考。

图书在版编目（CIP）数据

固体废物管控与鉴别/郑建国，李政军主编. —北京：
化学工业出版社，2019.12
　ISBN 978-7-122-35374-0

Ⅰ.①固…　Ⅱ.①郑…②李…　Ⅲ.①固体废物管理
②固体废物-鉴别　Ⅳ.①X32②X705

中国版本图书馆 CIP 数据核字（2019）第 227119 号

责任编辑：成荣霞　　　　　　　　　　　文字编辑：孙凤英
责任校对：李雨晴　　　　　　　　　　　装帧设计：王晓宇

出版发行：化学工业出版社（北京市东城区青年湖南街 13 号　邮政编码 100011）
印　　装：北京新华印刷有限公司
787mm×1092mm　1/16　印张 19½　字数 480 千字　2020 年 3 月北京第 1 版第 1 次印刷

购书咨询：010-64518888　　　　　　　　售后服务：010-64518899
网　　址：http://www.cip.com.cn
凡购买本书，如有缺损质量问题，本社销售中心负责调换。

定　　价：198.00 元

《固体废物管控与鉴别》
编委会

前言
Preface

从 20 世纪 90 年代初开始，国内经济快速发展，工业生产对原材料的需求不断增加，而国内自有自然资源有限，为弥补这一不足，中国开始从国外进口可用作原料的固体废物，且进口的数量逐年递增。 2017 年中国接收全球约一半的固体废物，约 4370 万吨，总值达 260 亿美元，中国已经成为世界上的固体废物回收大国。由于进口固体废物有其自身的特点，易夹带各种有毒有害废物，加上一些不法进口商将国外垃圾和有毒有害的固体废物转运至国内牟取非法利益，我国进口洋垃圾问题屡禁不止，不仅给当地的生态环境、居民健康带来巨大危害，也严重破坏了国家进出口法律秩序。

我们"既要绿水青山，也要金山银山。宁要绿水青山，不要金山银山，而且绿水青山就是金山银山"。党的十九大以来，党中央坚持把生态文明建设摆上了更加重要的战略位置，做出了一系列重大决策部署。 2017 年 7 月，国务院办公厅印发的《禁止洋垃圾入境推进固体废物进口管理制度改革实施方案》规定： 2017 年年底前，我国将全面禁止进口环境危害大、群众反映强烈的固体废物； 2019 年年底前，逐步停止进口国内资源可以替代的固体废物。

把洋垃圾拒之于国门之外是中国海关义不容辞的责任和使命。 2018 年中国海关开展"蓝天"行动，坚决贯彻落实党中央、国务院的重要指示精神，坚定不移地抓好禁止洋垃圾入境这一生态文明建设的标志性举措，贯彻落实《禁止洋垃圾入境推进固体废物进口管理制度改革实施方案》，重点打击以伪报瞒报品名、夹藏等方式，以及通过海上、陆路边境非设关地偷运走私洋垃圾违法活动，切实履行国门卫士职责，全力保障国家生态环境安全和人民群众身体健康。

随着出入境检验检疫管理职责和队伍划入海关总署，海关的职责更宽广，执行更有力。中国海关进一步强化洋垃圾非法入境管控，打击走私国家禁止进口的废物；同时加强固体废物属性鉴别实验室能力建设，建立健全堵住洋垃圾入境长效机制，加大与公安、生态环境和市场监管等相关执法部门的联动配合，持续严厉打击洋垃圾走私，为维护国家生态安全和人民群众身体健康保驾护航。

我国依据《控制危险废物越境转移及其处置巴塞尔公约》《刑法》和《固体废物污染环境防治法》等国际公约和法律，制定《国家危险废物名录》《固体废物进口管理办法》和《进口可用作原料的固体废物检验检疫监督管理办法》等规章，同时制定了《进口可用作原料的固体废物环境保护控制标准》等国家和行业标准，为管理部门监管、检验和判定提供技术支撑，控制固体废物造成的环境污染。固体废物种类繁多、性质复杂，准确鉴别固体废物属性是确定固体废物和非固体废物管理界限的方法和手段，是各部门实施环境管理的重要依据。由于固体废物鉴别存在缺乏明确的区分界限、定义混淆或歧义和缺乏明确的判断规则等问题，并且随着固体废物管理工作的深入开展，需要鉴别的固体废物种类越来越多，技术难度也越来越大，因此固体废物属性鉴定需要科学系统地结合法律法规、技术标准和累积的经验，建立判定原则、程序和方法，为固体废物管理提供技术依据。

中国海关下属的技术机构承担进出口固体废物属性鉴别工作，开展固体废物政策研究和标准规范制定工作，是口岸一线固体废物管控的重要技术支撑力量。《固体废物管控与鉴别》结合固体废物管理的要求，总结了固体废物的相关知识、法律法规、检测方法，并选取涉及大宗资源性固体废物、有色金属类废料和化工类废料等案例。全书共分为 5 章，第 1 章为固体废物的管理，介绍固体废物的概念和范围、固体废物管控的法律法规；第 2 章介绍固体废物管理技术标准规范；第 3 章介绍固体废物鉴别方法和规范；第 4 章介绍固体废物鉴别技术；第 5 章介绍固体废物鉴别案例。此外，书后还有附录，供各位读者参考。

在本书编写过程中，编者查阅和参阅了大量的文献资料，限于编者水平，书中难免有疏漏之处，诚请读者和同行批评指正。

编者
2020 年 1 月于广州

目录
Contents

第 1 章

固体废物的管理

1.1　固体废物的定义

在《固体废物鉴别标准　通则》（GB 34330—2017）中，固体废物是指在生产、生活和其他活动中产生的丧失原有利用价值或者虽未丧失利用价值但被抛弃或者放弃的固态、半固态和置于容器中的气态的物品、物质以及法律、行政法规规定纳入固体废物管理的物品、物质。

1.2　固体废物范围

《固体废物鉴别标准　通则》（GB 34330—2017）明确列出了下列情况的物质、物品或材料（但不限于）是固体废物。

1.2.1　依据产生来源的固体废物鉴别

下列物质属于固体废物（章节 1.2.3 包括的物质除外）。

（1）丧失原有使用价值的物质，包括以下种类：

① 在生产过程中产生的因为不符合国家、地方制定或行业通行的产品标准（规范），或者因为质量原因，而不能在市场出售、流通或者不能按照原用途使用的物质，如不合格品、残次品、废品等。但符合国家、地方制定或行业通行的产品标准中等外品级的物质以及在生产企业内进行返工（返修）的物质除外。

② 因为超过质量保证期，而不能在市场出售、流通或者不能按照原用途使用的物质。

③ 因为沾染、掺入、混杂无用或有害物质使其质量无法满足使用要求，而不能在市场出售、流通或者不能按照原用途使用的物质。

④ 在消费或使用过程中产生的，因为使用寿命到期而不能继续按照原用途使用的物质。

⑤ 执法机关查处没收的需报废、销毁等无害化处理的物质，包括（但不限于）假冒伪劣产品、侵犯知识产权产品、毒品等禁用品。

⑥ 以处置废物为目的生产的，不存在市场需求或不能在市场上出售、流通的物质。

⑦ 因为自然灾害、不可抗力因素和人为灾难因素造成损坏而无法继续按照原用途使用的物质。

⑧ 因丧失原有功能而无法继续使用的物质。

⑨ 由于其他原因而不能在市场出售、流通或者不能按照原用途使用的物质。

（2）生产过程中产生的副产物，包括以下种类：

① 产品加工和制造过程中产生的下脚料、边角料、残余物质等。

② 在物质提取、提纯、电解、电积、净化、改性、表面处理以及其他处理过程中产生的残余物质，包括（但不限于）以下物质：

a. 在黑色金属冶炼或加工过程中产生的高炉渣、钢渣、轧钢氧化皮、铁合金渣、锰渣；

b. 在有色金属冶炼或加工过程中产生的铜渣、铅渣、锡渣、锌渣、铝灰（渣）等火法冶炼渣，以及赤泥、电解阳极泥、电解铝阳极炭块残极、电积槽渣、酸（碱）浸出渣、净化渣等湿法冶炼渣；

c. 在金属表面处理过程中产生的电镀槽渣、打磨粉尘。

③ 在物质合成、裂解、分馏、蒸馏、溶解、沉淀以及其他过程中产生的残余物质，包括（但不限于）以下物质：

a. 在石油炼制过程中产生的废酸液、废碱液、白土渣、油页岩渣；

b. 在有机化工生产过程中产生的酸渣、废母液、蒸馏釜底残渣、电石渣；

c. 在无机化工生产过程中产生的磷石膏、氨碱白泥、铬渣、硫铁矿渣、盐泥。

④ 金属矿、非金属矿和煤炭开采、选矿过程中产生的废石、尾矿、煤矸石等。

⑤ 石油、天然气、地热开采过程中产生的钻井泥浆、废压裂液、油泥或油泥砂、油脚和油田溅溢物等。

⑥ 火力发电厂锅炉、其他工业和民用锅炉、工业窑炉等热能或燃烧设施中，燃料燃烧产生的燃煤炉渣等残余物质。

⑦ 在设施设备维护和检修过程中，从炉窑、反应釜、反应槽、管道、容器以及其他设施设备中清理出的残余物质和损毁物质。

⑧ 在物质破碎、粉碎、筛分、碾磨、切割、包装等加工处理过程中产生的不能直接作为产品或原材料或作为现场返料的回收粉尘、粉末。

⑨ 在建筑、工程等施工和作业过程中产生的报废料、残余物质等建筑废物。

⑩ 畜禽和水产养殖过程中产生的动物粪便、病害动物尸体等。

⑪ 农业生产过程中产生的作物秸秆、植物枝叶等农业废物。

⑫ 教学、科研、生产、医疗等实验过程中，产生的动物尸体等实验室废弃物质。

⑬ 其他生产过程中产生的副产物。

（3）环境治理和污染控制过程中产生的物质，包括以下种类：

① 烟气和废气净化、除尘处理过程中收集的烟尘、粉尘，包括粉煤灰。

② 烟气脱硫产生的脱硫石膏和烟气脱硝产生的废脱硝催化剂。

③ 煤气净化产生的煤焦油。

④ 烟气净化过程中产生的副产硫酸或盐酸。

⑤ 水净化和废水处理产生的污泥及其他废弃物质。

⑥ 废水或废液（包括固体废物填埋场产生的渗滤液）处理产生的浓缩液。

⑦ 化粪池污泥、厕所粪便。

⑧ 固体废物焚烧炉产生的飞灰、底渣等灰渣。

⑨ 堆肥生产过程中产生的残余物质。

⑩ 绿化和园林管理中清理产生的植物枝叶。

⑪ 河道、沟渠、湖泊、航道、浴场等水体环境中清理出的漂浮物和疏浚污泥。

⑫ 烟气、臭气和废水净化过程中产生的废活性炭、过滤器滤膜等过滤介质。

⑬ 在污染地块修复、处理过程中，采用下列任何一种方式处置或利用的污染土壤。

a. 填埋；

b. 焚烧；

c. 水泥窑协同处置；

d. 生产砖、瓦、筑路材料等其他建筑材料。

⑭ 在其他环境治理和污染修复过程中产生的各类物质。

（4）其他

① 法律禁止使用的物质;

② 国务院环境保护行政主管部门认定为固体废物的物质。

1.2.2 利用和处置过程中的固体废物鉴别

(1) 在任何条件下,固体废物按照以下任何一种方式利用或处置时,仍然作为固体废物管理 [但包含在 1.2.3 (2) 条中的除外]:

① 以土壤改良、地块改造、地块修复和其他土地利用方式直接施用于土地或生产施用于土地的物质(包括堆肥),以及生产筑路材料;

② 焚烧处置(包括获取热能的焚烧和垃圾衍生燃料的焚烧),或用于生产燃料,或包含于燃料中;

③ 填埋处置;

④ 倾倒、堆置;

⑤ 国务院环境保护行政主管部门认定的其他处置方式。

(2) 利用固体废物生产的产物同时满足下述条件的,不作为固体废物管理,按照相应的产品管理 [按照 1.2.2 (1) 条进行利用或处置的除外]:

① 符合国家、地方制定或行业通行的被替代原料生产的产品质量标准。

② 符合相关国家污染物排放(控制)标准或技术规范要求,包括该产物生产过程中排放到环境中的有害物质限值和该产物中有害物质的含量限值。

当没有国家污染控制标准或技术规范时,该产物中所含有害成分含量不高于利用被替代原料生产的产品中的有害成分含量,并且在该产物生产过程中,排放到环境中的有害物质浓度不高于利用所替代原料生产产品过程中排放到环境中的有害物质浓度,当没有被替代原料时,不考虑该条件。

③ 有稳定、合理的市场需求。

1.2.3 不作为固体废物管理的物质

(1) 以下物质不作为固体废物管理:

① 任何不需要修复和加工即可用于其原始用途的物质,或者在产生点经过修复和加工后满足国家、地方制定或行业通行的产品质量标准并且用于其原始用途的物质;

② 不经过贮存或堆积过程,而在现场直接返回到原生产过程或返回其产生过程的物质;

③ 修复后作为土壤用途使用的污染土壤;

④ 供实验室化验分析用或科学研究用固体废物样品。

(2) 按照以下方式进行处置后的物质,不作为固体废物管理:

① 金属矿、非金属矿和煤炭采选过程中直接留在或返回到采空区的符合 GB 18599—2001 中第 I 类一般工业固体废物要求的采矿废石、尾矿和煤矸石。但是带入除采矿废石、尾矿和煤矸石以外的其他污染物质的除外。

② 工程施工中产生的按照法规要求或国家标准要求就地处置的物质。

(3) 国务院环境保护行政主管部门认定不作为固体废物管理的物质。

1.2.4 不作为液态废物管理的物质

(1) 满足相关法规和排放标准要求可排入环境水体或者市政污水管网和处理设施的废

水、污水。

（2）经过物理处理、化学处理、物理化学处理和生物处理等废水处理工艺处理后，可以满足向环境水体或市政污水管网和处理设施排放的相关法规和排放标准要求的废水、污水。

（3）废酸、废碱中和处理后产生的满足第 1.2.4（1）或 1.2.4（2）要求的废水。

1.3　危险废物的定义

危险废物是指列入《国家危险废物名录》或者根据国家规定的方法认定的具有危险特性的固体废物。《国家危险废物名录》对于列入名录的危险废物有一个明确的定义：具有腐蚀性、毒性、易燃性、反应性或者感染性等一种或者几种危险特性的，可能对人体健康或者生态环境造成直接危害，或者在不适当的运输、贮存、处理和处置过程中对人体健康或者生态环境造成间接危害的固体废物，属于危险废物。危险废物包括固态（如残渣）、半固态（如油状物质）、液态及具有外包装的气态物质等。危险废物的概念具有法律上和科学上双重性的特点。首先，由于它的危害本质必须满足法律上的要求，法律上的要求应易于理解和明白，体现废物对人类和环境具有危害性的本质特点。但是仅仅有法律上的定义，不能完全表达出危害性所包含的具体内容和程度，还必须要体现对危险废物界定的科学准确性，即体现在具体的废物名录和界定标准的基础上。科学上准确界定危险废物，可以通过具体种类的废物详细列表、建立实验方法和鉴别标准、建立排除方法等形式的结合，形成一个完整的科学判别体系。危险废物鉴别体系与列表是世界各国各地区，尤其是发达国家认定固体废物为危险废物的必要方法。

1.4　危险废物的范围

2016 年 3 月 30 日环境保护部（现生态环境部，余同）公布《国家危险废物名录》，自 2016 年 8 月 1 日起施行。根据《中华人民共和国固体废物污染环境防治法》的有关规定，制定本名录。具有下列情形之一的固体废物（包括液态废物），列入本名录：

（1）具有腐蚀性、毒性、易燃性、反应性或者感染性等一种或者几种危险特性的。

（2）不排除具有危险特性，可能对环境或者人体健康造成有害影响，需要按照危险废物进行管理的。

（3）医疗废物属于危险废物。医疗废物分类按照《医疗废物分类目录》执行。

（4）列入《危险化学品目录》的化学品废弃后属于危险废物。

（5）列入本名录附录《危险废物豁免管理清单》中的危险废物，在所列的豁免环节，且满足相应的豁免条件时，可以按照豁免内容的规定实行豁免管理。

（6）危险废物与其他固体废物的混合物，以及危险废物处理后的废物的属性判定，按照国家规定的危险废物鉴别标准执行。

（7）对不明确是否具有危险特性的固体废物，应当按照国家规定的危险废物鉴别标准和鉴别方法予以认定。经鉴别具有危险特性的，属于危险废物，应当根据其主要有害成分和危险特性确定所属废物类别，并按代码"900-000-××"（××为危险废物类别代码）进行归类管理。经鉴别不具有危险特性的，不属于危险废物。

1.5　固体废物管理

1.5.1　固体废物管理的法律法规体系

1.5.1.1　国内立法

（1）宪法　《宪法》第二十六条将环境保护作为国家的一项基本职责，纳入根本法，足以表明国家对环境问题的重视。

宪法中关于生态环境保护的条款，是制定各种环境法律法规及规章制度的依据，也是整个生态环境立法体系的基础。对固体废物进口实施监管，防止有害废物转移境内污染生态环境，是由国家宪法作为法律支撑的。

（2）法律法规及规章　2014 年新修订的《中华人民共和国环境保护法》第四十六条新增加了"禁止引进不符合我国环境保护规定的材料和产品"的内容，材料、产品当然包括引进不能用作原料的固体废物和危险废物。这表明，随着改革开放的不断深入，大量固体废物进口到国内，其中违法进口的不符合环境保护标准的固体废物也随之而来，引起立法部门的高度重视。因此，完善了该条款，作为固体废物进口监管的基本法律依据。

2013 年修订的《中华人民共和国固体废物污染环境防治法》（以下简称《固废法》）是固体废物进口监管的主要法律依据，《固废法》对固体废物进口监管进行了系统的规定，确立了在监督管理过程中应当遵守的一系列原则和制度，将固体废物的进口监管纳入严格的法律控制框架，这对固体废物进口中防止有毒有害固体废物入境具有重要的意义。

为此，相关部门在《固废法》的基础上先后颁布一系列规范性文件来完善固体废物进口监管体系，包括《自动许可进口类可用作原料的固体废物目录》《限制进口类可用作原料的固体废物目录》《禁止进口固体废物目录》《国家危险废物名录》以及《固体废物鉴别导则（试行）》等。2011 年，环保、质检、海关等五部门联合公布了《固体废物进口管理办法》（以下简称《办法》）及《进口可用作原料的固体废物环境保护管理规定》（以下简称《规定》）等配套政策措施。《办法》和《规定》等配套措施制度是在《固废法》的基础上对我国固体废物进口监督管理二十多年来经实践证明行之有效的许多制度和措施优化整合的结果，在今后一段时期，我国固体废物进口活动必须要遵守这样的规定。另外，为了加大对固体废物进口监管，打击固体废物非法进口行为，《刑法》第六章第三百三十八条和第三百三十九条中规定了污染环境罪、非法处置进口的固体废物罪、擅自进口固体废物罪、走私固体废物罪以及走私普通货物物品罪，通过刑事手段来严厉打击这一类犯罪，以防止违法违规进口固体废物。

随着社会经济的不断发展、公众环保意识的不断增强、依法治国不断推进等，我国固体废物进口监管制度会逐步完善并走向成熟。

经过 30 多年的发展，中国固体废物进口管理相关的法律法规不断健全和完善，目前基本形成以 1 部公约（《控制危险废物越境转移及其处置巴塞尔公约》，简称《巴塞尔公约》）、两部法律［《刑法》《中华人民共和国固体废物污染环境防治法》（2016 年修订）］的相关条款为根本，以两部部门规章 {《固体废物进口管理办法》（环境保护部令第 12号）和《进口可用作原料的固体废物检验检疫监督管理办法》［国家质检总局（现国家市场监督管理总局，余同）令 2017 年第 194 号］}、多项部门规定［《进口废钢铁环境保护管理规定》（环境保护部公告 2009 年第 66 号）、《限制进口类可用作原料的固体废物环境保护管理规定》（环境保护部公告 2017 年第 6 号）等专项规定]、11 个《进口可用作原料的固体废物环境保护控制标准》（GB 16487.2—2017～GB 16487.4—2017、GB 16487.6—2017～GB 16487.13—2017)，以及国务院和有关部门的数十份规范性文件为主体的进口可用作原料的固体废物管理的法律法规体系。

从进口固体废物的法律渊源来看，我国进口固体废物涉及许多法律法规，其中主要有《中华人民共和国对外贸易法》《中华人民共和国固体废物污染环境防治法》《中华人民共和国放射性污染防治法》《中华人民共和国水污染防治法》《中华人民共和国海关法》以及《中华人民共和国进出口商品检验法》《中华人民共和国刑法》等。国务院和部委也出台了许多关于进口固体废物的行政法规和部门规章，比如国务院出台了《海关行政处罚实施条例》《中华人民共和国进出口商品检验法实施条例》《中华人民共和国货物进出口管理条例》等行政法规，国务院的部委先后出台了《固体废物进口管理办法》《进口可用作原料的固体废物环境保护管理规定》《进口可用作原料的固体废物检验检疫监督管理办法》《进口固体废物管理办法》等部门规章。另外，一些国际公约也是我国进口固体废物的法律渊源，比如《控制危险废物越境转移及其处置巴塞尔公约》。同时，广东、河南等地也相继出台了地方性法规和地方性政府规章，明确本地区工业固体废物进口的相关程序、责任主体等问题。

1.5.1.2 固体废物的主要规范性文件

我国进口固体废物始于 20 世纪的 80 年代，由于立法和实践经验上的不足，在进口了固体废物以后，一些地区出现了比较严重的污染事件。20 世纪 80 年代以来，我国出台过一系列规范性文件，比如前国家环保总局出台了《关于严格控制境外有害废物转移到我国的通知》《关于严格控制从欧共体进口废物的暂行规定》等规范性文件。但是，由于一些发达国家利用发展中国家法律和监管上的不足，跨境转移有害和危险废物，在多次的洋垃圾污染事件以后，我国更加重视进口固体废物的立法和监管工作，出台了许多规范性文件和标准，比如《禁止进口固体废物目录》《限制进口类可用作原料的固体废物目录》《自动许可进口类可用作原料的固体废物目录》《关于坚决控制境外废物向我国转移的紧急通知》《进口可用作原料的固体废物环境保护控制标准（试行）》等。这些法律法规、规范性文件对于杜绝洋垃圾进入我国境内起到了比较好的作用。但如果能够从进口固体废物的进口范围、进口流程上做出具体的法律规定，势必能进一步控制好危险废物的入境，对公众的生命安全、环境污染和能源不足都能够产生比较良好的影响。

1.5.2 《巴塞尔公约》

1989 年世界环境保护大会一致通过的《控制危险废物越境转移及其处置巴塞尔公约》，该公约是国际上控制危险废物越境转移的基础性法律文件，对各缔约国在进出口危险废物方面的国际义务和法律责任都做出了明确规定，同时也对危险废物的种类范围做出了规定。1990 年 3 月我国签署了该公约，于 1991 年 9 月第七届全国人大常委会批准，至此《巴塞尔公约》正式成为我国的法律渊源，除保留声明外，应当遵守。

1.5.3 《中华人民共和国固体废物污染环境防治法》（2016 年 11 月 7 日修正版)

制定固体废物污染环境防治法的立法目的包括三个方面：一是防治固体废物污染环境，

二是保障人体健康，三是促进社会主义现代化建设的发展。其中《中华人民共和国固体废物污染环境防治法》第二十五条规定，禁止进口不能用作原料或者不能以无害化方式利用的固体废物；对可以用作原料的固体废物实行限制进口和非限制进口分类管理。国务院环境保护行政主管部门会同国务院对外贸易主管部门、国务院经济综合宏观调控部门、海关总署、国务院质量监督检验检疫部门制定、调整并公布禁止进口、限制进口和非限制进口的固体废物目录。禁止进口列入禁止进口目录的固体废物、进口列入限制进口目录的固体废物，应当经国务院环境保护行政主管部门会同国务院对外贸易主管部门审查许可。进口的固体废物必须符合国家环境保护标准，并经质量监督检验检疫部门检验合格。进口固体废物的具体管理办法，由国务院环境保护行政主管部门会同国务院对外贸易主管部门、国务院经济综合宏观调控部门、海关总署、国务院质量监督检验检疫部门制定。2018 年《中华人民共和国固体废物污染环境防治法》进一步修订，待发布。

1.5.4　《固体废物进口管理办法》

为了规范固体废物进口环境管理，防止进口固体废物污染环境，环境保护部、商务部、国家发展和改革委员会、海关总署和国家质量监督检验检疫总局 2011 年发布《固体废物进口管理办法》，2011 年 8 月起实施。

1.5.5　《商品名称及编码协调制度》

《商品名称及编码协调制度》简称 "协调制"，又称 "HS"（The Harmonized Commodity Description and Coding System 的简称），是指在原海关合作理事会商品分类目录和国际贸易标准分类目录的基础上，协调国际上多种商品分类目录而制定的一部多用途的国际贸易商品分类目录。是 1983 年 6 月海关合作理事会（现名世界海关组织）主持制定的一部供海关、统计、进出口管理及与国际贸易有关各方共同使用的商品分类编码体系。HS 编码 "协调" 涵盖了《海关合作理事会税则商品分类目录》（CCCN）和联合国的《国际贸易标准分类》（SITC）两大分类编码体系，是系统的、多用途的国际贸易商品分类体系。它除了用于海关税则和贸易统计外，在运输商品的计费、统计、计算机数据传递、国际贸易单证简化以及普遍优惠制税号的利用等方面，都提供了一套可使用的国际贸易商品分类体系。HS 于 1988 年 1 月 1 日正式实施，每 4 年修订1 次，世界上已有 200 多个国家、地区使用 HS，全球贸易总量 90％以上的货物都是以HS 分类的。

HS 编码是全球货物贸易中重要的编码制度。全世界货物贸易中 90％的产品均与 HS 编码对接。HS 编码的引入使得在贸易全球化的今天，多数货物能够在海关顺利与编码对接，极大地方便了货物的进口流程。同样地，固体废物的进口也与 HS 编码对接，我国政府从1992 年 1 月 1 日起正式采用 HS 编码制度。

随着进口固体废物目录和进口固体废物标准的演变，我国进口固体废物的 HS 编码也处在不断完善的过程中。但是我国的进口固体废物和 HS 编码并没有完全对接，一方面，法律具有滞后性，固体废物的种类纳入 HS 编码需要在研究和实践后才能进行，这可能使我国进口固体废物的 HS 编码在短期内不能实现国际衔接。另一方面，我国的一些固体废物，如废钢、废铜、废铝、废纸等，绝大多数都属于自由贸易的商品。这就导致了我国 HS 编码中的固体废物不能与世界上其他国家 HS 编码中的普通商品进行衔接。法律的制定存在滞后性，HS编码和国内法很难做到完全的结合，另外，我国的固体废物目录也是处在不断的调整过程中，这就决定了HS编码和固体废物进口目录不能在同一时间实现协调。在进口固体废物的过程中，如果出口商按照中国的HS编码出口固体废物，出口时的HS编码显示的很可能是普通货物，但是作为普通货物，出口的固体废物又要符合我国的固体废物标准，这就使固体废物的进口比其他普通货物复杂。HS编码是全球性的商用进出口编码，我国不可能对HS编码做单独的修改，但今后在制定固体废物进口目录的过程中，可以尽量使进口固体废物的种类与相应的HS编码结合，这样做可以增强进口固体废物工作的可操作性，减少进出口商在进出口中出现差错的概率，提高进口固体废物的工作效率。但HS编码的制定旨在强化进口固体废物的贸易往来和工作效率，在必要时，可以加强对限制进口原料的管制。

1.5.5.1 骨废料

骨废料的固体废物种类具体见表1-1和图1-1。

表1-1 骨废料海关商品编号一览表

海关商品编号	固体废物名称
0506901110	含牛羊成分的骨废料
0506901910	其他骨废料

图1-1 骨废料示例

1.5.5.2 冶炼渣

冶炼渣指冶金工业生产过程中产生的各种固体废弃物，固体废物种类具体见表1-2和图1-2。

表1-2 冶炼渣海关商品编号一览表

海关商品编号	固体废物名称
2618001001	主要含锰的冶炼钢铁产生的粒状熔渣，含锰量大于25%（包括熔渣砂）
2619000010	轧钢产生的氧化皮
2619000030	含铁量大于80%的冶炼钢铁产生的渣钢铁

轧钢产生氧化铁皮

含锰大于26%的冶炼钢铁产生的粒状熔渣

图 1-2　冶炼渣示例

1.5.5.3　木、木制品废料

木、木制品废料指木屑棒、锯末和锯末的各种废弃物，固体废物种类具体见表 1-3 和图 1-3。

表 1-3　木、木制品废料海关商品编号一览表

海关商品编号	固体废物名称
4401310000	木屑棒
4401390000	其他锯末、木废料及碎片
4501901000	软木废料

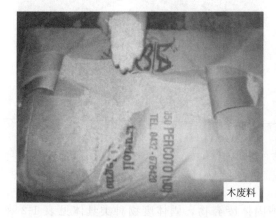

木废料

图 1-3　木、木制品废料示例

1.5.5.4　废纸或纸板

废纸或纸板固体废物种类具体见表 1-4 和图 1-4。

表 1-4　废纸或纸板海关商品编号一览表

海关商品编号	固体废物名称
4707100000	回收（废碎）的未漂白牛皮、瓦楞纸或纸板

海关商品编号	固体废物名称
4707200000	回收(废碎)的漂白化学木浆制的纸和纸板(未经本体染色)
4707300000	回收(废碎)的机械木浆制的纸或纸板(例如废报纸、杂志及类似印刷品)

图 1-4　废纸或纸板废料示例

1.5.5.5　废纤维

废纤维废物种类具体见表 1-5 和图 1-5。

表 1-5　废纤维海关商品编号一览表

海关商品编号	固体废物名称
5202100000	废棉纱线(包括废棉线)
5202990000	其他废棉
5505100000	合成纤维废料
5505200000	人造纤维废料
6310100010	新的或未使用过的纺织材料制经分拣的碎织物等(包括废线、绳、索、缆及其制品)
6310900010	新的或未使用过的纺织材料制其他碎织物等(包括废线、绳、索、缆及其制品)

图 1-5　废纤维废料示例

1.5.5.6　废钢铁

废钢铁废物种类具体见表 1-6 和图 1-6。

表 1-6　废钢铁海关商品编号一览表

海关商品编号	固体废物名称
7204100000	铸铁废碎料
7204210000	不锈钢废碎料
7204290000	其他合金钢废碎料
7204300000	镀锡钢铁废碎料
7204410000	机械加工中产生的钢铁废料(机械加工指车、刨、铣、磨、锯、锉、剪、冲加工)
7204490090	未列名钢铁废碎料
7204500000	供再熔的碎料钢铁锭

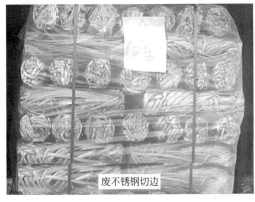
废不锈钢切边

废钢铁

图 1-6 废钢铁废料示例

1.5.5.7 废有色金属

废有色金属废物种类具体见表 1-7 和图 1-7。

表 1-7 废有色金属海关商品编号一览表

海关商品编号	固体废物名称	备注
7112911010	金的废碎料	
7112911090	包金的废碎料(但含有其他贵金属除外)	
7112921000	铂及包铂的废碎料(但含有其他贵金属除外， 主要用于回收铂)	
7404000090	其他铜废碎料	不包括废五金电器、 废电线电缆、废电机
7503000000	镍废碎料	
7602000090	其他铝废碎料	不包括废五金电器、 废电线电缆、废电机
7902000000	锌废碎料	
8002000000	锡废碎料	
8101970000	钨废碎料	
8103300000	钽废碎料	

海关商品编号	固体废物名称	备注
8104200000	镁废碎料	
8106001092	其他未锻轧铋废碎料	
8108300000	钛废碎料	
8109300000	锆废碎料	
8112921010	未锻轧锗废碎料	
8112922010	未锻轧的钒废碎料	
8112924010	铌废碎料	
8112929011	未锻轧的铪废碎料	
8112929091	未锻轧的镓、铼废碎料	
8113001010	颗粒或粉末状碳化钨废碎料	
8113009010	其他碳化钨废碎料，颗粒或粉末除外	

铜废碎料(压块)　　　　　铝废碎料(铝碎料)

图 1-7　废有色金属废料示例

1.5.5.8　废电机

废电机废物种类具体见表 1-8 和图 1-8。

表 1-8 废电机海关商品编号一览表

海关商品编号	固体废物名称
7404000010	以回收铜为主的废电机

图 1-8 废电机废料示例

1.5.5.9 废电线电缆

废电线电缆废物种类具体见表 1-9 和图 1-9。

表 1-9 废电线电缆海关商品编号一览表

海关商品编号	固体废物名称
7404000010	以回收铜为主的废电线、电缆
7602000010	以回收铝为主的废电线、电缆

图 1-9 废电线电缆示例

1.5.5.10 废五金电器

废五金电器废物种类具体见表 1-10 和图 1-10。

表 1-10　废五金电器海关商品编号一览表

海关商品编号	固体废物名称
7204490020	以回收钢铁为主的废五金电器
7404000010	以回收铜为主的废五金电器
7602000010	以回收铝为主的废五金电器

图 1-10　废五金电器示例

1.5.5.11　供拆卸的船舶及其他浮动结构体

供拆卸的船舶及其他浮动结构体废物种类具体见表 1-11 和图 1-11。

表 1-11　供拆卸的船舶及其他浮动结构体海关商品编号一览表

海关商品编号	固体废物名称
8908000000	废船舶

图 1-11　供拆卸的船舶及其他浮动结构体示例

1.5.5.12　废塑料

废塑料指在塑料生产及塑料制品加工过程中产生的热塑性下脚料、边角料和残次品，或者使用过且经加工清洗干净的热塑性塑料（片状、块状、粒状或粉状），废塑料废物种类具体见表 1-12 和图 1-12。

表 1-12　废塑料海关商品编号一览表

海关商品编号	固体废物名称
3915100000	乙烯聚合物的废碎料及下脚料
3915200000	苯乙烯聚合物的废碎料及下脚料
3915300000	氯乙烯聚合物的废碎料及下脚料
3915901000	聚对苯二甲酸乙二酯废碎料及下脚料
3915909000	其他塑料的废碎料及下脚料

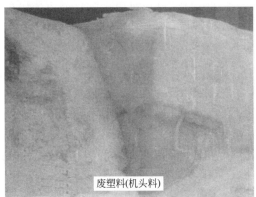

图 1-12　废塑料示例

1.5.5.13　废汽车压件

废汽车压件指丧失使用功能而且经过压制等处理的不可恢复原状的废汽车产品。废汽车压件废物种类具体见表 1-13 和图 1-13。

表 1-13　废汽车压件海关商品编号一览表

海关商品编号	固体废物名称
7204490010	废汽车压件

图 1-13 废汽车压件示例

1.5.6 《进口废物管理目录》

2017 年 8 月环境保护部、商务部、国家发展改革委、海关总署、国家质检总局发布了《进口废物管理目录》（2017 年）第 39 号公告。根据《中华人民共和国固体废物污染环境防治法》《控制危险废物越境转移及其处置巴塞尔公约》《固体废物进口管理办法》和有关法律法规，环境保护部、商务部、国家发展改革委、海关总署、国家质检总局对现行的《禁止进口固体废物目录》《限制进口类可用作原料的固体废物目录》和《非限制进口类可用作原料的固体废物目录》进行了调整和修订，发布《进口废物管理目录》（2017 年第 39 号）的公告：将来自生活源的废塑料（8 个品种）、未经分拣的废纸（1 个品种）、废纺织原料（11 个品种）、钒渣（4 个品种）等 4 类 24 种固体废物，从《限制进口类可用作原料的固体废物目录》调整列入《禁止进口固体废物目录》。

2018 年 4 月，为进一步规范固体废物进口管理，防治环境污染，根据《中华人民共和国固体废物污染环境防治法》《固体废物进口管理办法》及有关法律法规，生态环境部、商务部、国家发展改革委、海关总署发布关于调整《进口废物管理目录》的公告（2018 年第 6 号），对现行的《限制进口类可用作原料的固体废物目录》《非限制进口类可用作原料的固体废物目录》和《禁止进口固体废物目录》进行以下调整：

（1）将废五金类、废船、废汽车压件、冶炼渣、工业来源废塑料等 16 个品种固体废物，从《限制进口类可用作原料的固体废物目录》调入《禁止进口固体废物目录》，自 2018 年 12 月 31 日起执行。

（2）将不锈钢废碎料、钛废碎料、木废碎料等 16 个品种固体废物，从《限制进口类可用作原料的固体废物目录》《非限制进口类可用作原料的固体废物目录》调入《禁止进口固体废物目录》，自 2019 年 12 月 31 日起执行。

1.5.7 《限制进口类可用作原料的固体废物环境保护管理规定》

2015 年 11 月环境保护部为进一步完善可用作原料的固体废物进口管理工作，依据《中华人民共和国固体废物污染环境防治法》，结合第十二届全国人大常委会第十四次会议对《中华人民共和国固体废物污染环境防治法》做出的修订内容，发布《限制进口类可用作原料的固体废物环境保护管理规定》的第 70 号公告。

1.5.8 《进口可用作原料的固体废物检验检疫监督管理办法》

2017 年 7 月 18 日国家质量监督检验检疫总局会议审议通过《进口可用作原料的固体废物检验检疫监督管理办法》（总局令第 194 号），自 2018 年 2 月 1 日起施行。办法适用于进口可用作原料的固体废物（以下简称废物原料）的检验检疫和监督管理。

1.5.9 《进口可用作原料的固体废物装运前检验监督管理实施细则》

2018 年 5 月，为加强和规范对进口可用作原料的固体废物装运前检验和装运前检验机构的监督管理，海关总署发布《进口可用作原料的固体废物装运前检验监督管理实施细则》〔2018〕48 号公告。

1.5.10 《进口可用作原料的固体废物国内收货人注册登记管理实施细则》

2018 年海关总署发布《进口可用作原料的固体废物国内收货人注册登记管理实施细则》〔2018〕57 号公告，加强和规范进口可用作原料的固体废物国内收货人的注册登记及其监督管理。

1.5.11 《关于发布限定固体废物进口口岸的公告》

2018 年 6 月海关总署和生态环境部发布 2018 年第 79 号《关于发布限定固体废物进口口岸的公告》，对限定固体废物进口口岸事项进行公告。

1.5.12 固体废物主要监管机构

根据《中华人民共和国固体废物污染环境防治法》（简称《固废法》）第二十五条规定，我国固体废物进口主管机关是国务院环境保护行政主管部门（生态环境部）、海关总署、国务院质量监督检验检疫部门（国家质检总局）、国务院经济综合宏观调控部门（国家发改委）、对外贸易主管部门（商务部）五个部门。2017 年 7 月国务院办公厅印发《禁止洋垃圾入境推进固体废物进口管理制度改革实施方案》国办发〔2017〕70 号的通知，进一步明确各部门的职责。

根据《固体废物进口管理办法》，生态环境部对全国固体废物进口环境管理工作实施统一监督管理。商务部、国家发改委、海关总署（包括检验检疫职责）在各自的职责范围内负责固体废物进口相关管理工作。地方环保部门对本行政区域内固体废物进口环境管理工作实施统一监督管理。地方各级商务、发改、海关在各自职责范围内对固体废物进口实施相关监督管理。生态环境部会同商务部、国家发改委、海关总署建立固体废物进口管理工作协调机制，实行固体废物进口管理工作协调机制。实行固体废物进口管理信息共享，协调处理固体废物进口及经营活动监督管理工作的重要事务。

我国对固体废物进口目录实行动态管理，目录管理是各个行业中广泛采用的制度。《中华人民共和国固体废物污染环境防治法》第二十五条规定，对可用作原料的固体废物实行限制进口和非限制进口分类管理，禁止进口列入禁止进口目录的固体废物。20 世纪 90 年代，为加强《巴塞尔公约》履约能力，有效控制国际废物转移至我国境内而污染环境，我国分别于 1991 年和 1994 年发文列明严格控制转移到中国的 23 类有害废物和生活垃圾，形成了我国进口可用作原料的固体废物目录管理的雏形。列入《禁止进口固体废物目录》中的废物严禁入境，可进口用作原料的固体废物分为限制进口类和非限制进口类进行管理。

我国对进口可用作原料的固体废物实行许可审查制度。《中华人民共和国固体废物污染环境防治法》第二十五条规定，进口列入限制进口目录的固体废物，应当经国务院环境保护主管部门会同国务院对外贸易主管部门审查许可。生态环境部委托固体废物与化学品管理技术中心受理该许可事项的申请并开展技术审查工作。审查的依据主要是《固体废物进口管理办法》《限制进口类可用作原料的固体废物环境保护管理规定》及《可用作原料的固体废物环境控制标准》等相关文件。生态环境部根据固体废物与化学品管理技术中心的技术审查意见，对进口可用作原料的固体废物申请进行审定，通过审核的申请，发放进口废物许可证。

进口可用作原料的固体废物入境前须通过检验检疫程序。《中华人民共和国固体废物污染环境防治法》第二十五条规定，进口的固体废物必须符合国家环境保护标准，并经质量监督检验检疫部门检验合格。《固体废物进口管理办法》规定，进口固体废物必须符合《进口可用作原料的固体废物环境保护控制标准》或者相关技术规范等强制性要求，经检验检疫，不符合《进口可用作原料的固体废物环境保护控制标准》或者相关技术规范等强制性要求的固体废物，不得进口。

进口废物国外供货商即国家质检总局向进口废物境外供货企业颁发的《进口废物原料境外供货企业注册证书》中列明的废物原料提供单位，即进口废物的供货企业。

国外供货商注册登记制度包括境外提供废物企业注册登记的受理、评审、批准、变更、延续、日常监督管理等事项，主要遵守国家质检总局发布的《进口可用作原料的固体废物国外供货商注册登记管理实施细则》（国家质检总局公告 2009 年第 98 号）和《关于进口可用作原料的固体废物国外供货商和国内收货人注册登记工作有关问题的公告》（国家质检总局公告 2013 年第 57 号）。其明确规定，国外供货商的注册申请应向国家质检总局提出，由国家质检总局组织评审组按规定审核，经审核符合注册条件的由国家质检总局准予注册并颁发证书。同时，《中华人民共和国进出口商品检验法实施条例》（国务院令第 447 号）第二十二条和第五十三条也对国外供货商注册登记制度提出要求并明确违反行为的罚则。

1.5.12.1 环境保护部门监管制度

（1）目录管理制度 按照《固废法》第二十五条规定，我国对固体废物进口实行分类管理，将其分为"自动许可类""限制类""禁止类"三类。这三类分别由《自动许可进口类可用作原料的固体废物目录》《限制进口类可用作原料的固体废物目录》和《禁止进口固体废物目录》进行相应规定。国内进口商进口的固体废物必须符合进口固体废物管理目录，对于未纳入进口固体废物管理目录的固体废物是否可以进口，《固废法》和《办法》都没有明确的规定，留下法律空白，但在实际监管中，这类固体废物是一律禁止进口的。

固然，这样的规定对防治有害固体废物进口起到很好的效果，但该规定过于绝对，有些未列入《进口废物管理目录》的固体废物是可以作为原料利用的，这也就要求固体废物管理目录应及时调整，并及时公布。

（2）进口许可制度 进口许可制度是指国内固体废物利用加工单位进口固体废物，应当依照法律规定取得环保部门的批准，环保部门根据是"限制类"还是"自动许可类"的固体废物，采取不同的许可程序，但取得进口许可证是固体废物加工利用企业进口固体废物的前提和基础。基于严格的资格控制，实际取得进口许可证的企业比较少，导致进口的固体废物不能满足这一行业的需求，这就刺激了很多有利用能力但没资格，甚至没有利用能力的企业买卖、租借许可证，进而产生专业的走私团伙，暗地操纵整个固体废物进出口活动，非法买卖许可证牟取非法利益。结果大量的许可证被转让倒卖，使执法机关无法监管到真正的违法主体，导致执法效果降低。2011 年施行的《办法》对进口许可证做出了一些新的规定，这些措施可在一定程度上降低上述违法行为。

1.5.12.2　海关监管制度

我国对固体废物进口的海关监管制度及对违法行为的处罚主要体现在《固废法》《海关法》《刑法》和其他的行政法规、部门规章中。《固废法》明确规定，海关总署是固体废物进口管理的主要部门之一，进口固体废物具体管理办法的制定以及固体废物管理目录的制定、调整和公布由海关总署与其他部门共同参与。在进口环节，国家赋予海关对进口固体废物进行检查、征税、打击走私、处罚的权力，并赋予了海关认定进口货物是否纳入固体废物管理范围的权利。最后，海关部门严格凭国家环保部门制发的进口相关许可证等有关单证办理进口固体废物口岸通关验放手续。

（1）是否纳入固体废物管理范围　海关对固体废物进口验放存在两种情况。一种情况，进口的是属于限制进口类或者自动许可进口类可用作原料的固体废物，这种固体废物从进口到通关验放一直是按照固体废物管理的，按照海关对固体废物进口通关一般程序验放：①申报→②审单→③接单审核/征收税费→④查验放行。

一般程序侧重于对单证的审查，检查环保部门制发的进口许可证和质检部门签发的《入境货物通关单》等有关单证是否齐全。对于一时无法确定其性质的，需要进一步提供新的材料、样品，以便进行鉴定；对于发现涉嫌违法犯罪行为的，可在此环节展开风险布控，指令查验，追究相关人员的行政、刑事责任。

另一种情况，进口商进口的是一般"货物"，从一开始进口就不是按照固体废物品名进口，而是按照普通货物进口，这样可能就避免了检验检疫机构的检验。如果所谓的"进口货物"是固体废物，那么可能就存在很大风险，很多违法进口的固体废物或洋垃圾就是通过这种伪瞒报的方式混入境内，不仅破坏了进口监管秩序，也给环境和生态造成了危害。因此，《办法》第二十八条规定，海关在查验通关时怀疑进口货物为固体废物的，可以要求收货人或海关自行送口岸检验检疫机构进行检验，并按照检验检疫结果进行处理。

（2）违法行为追究　海关缉私部门打击一般违法进口固体废物的行为，并进行惩处。固体废物进口严重违反法律规定构成犯罪的，依法追究其刑事责任。我国《刑法》规定了污染环境罪、非法处置进口的固体废物罪、擅自进口固体废物罪、走私固体废物罪以及走私普通货物物品罪等来打击这一类犯罪，并由海关缉私部门负责侦查。

另外，对于不符合环控标准的、禁止进口的、违规进口的或者未经许可擅自进口的固体废物，由海关依法责令进口者或者承运人在规定的期限内将上述进口的固体废物退运至原出口国，费用由进口者或承运人承担。

（3）检验检疫监管　2018 年 3 月，根据国务院机构改革方案，出入境检验检疫管理职责和队伍已经划入海关总署，进口可用作原料的固体废物检验检疫监督管理工作由海关负责。

1.5.12.3　检验检疫监管制度

《进出口商品检验法实施条例》第十八条规定："……可用作原料的固体废物……，应当在卸货口岸检验。"为此，原质检总局公布了《进口可用作原料的固体废物检验检疫监督管理办法》，对进口固体废物检验检疫相关制度做出具体的规定。

（1）国外供货商注册登记制度　2003 年国家质检总局为了强化对固体废物进口的监督

管理，决定加强对进口固体废物原料质量源头管理并推行市场准入制度，于 2004 年颁布实施《进口废料境外供货企业注册实施细则》，其规定向中国出口可用作原料的固体废物的境外供货企业应当向我国质检总局申请、注册，只有经过批准的国外供货企业才能向中国出口。该实施细则规定了申请注册的程序和相关要求。

（2）装运前检验检疫制度　装运前检验检疫制度是指由国家质检总局认可的境外检验检疫机构在固体废物原料出口国对于要出口到中国的固体废物实施装运前检验检疫，对不符合要求的固体废物原料不得出口。在固体废物进口报关的过程中，境外指定的检验检疫机构出具的装运前检验检疫证书是进口必备文件之一，没有该证书不得入境。该项制度从 1996 年实施以来，成功阻止了大量不符合环控标准的固体废物入境。

（3）到货检验检疫制度　《进口可用作原料的固体废物检验检疫监督管理办法》第六条规定，进口废物原料到货后，由检验检疫部门依法实施检验检疫监管。收货人应当在进口废物原料入境口岸向检验检疫部门报检，报检时应当提供规定的装运前检验证书。

口岸检验检疫在整个固体废物进口环节中至关重要，如果出现差错，极有可能导致境外危险废物、洋垃圾进境污染环境，破坏生态。正因口岸检验检疫制度在整个过程的突出地位，相应产生的问题也比较多，更受监管者的关注。

（4）国内收货人登记制度　2018 年，出入境检验检疫管理职责和队伍已经划入海关总署，海关总署《进口可用作原料的固体废物国内收货人注册登记管理实施细则》的第 57 号公告，要求申请进口废物原料收货人注册登记的企业，应当先取得海关进出口货物收发货人注册登记。只有具有法定条件的固体废物利用商，才能从国外进口可用作原料的固体废物进行加工、生产和利用，这样可以在一定程度上减少不符合条件的企业从事固体废物利用行业。

1.6　固体废物鉴别管理

目前，我国尚未建立完善的固体废物属性鉴别管理体系，由于我国固体废物属性鉴别需求主要在进口固体废物管理工作中，环境保护部于 2008 年发布了《关于发布固体废物属性鉴别机构名单及鉴别程序的通知》（环发〔2008〕18 号）通知，规定固体废物属性鉴别机构名单和固体废物属性鉴别程序（试行）。2017 年环境保护部、海关总署和国家质检总局根据《中华人民共和国固体废物污染环境防治法》《固体废物进口管理办法》，为进一步加强进口固体废物环境管理，规范固体废物属性鉴别工作，结合现有固体废物属性鉴别机构的执行情况，发布《关于推荐固体废物属性鉴别机构的通知》环办土壤函〔2017〕287 号，推荐一批固体废物属性鉴别机构。

1.6.1　固体废物属性鉴别机构

根据《关于推荐固体废物属性鉴别机构的通知》环办土壤函〔2017〕287 号，目前有 20 家机构具有固体废物属性鉴别资质。

（1）中国环境科学研究院固体废物污染控制技术研究所

联系人：周炳炎

电话：010-84915144　传真：010-84913903

邮箱：zhouby207@craes.org.cn

地址：北京市朝阳区安外大羊坊 8 号

（2）生态环境部南京环境科学研究所

联系人：王玉婷

电话：025-85287077　传真：025-85287077

邮箱：wangyt@nies.org

地址：江苏省南京市蒋王庙街 8 号

（3）生态环境部华南环境科学研究所

联系人：檀笑

电话：020-85546435　传真：020-85557070

邮箱：tanxiao@scies.org

地址：广东省广州市天河区员村西街七号大院

（4）亚洲太平洋地区危险废物管理培训与技术转让中心

联系人：李金惠　刘丽丽

电话：010-62794351　传真：010-62772048

邮箱：bccc@tsinghua.edu.cn

地址：北京市清华大学环境学院/巴塞尔公约亚太区域中心

（5）广州海关化验中心

联系人：陈国耀

电话：020-81102542　传真：020-81102530

邮箱：chenguoyao@customs.gov.cn

地址：广东省广州市天河区珠江新城花城大道 83 号

（6）天津海关化验中心

联系人：邱越

电话：022-65205936　传真：022-66271121

邮箱：yue_qiu@163.com

地址：天津市天津港保税区海滨五路 1 号

（7）大连海关化验中心

联系人：尹兵

电话：0411-87950510　传真：0411-87950510

邮箱：dlhg_hyzx@customs.gov.cn

地址：大连开发区东北大街 100 号

（8）上海海关化验中心

联系人：王晔新

电话：021-68890436　传真：021-68890444

邮箱：shclab@126.com

地址：上海市浦东新区富特西一路 479 号 B 区 201 室

（9）深圳出入境检验检疫局工业品检测技术中心再生原料检验鉴定实验室

联系人：梁烽

电话：0755-83886183　传真：0755-83371299

邮箱：gypjcjszx@126.com

地址：深圳市南山区工业八路 289 号

（10）山东出入境检验检疫局检验检疫技术中心

联系人：于仕超

电话：0532-80885881　传真：0532-86909630

邮箱：ysc1980@sina.com

地址：青岛市黄岛区黄河东路 99 号

（11）广东出入境检验检疫局检验检疫技术中心

联系人：肖前

电话：020-38290360

邮箱：xiaoq@iqtc.cn

地址：广东省广州市珠江新城花城大道 66 号国检大厦 B 座 15 楼

（12）宁波出入境检验检疫技术中心

联系人：林振兴

电话：0574-87022669　传真：0574-87111588

邮箱：linzx@nbciq.gov.cn

地址：宁波市高新区清逸路 66 号（宁波检测认证园区）A 座

（13）天津检验检疫局化矿金属材料检测中心

联系人：宋义

电话：13821575522　传真：022-25782903

邮箱：songy01@tjciq.gov.cn

地址：天津市滨海新区新港二号路 77 号

（14）江苏出入境检验检疫局工业产品检测中心

联系人：严文勋

电话：025-52345199　传真：025-52345243

邮箱：yanwx@jsciq.gov.cn

地址：江苏省南京市建邺区创智路 39 号

（15）广西防城港出入境检验检疫局综合技术服务中心

联系人：唐梦奇

电话：0770-2822212　传真：0770-2821830

邮箱：fcciqhk@163.com

地址：广西防城港市港口区兴港大道 91 号

（16）厦门出入境检验检疫局检验检疫技术中心

联系人：董清木

电话：0592-6806660　传真：0592-6806651

邮箱：dongqm@xmciq.gov.cn

地址：厦门市海沧区建港路 2165 号

（17）上海出入境检验检疫局工业品和原材料检测技术中心

联系人：方林

电话：021-38620720　传真：021-68549029

邮箱：fangl@shciq.gov.cn

地址：上海市浦东新区民生路 1208 号 1015 室

（18）浙江出入境检验检疫局检验检疫技术中心

联系人：万旺军

电话：0571-83527163　传真：0571-83527220

邮箱：wanwj@ziq.gov.cn

地址：杭州市建设三路 398 号

（19）新疆出入境检验检疫局检验检疫技术中心

联系人：张旭龙

电话：0991-4649643

邮箱：xjciqzxlzxl@sina.com

地址：新疆乌鲁木齐市南湖北路 116 号

（20）辽宁出入境检验检疫局技术中心

联系人：刘冉

电话：0411-82583821　传真：0411-82583936

邮箱：29400850@qq.com

地址：辽宁省大连市中山区长江东路 60 号

1.6.2　固体废物属性鉴别程序（试行）

（1）适用范围　本程序适用于进口物品或拟进口物品的固体废物属性鉴别及其鉴别机构的管理。

（2）定义　本程序采用下列定义：

① 固体废物属性　是指经过鉴别确定的固体废物的名称和类别。包括一般固体废物名称和主要特性，或危险废物名称和主要特性。

② 委托方　是指向鉴别机构提出委托鉴别申请并将样品移交鉴别机构的单位或个人。包括海关监管部门、海关执法部门、检验检疫部门、环境保护部门、进口单位、利用单位、其他单位、个人。

③ 鉴别机构　是指由国务院环境保护行政主管部门、海关总署、国务院质量监督检验检疫部门共同授权从事进口物品固体废物属性鉴别的技术机构。

④ 样品　是指从整批进口物品中提取并能代表整批物品特性的需要鉴别的对象。

（3）一般程序

① 送样

a. 委托方可将鉴别样品直接送交或邮寄给鉴别机构。特殊情况下，鉴别机构可派人进行口岸现场取样。

b. 鉴别样品要满足鉴别工作的需要，包装必须完好，各个独立的样品不能由于包装的缺陷导致相互混合或受到污染，否则，应重新送样。

c. 送样同时要移交委托鉴别函，写明样品名称、来源、委托鉴别的原因、基本要求、联系人、联系方式、时间等，单位委托函要加盖单位公章，个人委托函要有签名。

d. 委托方送样时必须说明样品是第一次鉴别还是重新鉴别。

e. 通常，鉴别机构同意接收样品时，委托方应支付鉴别技术服务费。

② 收样

a. 鉴别机构对同一批物品来源的样品，原则上不应接受委托方同时委托不同鉴别机构的鉴别。

b. 鉴别机构应有专人负责接收鉴别样品，每次接收样品应进行登记并保存样品的相关资料信息，记录样品来源、进口物品数量、委托方、送样人、收样日期等；直接送样时，送样人应对登记内容签字确认。

c. 预计样品无法满足鉴别工作的需要时，暂不能接收委托。

d. 收取样品时应告诉委托方或送样人所需鉴别工作周期，并妥善保管收取的样品和委托函等资料。

e. 对不能接收委托鉴别的情况应说明理由，对收取的鉴别费用应出具收款凭证。

f. 对已经接收的样品，如果出现不能鉴别的情况，应在十个工作日之内通知委托方或送样人，说明理由，并退还收取的费用。

③ 实验和综合分析

a. 接收样品后，鉴别机构应着手启动鉴别工作，包括查找资料、确定实验方案、进行实验准备、联系相关实验单位、联系相关专家等。

b. 根据委托方提供的样品相关信息和样品表观特征查找必要的资料，如国外加工工艺、国内加工工艺、产品或产物特性、副产物或废物产生过程或来源、国家标准、行业标准、方法标准、产品手册、废物特性、废物依据等。

c. 根据样品名称、特征和查找的相关资料确定初步的实验方案，实验方案要围绕委托要求和样品特征来做，综合考虑产品特性和固体废物特性。

d. 实验分析应首先立足于鉴别机构自身的实验条件，尽量独立完成鉴别工作。鉴别机构应配备必要的实验室和仪器以及人员，应获得相关的实验资质，人员应经过专业培训。

e. 当鉴别机构本身不具备实验条件时，可将样品再委托专门实验室、分析测试机构进行分析，但应首先选择具有对外服务资质的实验和分析机构，在难以满足上述条件的情况下，可以选择专业研究机构进行样品的特征分析。

f. 鉴别过程中可以咨询相关领域的专家，必要时应出具署名的专家意见。

g. 进行必要的补充实验和分析。

④ 判定

a. 根据查阅的资料、实验数据、结果或现象、专家咨询意见等进行综合分析，按照《固体废物鉴别导则（试行）》的原则和步骤对鉴别样品的属性进行判定。

b. 原则上应明确样品是否属于固体废物。

c. 如委托方需要明确样品是否属于禁止进口废物或限制进口废物时，鉴别机构应明确样品的进口废物属性，并标明其主要成分或主要成分含量。

⑤ 编写报告

a. 编写《进口物品固体废物属性鉴别报告》，基本要求见1.6.3。

b. 鉴别报告要有报告编号、鉴别机构名称、单位负责人、完成时间、编写人签字、审核人员签字、加盖单位公章，报告编号规则见1.6.3。

c. 鉴别结论应对且只对来样负责。

⑥ 结束

a. 鉴别报告编写完成后，鉴别单位应尽快通知委托方或送样人。

b. 将盖章的报告移交给委托方或委托方授权人，鉴别机构保留备份报告存档。

c. 鉴别实验完成后鉴别机构应保留剩余样品至少 12 个月。

（4）重新鉴别

① 对同一来源同批进口的物品，鉴别工作完成后，如果委托方对鉴别结果不满意并要求同一鉴别机构重新鉴别时，该鉴别机构原则上不接受重新鉴别委托。

② 如果委托方要求必须进行重新鉴别，在第一次鉴别完成后的 30 天内可以再委托其他鉴别机构进行鉴别，并由委托方再支付鉴别费用。

（5）监督管理

① 如果不同鉴别机构对同一来源同批进口的物品得出相反的鉴别结果，或者对鉴别结果存在严重分歧的，委托方可请求国务院环境保护行政主管部门会同相关部门组织召开专家会议进行判定和裁决，相关费用由委托方支付。

② 鉴别机构必须接受各自最高级行政主管部门和国务院环境保护行政主管部门的业务指导和监督。

③ 鉴别机构每年 2 月中旬之前应将上年度所做的鉴别工作向所属最高级行政主管部门和国务院环境保护行政主管部门提交工作报告，包括鉴别报告的数量，鉴别为固体废物的种类、来源和进口货物重量统计等。

1.6.3 《进口物品固体废物属性鉴别报告》编写基本要求

（1）前言 鉴别样品来源和鉴别目的。

（2）实验 实验方法或依据，实验数据、结果和现象。

（3）综合分析和判定 分析论据、引用的资料及来源，按照《固体废物鉴别导则（试行）》的原则和步骤对鉴别样品的属性进行判定的过程。

（4）结论 结论应简明扼要，明确样品的进口物品属性和固体废物属性，根据委托方的要求明确进口废物属性。

（5）附件 委托函、委托实验报告、专家意见等。

（6）报告编号规则 鉴别报告编号为 10 位，前 4 位表示年号，5～8 位表示鉴别顺序号，9～10 位表示鉴别机构号。鉴别机构号"HB"表示环保系统的鉴别机构，"HG"表示海关系统的鉴别机构，"ZJ"表示检验系统的鉴别机构。

例如：20080001HB 表示环保系统鉴别机构 2008 年第 1 号报告，20080001HG 表示海关系统鉴别机构 2008 年第 1 号报告，20080001ZJ 表示检验系统鉴别机构第 1 号报告。

第 **2** 章

固体废物管理技术标准规范

2.1　固体废物鉴别标准体系

为加强进口废物环境管理，防止进口废物中夹带洋垃圾及其他有害物质，保障我国环境安全，2005 年国家环保总局、国家质检总局修订了《进口可用作原料的固体废物环境保护控制标准》（GB 16487.1—2005 ~ GB 16487.13—2005），同时原检验检疫部门和环保部门制定相关的行业标准。我国固体废物鉴别标准体系包括国家标准和行业标准，主要由固体废物污染控制标准、危险废物鉴别标准、危险废物鉴别方法标准、固体废物其他标准四部分构成。

2.2　固体废物国家标准体系

环境标准是确立固体废物进口指标的重要制度。一般认为，环境标准是国家制定的统一的强制性标准。环境标准的制定对我国进口固体废物起到了十分关键的作用。环境标准也经历了长期的制定过程，许多标准都是从无到有、从少到多形成的，在演变的过程中，也结合我国的国情，对各种进口废物的标准进行分类制定。从国际上来看，我国也是唯一对进口固体废物制定标准的国家。1996 年，我国颁布了废有色金属等 12 项关于进口固体废物的试行标准。随着进口固体废物数量的迅猛增长，这些标准已经不能够完全适应进口废物的发展状况。2002 年，中国环境科学院对这一系列的标准进行重新研究，并拟定了进口废汽车压件的环境保护标准，固体废物国家标准见表 2-1。

表 2-1　固体废物国家标准一览表

序号	标准号	标准名称
1	GB 34330—2017	固体废物鉴别标准　通则
2	GB 5085.1—2007	危险废物鉴别标准　腐蚀性鉴别
3	GB 5085.2—2007	危险废物鉴别标准　急性毒性初筛
4	GB 5085.3—2007	危险废物鉴别标准　浸出毒性鉴别
5	GB 5085.4—2007	危险废物鉴别标准　易燃性鉴别
6	GB 5085.5—2007	危险废物鉴别标准　反应性鉴别
7	GB 5085.6—2007	危险废物鉴别标准　毒性物质含量鉴别
8	GB 5085.7—2007	危险废物鉴别标准　通则
9	GB 5086.1—1997	固体废物　浸出毒性浸出方法　翻转法
10	GB/T 7023—2011	低、中水平放射性废物固化体标准浸出试验方法
11	GB 13015—2017	含多氯联苯废物污染控制标准
12	GB/T 15555.1—1995	固体废物　总汞的测定　冷原子吸收分光光度法
13	GB/T 15555.3—1995	固体废物　砷的测定　二乙基二硫代氨基甲酸银分光光度法
14	GB/T 15555.4—1995	固体废物　六价铬的测定　二苯碳酰二肼分光光度法
15	GB/T 15555.5—1995	固体废物　总铬的测定　二苯碳酰二肼分光光度法
16	GB/T 15555.7—1995	固体废物　六价铬的测定　硫酸亚铁铵滴定法
17	GB/T 15555.8—1995	固体废物　总铬的测定　硫酸亚铁铵滴定法

序号	标准号	标准名称
18	GB/T 15555.10—1995	固体废物　镍的测定　丁二酮肟分光光度法
19	GB/T 15555.11—1995	固体废物　氟化物的测定　离子选择性电极法
20	GB/T 15555.12—1995	固体废物　腐蚀性测定　玻璃电极法
21	GB 16487.2—2017	进口可用作原料的固体废物环境保护控制标准——冶炼渣
22	GB 16487.3—2017	进口可用作原料的固体废物环境保护控制标准——木、木制品废料
23	GB 16487.4—2017	进口可用作原料的固体废物环境保护控制标准——废纸或纸板
24	GB 16487.6—2017	进口可用作原料的固体废物环境保护控制标准——废钢铁
25	GB 16487.7—2017	进口可用作原料的固体废物环境保护控制标准——废有色金属
26	GB 16487.8—2017	进口可用作原料的固体废物环境保护控制标准——废电机
27	GB 16487.9—2017	进口可用作原料的固体废物环境保护控制标准——废电线电缆
28	GB 16487.10—2017	进口可用作原料的固体废物环境保护控制标准——废五金电器
29	GB 16487.11—2017	进口可用作原料的固体废物环境保护控制标准——供拆卸的船舶及其他浮动结构体
30	GB 16487.12—2017	进口可用作原料的固体废物环境保护控制标准——废塑料
31	GB 16487.13—2017	进口可用作原料的固体废物环境保护控制标准——废汽车压件
32	GB/T 27945.1—2011	热处理盐浴有害固体废物的管理　第1部分：一般管理
33	GB/T 27945.2—2011	热处理盐浴有害固体废物的管理　第2部分：浸出液检测方法
34	GB/T 27945.3—2011	热处理盐浴有害固体废物的管理　第3部分：无害化处理方法
35	GB 13015—2017	含多氯联苯废物污染控制标准
36	GB 16889—2008	生活垃圾填埋场污染控制标准
37	GB 18484—2001	危险废物焚烧污染控制标准
38	GB 18485—2014	生活垃圾焚烧污染控制标准
39	GB 18486—2001	污水海洋处置工程污染控制标准
40	GB 18597—2001	危险废物贮存污染控制标准
41	GB 18598—2001	危险废物填埋污染控制标准
42	GB 18599—2001	一般工业固体废物贮存、处置场污染控制标准
43	GB 21523—2008	杂环类农药工业水污染物排放标准
44	GB 21902—2008	合成革与人造革工业污染物排放标准
45	GB/T 13586—2006	铝及铝合金废料
46	GB/T 13587—2006	铜及铜合金废料
47	GB/T 13588—2006	铅及铅合金废料
48	GB/T 13589—2007	锌及锌合金废料
49	GB/T 20926—2007	镁及镁合金废料
50	GB/T 20927—2007	钛及钛合金废料
51	GB/T 21179—2007	镍及镍合金废料
52	GB/T 21180—2007	锡及锡合金废料
53	GB/T 21182—2007	硬质合金废料
54	GB/T 23588—2009	钕铁硼废料
55	GB/T 23608—2009	铂族金属废料分类和技术条件
56	GB/T 25954—2010	钴及钴合金废料
57	GB/T 25955—2010	钽及钽合金废料
58	GB/T 26020—2010	金废料、分类和技术条件

序号	标准号	标准名称
59	GB/T 26308—2010	银废料分类和技术条件
60	GB/T 26496—2011	钨及钨合金废料
61	GB/T 26724—2011	一次电池废料
62	GB/T 26727—2011	铟废料
63	GB/T 26931—2011	锆及锆合金废料
64	GB/T 26932—2011	充电电池废料废件
65	GB/T 27686—2011	电子废弃物中金属废料废件
66	GB/T 27687—2011	钼及钼合金废料
67	GB/T 27688—2011	铌及铌合金废料

　　制定进口固体废物的环境保护标准对我国合理利用固体废物资源，防治环境污染起到了十分重要的作用。环境保护标准的目的并非要遏制固体废物的进口，也不是要从总量上限制废物原料的进口。制定这些标准，一方面，可以严格规范，用立法的方式来规范固体废物的进口；另一方面，从管理体制上看，也可以规范各部门对于进口固体废物的管理，防止行政权力的滥用。因为有些固体废物从它们的属性上难以辨别它们究竟属于固体废物还是普通进口货物，一旦缺少了辨别的标准，那么势必会加大相关部门的辨别权力，造成相关部门的权力过大。在制定了统一的环境保护标准后，这些强制标准，能够有力地对进口固体废物进行鉴别。从法律的指引性来看，一些进出口商也可以提前查阅这些强制性标准，给自己从事贸易往来也带来极大的方便。环境保护标准是十分重要的固体废物进口的强制性规定。环境保护标准的目的不在于强行禁止哪些固体废物，而在于规范进口固体废物的进口指标，也能够给进出口商有一定的法律指引作用。WTO规则中含有TBT制度，即贸易技术壁垒的规则，该规则允许国家制定各自的进出口标准，旨在保护国内的贸易安全，但贸易技术壁垒不能够成为国家进行贸易保护的方式。从我国固体废物的环境保护标准来看，我国的固体废物标准不存在贸易保护的嫌疑：一方面，我国是原料紧缺的国家，在固体废物废物方面，只要能够进口加工，不污染环境和生态，我国不会限制原料的进口；另一方面，固体废物标准实际上促进了我国固体废物进口的贸易往来，也增强了海关及检验检疫部门对固体废物鉴别的效率。总之，统一的标准有利于贸易商之间明确进出口商品的具体指标，使固体废物贸易的标准制度化和程序化。我国的固体废物环境标准从无到有，内容还在不断地完善中，环境标准是硬性的指标，在通关的过程中，一旦发现不符合标准，货物就必须退运，也不存在海关内部违反规定放行的行为，所以，环境保护标准是固体废物进口的重要制度之一。

2.3　固体废物行业标准体系

　　为了贯彻《进口可用作原料的固体废物环境保护控制标准》的实施，防止境外不能用作原料的固体废物进口，规范可用作原料的固体废物进口审查许可，控制由于进口可用作原料的废料造成的环境污染，环保部和原检验检疫部门在监管、抽样、检验和判定等方面制定相关行业标准，作为技术支撑，进一步完善我国固体废物的环境标准体系，解决现场和实验室检测实际应用等问题。固体废物行业标准见表2-2。

表 2-2　固体废物行业标准

序号	标准号	标准名称
1	HJ/T 20—1998	工业固体废物采样制样技术规范
2	HJ/T 298—2007	危险废物鉴别技术规范
3	HJ 77.3—2008	固体废物　二噁英类的测定　同位素稀释高分辨气相色谱-高分辨质谱法
4	HJ/T 299—2007	固体废物　浸出毒性浸出方法　硫酸硝酸法
5	HJ/T 300—2007	固体废物　浸出毒性浸出方法　醋酸缓冲溶液法
6	HJ 557—2010	固体废物浸出毒性浸出方法　水平振荡法
7	HJ 588—2010	农业固体废物污染控制技术导则
8	HJ 643—2013	固体废物　挥发性有机物的测定　顶空/气相色谱-质谱法
9	HJ 687—2014	固体废物　六价铬的测定　碱消解/火焰原子吸收分光光度法
10	HJ 702—2014	固体废物　汞、砷、硒、铋、锑的测定　微波消解/原子荧光法
11	HJ 711—2014	固体废物　酚类化合物的测定　气相色谱法
12	HJ 712—2014	固体废物　总磷的测定　偏钼酸铵分光光度法
13	HJ 713—2014	固体废物　挥发性卤代烃的测定　吹扫捕集/气相色谱-质谱法
14	HJ 714—2014	固体废物　挥发性卤代烃的测定　顶空/气相色谱-质谱法
15	HJ 749—2015	固体废物　总铬的测定　火焰原子吸收分光光度法
16	HJ 750—2015	固体废物　总铬的测定　石墨炉原子吸收分光光度法
17	HJ 751—2015	固体废物　镍和铜的测定　火焰原子吸收分光光度法
18	HJ 752—2015	固体废物　铍镍铜和钼的测定　石墨炉原子吸收分光光度法
19	HJ 760—2015	固体废物　挥发性有机物的测定　顶空-气相色谱法
20	HJ 761—2015	固体废物　有机质的测定　灼烧减量法
21	HJ 765—2015	固体废物　有机物的提取　微波萃取法
22	HJ 766—2015	固体废物　金属元素的测定　电感耦合等离子体质谱法
23	HJ 767—2015	固体废物　钡的测定　石墨炉原子吸收分光光度法
24	HJ 768—2015	固体废物　有机磷农药的测定　气相色谱法
25	HJ 781—2016	固体废物22种金属元素的测定　电感耦合等离子体发射光谱法
26	HJ 782—2016	固体废物　有机物的提取　加压流体萃取法
27	HJ 786—2016	固体废物　铅、锌和镉的测定火焰原子吸收分光光度法
28	HJ 787—2016	固体废物　铅和镉的测定　石墨炉原子吸收分光光度法
29	HJ 874—2017	固体废物　丙烯醛、丙烯腈和乙腈的测定　顶空-气相色谱法
30	HJ 891—2017	固体废物　多氯联苯的测定　气相色谱-质谱法
31	HJ 892—2017	固体废物　多环芳烃的测定　高效液相色谱法
32	HJ 912—2017	固体废物　有机氯农药的测定　气相色谱-质谱法
33	SN/T 0570—2007	进口可用作原料的废物放射性污染检验规程
34	SN/T 1791.1—2018	进口可用作原料的固体废物检验检疫规程　第1部分：废塑料
35	SN/T 1791.3—2018	进口可用作原料的固体废物检验检疫规程　第3部分：木、木制品废料
36	SN/T 1791.4—2018	进口可用作原料的固体废物检验检疫规程　第4部分：废钢铁

序号	标准号	标准名称
37	SN/T 1791.5—2018	进口可用作原料的固体废物检验检疫规程　第5部分：供拆卸的船舶及其他浮动结构体
38	SN/T 1791.6—2018	进口可用作原料的固体废物检验检疫规程　第6部分：废五金电器
39	SN/T 1791.7—2018	进口可用作原料的固体废物检验检疫规程　第7部分：废电线电缆
40	SN/T 1791.8—2018	进口可用作原料的固体废物检验检疫规程　第8部分：废电机
41	SN/T 1791.9—2018	进口可用作原料的固体废物检验检疫规程　第9部分：废有色金属
42	SN/T 1791.10—2018	进口可用作原料的固体废物检验检疫规程　第10部分：冶炼渣
43	SN/T 1791.11—2018	进口可用作原料的固体废物检验检疫规程　第11部分：废汽车压件
44	SN/T 1791.13—2018	进口可用作原料的固体废物检验检疫规程　第13部分：废纸或纸板
45	SN/T 1791.14—2016	进口可用原料的废物检验检疫规程　第14部分：氧化皮
46	SN/T 2293.1—2009(2017)	进口可用作原料的固体废物分类鉴别　第1部分：导则
47	SN/T 2293.2—2009(2017)	进口可用作原料的固体废物分类鉴别　第2部分：废塑料
48	SN/T 2293.3—2009(2017)	进口可用作原料的固体废物分类鉴别　第3部分：废钢铁
49	SN/T 2293.4—2009(2017)	进口可用作原料的固体废物分类鉴别　第4部分：废有色金属
50	SN/T 2293.5—2009(2017)	进口可用作原料的固体废物分类鉴别　第5部分：废纸
51	SN/T 2293.6—2009(2017)	进口可用作原料的固体废物分类鉴别　第6部分：废五金
52	SN/T 2293.7—2009(2017)	进口可用作原料的固体废物分类鉴别　第7部分：废纺织原料
53	SN/T 2293.8—2009(2017)	进口可用作原料的固体废物分类鉴别　第8部分：矿渣
54	SN/T 2298.1—2009(2017)	进口可用作原料的固体废物检验检疫通用标准　第1部分：术语和定义
55	SN/T 2298.2—2009(2017)	进口可用作原料的固体废物检验检疫通用标准　第2部分：抽样方法
56	SN/T 2298.3—2009(2017)	进口可用作原料的固体废物检验检疫通用标准　第3部分：卫生除害处理通用技术要求
57	SN/T 2298.4—2009(2017)	进口可用作原料的固体废物检验检疫通用标准　第4部分：爆炸性物质检验方法
58	SN/T 2298.5—2011	进口可用作原料的固体废物检验检疫通用标准　第5部分：腐蚀性检验方法
59	SN/T 2302.1—2009(2017)	口岸入境可用作原料的工业品废物环控指标检测方法　第1部分：pH值检验方法　表面pH值测定法
60	SN/T 2302.2—2009(2017)	口岸入境可用作原料的工业品废物环控指标检测方法　第2部分：浸出毒性快速检验方法
61	SN/T 2751—2011	进境集装箱承载废物原料动植物检疫规程
62	SN/T 2753—2011(2015)	进口废物原料检验检疫场所建设规范
63	SN/T 2837—2011	进境集装箱承载废物原料动植物检疫除害处理规程
64	SN/T 2884—2011(2015)	进口固体废物原料爆炸性检验规程
65	SN/T 3011.1—2011	X射线衍射法鉴别金属矿产类进口固体废物物相　第1部分：通则
66	SN/T 3053—2011(2015)	进口废物原料腐蚀性鉴别方法
67	SN/T 3054.1—2011(2015)	进口固体废物原料爆炸性试验方法　第1部分：时间/压力试验
68	SN/T 3054.2—2011(2015)	进口固体废物原料爆炸性试验方法　第2部分：隔板试验
69	SN/T 3054.3—2016	进口危险原料爆炸性试验方法　第3部分：克南试验

第**3**章

固体废物鉴别方法和规范

3.1 危险废物腐蚀性鉴别方法

（1）判定标准 任何生产、生活和其他活动中产生的固体废物符合下列条件之一的固体废物，属于危险废物。按照 GB/T 15555.12—1995 的规定制备的浸出液，pH≥12.5，或者 pH≤2.0；在 55℃ 条件下，对 GB/T 699 中规定的 20 号钢材的腐蚀速率≥6.35mm/a。

（2）鉴别方法

① 采样点和采样方法按照 HJ/T 298 的规定进行。

② pH 值测定按照 GB/T 15555.12—1995 的规定进行。

③ 腐蚀速率测定按照 JB/T 7901 的规定进行。

详见 GB 5085.1—2007。

3.2 危险废物急性毒性初筛鉴别方法

（1）判定标准 任何生产、生活和其他活动中产生的固体废物符合下列条件之一的固体废物，属于危险废物。经口摄取：固体 LD_{50}≤200mg/kg，液体 LD_{50}≤500mg/kg；经皮肤接触：LD_{50}≤1000mg/kg；蒸气、烟雾或粉尘吸入：LC_{50}≤10mg/L。

（2）鉴别方法

① 采样点和采样方法按照 HJ/T 298 的规定进行。

② 经口 LD_{50}、经皮 LD_{50} 和吸入 LC_{50} 的测定按照 HJ/T 153 中指定的方法进行。

详见 GB 5085.2—2007。

3.3 危险废物浸出毒性鉴别方法

（1）判定标准 按照 HJ/T 299 制备的固体废物浸出液中任何一种危害成分含量超过下表中所列的浓度限值，则判定该固体废物是具有浸出毒性特征的危险废物。浸出毒性鉴别标准值见表 3-1。

表 3-1 浸出毒性鉴别标准值

序号	危害成分项目	浸出液中危害成分浓度限值/(mg/L)	分析方法
无机元素及化合物			
1	铜(以总铜计)	100	GB 5085.3—2007 附录 A、B、C、D
2	锌(以总锌计)	100	GB 5085.3—2007 附录 A、B、C、D
3	镉(以总镉计)	1	GB 5085.3—2007 附录 A、B、C、D
4	铅(以总铅计)	5	GB 5085.3—2007 附录 A、B、C、D
5	总铬	15	GB 5085.3—2007 附录 A、B、C、D
6	铬(六价)	5	GB/T 15555.4—1995
7	烷基汞	不得检出[①]	GB/T 14204—93
8	汞(以总汞计)	0.1	GB 5085.3—2007 附录 B
9	铍(以总铍计)	0.02	GB 5085.3—2007 附录 A、B、C、D
10	钡(以总钡计)	100	GB 5085.3—2007 附录 A、B、C、D

序号	危害成分项目	浸出液中危害成分浓度限值/(mg/L)	分析方法
无机元素及化合物			
11	镍(以总镍计)	5	GB 5085.3—2007 附录 A、B、C、D
12	总银	5	GB 5085.3—2007 附录 A、B、C、D
13	砷(以总砷计)	5	GB 5085.3—2007 附录 C、E
14	硒(以总硒计)	1	GB 5085.3—2007 附录 B、C、E
15	无机氟化物(不包括氟化钙)	100	GB 5085.3—2007 附录 F
16	氰化物(以 CN⁻ 计)	5	GB 5085.3—2007 附录 G
有机农药类			
17	滴滴涕	0.1	GB 5085.3—2007 附录 H
18	六六六	0.5	GB 5085.3—2007 附录 H
19	乐果	8	GB 5085.3—2007 附录 I
20	对硫磷	0.3	GB 5085.3—2007 附录 I
21	甲基对硫磷	0.2	GB 5085.3—2007 附录 I
22	马拉硫磷	5	GB 5085.3—2007 附录 I
23	氯丹	2	GB 5085.3—2007 附录 H
24	六氯苯	5	GB 5085.3—2007 附录 H
25	毒杀芬	3	GB 5085.3—2007 附录 H
26	灭蚁灵	0.05	GB 5085.3—2007 附录 H
非挥发性有机化合物			
27	硝基苯	20	GB 5085.3—2007 附录 J
28	二硝基苯	20	GB 5085.3—2007 附录 K
29	对硝基氯苯	5	GB 5085.3—2007 附录 L
30	2,4-二硝基氯苯	5	GB 5085.3—2007 附录 L
31	五氯酚及五氯酚钠(以五氯酚计)	50	GB 5085.3—2007 附录 L
32	苯酚	3	GB 5085.3—2007 附录 K
33	2,4-二氯苯酚	6	GB 5085.3—2007 附录 K
34	2,4,6-三氯苯酚	6	GB 5085.3—2007 附录 K
35	苯并[a]芘	0.0003	GB 5085.3—2007 附录 K、M
36	邻苯二甲酸二丁酯	2	GB 5085.3—2007 附录 K
37	邻苯二甲酸二辛酯	3	GB 5085.3—2007 附录 L
38	多氯联苯	0.002	GB 5085.3—2007 附录 N
挥发性有机化合物			
39	苯	1	GB 5085.3—2007 附录 O、P、Q
40	甲苯	1	GB 5085.3—2007 附录 O、P、Q
41	乙苯	4	GB 5085.3—2007 附录 P
42	二甲苯	4	GB 5085.3—2007 附录 O、P
43	氯苯	2	GB 5085.3—2007 附录 O、P
44	1,2-二氯苯	4	GB 5085.3—2007 附录 K、O、P、R
45	1,4-二氯苯	4	GB 5085.3—2007 附录 K、O、P、R
46	丙烯腈	20	GB 5085.3—2007 附录 O
47	三氯甲烷	3	GB 5085.3—2007 附录 Q
48	四氯化碳	0.3	GB 5085.3—2007 附录 Q
49	三氯乙烯	3	GB 5085.3—2007 附录 Q
50	四氯乙烯	1	GB 5085.3—2007 附录 Q

① "不得检出"指甲基汞<10ng/L,乙基汞<20ng/L。

（2）鉴别方法

① 采样点和采样方法按照 HJ/T 298 进行。

② 无机元素及其化合物的样品（除六价铬、无机氟化物、氰化物外）的前处理方法参照 GB 5085.3—2007 附录 S；六价铬及其化合物的样品的前处理方法参照 GB 5085.3—2007 附录 T。

③ 有机样品的前处理方法参照 GB 5085.3—2007 附录 U、V、W。

详见 GB 5085.3—2007。

3.4　危险废物易燃性鉴别方法

（1）判定标准　符合下列任何条件之一的固体废物，属于易燃性危险废物。液态易燃性危险废物：闪点温度低于 60℃（闭杯试验）的液体、液体混合物或含有固体物质的液体。固态易燃性危险废物：在标准温度和压力（25℃，101.3kPa）下因摩擦或自发性燃烧而起火，经点燃后能剧烈而持续地燃烧并产生危害的固态废物。气态易燃性危险废物：在 20℃，101.3kPa 状态下，在与空气的混合物中体积分数≤13％时可点燃的气体，或者在该状态下，不论易燃下限如何，与空气混合，易燃范围的易燃上限与易燃下限之差大于或等于 12 个百分点的气体。

（2）鉴别方法

① 采样点和采样方法按照 HJ/T 298 的规定进行。

② 液态易燃性危险废物按照 GB/T 261 的规定进行。

③ 固态易燃性危险废物按照 GB 19521.1 的规定进行。

④ 气态易燃性危险废物按照 GB 19521.3 的规定进行。

详见 GB 5085.4—2007。

3.5　危险废物反应性鉴别方法

（1）判定标准　符合下列任何条件之一的固体废物，属于反应性危险废物。具有爆炸性质：常温常压下不稳定，在无引爆条件下，易发生剧烈变化；标准温度和压力下（25℃，101.3kPa），易发生爆轰或爆炸性分解反应；受强起爆剂作用或在封闭条件下加热，能发生爆轰或爆炸反应。与水或酸接触产生易燃气体或有毒气体：与水混合发生剧烈化学反应，并放出大量易燃气体和热量；与水混合能产生足以危害人体健康或环境的有毒气体、蒸气或烟雾；在酸性条件下，每千克含氰化物废物分解产生≥250mg 氰化氢气体，或者每千克含硫化物废物分解产生≥500mg 硫化氢气体。废弃氧化剂或有机过氧化物：极易引起燃烧或爆炸的废弃氧化剂；对热、震动或摩擦极为敏感的含过氧基的废弃有机过氧化物。

（2）鉴别方法

① 采样点和采样方法按照 HJ/T 298 规定进行。

② 爆炸性危险废物的鉴别主要依据专业知识，在必要时可按照 GB 19455 中第 6.2 和 6.4 条规定进行试验和判定。

③ 与水混合发生剧烈化学反应，并放出大量易燃气体和热量按照 GB 19521.4—2004 第 5.5.1 和 5.5.2 条规定进行试验和判定。

④ 与水混合能产生足以危害人体健康或环境的有毒气体、蒸气或烟雾主要依据专业知识和经验来判断。

⑤ 在酸性条件下，每千克含氰化物废物分解产生≥250mg 氰化氢气体，或者每千克含硫化物废物分解产生≥500mg 硫化氢气体按照 GB 5085.5—2007 的附录 1 进行。

⑥ 极易引起燃烧或爆炸的废弃氧化剂按照 GB 19452 规定进行。

⑦ 对热、震动或摩擦极为敏感的含过氧基的废弃有机过氧化物按照 GB 19521.12 规定进行。

详见 GB 5085.5—2007。

3.6　危险废物毒性物质含量鉴别方法

（1）判定标准

① 符合下列条件之一的固体废物是危险废物。含有 GB 5085.6—2007 附录 A 中的一种或一种以上剧毒物质的总含量≥0.1%；含有 GB 5085.6—2007 附录 B 中的一种或一种以上有毒物质的总含量≥3%；含有 GB 5085.6—2007 附录 C 中的一种或一种以上致癌性物质的总含量≥0.1%；含有 GB 5085.6—2007 附录 D 中的一种或一种以上致突变性物质的总含量≥0.1%；含有 GB 5085.6—2007 附录 E 中的一种或一种以上生殖毒性物质的总含量≥0.5%；含有 GB 5085.6—2007 附录 A 至附录 E 中两种及以上不同毒性物质，如果符合下列等式，按照危险废物管理：

$$\sum \left[\left(\frac{P_{T^+}}{L_{T^+}} + \frac{P_T}{L_T} + \frac{P_{Carc}}{L_{Carc}} + \frac{P_{Muta}}{L_{Muta}} + \frac{P_{Tera}}{L_{Tera}} \right) \right] \geqslant 1$$

式中　　　　　P_{T^+}——固体废物中剧毒物质的含量；

P_T——固体废物中有毒物质的含量；

P_{Carc}——固体废物中致癌性物质的含量；

P_{Muta}——固体废物中致突变性物质的含量；

P_{Tera}——固体废物中生殖毒性物质的含量；

L_{T^+}，L_T，L_{Carc}，L_{Muta}，L_{Tera}——各种毒性物质在本部分规定的标准值。

② 含有 GB 5085.6—2007 附录 F 中的任何一种持久性有机污染物（除多氯二苯并对二噁英、多氯二苯并呋喃外）的含量≥50mg/kg；含有多氯二苯并对二噁英和多氯二苯并呋喃的含量≥15μgTEQ/kg。

（2）鉴别方法

① 采样点和采样方法按照 HJ/T 298 进行。

② 无机元素及其化合物的样品（除六价铬、无机氟化物、氰化物外）的前处理方法见 GB 5085.3 附录 S；六价铬及其化合物的样品的前处理方法参照 GB 5085.3 附录 T。

③ 有机样品的前处理方法参照 GB 5085.3 附录 U、附录 V、附录 W 和 GB 5085.6 附录 G。

详见 GB 5085.6—2007。

3.7 危险废物鉴别标准通则

（1）鉴别程序　危险废物的鉴别应按照以下程序进行：

① 依据《中华人民共和国固体废物污染环境防治法》《固体废物鉴别导则》判断待鉴别的物品、物质是否属于固体废物，不属于固体废物的，则不属于危险废物。

② 经判断属于固体废物的，则依据《国家危险废物名录》判断。凡列入《国家危险废物名录》的，属于危险废物，不需要进行危险特性鉴别（感染性废物根据《国家危险废物名录》鉴别）；未列入《国家危险废物名录》的，应依据 GB 5085.1~GB 5085.6 鉴别标准进行鉴别，凡具有腐蚀性、毒性、易燃性、反应性等一种或一种以上危险特性的，属于危险废物。

③ 对未列入《国家危险废物名录》或根据危险废物鉴别标准无法鉴别，但可能对人体健康或生态环境造成有害影响的固体废物，由国务院环境保护行政主管部门组织专家认定。

（2）危险废物混合后判定规则

① 具有毒性（包括浸出毒性、急性毒性及其他毒性）和感染性等一种或一种以上危险特性的危险废物与其他固体废物混合，混合后的废物属于危险废物。

② 仅具有腐蚀性、易燃性或反应性的危险废物与其他固体废物混合，混合后的废物经 GB 5085.1、GB 5085.4 和 GB 5085.5 鉴别不再具有危险特性的，不属于危险废物。

③ 危险废物与放射性废物混合，混合后的废物应按照放射性废物管理。

（3）危险废物处理后判定规则

① 具有毒性（包括浸出毒性、急性毒性及其他毒性）和感染性等一种或一种以上危险特性的危险废物处理后的废物仍属于危险废物，国家有关法规、标准另有规定的除外。

② 仅具有腐蚀性、易燃性或反应性的危险废物处理后，经 GB 5085.1、GB 5085.4 和 GB 5085.5 鉴别不再具有危险特性的，不属于危险废物。

详见 GB 5085.7—2007。

3.8 进口冶炼渣环境保护控制要求

进口冶炼渣指主要含锰的冶炼钢铁产生的粒状熔渣（含锰量大于 25%，包括熔渣砂）（HS 编码 2618001001）、轧钢产生的氧化皮（HS 编码 2619000010）及含铁量大于 80% 的冶炼钢铁产生的渣钢铁（HS 编码 2619000030）。

（1）环境保护控制要求

① 进口冶炼渣的放射性污染控制应符合下列要求：

a. 冶炼渣中未混有放射性废物；

b. 冶炼渣（含包装物）的外照射贯穿辐射剂量率不超过进口口岸所在地正常天然辐射本底值 $+0.25\mu Gy/h$；

c. 冶炼渣的表面 α、β 放射性污染水平为：表面任何部分 $300cm^2$ 的最大检测水平的平均值 α 不超过 $0.04Bq/cm^2$，β 不超过 $0.4Bq/cm^2$；

d. 冶炼渣中放射性核素比活度应低于表 3-2 的限值。

表 3-2　放射性核素比活度限值

核素	比活度/(Bq/g)	核素	比活度/(Bq/g)
^{59}Ni	3×10^3	^{235}U	0.3
^{63}Ni	3×10^3	^{238}U	0.3
^{54}Mn	0.3	^{239}Pu	0.1
^{60}Co	0.3	^{241}Am	0.3
^{65}Zn	0.3	^{152}Eu	0.3
^{55}Fe	300	^{154}Eu	0.3
^{90}Sr	3	^{94}Nb	0.3
^{134}Cs	0.3	不明成分的 β-γ 混合物	0.3
^{137}Cs	0.3	不明成分的 α 混合物	0.1

② 冶炼渣中未混有废弃炸弹、炮弹等爆炸性武器弹药。

③ 冶炼渣中应严格限制下列夹杂物的混入，总质量不应超过进口冶炼渣质量的 0.01％。

a. 密闭容器；

b.《国家危险废物名录》中的废物；

c. 依据 GB 5085.1～GB 5085.6 鉴别标准进行鉴别，凡具有腐蚀性、毒性、易燃性、反应性等一种或一种以上危险特性的其他危险废物。

④ 除上述各条所列废物外，冶炼渣中应限制其他夹杂物（包括木废料、废纸、废塑料、废橡胶、废玻璃等废物）的混入，总质量不应超过进口冶炼渣质量的 0.5％。

（2）检验

① 本要求检验采取随机抽样检验的方式，对集装箱装运的进口废物采取开箱、掏箱、拆包/捆、分拣的检验方法，对散装海运的进口废物采取开舱查验和落地检验的方法，对散装陆运的进口废物采取开箱查验和落地检验的方法，必要时送实验室进行检测（包括放射性核素比活度、危险特性等）。随机抽样检验的结果作为整批货物检验结果。

② 本要求（1）①条的检验按照 SN/T 0570 规定执行。

③ 本要求（1）③c 条按照 GB 5085.1～GB 5085.6 规定的方法进行检验。

④ 本要求其他条款的检验按照 SN/T 1791.10 规定执行。

详见 GB 16487.2—2017。

3.9　进口木、木制品废料环境保护控制要求

进口木及木制品废料（以下简称木废料）指木屑棒（HS 编码 4401310000）、其他锯末、木废料及碎片（HS 编码 4401390000）及软木废料（HS 编码 4501901000）。

（1）环境保护控制要求

① 进口木废料的放射性污染控制应符合下列要求：

a. 木废料中未混有放射性废物；

b. 木废料（含包装物）的外照射贯穿辐射剂量率不超过进口口岸所在地正常天然辐射本底值＋$0.25\mu Gy/h$；

c. 木废料的表面 α、β 放射性污染水平为：表面任何部分的 $300cm^2$ 的最大检测水平的平均值 α 不超过 $0.04Bq/cm^2$，β 不超过 $0.4Bq/cm^2$；

d. 木废料中放射性核素比活度应低于表 3-2 的限值。

② 木废料中未混有废弃炸弹、炮弹等爆炸性武器弹药。

③ 木废料中应严格限制下列夹杂物的混入，总质量不应超过进口木废料质量的 0.01%。

a. 密闭容器；

b. 《国家危险废物名录》中的废物；

c. 依据 GB 5085.1～GB 5085.6 鉴别标准进行鉴别，凡具有腐蚀性、毒性、易燃性、反应性等一种或一种以上危险特性的其他危险废物。

④ 除上述各条所列废物外，木废料中应限制其他夹杂物（包括废金属、废纸、废塑料、废玻璃、废橡胶、已腐烂的木料等废物）的混入，总质量不应超过进口木废料质量的 0.5%。

（2）检验

① 本要求检验采取随机抽样检验的方式，对集装箱装运的进口废物采取开箱、掏箱、拆包/捆、分拣的检验方法，对散装海运的进口废物采取开舱查验和落地检验的方法，对散装陆运的进口废物采取开箱查验和落地检验的方法，必要时送实验室进行检测（包括放射性核素比活度、危险特性等）。随机抽样检验的结果作为整批货物检验结果。

② 本要求（1）①条的检验按照 SN/T 0570 规定执行。

③ 本要求（1）③c 条按照 GB 5085.1～GB 5085.6 规定的方法进行检验。

④ 本要求其他条款的检验按照 SN/T 1791.3 规定执行。

详见 GB 16487.3—2017。

3.10　进口废纸或纸板环境保护控制要求

进口废纸或纸板（以下简称进口废纸）指含回收（废碎）的未漂白牛皮、瓦楞纸或纸板（HS 编码 4707100000），回收（废碎）的漂白化学木浆制的纸和纸板（未经本体染色）（HS 编码 4707200000）及回收（废碎）的机械木浆制的纸或纸板（例如废报纸、杂志及类似印刷品）（HS 编码 4707300000）。

（1）环境保护控制要求

① 进口废纸的放射性污染控制应符合下列要求：

a. 废纸中未混有放射性废物；

b. 废纸（含包装物）的外照射贯穿辐射剂量率不超过进口口岸所在地正常天然辐射本底值＋0.25μGy/h；

c. 废纸的表面 α、β 放射性污染水平为：表面任何部分的 $300cm^2$ 的最大检测水平的平均值 α 不超过 $0.04Bq/cm^2$，β 不超过 $0.4Bq/cm^2$；

d. 废纸中放射性核素比活度应低于表 3-2 的限值。

② 进口废纸中未混有废弃炸弹、炮弹等爆炸性武器弹药。

③ 进口废纸中应严格限制下列夹杂物的混入，总质量不应超过进口废纸质量的 0.01%。

a. 被焚烧或部分焚烧的废纸，被灭火剂污染的废纸；

b. 密闭容器；

c. 《国家危险废物名录》中的废物；

d. 依据 GB 5085.1～GB 5085.6 鉴别标准进行鉴别，凡具有腐蚀性、毒性、易燃性、反应性等一种或一种以上危险特性的其他危险废物。

④ 除上述各条所列废物外，进口废纸中应限制其他夹杂物（包括木废料、废金属、废玻璃、废塑料，废橡胶、废织物、废吸附剂、铝塑纸复合包装、热敏纸、沥青防潮纸、不干胶纸、墙/壁纸、涂蜡纸、浸蜡纸、浸油纸、硅油纸、复写纸等废物）的混入，总质量不应超过进口废纸质量的 0.5%。

（2）检验

① 本要求检验采取随机抽样检验的方式，对集装箱装运的进口废物采取开箱、掏箱、拆包/捆、分拣的检验方法，对散装海运的进口废物采取开舱查验和落地检验的方法，对散装陆运的进口废物采取开箱查验和落地检验的方法，必要时送实验室进行检测（包括放射性核素比活度、危险特性等）。随机抽样检验的结果作为整批货物检验结果。

② 本要求（1）①条的检验按照 SN/T 0570 规定执行。

③ 本要求（1）③d 条按照 GB 5085.1～GB 5085.6 规定的方法进行检验。

④ 本要求其他条款的检验按照 SN/T 1791.13 规定执行。

详见 GB 16487.4—2017。

3.11　进口废钢铁环境保护控制要求

进口废钢铁指铸铁废碎料（HS 编码 7204100000）、不锈钢废碎料（HS 编码 7204210000）、其他合金钢废碎料（HS 编码 7204290000）、镀锡钢铁废碎料（HS 编码 7204300000）、机械加工中产生的钢铁废料（机械加工指车、刨、铣、磨、锯、锉、剪、冲加工）（HS 编码 7204410000）、未列名钢铁废碎料（HS 编码 7204490090）及供再熔的碎料钢铁锭（HS 编码 7204500000）。

（1）环境保护控制要求

① 进口废钢铁的放射性污染控制应符合下列要求：

a. 废钢铁中未混有放射性废物；

b. 废钢铁（含包装物）的外照射贯穿辐射剂量率不超过进口口岸所在地正常天然辐射本底值+0.25μGy/h；

c. 废钢铁的表面 α、β 放射性污染水平为：表面任何部分的 $300cm^2$ 的最大检测水平的平均值 α 不超过 $0.04Bq/cm^2$，β 不超过 $0.4Bq/cm^2$。

d. 废钢铁中放射性核素比活度应低于表 3-2 的限值。

② 废钢铁中未混有废弃炸弹、炮弹等爆炸性武器弹药。

③ 废钢铁中应严格限制下列夹杂物的混入，总质量不应超过进口废钢铁质量的 0.01%。

a. 密闭容器；

b.《国家危险废物名录》中的废物；

c. 依据 GB 5085.1～GB 5085.6 鉴别标准进行鉴别，凡具有腐蚀性、毒性、易燃性、反应性等一种或一种以上危险特性的其他危险废物。

④ 除上述各条所列废物外，废钢铁中应限制其他夹杂物（包括木废料、废纸、废玻璃、废塑料、废橡胶、废织物、粒径不大于 2mm 的粉状物、剥离铁锈等废物）的混入，总质量不应超过进口废钢铁质量的 0.5%，其中夹杂和沾染的粒径不大于 2mm 的粉状物（除尘灰、尘泥、污泥、金属氧化物等）的总质量不应超过进口废钢铁总质量的 0.1%。

（2）检验

① 本要求检验采取随机抽样检验的方式,对集装箱装运的进口废物采取开箱、掏箱、拆包/捆、分拣的检验方法,对散装海运的进口废物采取开舱查验和落地检验的方法,对散装陆运的进口废物采取开箱查验和落地检验的方法,必要时送实验室进行检测(包括放射性核素比活度、危险特性等)。随机抽样检验的结果作为整批货物检验结果。

② 本要求(1)①条的检验按照 SN/T 0570 规定执行。

③ 本要求(1)③c 条按照 GB 5085.1～GB 5085.6 规定的方法进行检验。

④ 本要求其他条款的检验按照 SN/T 1791.4 规定执行。

详见 GB 16487.6—2017。

3.12 进口废有色金属环境保护控制要求

进口废有色金属指金的废碎料(HS 编码 7112911010)、包金的废碎料(但含有其他贵金属除外)(HS 编码 7112911090)、铂及包铂的废碎料(但含有其他贵金属除外,主要用于回收铂)(HS 编码 7112921000)、其他铜废碎料(HS 编码 7404000090)、镍废碎料(HS 编码 7503000000)、其他铝废碎料(HS 编码 7602000090)、锌废碎料(HS 编码 7902000000)、锡废碎料(HS 编码 8002000000)、钨废碎料(HS 编码 8101970000)、钽废碎料(HS 编码 8103300000)、镁废碎料(HS 编码 8104200000)、其他未锻轧铋废碎料(HS 编码 8106001092)、钛废碎料(HS 编码 8108300000)、锆废碎料(HS 编码 8109300000)、未锻轧锗废碎料(HS 编码 8112921010)、未锻轧钒废碎料(HS 编码 8112922010)、铌废碎料(HS 编码 8112924010)、未锻轧的铪废碎料(HS 编码 8112929011)、未锻轧的镓、铼废碎料(HS 编码 8112929091)、颗粒或粉末状碳化钨废碎料(HS 编码 8113001010)及其他碳化钨废碎料,颗粒或粉末除外(HS 编码 8113009010)。

(1)环境保护控制要求

① 进口废有色金属的放射性污染控制应符合下列要求:

a. 废有色金属中未混有放射性废物;

b. 废有色金属(含包装物)的外照射贯穿辐射剂量率不超过进口口岸所在地正常天然辐射本底值+0.25μGy/h;

c. 废有色金属的表面 α、β 放射性污染水平为:表面任何部分的 300cm² 的最大检测水平的平均值 α 不超过 0.04Bq/cm²,β 不超过 0.4Bq/cm²;

d. 废有色金属中非天然放射性核素比活度应低于表 3-2 的限值。

② 废有色金属中未混有废弃炸弹、炮弹等爆炸性武器弹药。

③ 废有色金属中应严格限制下列夹杂物的混入,总质量不应超过进口废有色金属质量的 0.01%。

a. 密闭容器;

b.《国家危险废物名录》中的废物;

c. 依据 GB 5085.1～GB 5085.6 鉴别标准进行鉴别,凡具有腐蚀性、毒性、易燃性、反应性等一种或一种以上危险特性的其他危险废物。

④ 除上述各条所列废物外,废有色金属中应限制其他夹杂物(包括木废料、废纸、废塑料、废橡胶、废玻璃、粒径不大于 2mm 的粉状物等废物)的混入,总质量不应超过进口废有色金属总质量的 1.0%,其中夹杂和沾染的粒径不大于 2mm 的粉状物(灰尘、污泥、

结晶盐、金属氧化物、纤维末等）的总质量不应超过进口废有色金属质量的 0.1%。

（2）检验

① 本要求检验采取随机抽样检验的方式，对集装箱装运的进口废物采取开箱、掏箱、拆包/捆、分拣的检验方法，对散装海运的进口废物采取开舱查验和落地检验的方法，对散装陆运的进口废物采取开舱查验和落地检验的方法，必要时送实验室进行检测（包括放射性核素比活度、危险特性等）。随机抽样检验的结果作为整批货物检验结果。

② 本要求（1）①条的检验按照 SN/T 0570 规定执行。

③ 本要求（1）③c 条按照 GB 5085.1～GB 5085.6 规定的方法进行检验。

④ 本要求其他条款的检验按照 SN/T 1791.9 规定执行。

详见 GB 16487.7—2017。

3.13 进口废电机环境保护控制要求

进口废电机指以回收铜为主的废电机（HS 编码 7404000010）。

（1）环境保护控制要求

① 进口废电机的放射性污染控制应符合下列要求：

a. 废电机中未混有放射性废物；

b. 废电机（含包装物）的外照射贯穿辐射剂量率不超过进口口岸所在地正常天然辐射本底值＋$0.25\mu Gy/h$；

c. 废电机的表面 α、β 放射性污染水平为：表面任何部分的 $300cm^2$ 的最大检测水平的平均值 α 不超过 $0.04Bq/cm^2$，β 不超过 $0.4Bq/cm^2$；

d. 废电机中放射性核素比活度应低于表 3-2 的限值。

② 废电机中未混有废弃炸弹、炮弹等爆炸性武器弹药。

③ 废电机中应严格限制下列夹杂物的混入，总质量不应超过进口废电机质量的 0.01%。

a. 废电机表面附着的油污；

b. 密闭容器；

c.《国家危险废物名录》中的废物；

d. 依据 GB 5085.1～GB 5085.6 鉴别标准进行鉴别，凡具有腐蚀性、毒性、易燃性、反应性等一种或一种以上危险特性的其他危险废物。

④ 除上述各条所列废物外，废电机中应限制其他夹杂物（包括废木块、废纸、废纤维、废玻璃、废塑料、废橡胶等废物）的混入，总质量不应超过进口废电机质量的 0.5%。

（2）检验

① 本要求检验采取随机抽样检验的方式，对集装箱装运的进口废物采取开箱、掏箱、拆包/捆、分拣的检验方法，对散装海运的进口废物采取开舱查验和落地检验的方法，对散装陆运的进口废物采取开舱查验和落地检验的方法，必要时送实验室进行检测（包括放射性核素比活度、危险特性等）。随机抽样检验的结果作为整批货物检验结果。

② 本要求（1）①条的检验按照 SN/T 0570 规定执行。

③ 本要求（1）③d 条按照 GB 5085.1～GB 5085.6 规定的方法进行检验。

④ 本要求其他条款的检验按照 SN/T 1791.8 规定执行。

详见 GB 16487.8—2017。

3.14 进口废电线电缆环境保护控制要求

进口废电线电缆指以回收铜为主的废电线、电缆（HS 编码 7404000010）和以回收铝为主的废电线、电缆（HS 编码 7602000010）。

（1）环境保护控制要求

① 进口废电线电缆的放射性污染控制应符合下列要求：

a. 废电线电缆中未混有放射性废物；

b. 废电线电缆（含包装物）的外照射贯穿辐射剂量率不超过进口口岸所在地正常天然辐射本底值 $+0.25\mu Gy/h$；

c. 废电机的表面 α、β 放射性污染水平为：表面任何部分的 $300cm^2$ 的最大检测水平的平均值 α 不超过 $0.04Bq/cm^2$，β 不超过 $0.4Bq/cm^2$；

d. 废电线电缆中放射性核素比活度应低于表 3-2 的限值。

② 废电线电缆中未混有废弃炸弹、炮弹等爆炸性武器弹药。

③ 废电线电缆中应严格限制下列夹杂物的混入，总质量不应超过废电线电缆质量的 0.01%。

a. 密闭容器；

b. 油封电缆、光缆，铅皮电缆；

c.《国家危险废物名录》中的废物；

d. 依据 GB 5085.1～GB 5085.6 鉴别标准进行鉴别，凡具有腐蚀性、毒性、易燃性、反应性等一种或一种以上危险特性的其他危险废物。

④ 除上述各条所列废物外，废电线电缆中应限制其他夹杂物（包括废纸、木废料、废玻璃等废物）的混入，总质量不应超过进口废电线电缆质量的 0.5%。

（2）检验

① 本要求检验采取随机抽样检验的方式，对集装箱装运的进口废物采取开箱、掏箱、拆包/捆、分拣的检验方法，对散装海运的进口废物采取开舱查验和落地检验的方法，对散装陆运的进口废物采取开箱查验和落地检验的方法，必要时送实验室进行检测（包括放射性核素比活度、危险特性等）。随机抽样检验的结果作为整批货物检验结果。

② 本要求（1）①条的检验按照 SN/T 0570 规定执行。

③ 本要求（1）③d 条按照 GB 5085.1～GB 5085.6 规定的方法进行检验。

④ 本要求其他条款的检验按照 SN/T 1791.7 规定执行。

详见 GB 16487.9—2017。

3.15 进口废五金电器环境保护控制要求

进口废五金电器指以回收钢铁为主的废五金电器（HS 编码 7204490020）、以回收铜为主的废五金电器（HS 编码 7404000010）和以回收铝为主的废五金电器（HS 编码 7602000010）。

（1）环境保护控制要求

① 进口废五金电器的放射性污染控制应符合下列要求：

a. 废五金电器中未混有放射性废物；

b. 废五金电器（含包装物）的外照射贯穿辐射剂量率不超过进口口岸所在地正常天然辐射本底值$+0.25\mu Gy/h$；

c. 废五金电器的表面α、β放射性污染水平为：表面任何部分的$300cm^2$的最大检测水平的平均值α不超过$0.04Bq/cm^2$，β不超过$0.4Bq/cm^2$；

d. 废五金电器中放射性核素比活度应低于表3-2的限值。

② 废五金电器中未混有废弃炸弹、炮弹等爆炸性武器弹药。

③ 废五金电器中应严格限制下列夹杂物的混入，总质量不应超过进口废五金电器质量的0.01%。

a. 未清除绝缘油材料的变压器、镇流器和压缩机；

b. 密闭容器；

c. 《国家危险废物名录》中的废物；

d. 依据GB 5085.1～GB 5085.6鉴别标准进行鉴别，凡具有腐蚀性、毒性、易燃性、反应性等一种或一种以上危险特性的其他危险废物。

④ 除上述各条所列废物外，废五金电器中应限制其他夹杂物（包括木废料、废纸、废塑料、废橡胶、废玻璃以及国家禁止进口的废机电产品等废物）的混入，总质量不应超过进口废五金电器质量的0.5%。

⑤ 进口废五金电器中可回收利用金属的含量应不低于废五金电器总质量的80%。

（2）检验

① 本要求检验采取随机抽样检验的方式，对集装箱装运的进口废物采取开箱、掏箱、拆包/捆、分拣的检验方法，对散装海运的进口废物采取开舱查验和落地检验的方法，对散装陆运的进口废物采取开箱查验和落地检验的方法，必要时送实验室进行检测（包括放射性核素比活度、危险特性等）。随机抽样检验的结果作为整批货物检验结果。

② 本要求（1）①条的检验按照SN/T 0570规定执行。

③ 本要求（1）③d条按照GB 5085.1～GB 5085.6规定的方法进行检验。

④ 本要求其他条款的检验按照SN/T 1791.6规定执行。

详见GB 16487.10—2017。

3.16　进口供拆卸的船舶和其他浮动结构体环境保护控制要求

进口供拆卸的船舶和其他浮动结构体（以下简称为废船舶）指海关商品编号为8908000000废船舶。

（1）环境保护控制要求

① 废船舶中禁止混有下列夹杂物（携带物）［包含在（1）⑤条中的废物除外］：

a. 放射性废物；

b. 废弃炸弹、炮弹等爆炸性武器弹药；

c. 含多氯联苯废物；

d. 根据GB 5085鉴别为危险废物的物质；

e. 《国家危险废物名录》中的其他废物。

② 未经洗舱的废油船禁止进口。

③ 废船舶的表面 α、β 放射性污染水平为：表面任何部分的 $300cm^2$ 的最大检测水平的平均值 α 不超过 $0.04Bq/cm^2$，β 不超过 $0.4Bq/cm^2$；

④ 废船舶中放射性核素比活度应低于表 3-2 的限值。

⑤ 废船舶中应严格限制下列夹杂物（携带物）的混入，总质量不应超过进口废船舶轻吨的 0.01％。

　　a. 石棉废物或含石棉的废物（船舶本身的石棉隔热和绝缘材料除外）；

　　b. 废船货舱中油及油泥的残留量；

　　c. 废感光材料；

　　d. 密闭容器（船舶自身的密闭容器除外）；

　　e. 可以充分说明在进口废船舶的产生和运输过程中难以避免混入的其他危险废物。

⑥ 废船舶中作为船舶本身的隔热和绝缘材料的石棉含量不应超过其轻吨的 0.08％。

⑦ 除上述各条所列夹杂物外，采取拖航行形式进口的废船舶中应限制其他夹杂物（携带物）的混入，总质量不应超过其轻吨的 0.05％。

⑧ 采取自航行进口的废船舶中除上述各条所列的夹杂物外，其他夹杂物（携带物）总质量 $W_废$ 应满足以下公式计算要求：

$$W_废 \leq 1.5TN(kg)$$

式中　　$W_废$——船舶废弃物总质量，kg；

　　　　T——船舶入港后停泊时间，天；

　　　　N——船舶应载船员人数，人；

　　　　1.5——系数，kg/(人·天)。

⑨ 曾经承运过（1）①条、（1）⑤条所列货物以及其他危险化学物质专用运输船舶需进行清洗。进口者应向检验机构申报曾经承运过（1）①条、（1）⑤条所列物质以及其他危险化学物质的名称及主要成分。

⑩ 废船舶污染物排放应符合 GB 3552 的要求。

（2）检验

① 本要求（1）①c 条的检验按照 GB 13015 规定执行。

② 本要求（1）①d 条、（1）①e 条按照 GB 5085 规定的方法进行检验。

③ 本要求（1）①a 条、（1）③条、（1）④条的检验按照 SN/T 0570 规定执行。

④ 本要求其他条款的检验按照 SN/T 1791.5 规定执行。

详见 GB 16487.11—2017。

3.17　进口废塑料环境保护控制要求

进口废塑料指乙烯聚合物的废碎料及下脚料（HS 编码 3915100000）、苯乙烯聚合物的废碎料及下脚料（HS 编码 3915200000）、氯乙烯聚合物的废碎料及下脚料（HS 编码 3915300000）、聚对苯二甲酸乙二酯废碎料及下脚料（HS 编码 3915901000）及其他塑料的废碎料及下脚料（HS 编码 3915909000）。

（1）环境保护控制要求

① 进口废塑料的放射性污染控制应符合下列要求：

a. 废塑料中未混有放射性废物；

b. 废塑料（含包装物）的外照射贯穿辐射剂量率不超过进口口岸所在地正常天然辐射本底值+0.25μGy/h；

c. 废塑料的表面α、β放射性污染水平为：表面任何部分的300cm² 的最大检测水平的平均值α不超过0.04Bq/cm²，β不超过0.4Bq/cm²；

d. 废塑料中放射性核素比活度应低于表3-2的限值。

② 废塑料中未混有废弃炸弹、炮弹等爆炸性武器弹药。

③ 废塑料中应严格限制下列夹杂物的混入，总质量不应超过进口废塑料质量的0.01%。

a. 被焚烧或部分焚烧的废塑料，被灭火剂污染的废塑料；

b. 使用过的完整塑料容器；

c. 密闭容器；

d. 《国家危险废物名录》中的废物；

e. 依据GB 5085.1～GB 5085.6鉴别标准进行鉴别，凡具有腐蚀性、毒性、易燃性、反应性等一种或一种以上危险特性的其他危险废物。

④ 除上述各条所列废物外，进口废塑料中应限制其他夹杂物（包括废纸、废木片、废金属、废玻璃、废橡胶/废轮胎、热固性塑料、其他含金属涂层的塑料、未经压缩处理的废发泡塑料等废物）的混入，总质量不应超过进口废塑料质量的0.5%。

（2）检验

① 本要求检验采取随机抽样检验的方式，对集装箱装运的进口废物采取开箱、掏箱、拆包/捆、分拣的检验方法，对散装海运的进口废物采取开舱查验和落地检验的方法，对散装陆运的进口废物采取开箱查验和落地检验的方法，必要时送实验室进行检测（包括放射性核素比活度、危险特性等）。随机抽样检验的结果作为整批货物检验结果。

② 本要求（1）①条的检验按照SN/T 0570规定执行。

③ 本要求（1）③e条按照GB 5085.1～GB 5085.6规定的方法进行检验。

④ 本要求其他条款的检验按照SN/T 1791.1规定执行。

详见GB 16487.12—2017。

3.18 进口废汽车压件环境保护控制要求

进口废汽车压件指海关商品编号为7204490010的废汽车压件。

（1）环境保护控制要求

① 进口废汽车压件的放射性污染控制应符合下列要求：

a. 废汽车压件中未混有放射性废物；

b. 废汽车压件（含包装物）的外照射贯穿辐射剂量率不超过进口口岸所在地正常天然辐射本底值+0.25μGy/h；

c. 废汽车压件的表面α、β放射性污染水平为：表面任何部分的300cm² 的最大检测水平的平均值α不超过0.04Bq/cm²，β不超过0.4Bq/cm²；

d. 废汽车压件中放射性核素比活度应低于表3-2的限值。

② 废汽车压件中未混有废弃炸弹、炮弹等爆炸性武器弹药。

③ 废汽车压件应拆除或清除废汽车本身的下列组成，这些组成部分的总质量不应超过废汽车总质量的0.01%。

a. 安全气囊；

b. 蓄电池；

c. 灭火器、密闭压力容器；

d. 机油、齿轮油、汽油、柴油、制动液、冷却液；

e. 制冷剂、催化剂；

f. 沾染的油泥、油污。

④ 废汽车压件中应清除废汽车本身构成的轮胎、座椅、靠垫等非金属材料，这些组成部分的总质量不应超过废汽车压件总质量的 0.3%。

⑤ 废汽车压件中应严格限制下列夹杂物的混入，总质量不应超过废汽车压件总质量的 0.01%。

a. 密闭容器；

b. 《国家危险废物名录》中的废物；

c. 依据 GB 5085.1～GB 5085.6 鉴别标准进行鉴别，凡具有腐蚀性、毒性、易燃性、反应性等一种或一种以上危险特性的其他危险废物。

⑥ 除上述各条所列废物外，废汽车压件中应限制其他夹杂物（包括木废料、废纸、废橡胶、热固性塑料、生活垃圾等）的混入，总质量不应超过废汽车压件总质量的 0.5%。

（2）检验

① 本要求检验采取随机抽样检验的方式，对集装箱装运的进口废物采取开箱、掏箱、拆包/捆、分拣的检验方法，对散装海运的进口废物采取开舱查验和落地检验的方法，对散装陆运的进口废物采取开箱查验和落地检验的方法，必要时送实验室进行检测（包括放射性核素比活度、危险特性等）。随机抽样检验的结果作为整批货物检验结果。

② 本要求（1）①条的检验按照 SN/T 0570 规定执行。

③ 本要求（1）⑤c 条按照 GB 5085.1～GB 5085.6 规定的方法进行检验。

④ 本要求其他条款的检验按照 SN/T 1791.11 规定执行。

详见 GB 16487.13—2017。

3.19　危险废物鉴别样品的采集

（1）采样对象的确定　对于正在产生的固体废物，应在确定的工艺环节采取样品。

（2）份样数的确定　表 3-3 为需要采集的固体废物的最小份样数。

表 3-3　固体废物采集最小份样数

固体废物量（以 q 表示）/t	最小份样数/个	固体废物量（以 q 表示）/t	最小份样数/个
$q \leqslant 5$	5	$90 < q \leqslant 150$	32
$5 < q \leqslant 25$	8	$150 < q \leqslant 500$	50
$25 < q \leqslant 50$	13	$500 < q \leqslant 1000$	80
$50 < q \leqslant 90$	20	$q > 1000$	100

固体废物为历史堆存状态时，应以堆存的固体废物总量为依据，按照表 3-3 确定需要采集的最小份样数。

固体废物为连续产生时，应以确定的工艺环节 1 个月内的固体废物产生量为依据，按照

表 3-3 确定需要采集的最小份样数。如果生产周期小于 1 个月，则以一个生产周期内的固体废物产生量为依据。

样品采集应分次在 1 个月（或一个生产周期）内等时间间隔完成；每次采样在设备稳定运行的 8h（或一个生产班次）内等时间间隔完成。

固体废物为间歇产生时，应以确定的工艺环节 1 个月内的固体废物产生量为依据，按照表 3-3 确定需要采集的最小份样数。如果固体废物产生的时间间隔大于 1 个月，以每次产生的固体废物总量为依据，按照表 3-3 确定需要采集的份样数。

每次采集的份样数应满足下式要求：

$$n = \frac{N}{p}$$

式中　n——每次采集的份样数；

　　　N——需要采集的份样数；

　　　p——1 个月内固体废物的产生次数。

（3）份样量的确定　固态废物样品采集的份样量应同时满足下列要求：

① 满足分析操作的需要；

② 依据固态废物的原始颗粒最大粒径，不小于表 3-4 中规定的质量。

表 3-4　不同颗粒直径的固态废物的一个份样所需采取的最小份样量

原始颗粒最大粒径(以 d 表示)/cm	最小份样量/g	原始颗粒最大粒径(以 d 表示)/cm	最小份样量/g
$d \leqslant 0.50$	500	$d > 1.0$	2000
$0.50 < d \leqslant 1.0$	1000	—	—

半固态和液态废物样品采集的份样量应满足分析操作的需要。

（4）采样方法　固体废物采样工具、采样程序、采样记录和盛样容器参照 HJ/T 20 的要求进行。

在采样过程中应采取必要的个人安全防护措施，同时应采取措施防止造成二次污染。

固态、半固态废物样品应按照下列方法采集：

① 连续产生　在设备稳定运行时的 8h（或一个生产班次）内等时间间隔用勺式采样器采取样品。每采取一次，作为一个份样。

② 带卸料口的贮罐（槽）装　应尽可能在卸除废物过程中采取样品；根据固体废物性状分别使用长铲式采样器、套筒式采样器或者探针进行采样。

当只能在卸料口采样时，应预先清洁卸料口，并适当排出废物后再采取样品。采样时，用布袋（桶）接住料口，按所需份样量等时间间隔放出废物。每接取一次废物，作为一个份样。

③ 板框压滤机　将压滤机各板框顺序编号，用 HJ/T 20 中的随机数表法抽取 N 个板框作为采样单元采取样品。采样时，在压滤脱水后取下板框，刮下废物。每个板框采取的样品作为一个份样。

④ 散状堆积　对于堆积高度小于或者等于 0.5m 的散状堆积固态、半固态废物，将废物堆平铺成厚度为 10～15cm 的矩形，划分为 $5N$ 个（N 为份样数，下同）面积相等的网格，顺序编号；用 HJ/T 20 中的随机数表法抽取 N 个网格作为采样单元，在网格中心位置

处用采样铲或锹垂直采取全层厚度的废物。每个网格采取的废物作为一个份样。

对于堆积高度小于或者等于0.5m的数个散状堆积固体废物，选择堆积时间最近的废物堆，按照散状堆积固体废物的采样方法进行采样。对于堆积高度大于0.5m的散状堆积固态、半固态废物，应分层采取样品；采样层数应不小于2层，按照固态、半固态废物堆积高度等间隔布置；每层采取的份样数应相等。分层采样可以用采样钻或者机械钻探的方式进行。

⑤ 贮存池　HJ/T 298—2007将贮存池（包括建筑于地上、地下、半地下的）划分为5N个面积相等的网格，顺序编号；用HJ/T 20中的随机数表法抽取N个网格作为采样单元采取样品。采样时，在网格的中心处用土壤采样器或长铲式采样器垂直插入废物底部，旋转90°后抽出。每采取一次，作为一个份样。池内废物厚度大于或等于2m时，应分为上部（深度为0.3m处）、中部（1/2深度处）、下部（5/6深度处）三层分别采取样品；每层等份样数采取。

⑥ 袋、桶或其他容器装　将各容器顺序编号，用HJ/T 20中的随机数表法抽取（N+1）（四舍五入取整数）个袋作为采样单元采取样品。根据固体废物性状分别使用长铲式采样器、套筒式采样器或者探针进行采样。打开容器口，将各容器分为上部（1/6深度处）、中部（1/2深度处）、下部（5/6深度处）三层分别采取样品；每层等份样数采取。每采取一次，作为一个份样。

只有一个容器时，将容器按上述方法分为三层，每层采取2个样品。

液态废物的样品采集：

根据容器的大小采用玻璃采样管或者重瓶采样器进行采样。将容器内液态废物混匀（含易挥发组分的液态废物除外）后打开容器，将玻璃采样管或者重瓶采样器从容器口中心处垂直缓慢插入液面至容器底；待采样管（采样器）内装满液态废物后，缓缓提出，将样品注入采样容器。每采取一次，作为一个份样。

(5) 制样、样品的保存和预处理　采集的固体废物应按照HJ/T 20中的要求进行制样和样品的保存，并按照GB 5085中分析方法的要求进行样品的预处理。

详见HJ/T 298—2007。

3.20　危险废物鉴别样品的检测

(1) 固体废物特性鉴别的检测项目应依据固体废物的产生源特性确定。根据固体废物的产生过程可以确定不存在的特性项目或者不存在、不产生的毒性物质，不进行检测。固体废物特性鉴别使用GB 5085规定的相应方法和指标限值。

(2) 无法确认固体废物是否存在GB 5085规定的危险特性或毒性物质时，按照下列顺序进行检测。

① 反应性、易燃性、腐蚀性检测；

② 浸出毒性中无机物质项目的检测；

③ 浸出毒性中有机物质项目的检测；

④ 毒性物质含量鉴别项目中无机物质项目的检测；

⑤ 毒性物质含量鉴别项目中有机物质项目的检测；

⑥ 急性毒性鉴别项目的检测。

在进行上述检测时，如果依据第（1）条规定确认其中某项特性不存在时，不进行该项目的检测，按照上述顺序进行下一项特性的检测。

（3）在检测过程中，如果一项检测的结果超过 GB 5085 相应标准值，即可判定该固体废物为具有该种危险特性的危险废物。是否进行其他特性或其余成分的检测，应根据实际需要确定。

（4）在进行浸出毒性和毒性物质含量的检测时，应根据固体废物的产生源特性首先对可能的主要毒性成分进行相应项目的检测。

（5）在进行毒性物质含量的检测时，当同一种毒性成分在一种以上毒性物质中存在时，以分子量最高的毒性物质进行计算和结果判断。

（6）无法确认固体废物的产生源时，应首先对这种固体废物进行全成分元素分析和水分、有机分、灰分三成分分析，根据结果确定检测项目，并按照第（1）条规定进行检测。

（7）根据第（1）、（4）、（6）条规定确定固体废物特性鉴别检测项目时，应就固体废物的产生源特性向与该固体废物的鉴别工作无直接利害关系的行业专家咨询。

详见 HJ/T 298—2007。

3.21 危险废物鉴别样品检测结果判断

（1）在对固体废物样品进行检测后，如果检测结果超过 GB 5085 中相应标准限值的份样数大于或者等于表 3-5 中的超标份样数下限值，即可判定该固体废物具有该种危险特性。

表 3-5　固体废物样品分析结果判断方案

份样数	超标份样数下限	份样数	超标份样数下限
5	1	32	8
8	3	50	11
13	4	80	15
20	6	100	22

（2）如果采取的固体废物份样数与表 3-5 中的份样数不符，按照表 3-5 中与实际份样数最接近的较小份样数进行结果的判断。

（3）如果固体废物份样数大于 100，应按照下列公式确定超标份样数下限值：

$$N_{限} = \frac{N \times 22}{100}$$

式中　$N_{限}$——超标份样数下限值，按照四舍五入法则取整数；

　　　N——份样数。

详见 HJ/T 298—2007。

3.22 顶空/气相色谱-质谱法测定固体废物挥发性有机物

在一定的温度条件下，顶空瓶内样品中挥发性组分向液上空间挥发，产生蒸气压，在气液固三相达到热力学动态平衡。气相中的挥发性有机物进入气相色谱分离后，用质谱仪进行检测。通过与标准物质保留时间和质谱图相比较进行定性，内标法定量。

（1）仪器和设备

① 气相色谱仪：具有毛细管分流/不分流进样口，可程序升温。

② 质谱仪：具有 70eV 的电子轰击（EI）电离源，具有 NIST 质谱图库、手动/自动调谐、数据采集、定量分析及谱库检索等功能。

（2）样品　样品送入实验室后应尽快分析。若不能立即分析，在 4℃ 以下密封保存，保存期限不超过 14d。样品存放区域应无有机物干扰。

① 固体废物低含量试样　实验室内取出样品瓶，待恢复至室温后，称取 2g 样品置于顶空瓶中，迅速向顶空瓶中加入 10mL 基体改性剂、1.0μL 替代物和 2.0μL 内标，立即密封，在振荡器上以 150 次/min 的频率振荡 10min，待测。以 2.0g 石英砂代替样品，制备低含量空白试样。

② 固体废物高含量试样　取出用于高含量样品测试的样品瓶，使其恢复至室温。称取 2g 样品置于顶空瓶中，迅速加入 10mL 甲醇，密封，在振荡器上以 150 次/min 的频率振荡 10min。静置沉降后，用一次性巴斯德玻璃吸液管移取约 1mL 提取液至 2mL 棕色玻璃瓶中，必要时，提取液可进行离心分离。该提取液可置于冷藏箱内 4℃ 下保存，保存期为 14d。在分析之前将提取液恢复到室温后，向空的顶空瓶中加入 2.0g 石英砂、10mL 基体改性剂和 10～100μL 甲醇提取液。加入 2.0μL 内标和替代物，立即密封，在振荡器上以 150 次/min 的频率振荡 10min，待测。以 2.0g 石英砂代替高含量固体废物样品，制备高含量空白试样。

注意：如果现场初步筛选挥发性有机物为高含量或低含量测定结果大于 1000μg/kg 时应视为高含量试样。若甲醇提取液中目标化合物浓度较高，可通过加入甲醇进行适当稀释。若用高含量方法分析浓度值过低或未检出，应采用低含量方法重新分析样品。

③ 固体废物浸出液试样　浸出执行 HJ/T 299 或 HJ/T 300 的方法制备固体废物浸出液试样。取 10mL 浸出液移入顶空瓶中，加入 1.0μL 替代物和 2.0μL 内标使用液，立即密封，待测。将浸提剂置于顶空瓶中，制备固体废物浸出液空白试样。

（3）分析步骤

① 仪器参考条件

a. 顶空进样器参考条件　加热平衡温度 60～85℃；加热平衡时间 50min；取样针温度 100℃；传输线温度 110℃，传输线为经过去活处理，内径 0.32mm 的石英毛细管柱；压力化平衡时间 1min；进样时间 0.2min；拔针时间 0.4min；顶空瓶压力 23psi（1psi＝6894.76Pa，下同）。

b. 气相色谱仪参考条件　程序升温：40℃（保持 2min）$\xrightarrow{8℃/min}$ 90℃（保持 4min）$\xrightarrow{6℃/min}$ 200℃（保持 15min）。进样口温度：250℃。接口温度：230℃。载气：氦气。进样口压力：18psi。进样方式：分流进样，分流比 5：1。

c. 质谱仪参考条件　扫描范围：35～300。扫描速度：1s/SCAN。离子化能量：70 eV。离子源温度：230℃。四级杆温度：150℃。扫描方式：全扫描（SCAN）或选择离子（SIM）扫描。

② 校准

a. 仪器性能检查　吸取 2μL 的 4-溴氟苯（BFB）溶液通过 GC 进样口直接进样，用

GC/MS 进行分析。GC/MS 系统得到的 BFB 关键离子丰度应满足表 3-6 中规定的标准，否则需对质谱仪的一些参数进行调整或清洗离子源。

表 3-6　4-溴氟苯离子丰度标准

质荷比	离子丰度标准	质荷比	离子丰度标准
95	基峰，100%相对丰度	175	质量 174 的 5%～9%
96	质量 95 的 5%～9%	176	质量 174 的 95%～105%
173	小于质量 174 的 2%	177	质量 176 的 5%～10%
174	大于质量 95 的 50%		

b. 校准曲线的绘制

（a）测定固体废物的校准曲线绘制：向 5 支顶空瓶中依次加入 2g 石英砂、10mL 基体改性剂，再向各瓶中分别加入一定量的标准使用液，配制挥发性有机物浓度分别为 5μg/L、10μg/L、20μg/L、50μg/L、100μg/L；再向每个顶空瓶分别加入替代物，并各加入 2.0μL 内标使用液，立即密封，校准系列浓度见表 3-7。将配制好的标准系列样品在振荡器上以 150 次/min 的频率振荡 10min，由低浓度到高浓度依次进样分析，建立校准曲线或计算平均响应因子。在本方法规定的条件下，分析测定 36 种挥发性有机物的标准总离子流图。

表 3-7　校准系列浓度

校准系列浓度/($\mu g/L$)	替代物浓度/($\mu g/L$)	内标浓度/($\mu g/L$)
5	5	50
10	10	50
20	20	50
50	50	50
100	100	50

（b）测定固体废物浸出液的校准曲线绘制：分别向 5 支顶空瓶中加入 10mL 浸提剂，再向各瓶中分别加入一定量的标准使用液，配制挥发性有机物浓度分别为 5μg/L、10μg/L、20μg/L、50μg/L、100μg/L；再向每个顶空瓶分别加入 0.2μL、0.4μL、0.8μL、2.0μL、4.0μL 的替代物，并同时加入 2.0μL 内标使用液，立即密封。按照仪器参考条件，从低浓度到高浓度依次测定。建立校准曲线或计算平均响应因子。在本方法规定的条件下，测定 36 种挥发性有机物的标准总离子流图。

③ 测定　将制备好的试样、空白试样置于顶空进样器上，按仪器参考条件进行测定。
详见 HJ 643—2013。

3.23　碱消解/火焰原子吸收分光光度法测定固体废物六价铬

样品在碱性介质中，加入氯化镁和磷酸氢二钾-磷酸二氢钾缓冲溶液，消解溶出六价铬，用火焰原子吸收分光光度法测定六价铬的含量。固体废物取样量为 2.5g，定容体积为 100mL 时，本方法检出限为 2mg/kg，测定下限为 8mg/kg，测定范围为 8～320mg/kg。

（1）仪器和设备　火焰原子吸收分光光度计，带铬空心阴极灯。
（2）样品　固废样品采集后，按照 HJ/T 20、HJ/T 298 的相关规定制备和保存。

准确称取固体废物样品 2.50g（精确至 0.0001g）置 250mL 圆底烧瓶中，加入 50.0mL 碳酸钠/氢氧化钠混合溶液、400mg 氯化镁和 50.0mL 磷酸氢二钾-磷酸二氢钾缓冲溶液。放入搅拌子用聚乙烯薄膜封口，置于搅拌加热装置上。常温下搅拌样品 5min 后，开启加热装置，加热搅拌至 90～95℃，消解 60min。消解完毕，取下圆底烧瓶，冷却至室温。用 0.45μm 的滤膜抽滤，滤液置于 250mL 的烧杯中，用浓硝酸调节溶液的 pH 值至 9.0±0.2。将此溶液转移至 100mL 容量瓶中，用去离子水稀释定容，摇匀，待测。同样方法制备空白试样。

注意：调节样品 pH 值时，如果有絮状沉淀产生，需再用 0.45μm 滤膜过滤。如果固体废物样品中六价铬含量较高，可适当减少样品称量或对消解液稀释后进行测定。消解后的试料，若不能立即分析，在 0～4℃下密封保存，保存期 30d。

（3）分析步骤

① 仪器参考条件 推荐的仪器测量条件见表 3-8。

表 3-8 仪器测量条件（六价铬）

元素	铬（Cr）
测定波长/nm	357.9
通带宽度/nm	0.7
火焰性质	还原性
次灵敏线/nm	359.0；360.5；425.4
燃烧器高度/mm	8（使空心阴极灯光斑通过火焰亮蓝色部分）

② 校准 准确移取六价铬标准使用液 0.00mL、0.20mL、0.80mL、2.00mL、4.00mL、8.00mL 于 100mL 容量瓶中，用去离子水定容至标线，摇匀，其六价铬的浓度分别为 0.00μg/mL、0.20μg/mL、0.80μg/mL、2.00μg/mL、4.00μg/mL、8.00μg/mL。按浓度由低到高的顺序依次测定标准溶液的吸光度。以零质量浓度校准吸光度为纵坐标，以相应铬的浓度（μg/mL）为横坐标，绘制校准曲线。

③ 测定 将制备好的试样、空白试样与绘制校准曲线相同仪器分析条件进行测定。

详见 HJ 687—2014。

3.24 微波消解/原子荧光法测定固体废物汞、砷、硒、铋、锑

固体废物和浸出液试样经微波消解后，进入原子荧光仪，其中的砷、铋、锑、硒和汞等元素在硼氢化钾溶液还原作用下，生成砷化氢、铋化氢、锑化氢、硒化氢气体和汞原子蒸气。这些气体在氩氢火焰中形成基态原子，在元素灯（汞、砷、硒、铋、锑）发射光的激发下产生原子荧光，原子荧光强度与试样中元素含量成正比。当固体废物取样品量为 0.5g 时，本方法汞的检出限为 0.002μg/g，测定下限 0.008μg/g；砷、硒、铋和锑的检出限为 0.010μg/g，测定下限 0.040μg/g。当固体废物浸出液取样体积为 40mL 时，汞的检出限为 0.02μg/L，测定下限 0.08μg/L；砷、硒、铋、锑的检出限为 0.10μg/L，测定下限 0.40μg/L。

（1）仪器和设备 原子荧光光谱仪，带汞、砷、硒、铋、锑元素灯。

（2）样品　按照 HJ/T 20 的相关规定进行固体废物样品的制备。对于固态废物或黏稠状的污泥样品，准确称取 10g 样品（精确至 0.01g），自然风干或冷冻干燥，再次称重（精确至 0.01g），研磨，全部过 100 目筛备用。按照 HJ 557、HJ/T 299、HJ/T 300 的相关规定进行浸出液的制备。

① 固体废物试样　对于固态样品，使用分析天平准确称取过筛后的样品 0.5g，对于液态或半固态样品直接称取样品 0.5g，精确至 0.0001g。将试样置于溶样杯中，用少量蒸馏水润湿。在通风橱中，先加入 6mL 盐酸，再慢慢加入 2mL 硝酸，使样品与消解液充分接触。若有剧烈的化学反应，待反应结束后再将溶样杯置于消解罐中密封。将消解罐装入消解罐支架后放入微波消解仪中，按表 3-9 推荐的升温程序进行微波消解。消解结束，待罐内温度降至室温后，从通风橱中取出、放气，打开。判断消解是否完全，溶液是否澄清，若不澄清需进一步消解。

表 3-9　固体废物的微波消解升温程序（不同元素）

升温时间/min	目标温度/℃	保持时间/min
5	100	2
5	150	3
5	180	25

用慢速定量滤纸将消解后溶液过滤至 50mL 容量瓶中，用蒸馏水淋洗溶样杯及沉淀至少三次。将所有淋洗液并入容量瓶中，用蒸馏水定容至标线，混匀。分取 10.0mL 置于 50mL 容量瓶中，不同元素按表 3-10 的量加入盐酸、硫脲和抗坏血酸混合溶液，用蒸馏水定容至标线，混匀，室温放置 30min（室温低于 15℃ 时，置于 30℃ 水浴中保温 30min），待测。同样方法制备固体废物空白试样。

表 3-10　定容 50mL 时试剂加入量（不同元素）　　　　单位：mL

名称	汞（Hg）	砷(As)、铋(Bi)、锑(Sb)	硒(Se)
盐酸	2.5	5.0	10.0
硫脲和抗坏血酸混合溶液	—	10.0	—

② 固体废物浸出液试样　移取固体废物浸出液 40.0mL 置于 100mL 溶样杯中，在通风橱中加入 3mL 盐酸和 1mL 硝酸，混匀。若反应剧烈或有大量气泡溢出，待反应结束后再将溶样杯置于消解罐中密封。将消解罐装入消解罐支架后放入微波消解仪中，按表 3-11 推荐的升温程序进行微波消解。消解结束后，待罐内温度降至室温后，从通风橱中取出、放气，打开。

表 3-11　固体废物浸出液的微波消解升温程序（不同元素）

升温时间/min	目标温度/℃	保持时间/min
5	100	5
5	170	15

将试液转移至 50mL 容量瓶中，用蒸馏水淋洗溶样杯、杯盖（至少三次），将淋洗液并入容量瓶中，用蒸馏水定容至标线，混匀。分取 10.0mL 置于 50mL 容量瓶中，不同元素加入盐酸、硫脲和抗坏血酸混合溶液，用蒸馏水定容至标线，混匀，室温放置 30min（室温低

于15℃时，置于30℃水浴中保温30min），待测。同样方法制备固体废物浸出液空白试样。

（3）分析步骤

① 仪器参考条件　通常采用的参数见表3-12。

表3-12　仪器参考条件（不同元素）

元素	灯电流 /mA	负高压 /V	原子化器温度 /℃	载气流量 /(mL/min)	屏蔽气流量 /(mL/min)
汞（Hg）	15～40	230～300	200	400	800～1000
砷（As）	40～80	230～300	200	300～400	800
硒（Se）	40～80	230～300	200	350～400	600～1000
铋（Bi）	40～80	230～300	200	300～400	800～1000
锑（Sb）	40～80	230～300	200	200～400	400～700

② 校准

a. 校准系列的制备

（a）汞的校准系列：分别移取 0mL、0.50mL、1.00mL、2.00mL、3.00mL、4.00mL、5.00mL汞标准使用液于一组50mL容量瓶中，分别加入2.5mL盐酸，用蒸馏水定容至标线，混匀。

（b）砷的校准系列：分别移取 0mL、0.50mL、1.00mL、2.00mL、3.00mL、4.00mL、5.00mL砷标准使用液于一组50mL容量瓶中，分别加入5.0mL盐酸、10mL硫脲和抗坏血酸混合溶液，室温放置30min（室温低于15℃时，置于30℃水浴中保温30min），用蒸馏水定容至标线，混匀。

（c）硒的校准系列：分别移取 0mL、0.50mL、1.00mL、2.00mL、3.00mL、4.00mL、5.00mL硒标准使用液于一组50mL容量瓶中，分别加入10mL盐酸，室温放置30min（室温低于15℃时，置于30℃水浴中保温30min），用蒸馏水定容至标线，混匀。

（d）铋的校准系列：分别移取 0mL、0.50mL、1.00mL、2.00mL、3.00mL、4.00mL、5.00mL铋标准使用液于一组50mL容量瓶中，分别加入5.0mL盐酸、10mL硫脲和抗坏血酸混合溶液，用蒸馏水定容至标线，混匀。

（e）锑的校准系列：分别移取 0mL、0.50mL、1.00mL、2.00mL、3.00mL、4.00mL、5.00mL锑标准使用液于一组50mL容量瓶中，分别加入5.0mL盐酸、10mL硫脲和抗坏血酸混合溶液，室温放置30min（室温低于15℃时，置于30℃水浴中保温30min），用蒸馏水定容至标线，混匀。

汞、砷、硒、铋、锑的校准系列溶液浓度见表3-13，该系列浓度适用于一般样品的测定。

表3-13　不同元素校准系列溶液浓度　　　　　　　　　　单位：μg/L

元素	标准系列						
汞（Hg）	0.00	0.10	0.20	0.40	0.60	0.80	1.00
砷（As）	0.00	1.00	2.00	4.00	6.00	8.00	10.00
硒（Se）	0.00	1.00	2.00	4.00	6.00	8.00	10.00
铋（Bi）	0.00	1.00	2.00	4.00	6.00	8.00	10.00
锑（Sb）	0.00	1.00	2.00	4.00	6.00	8.00	10.00

b. 绘制校准曲线 以硼氢化钾溶液为还原剂、盐酸溶液为载流，浓度由低到高依次测定表3-13中各元素校准系列溶液。用扣除零浓度空白的校准系列原子荧光强度为纵坐标，溶液中相对应的元素浓度（μg/L）为横坐标，绘制校准曲线。

③ 测定 将制备好的试样、空白试样与绘制校准曲线相同仪器分析条件进行测定。

详见 HJ 702—2014。

3.25 气相色谱法测定固体废物酚类化合物

固体废物或固体废物浸出液用合适的有机溶剂提取，提取液经酸碱分配净化，酚类化合物进入水相，将水相调节至酸性，用合适的有机溶剂萃取水相，萃取液经脱水、浓缩、定容后进气相色谱分离，氢火焰检测器测定，以保留时间定性，外标法定量。当固体废物的取样量为 10.0g 时，21 种酚类化合物的方法检出限为 0.02～0.33mg/kg，测定下限为 0.08～1.32mg/kg；当固体废物浸出液的取样量为 100mL 时，21 种酚类化合物的方法检出限为 0.002～0.006mg/L，测定下限为 0.008～0.024mg/L。

（1）仪器和设备 气相色谱仪：具分流/不分流进样口，带氢火焰检测器（FID）。

（2）样品 样品采集后密闭贮存于棕色玻璃瓶中，应尽快分析。若不能及时分析，应冷藏避光保存，保存期为 14d。注意避免有机物干扰。样品提取液避光冷藏保存，保存期 40d。

① 固体废物浸出液试样的制备

a. 浸出 称取 100g 样品，根据需求按照 HJ/T 299、HJ/T 300 或 HJ 557 制备浸出液试样。

b. 净化 取 100mL 浸出液于分液漏斗中，用 NaOH 溶液调节至 pH＞12，加入 30mL 二氯甲烷与正己烷混合溶剂，充分振荡、静置，弃去下层有机相，保留水相部分。

c. 萃取和浓缩 将保留的水相部分用盐酸溶液调节至 pH＜2，加入 50mL 二氯甲烷与乙酸乙酯混合溶剂，充分振荡、静置，弃去水相，有机相经过装有适量无水硫酸钠的漏斗除水，用二氯甲烷与乙酸乙酯混合溶剂充分洗涤硫酸钠，合并全部有机相，浓缩定容至 1.0mL，待测。

② 固体废物试样的制备

a. 水性液态固体废物 称取 10.0g（精确到 0.1g）样品，加入 90mL 水，混匀后全部转入分液漏斗中，净化、萃取和浓缩。

b. 油状液态固体废物 称取 10.0g（精确到 0.1g）样品，加入 30mL 二氯甲烷与正己烷混合溶剂，混匀后全部转入分液漏斗中，加入 100mL 水，净化、萃取和浓缩。

c. 固态和半固态废物

（a）脱水：称取均匀样品 10.0g（精确到 0.1g），加入适量无水硫酸钠，研磨均化成流砂状，备用。如使用加压流体萃取，则用硅藻土脱水。

（b）提取：可选择索氏提取、加压流体萃取、超声波提取或微波提取等任意一种方式进行目标物的提取。

索氏提取：将脱水得到的试样全部转移至纸质套筒中，加入 100mL 二氯甲烷与正己烷混合溶剂，提取 16～18h，回流速率控制在 10 次/h 左右，收集提取液，待净化。

加压流体萃取：根据脱水得到的试样体积选择合适的萃取池，装入样品，以二氯甲烷与正己烷混合溶剂为萃取溶剂。按以下参考条件进行萃取：萃取温度 100℃，萃取压力 1500psi，静态萃取时间 5min，淋洗体积为 60% 池体积，氮气吹扫时间 60s，萃取循环次数 2 次。也可参照仪器生产商说明书设定条件。收集提取液，待净化。

超声波提取：根据脱水得到的试样的体积选择合适的锥形瓶，加入适量的二氯甲烷与正己烷混合溶剂，使得液面至少高出固体 2cm，将超声探头置于液面下，超声提取 3 次，每次 3min，控制提取时温度不超过 40℃（可将锥形瓶放在冰水浴中），过滤，用适量混合溶剂洗涤锥形瓶内壁及试样，收集合并提取液，待净化。

微波提取：将脱水得到的试样转移至微波提取专用容器中，加入适量的二氯甲烷与正己烷混合溶剂，液面高度须没过试样且低于容器深度的 2/3（样品数量过多可分多份单独提取，最后合并提取液）。微波提取参考条件：功率 800W，5min 内升温至 75℃，保持 10min。待提取液冷却后过滤，用适量混合溶剂洗涤容器内壁及试样，收集合并提取液，待净化。

（c）净化：将提取液转入分液漏斗中，加入 2 倍于提取液体积的水，用 NaOH 溶液调节至 pH＞12，充分振荡、静置，弃去下层有机相，保留水相部分。如果有机相颜色较深，可加入适量二氯甲烷与正己烷混合溶剂，增加净化次数 2~3 次，至有机相基本无色为止。

（d）萃取和浓缩：同固体废物浸出液试样步骤。

（3）分析步骤

① 仪器参考条件　进样口温度：260℃；进样方式：分流或不分流；进样体积：1.0~2.0μL。柱箱升温程序：80℃ 保持 1.0min，以 10℃/min 的升温速率升至 250℃ 并保持 4.0min；FID 检测器温度：280℃。色谱柱内载气流量：1.0mL/min；尾吹气：氮气，流量 30mL/min；氢气流量：35mL/min；空气流量：300mL/min。

② 校准　精确移取标准贮备液 5.0μL、25.0μL、100μL、250μL 和 500μL 于 5mL 容量瓶中，用二氯甲烷与乙酸乙酯混合溶剂稀释至标线，配制校准系列，目标化合物浓度分别为 1.00mg/L、5.00mg/L、20.0mg/L、50.0mg/L 和 100mg/L。在仪器参考条件下进行测定，以各组分的质量浓度为横坐标，以该组分色谱峰面积（或峰高）为纵坐标绘制校准曲线。

③ 测定　以 100.0g 石英砂代替样品，制备固体废物浸出液空白试样。以 10.0g 石英砂代替样品，制备固体废物空白试样。将制备好的试样、空白试样按仪器参考条件进行测定。

详见 HJ 711—2014。

3.26　偏钼酸铵分光光度法测定固体废物总磷

固体废物经硝酸体系微波消解，其中的含磷难溶盐和有机物全部转化为可溶性的正磷酸盐，在酸性条件下与偏钒酸铵和钼酸铵反应生成黄色的三元杂多酸，于波长 420nm 处测量吸光度。在一定浓度范围内，磷酸盐含量与吸光度值符合朗伯-比尔定律。当取样量为 0.5g，定容体积为 50mL，使用 30mm 比色皿时，本方法的检出限为 3mg/kg，测定下限为 12mg/kg。

（1）仪器和设备　可见光分光光度计，配有 30mm 玻璃比色皿。

（2）样品　称取约 0.2~0.5g 样品（精确至 0.0001g），置于微波消解罐中，用适量的水润湿样品，加入 10mL 浓硝酸，加盖后冷消解过夜（至少 16h），然后放入微波消解仪消解（升温程序参照表 3-14），消解完毕后冷却。将微波消解罐放入电热消解器约 160℃ 赶酸至样品呈黏稠状。若用电热板赶酸，可将消解液完全转移至玻璃烧杯后放在电热板上约

160℃加热至样品呈黏稠状。如试液不呈灰白色则说明消解未完全，等冷却至室温后再加适量浓硝酸，继续进行微波消解和赶酸直至样品呈灰白色。取下微波消解罐冷却至室温，将样品全部转移至50mL比色管中，加水至50mL刻度，摇匀，静置，取上清液待测。不加固废样，制备空白试样。

注意：样品消解赶酸完全后，消解液静置后呈无色、澄清状。若有红棕色为氮氧化物未赶尽，可继续赶酸直至红棕色消失。

表3-14　微波消解仪参考升温程序（磷）

升温步骤	升温时间/min	消解温度/℃	保持时间/min
第一步	5.00	120	2
第二步	4.00	160	5
第三步	4.00	190	25

（3）分析步骤

① 校准　移取 0.00mL、2.00mL、4.00mL、6.00mL、8.00mL、10.00mL、12.00mL、14.00mL 磷标准使用液于 50.0mL 比色管中，加水至 25mL 刻度线。然后加入 2 滴指示剂，用硫酸溶液或碳酸钠溶液调至溶液呈淡黄色，再加入 10mL 钼酸铵-偏钒酸铵混合溶液，用水定容至 50.0mL，室温下放置 30min。磷标准系列浓度分别为 0.00mg/L、0.80mg/L、1.60mg/L、2.40mg/L、3.20mg/L、4.00mg/L、4.80mg/L、5.60mg/L，以水作参比，在波长 420nm 处用 30mm 比色皿进行比色。以扣除零浓度的校正吸光度值为纵坐标，磷浓度（mg/L）为横坐标，建立校准曲线。

② 测定　移取 10.00mL 试样、空白试样于 50.0mL 比色管中，用水稀释至 25mL 刻度，加入 2 滴指示剂，用硫酸溶液或碳酸钠溶液调至溶液呈淡黄色，然后按照校准操作步骤，测量吸光度。可从校准曲线上计算试样中总磷的浓度。

注意：如试样中总磷浓度过高，测定时可适当减少试样体积。当试样有一定浊度/色度时，对样品的测定结果可能会产生影响。可在 50mL 具塞比色管中，分取与样品测定相同体积的试样，按照校准步骤，不加钼酸铵-偏钒酸铵混合溶液，测定校正吸光度。将试样的吸光度减去校正吸光度，然后进行计算。

详见 HJ 712—2014。

3.27　吹扫捕集/气相色谱-质谱法测定固体废物挥发性卤代烃

样品中的挥发性卤代烃用氦气吹扫出来，吸附于捕集管中，将捕集管加热并用氦气反吹，捕集管中的挥发性卤代烃被热脱附出来，组分进入气相色谱分离后，用质谱仪进行检测。根据保留时间、碎片离子质荷比及不同离子丰度比定性，内标法定量。固体废物样品量为 5g 时，35 种挥发性卤代烃的方法检出限为 0.2~0.4μg/kg，测定下限为 0.8~1.6μg/kg。固体废物浸出液体积为 5.0mL 时，方法检出限为 0.2~0.4μg/L，测定下限为 0.8~1.6μg/L。

（1）仪器和设备

① 气相色谱-质谱联用仪：EI 电离源。

② 吹扫捕集装置：适用于固体样品和黏稠液体样品的测定。捕集管使用 1/3Tenax、

1/3 硅胶、1/3 活性炭混合吸附剂或其他等效吸附剂。

（2）样品　样品到达实验室后，应尽快分析。若不能及时分析，应将样品低于 4℃下保存，保存期为 14d。样品存放区域应无有机物干扰。

① 固体废物低含量试样　取出样品瓶，待恢复至室温后，称重（精确至 0.01g）。加入 5.0mL 实验用水、10μL 替代物和 10μL 内标物，待测。以 5g 石英砂代替样品，制备低含量空白试样。

② 固体废物高含量试样　取出采样瓶，待恢复至室温后，称取 5g 样品置于样品瓶中，迅速加入 10.0mL 甲醇，密封，在往复式振荡器上以 150 次/min 的频率振荡 10min。静置沉降后，用一次性巴斯德玻璃吸液管移取约 1mL 提取液至 2mL 棕色密实瓶中，必要时，提取液可进行离心分离。该提取液可置于冷藏箱内 4℃下保存，保存期为 14d。在分析前将提取液恢复至室温后，向样品瓶中加入 5g 石英砂、5.0mL 实验用水、10～100μL 甲醇提取液、10μL 替代物和 10μL 内标物，立即密封，待测。以 5g 石英砂代替样品，制备高含量空白试样。

注意：若甲醇提取液中目标物浓度较高，可通过加入甲醇进行适当稀释。若用高含量方法分析浓度值过低或未检出，应采用低含量方法重新分析样品。

③ 固体废物浸出液试样　执行 HJ/T 299 或 HJ/T 300 的方法制备固体废物浸出液试样。取 5.0mL 浸出液移入样品瓶中，加入 10μL 替代物和 10μL 内标物，立即密封，待测。以 5g 石英砂代替样品，制备固体废物浸出液空白试样。

（3）分析步骤

① 仪器参考条件

a. 吹扫捕集装置参考条件　吹扫流量：40mL/min；吹扫温度：40℃；吹扫时间：11min；干吹时间：2min；脱附温度：180℃；脱附时间：3min；烘烤温度：200℃；烘烤时间：10min；传输线温度：110℃。

b. 气相色谱仪参考条件　程序升温：35℃（5min）$\xrightarrow{5℃/min}$ 180℃ $\xrightarrow{20℃/min}$ 200℃（5min）；进样口温度：180℃；进样方式：分流进样（20∶1）；载气：氦气；接口温度：230℃；柱流量：1.2mL/min。

c. 质谱仪参考条件　离子化方式：EI；离子源温度：200℃；传输线温度：230℃；电子加速电压：70eV；检测方式：FullScan 法；质量范围：35～300。

② 校准

a. 仪器性能检查　取 4-溴氟苯（BFB）溶液 1μL 直接进气相色谱分析。4-溴氟苯关键离子丰度应满足表 3-15 中规定的标准，否则需对质谱仪和一些参数进行调整或清洗离子源。

表 3-15　BFB 关键离子丰度标准

质量	离子丰度标准	质量	离子丰度标准
50	质量 95 的 15%～40%	174	大于质量 95 的 50%
75	质量 95 的 30%～60%	175	质量 174 的 5%～9%
95	基峰，100% 相对丰度	176	质量 174 的 95%～101%
96	质量 95 的 5%～9%	177	质量 176 的 5%～9%
173	小于质量 174 的 2%	—	—

b. 校准曲线的绘制

（a）测定固体废物的校准曲线绘制：用微量注射器分别移取一定量的标准使用液和替代

物使用液，至盛有 5g 石英砂、5.0mL 实验用水的样品瓶中，配制目标物和替代物含量分别为 5ng、10ng、25ng、50ng、100ng 的校准系列，并分别加入 $10\mu L$ 内标使用液，立即密封。按照仪器参考条件依次进样分析，以目标物定量离子的响应值与内标物定量离子的响应值的比值为纵坐标，目标物含量（ng）与内标物含量的比值为横坐标，绘制校准曲线。

（b）测定固体废物浸出液的校准曲线绘制：用微量注射器分别移取一定量的标准使用液和替代物使用液，至盛有 5.0mL 浸提剂的样品瓶中，配制目标物和替代物浓度分别为 $1\mu g/L$、$2\mu g/L$、$5\mu g/L$、$10\mu g/L$、$20\mu g/L$ 的校准系列，并分别加入 $10\mu L$ 内标使用液，立即密封。按照仪器参考条件依次进样分析，以目标物定量离子的响应值与内标物定量离子的响应值的比值为纵坐标，目标物浓度（$\mu g/L$）与内标物浓度的比值为横坐标，绘制校准曲线。

③ 测定　将制备好的试样、空白试样按仪器参考条件进行测定。

详见 HJ 713—2014。

3.28　顶空/气相色谱-质谱法测定固体废物挥发性卤代烃

在一定的温度条件下，顶空瓶内样品中的挥发性卤代烃向液上空间挥发，产生一定的蒸气压，并达到气液固三相平衡，取气相样品进入气相色谱分离后，用质谱仪进行检测。根据保留时间、碎片离子质荷比及不同离子丰度比定性，内标法定量。固体废物样品量为 2g 时，35 种挥发性卤代烃的方法检出限为 $2\sim3\mu g/kg$，测定下限为 $8\sim12\mu g/kg$；固体废物浸出液体积为 10.0mL 时，方法检出限为 $0.7\sim1.5\mu g/L$，测定下限 $2.8\sim6.0\mu g/L$。

（1）仪器和设备　气相色谱-质谱联用仪：EI 电离源。

（2）样品　样品采集后放入便携式冷藏箱中。到达实验室后，应尽快分析。若不能及时分析，应将样品低于 4℃下保存，保存期为 14d。样品存放区域应无有机物干扰。

① 固体废物低含量试样　实验室内取出采样瓶恢复至室温，称取 2g 样品于顶空瓶中，加入 10.0mL 基体改性剂，$2.0\mu L$ 替代物和 $4.0\mu L$ 内标，立即密封。振荡 10min 使样品混匀，待测。以 2g 石英砂代替样品，制备低含量空白试样。

② 固体废物高含量试样　现场初步筛选挥发性卤代烃含量测定结果大于 $200\mu g/kg$ 时，视该样品为高含量样品。实验室内取出采样瓶恢复至室温，称取 2g 样品轻轻地放入顶空瓶中，加入 10.0mL 甲醇，立即密封。室温下振荡 10min，静置沉降后，取 2.0mL 提取液至 2mL 棕色密实瓶中，密封。该提取液可置于冷藏箱内 4℃下保存，保存期为 14d。分析前样品恢复至室温，用微量注射器取适量该提取液注入含 2g 石英砂、10.0mL 基体改性剂的顶空瓶中，加入 $2.0\mu L$ 替代物和 $4.0\mu L$ 内标后立即密封，振荡 10min 使样品混匀，待测。以 2g 石英砂代替样品，制备高含量空白试样。

注意：若甲醇提取液中目标物浓度较高，可用甲醇适当稀释。若用高含量方法分析浓度值过低或未检出，应采用低含量方法重新分析样品。

③ 固体废物浸出液试样　浸出执行 HJ/T 299 或 HJ/T 300 的方法制备固体废物浸出液试样。取 10.0mL 浸出液移入顶空瓶中，加入 $4.0\mu L$ 替代物使用液和 $10\mu L$ 内标使用液，立即密封，待测。以石英砂代替样品，制备固体废物浸出液空白试样。

（3）分析步骤

① 仪器参考条件

a. 顶空装置参考条件　平衡时间：30min；平衡温度：60℃；进样时间：0.04min；传输线温度：100℃。

b. 气相色谱仪参考条件　程序升温：35℃（5min）$\xrightarrow{5℃/min}$ 180℃ $\xrightarrow{20℃/min}$ 200℃（5min）；进样口温度：180℃；进样方式：分流进样（20：1）；载气：氦气；接口温度：230℃；柱流量：1.2mL/min。

c. 质谱仪参考条件　离子化方式：EI；离子源温度：200℃；传输线温度：230℃；电子加速电压：70 eV；检测方式：FullScan法；质量范围：35～300。

② 校准

a. 仪器性能检查　取4-溴氟苯（BFB）溶液1μL直接进气相色谱分析，得到的BFB质谱图应符合表3-15中规定的要求或参照制造商的说明。

b. 校准曲线绘制

（a）测定固体废物的校准曲线绘制：向5支顶空瓶中依次加入2g石英砂、10.0mL基体改性剂，用微量注射器分别移取一定量的标准使用液和替代物使用液，配制目标物和替代物含量分别为20ng、40ng、100ng、200ng、400ng的标准系列，并分别加入4μL内标使用液，立即密封。充分振摇10min后，按照仪器参考条件依次进样分析，以目标物定量离子的响应值与内标物定量离子的响应值的比值为纵坐标，目标物含量（ng）与内标物含量的比值为横坐标，绘制校准曲线。

（b）测定固体废物浸出液的校准曲线绘制：向5支顶空瓶中依次加入10.0mL浸提剂，用微量注射器分别移取一定量的标准使用液和替代物使用液，配制目标物和替代物浓度分别为5μg/L、10μg/L、25μg/L、50μg/L、100μg/L的标准系列，并分别加入10μL内标使用液，立即密封。充分振摇10min后，按照仪器参考条件依次进样分析，以目标物定量离子的响应值与内标物定量离子的响应值的比值为纵坐标，以目标物浓度（μg/L）与内标物浓度的比值为横坐标，绘制校准曲线。

③ 测定　将制备好的试样、空白试样按仪器参考条件进行测定。

详见 HJ 714—2014。

3.29　火焰原子吸收分光光度法测定固体废物总铬

固体废物浸出液或固体废物经酸消解后直接喷入火焰原子吸收分光光度仪的空气-乙炔火焰中，所形成的铬基态原子对357.9nm或其他的共振线产生吸收，其吸光度值与铬的质量浓度成正比。测定固体废物，样品量为0.2g，定容体积为50mL时，本方法检出限为8mg/kg，测定下限为30mg/kg。测定固体废物浸出液，定容体积为50mL时，本方法检出限为0.03mg/L，测定下限为0.12mg/L。

（1）仪器和设备　火焰原子吸收分光光度计，带铬空心阴极灯。

（2）样品　按照 HJ/T 20 的相关规定进行固体废物样品的制备。对于固态废物或黏稠状的污泥样品，准确称取10g样品（精确至0.01g），自然风干或冷冻干燥，再次称重（精确至0.01g），研磨，全部过100目筛备用。按照 HJ/T 299、HJ/T 300 和 HJ 557 的方法制备固体废物浸出液样品。

① 固体废物试样

a. 电热板消解法 称取 0.2g（精确至 0.0001g）固体废物样品于 50mL 聚四氟乙烯坩埚，用水润湿后加入 10mL 浓盐酸，于通风橱内的电热板上 50℃ 加热，使样品初步分解，待蒸发至剩 3mL 左右时，加入 5mL 浓硝酸、5mL 氢氟酸，加盖后于电热板约 120～130℃ 加热 0.5～1h，开盖冷却加入 2mL 过氧化氢，再加盖 150～160℃ 加热 1h 左右，然后开盖，驱赶白烟并蒸至内容物呈不流动状态的液珠状（趁热观察）。可视消解情况，再补加 3mL 浓硝酸、3mL 氢氟酸、1mL 过氧化氢，重复以上消解过程。取下坩埚稍冷，加入 1mL 硝酸溶液，温热溶解可溶性残渣，将所有试液移至 50mL 容量瓶中，加入 5mL 氯化铵溶液，实验用水定容，待测。同时制备固体废物空白试样。

注意：30％过氧化氢的总加入量不得超过 10mL。

b. 微波消解法 称取 0.2g（精确至 0.0001g）固体废物样品于微波消解罐中，用少量水润湿后加入 3mL 浓硝酸、1mL 浓盐酸，参照表 3-16 进行消解，冷却后将内容物全部移至 50mL 聚四氟乙烯坩埚，加盖，置于电热板上，微沸状态下驱赶白烟，至白烟不再产生，取下稍冷，加入 2mL 实验用水、3mL 氢氟酸和 2mL 过氧化氢，继续加热，分次加入 1mL 过氧化氢，至反应稳定，持续加热至内容物呈黏稠状。取下稍冷，加入 3mL 酸溶液，温热溶解可溶性残渣，全量移至 50mL 容量瓶中，加入 5mL 氯化铵溶液，实验用水定容，待测。同时制备固体废物空白试样。

注意：微波消解后如果消解液已澄清，则不用再加入氢氟酸和过氧化氢，赶酸后直接定容。

表 3-16 火焰原子吸收分光光度法微波消解仪参考条件（铬）

程序	升温时间/min	消解温度	保持时间/min
第一步	10	室温～170℃	5
第二步	10	170～175℃	5

② 固体废物浸出液试样

a. 电热板消解法 量取 50.00mL 浸出液样品于 150mL 三角瓶中，加入 2mL 浓硝酸和 5mL 过硫酸铵溶液，摇匀。在三角瓶口插入小漏斗后置于电热板上加热，煮沸至试液体积约 20mL 时取下，冷却。

如试液呈黏稠状，应补加 2mL 浓硝酸，继续加热，重复上述操作，至试液澄清或颜色保持不变。用少量实验用水冲洗小漏斗和三角瓶内壁，将所有试液全部移至 50mL 容量瓶中，加入 5mL 氯化铵溶液，实验用水定容，待测。同时制备固体废物浸出液空白试样。

b. 微波消解法 量取 5.00～10.00mL 浸出液样品于微波消解罐中，加入 1mL 浓硝酸和 1mL 过硫酸铵溶液，参照表 3-16 进行消解，冷却后将溶液移至 50mL 容量瓶中，用少量实验用水冲洗微波消解罐，将试液全部移至 50mL 容量瓶中，加入 5mL 氯化铵溶液，实验用水定容，待测。同时制备固体废物浸出液空白试样。

注意：微波消解方法不适合于消解有机物含量较高的样品，如浸出液中含有较高有机物，建议使用电热板法。

（3）分析步骤

① 仪器参考条件 推荐仪器参考条件如表 3-17 所示。

表 3-17　火焰原子吸收分光光度法仪器参考条件（铬）

元素	铬（Cr）	元素	铬（Cr）
测定波长／nm	357.9	次灵敏线／nm	359.0；360.5；425.4
通带宽度／nm	0.7	燃烧器高度	使空心阴极灯光斑通过亮蓝色部分
火焰性质	富燃性火焰		

注意：点燃乙炔-空气火焰后，应使燃烧器温度达到热平衡后方可进行测定。

② 校准　分别量取 0mL、0.50mL、1.00mL、2.00mL、3.00mL、5.00mL 铬标准使用液于 50mL 容量瓶中，分别加入 5mL 氯化铵溶液，用硝酸溶液定容至标线，混匀。此标准系列浓度分别为：0mg/L、0.50mg/L、1.00mg/L、2.00mg/L、3.00mg/L、5.00mg/L。按照参考测量条件，由低浓度到高浓度依次测定标准系列的吸光度。以零浓度校正吸光度为纵坐标，铬的浓度（mg/L）为横坐标，绘制校准曲线。

注意：当样品基体成分复杂或者不明时，或加标回收率超过本方法质控要求范围时，应采用标准加入法进行试样测定并计算结果。

③ 测定　将制备好的试样、空白试样与绘制校准曲线相同仪器分析条件进行测定。当试料浓度超过校准曲线最高浓度时可减少样品量或增加稀释倍数。

详见 HJ 749—2015。

3.30　石墨炉原子吸收分光光度法测定固体废物总铬

将固体废物的全消解液或浸出消解液注入石墨炉原子化器中，铬离子在石墨管内经过原子化，基态铬原子对铬空心阴极灯发射的 357.9nm 或 359.3nm 的特征谱线选择性吸收，其吸光度在一定范围内与铬的质量浓度成正比。测定固体废物，样品量为 0.2g，定容体积为 50mL，且进样量为 20μL 时，本方法检出限为 0.2mg/kg，测定下限为 0.8mg/kg。测定固体废物浸出液，定容体积为 50mL 且进样量为 20μL 时，本方法检出限为 0.7μg/L，测定下限为 2.8μg/L。

（1）仪器和设备　石墨炉原子吸收分光光度计，带铬空心阴极灯。

（2）样品　按照 HJ/T 20 的相关规定进行固体废物样品的制备。对于固态废物或黏稠状的污泥样品，准确称取 10g 样品（精确至 0.01g），自然风干或冷冻干燥，再次称重（精确至 0.01g），研磨，全部过 100 目筛备用。按照 HJ/T 299、HJ/T 300、HJ 557 和 GB 5086.1 的方法制备固体废物浸出液样品。

① 固体废物试样

a. 电热板消解法　称取 0.2g（精确至 0.0001g）固体废物样品于 50mL 聚四氟乙烯坩埚，用水润湿后加入 10mL 浓盐酸，于通风橱内的电热板上 50℃加热，使样品初步分解，待蒸发至剩 3mL 左右时，然后加入 5mL 浓硝酸、5mL 氢氟酸，加盖后于电热板约 120～130℃加热 0.5～1h，开盖冷却加入 2mL 过氧化氢，再加盖 150～160℃加热 1h 左右，然后开盖，驱赶白烟并蒸至内容物呈不流动状态的液珠状（趁热观察）。可视消解情况，再补加 3mL 浓硝酸、3mL 氢氟酸、1mL 过氧化氢，可重复以上消解过程，直至试液澄清或溶液保持不变。取下坩埚稍冷，加入 1mL 硝酸溶液，温热溶解可溶性残渣，将所有试液移至 50mL 容量瓶中，实验用水定容，待测。同样方法制备固体废物空白试样。

注意：30%过氧化氢的总加入量不得超过 10mL。

b. 微波消解法 称取 0.2g（精确至 0.0001g）固体废物样品于微波消解罐中，用少量水润湿后加入 3mL 浓硝酸、1mL 浓盐酸，参照表 3-16 进行消解，如消解液已澄清，则不用再加入氢氟酸和过氧化氢，赶酸后直接定容。

冷却后将内容物全部移至 50mL 聚四氟乙烯坩埚，加盖，置于电热板上，微沸状态下驱赶白烟，至白烟不再产生，取下稍冷，加入 2mL 实验用水、3mL 氢氟酸和 2mL 过氧化氢，继续加热，分次加入 1mL 过氧化氢，至反应稳定，持续加热至内容物呈黏稠状。取下稍冷，加入 3mL 盐酸溶液，温热溶解可溶性残渣，全量移至 50mL 容量瓶中，实验用水定容，待测。同样方法制备固体废物空白试样。

注意：微波消解后如消解液已澄清，则不用再加入氢氟酸和过氧化氢，赶酸后直接定容。

② 固体废物浸出液试样

a. 电热板消解法 量取 50.00mL 浸出液样品于 150mL 三角瓶中，加入 2mL 浓硝酸，摇匀。在三角瓶口插入小漏斗后置于电热板上加热，煮沸至试液体积约 20mL 时取下，冷却。

如试液呈黏稠状，应补加 2mL 浓硝酸，继续加热，重复上述操作，至试液澄清或颜色保持不变。用少量实验用水冲洗小漏斗和三角瓶内壁，将所有试液全部移至 50mL 容量瓶中，实验用水定容，待测。如消解液中有颗粒物，过滤后再测定。同样方法制备固体废物浸出液空白试样。

b. 微波消解法 量取 5.00～10.00mL 浸出液样品于微波消解罐中，加入 1mL 浓硝酸参照表 3-16 进行消解，冷却后将溶液移至 50mL 容量瓶中，用少量实验用水冲洗微波消解罐，将试液全部移至 50mL 容量瓶中，实验用水定容，待测。同样方法制备固体废物浸出液空白试样。

注意：微波消解方法不适合于消解有机物含量较高的样品，如浸出液中含有较高有机物，建议使用电热板法。

（3）分析步骤

① 仪器参考条件 推荐仪器参考条件如表 3-18 所示。

表 3-18 石墨炉原子吸收分光光度法仪器参考条件（铬）

元　素	铬（Cr）	元　素	铬（Cr）
测定波长／nm	357.9（359.3）	原子化时间／s	3
通带宽度／nm	0.7	消除温度／℃	2700
干燥温度／℃	100～130	消除时间／s	30
干燥时间／s	30	原子化阶段是否停气	是
灰化温度／℃	1200	氩气流速／（mL/min）	300
灰化时间／s	30	进样量／μL	20
原子化温度／℃	2600		

② 校准 分别量取 0mL、0.50mL、1.00mL、1.50mL、2.00mL、2.50mL 铬标准使用液于 50mL 容量瓶中，用硝酸溶液定容至标线，混匀。此标准系列浓度分别为：$0\mu g/L$、$5.0\mu g/L$、$10.0\mu g/L$、$15.0\mu g/L$、$20.0\mu g/L$、$25.0\mu g/L$。按照仪器参考条件，由低浓度到高浓度依次测定标准系列的吸光度。以零浓度校正吸光度为纵坐标，铬的含量（$\mu g/L$）为横坐标，绘制校准曲线。

③ 测定　将制备好的试样、空白试样与绘制校准曲线相同仪器分析条件进行测定。当试料浓度超过校准曲线最高浓度时可增加稀释倍数或选用火焰原子吸收分光光度计。

详见 HJ 750—2015。

3.31　火焰原子吸收分光光度法测定固体废物镍和铜

固体废物浸出液或固体废物经酸消解后，试样中镍和铜在空气-乙炔火焰中原子化，其基态原子分别对镍和铜的特征辐射谱线产生选择性吸收，其吸收强度在一定范围内与镍和铜的质量浓度成正比。固体废物浸出液中镍和铜的方法检出限分别为 0.03mg/L 和 0.02mg/L，测定下限分别为 0.12mg/L 和 0.08mg/L；当试样质量为 0.5g、消解后定容体积为 50.0mL 时，固体废物中镍和铜全量测定的方法检出限分别为 3mg/kg 和 3mg/kg，测定下限分别为 12mg/kg 和 12mg/kg。

(1) 仪器和设备　火焰原子吸收分光光度计。

(2) 样品　按照 HJ/T 20 的相关规定进行固体废物样品制备。对于固态废物或可干化半固态废物样品，称取 10g（精确至 0.01g）样品，自然风干或冷冻干燥，再次称重（精确至 0.01g），研磨，全部过 100 目筛备用。按 HJ/T 299、HJ/T 300 或 HJ 557 的方法制备固体废物浸出液。浸出液如不能及时进行分析，应加硝酸酸化至 pH<2，可保存 14d。

① 固体废物试样　对于固态样品或可干化的半固态样品，称取 0.1~0.5g（精确至 0.1mg）过筛样品；对于液态或不可干化的半固态样品直接称取样品 0.5g（精确至 0.1mg）。

a. 电热板消解法　将样品置于 50mL 聚四氟乙烯坩埚中，用水润湿后加入 10mL 盐酸，置于电热板上加热（约 50℃），初步消解，待蒸发至 3mL 左右时，加入 5mL 硝酸和 5mL 氢氟酸，加盖后于 120~130℃ 加热 0.5~1h。冷却，加入 2mL 高氯酸，再加盖，于 150~160℃ 加热 1h 左右，开盖，驱赶白烟并蒸至内容物呈不流动状态的液珠状（趁热观察）。视消解情况，可再补加 3mL 硝酸、3mL 氢氟酸和 1mL 高氯酸，重复以上消解过程。取下坩埚稍冷，用水冲洗坩埚盖和内壁，加入 1mL 硝酸溶液，温热溶解可溶性残渣，转移至 50mL 容量瓶中，冷却后用水定容至标线，摇匀。同时制备固体废物空白试样。

注意：如固体废物中镍或铜的含量较高，试样消解后定容体积可根据实际情况确定。如固体废物中镍或铜的含量较低，可采用石墨炉原子吸收分光光度法测定。

b. 微波消解法　将样品置于微波消解罐中，用少量水润湿后加入 6mL 硝酸、2mL 盐酸、2~5mL 氢氟酸，按照设定升温程序参照表 3-19 进行消解，冷却后（或将溶液转移至 50mL 聚四氟乙烯坩埚中）加入 1mL 高氯酸，电热板加热，温度控制在 150~160℃，加热至冒浓厚高氯酸白烟且内容物呈不流动状态时，取下坩埚稍冷，用少量水冲洗坩埚盖和内壁，加入 1mL 硝酸溶液，温热溶解可溶性残渣，转移至 50mL 容量瓶中，冷却后用水定容至标线，摇匀。同时制备固体废物空白试样。

表 3-19　固体废物的微波消解推荐升温程序（镍和铜）

升温时间/min	消解温度/℃	保持时间/min
7	由室温升到 120	3
5	120~160	3
5	160~190	25

② 固体废物浸出液试样

a. 电热板消解法　量取 50.0mL 浸出液于 150mL 烧杯中，加入 3～5mL 硝酸，摇匀。盖上表面皿，置于电热板上在近沸状态下将样品加热蒸发至近干，取下冷却；再加入 3mL 硝酸，继续加热，直至消解完全（消解液透亮或者消解液外观不再变化），继续蒸发至近干。取下冷却后，加入 1mL 硝酸溶液，加热溶解残渣，用少量水清洗烧杯内壁和表面皿，全部转移至 50mL 容量瓶中，用水稀释、定容、混匀备用。取上清液测定。同时制备固体废物浸出液空白试样。

b. 微波消解法　取量 50.0mL 浸出液试样（被消解的浸出液和加入的酸的体积应小于微波消解仪规定的限量体积）于微波消解罐中，如果样品中有机质含量低，加入 5mL 硝酸；如果样品中有机质含量高，加入 4mL 硝酸、1mL 盐酸和 1mL 过氧化氢溶液，放置 30min，加盖密闭，放入微波消解仪中，按设定升温程序参照表 3-20 进行消解。消解完毕，待罐内温度与室温平衡后，将消解罐放置于电热板上在近沸状态下将样品加热蒸发至近干，冷却。加入 1mL 硝酸溶液，加热溶解残渣，用少量水清洗消解罐内壁和盖子，全部转移至 50mL 容量瓶中，用水稀释、定容、混匀备用。取上清液测定。同时制备固体废物浸出液空白试样。

表 3-20　固体废物浸出液的微波消解推荐升温程序（镍和铜）

升温时间/min	消解温度/℃	保持时间/min
10	由室温升到 180	15

（3）分析步骤

① 仪器参考条件　参考表 3-21 所列条件调节仪器，使火焰状态、燃烧器高度等达到最佳。

表 3-21　仪器参考测量条件（镍和铜）

元素	镍（Ni）	铜（Cu）
光源	镍空心阴极灯	铜空心阴极灯
灯电流/mA	3.0	3.0
测定波长/nm	232.0	324.7
次灵敏线/nm	352.5	327.8
通带宽度/nm	0.2	0.5
灯电流/mA	3.0	3.0
火焰性质	贫燃性火焰	贫燃性火焰
燃烧高度	使空心阴极灯光斑通过亮蓝色部分	
扣背景方式	氘灯背景校正	

② 校准　分别吸取混合标准溶液 0.00mL、0.20mL、0.50mL、1.00mL、2.00mL、3.00mL、5.00mL 于 100mL 容量瓶中，用硝酸溶液定容后摇匀。此标准系列含镍和铜分别为 0.00mg/L、0.20mg/L、0.50mg/L、1.00mg/L、2.00mg/L、3.00mg/L 和 5.00mg/L。按照仪器测量条件，用硝酸溶液调节仪器零点后，按从低浓度到高浓度的顺序吸入标准系列，测量相应的吸光度，以相应吸光值为纵坐标，以各元素标准系列质量浓度为横坐标，绘制各元素的校准曲线。

③ 测定　将制备好的试样、空白试样与绘制校准曲线相同仪器分析条件进行测定。

详见 HJ 751—2015。

3.32 石墨炉原子吸收分光光度法测定固体废物铍、镍、铜和钼

固体废物浸出液或固体废物经酸消解后，注入石墨炉原子化器中，试样中的铍、镍、铜和钼经高温原子化，其基态原子分别对铍、镍、铜、钼的特征辐射谱线产生选择性吸收，其吸收强度在一定范围内与铍、镍、铜和钼的浓度成正比。

(1) 仪器和设备

① 石墨炉原子吸收分光光度计。

② 石墨管：热解涂层石墨管。

③ 微波消解装置（功率 600～1500W）。

④ 电热板：具有温控功能（温度稳定±5℃）。

(2) 样品

① 采集与保存　按照 HJ/T 20 和 HJ/T 298 规定进行固体废物样品的采集和保存。

② 样品的制备

a. 固体废物浸出液　按 HJ/T 299、HJ/T 300 或 HJ 557 的方法制备固体废物浸出液。浸出液如不能及时进行分析，应加硝酸酸化至 pH<2，可保存 14d。

b. 固体废物　按照 HJ/T 20 的相关规定进行固体废物样品制备。对于固态废物或可干化半固态废物样品，称取 10g（精确至 0.01g）样品，自然风干或冷冻干燥，再次称重（精确至 0.01g），研磨，全部过 100 目筛备用。

③ 试样的制备

a. 固体废物浸出液试样（电热板法）　量取 50.0mL 浸出液试样于 150mL 烧杯中，加入 3～5mL 硝酸，摇匀。盖上表面皿，置于电热板上在近沸状态下将样品加热蒸发至近干，取下冷却，再加入 3mL 硝酸，继续加热，直至消解完全（消解液透亮或者消解液外观不再变化），继续蒸发至近干，取下冷却后，加入 1mL 1+1（体积比）硝酸溶液，加热溶解残渣，用水清洗烧杯内壁和表面皿，全部转移至 50mL 容量瓶中，用水稀释、定容，混匀备用。取上清液测定。

b. 固体废物试样（电热板法）　对于固态样品或可干化的半固态样品，称取 0.1～0.5g（精确至 0.1mg）过筛样品；对于液态或不可干化的半固态样品直接称取样品 0.5g（精确至 0.1mg）。将样品置于 50mL 聚四氟乙烯坩埚中，用水润湿后加入 10mL 盐酸，于通风橱内的电热板上 50～70℃加热，使样品初步分解，待蒸发至约剩 3mL 时，加入 5mL 硝酸、5mL 氢氟酸，加盖后于电热板上 120～130℃加热 0.5～1h，冷却后加入 2mL 高氯酸，再加盖 150～160℃加热 1h 左右，开盖，驱赶白烟并蒸至内容物呈不流动状态的液珠状（趁热观察）。视消解情况，可再补加 3mL 硝酸、3mL 氢氟酸、1mL 高氯酸，重复以上消解过程。取下坩埚稍冷，用水冲洗坩埚盖和内壁，加入 1mL 硝酸溶液，温热溶解可溶性残渣，转移至 50mL 容量瓶中，冷却后用水定容至标线，摇匀。

注意：如固体废物中铍、镍、铜或钼的含量较高，试样消解后定容体积可根据实际情况确定。如固体废物中镍或铜的含量较高，可采用火焰原子吸收分光光度法测定。

(3) 分析步骤

① 仪器参考条件　参考表 3-22 所列条件设定仪器，使仪器处于最佳工作状态。

表 3-22　仪器参考测量条件（铍、镍、铜、钼）

元素	铍（Be）	镍（Ni）	铜（Cu）	钼（Mo）
光源	铍空心阴极灯	镍空心阴极灯	铜空心阴极灯	钼空心阴极灯
灯电流/mA	5.0	4.0	4.0	7.0
测定波长/nm	234.9	232.0	324.7	313.3
次灵敏线/nm	—	352.5	217.9	320.9
通带宽度/nm	1.0	0.2	0.5	0.5
干燥温度/℃	85～120	85～120	85～120	85～120
干燥时间/s	55	55	55	55
灰化温度/℃	1200～1400	900～1100	1000～1100	1200～1400
灰化时间/s	10～15	10～15	15～20	15～20
原子化温度/℃	2600	2500	2500	2800
原子化时间/s	2.9	2.9	3	3
清除温度/℃	2650	2550	2550	2850
清除时间/s	2	2	2	2
原子化阶段是否停气	是	是	是	是
氩气流量 /(mL/min)	300	300	300	300
基体改进剂	基体改进剂 I	基体改进剂 II	基体改进剂 II	基体改进剂 II
基体改进剂体积/L	2～5	2～5	2～5	2～5
进样体积/L	20	20	20	20
背景校正方式	塞曼背景校正	塞曼背景校正	塞曼背景校正	塞曼背景校正

② 校准　分别移取 0.00mL、0.50mL、1.00mL、2.00mL、3.00mL、5.00mL 铍标准使用液于 50mL 容量瓶中，用 1＋99（体积比）硝酸溶液定容至刻度，摇匀。铍标准系列浓度见表 3-23。

分别移取 0.00mL、1.00mL、2.00mL、4.00mL、6.00mL、10.00mL 镍标准使用液于 50mL 容量瓶中，用 1＋99（体积比）硝酸溶液定容至刻度，摇匀。镍标准系列浓度见表 3-23。

分别移取 0.00mL、1.00mL、2.00mL、4.00mL、6.00mL、10.00mL 铜标准使用液于 50mL 容量瓶中，用 1＋99（体积比）硝酸溶液定容至刻度，摇匀。铜标准系列浓度见表 3-23。

分别移取 0.00mL、1.00mL、2.00mL、4.00mL、6.00mL、10.00mL 钼标准使用液 50mL 容量瓶中，用 1＋99（体积比）硝酸溶液定容至刻度，摇匀。钼标准系列浓度见表 3-23。

表 3-23　各元素标准系列浓度　　　　　单位：$\mu g/L$

元素	标准系列					
铍（Be）	0.00	0.50	1.00	2.00	3.00	5.00
镍（Ni）	0.00	5.00	10.0	20.0	30.0	50.0
铜（Cu）	0.00	5.00	10.0	20.0	30.0	50.0
钼（Mo）	0.00	5.00	10.0	20.0	30.0	50.0

按照仪器测量条件，由低浓度到高浓度依次向石墨管内加入 $20\mu L$ 标准溶液和 $2\sim5\mu L$ 基体改进剂，测量吸光值。以相应吸光值为纵坐标，各元素标准系列质量浓度为横坐标，绘制各元素的校准曲线。

③ 空白试验　按照实验步骤制备试剂空白样品。

④ 测定　将制备好的试样、空白试样与绘制校准曲线相同仪器分析条件进行测定。

详见 HJ 752—2015。

3.33　顶空/气相色谱法测定固体废物中挥发性有机物

在一定的温度下，顶空瓶内样品中挥发性有机物向液上空间挥发，产生蒸气压，在气液固三相达到热力学动态平衡后，气相中的挥发性有机物经气相色谱分离，用火焰离子化检测器检测。以保留时间定性，外标法定量。

(1) 仪器和设备

① 气相色谱仪：具有毛细柱分流/不分流进样口，可程序升温，具火焰离子化检测器（FID）。

② 色谱柱：石英毛细管柱。柱 1：60m×0.25mm，膜厚 1.4m（6％腈丙苯基、94％二甲基聚硅氧烷固定液），也可使用其他等效毛细柱。柱 2：30m×0.32mm，膜厚 0.25m（聚乙二醇 20mol/L），也可使用其他等效毛细柱。

③ 自动顶空进样器：顶空瓶（22mL）、密封垫（聚四氟乙烯/硅氧烷）、瓶盖（螺旋盖或一次使用的压盖）。

④ 往复式振荡器：振荡频率 150 次/min，可固定顶空瓶。

⑤ 天平：精度为 0.01g。

⑥ 采样瓶：具聚四氟乙烯-硅胶衬垫螺旋盖的 60mL 或 200mL 的螺纹棕色广口玻璃瓶。

⑦ 采样器材：铁铲和不锈钢药勺。

⑧ 便携式冷藏箱：容积 20L，温度 4℃以下。

⑨ 一次性巴斯德玻璃吸液管。

⑩ 微量注射器：5μL、10μL、25μL、100μL、500μL、1000μL。

⑪ 棕色密实瓶：2mL，具聚四氟乙烯衬垫和实心螺旋盖。

(2) 样品

① 采集与保存　按照 HJ/T 20 和 HJ/T 298 的相关规定进行固体废物样品的采集和保存。采集样品的工具应用铁铲和不锈钢药勺。所有样品均应至少采集 3 份代表性样品。用铁铲和不锈钢药勺将样品尽快采集到采样瓶中，并尽量填满。快速清除掉采样瓶螺纹及外表面上黏附的样品，密封采样瓶，置于便携式冷藏箱内，带回实验室。样品送入实验室后应尽快分析。若不能立即分析，在 4℃以下密封避光保存，保存期限不超过 14d。样品存放区域应无有机物干扰。

注意：当样品中挥发性有机物浓度大于 1000μg/kg 时，视该样品为高含量样品。样品采集时切勿搅动固体废物，以免造成固体废物中有机物的挥发。必要时，可在采样现场使用用于挥发性有机物测定的便携式仪器对样品进行浓度高低的初筛。

② 试样的制备

a. 固体废物低含量试样　实验室内取出采样瓶，待恢复至室温后，称取 2g（精确至

0.01g）样品置于顶空瓶（22mL）中，迅速向顶空瓶中加入 10.0mL 饱和氯化钠溶液，立即密封，在往复式振荡器上以 150 次/min 的频率振荡 10min，待测。

b. 固体废物高含量试样　如果现场初步筛选挥发性有机物为高含量或低含量测定结果大于 $1000\mu g/kg$ 时，应视为高含量试样。高含量试样制备如下：取出采样瓶，待恢复至室温后，称取 2g（精确至 0.01g）样品置于顶空瓶（22mL）中，迅速向顶空瓶中加入 10.0mL 甲醇，立即密封，在往复式振荡器上以 150 次/min 的频率振荡 10min。静置沉降后，用一次性巴斯德玻璃吸液管移取 1mL 提取液至 2mL 棕色密实瓶中。该提取液可置于冷藏箱内 4℃下保存，保存期为 14d。

在分析之前将提取液恢复到室温后，向空的顶空瓶中加入 2g（精确至 0.01g）石英砂、10.0mL 饱和氯化钠溶液和 0.010～0.100mL 甲醇提取液。立即密封，在往复式振荡器上以 150 次/min 的频率振荡 10min，待测。

注意：若甲醇提取液中挥发性有机物浓度较高，可通过加入甲醇进行适当稀释。若用高含量方法分析浓度值过低或未检出，应采用低含量方法重新分析样品。

c. 固体废物浸出液试样　称取干基质量为 40～50g 固体废物样品，按照 HJ/T 299 方法制备固体废物水浸出液试样，称取干基质量为 20～25g 固体废物样品，按照 HJ/T 300 方法制备固体废物醋酸浸出液试样。取 10.0mL 浸出液移入顶空瓶（22mL）中，立即密封，待测。

③ 空白试样的制备

a. 固体废物运输空白试样　采样前在实验室将 10.0mL 饱和氯化钠溶液和 2g（精确至 0.01g）石英砂放入顶空瓶（22mL）中密封，将其带到采样现场。采样时不开封，之后随样品运回实验室，在往复式振荡器上以 150 次/min 的频率振荡 10min，待测。

b. 固体废物低含量空白试样　称取 2g（精确至 0.01g）石英砂代替低含量样品，按照步骤制备低含量空白试样。

c. 固体废物高含量空白试样　称取 2g（精确至 0.01g）石英砂代替高含量样品，制备高含量空白试样。

d. 固体废物浸出液空白试样　按照 HJ/T 299 或 HJ/T 300 的浸提方法，取 10.0mL 浸提剂置于顶空瓶中，立即密封，待测。

（3）分析步骤

① 仪器参考条件

a. 顶空进样器参考条件　加热平衡温度 85℃；加热平衡时间 50min；取样针温度 100℃；传输线温度 110℃；传输线为经过去活处理，内径 0.32mm 的石英毛细管柱；压力化平衡时间 1min；进样时间 0.2min；拔针时间 0.4min。

注意：也可以采用其他进样方式。

b. 气相色谱仪参考条件　程序升温：40℃（保持 5min）$\xrightarrow{8℃/min}$ 100℃（保持 5min）$\xrightarrow{6℃/min}$ 200℃（保持 10min）；进样口温度：220℃；检测器温度：240℃；载气：氮气；柱流量：1.0mL/min；氢气流量：45mL/min；空气流量：450mL/min；进样方式：分流进样；分流比：10∶1。

② 校准

a. 固体废物的校准曲线绘制　分别向 5 支顶空瓶（22mL）中依次加入 2g（精确至

0.01g）石英砂、10.0mL 饱和氯化钠溶液，再向各瓶中加入一定量的标准使用液，立即密封，配制目标化合物质量分别为 0.10μg、0.20μg、0.50μg、1.00μg 和 2.00μg 的 5 点校准曲线系列。将配制好的校准曲线系列样品在往复式振荡器上以 150 次/min 的频率振荡 10min，按照仪器参考条件依次进样分析，以峰面积或峰高为纵坐标，质量（μg）为横坐标，绘制校准曲线。

b. 固体废物浸出液的校准曲线绘制　分别向 5 支顶空瓶（22mL）中加入 10.0mL 浸提剂，再向各瓶中加入一定量的标准使用液，立即密封，配制目标化合物分别为 10.0μg/L、20.0μg/L、50.0μg/L、100μg/L 和 200μg/L 的 5 点校准曲线系列。按照仪器参考条件依次进样分析，以峰面积或峰高为纵坐标，浓度（μg/L）为横坐标，绘制校准曲线。

③ 测定　将制备好的试样置于自动顶空进样器上，按照仪器参考条件进行测定。

④ 空白试验　将制备好的空白试样置于自动顶空进样器上，按照仪器参考条件进行测定。

详见 HJ 760—2015。

3.34　灼烧减量法测定固体废物中有机质

适用于农业废物、生活垃圾、餐厨废物、污泥等固体废物中有机质含量的测定。当取样量为 0.5g 时，本方法的检出限为 0.04%，检测下限为 0.16%。固体废物中的有机质可视为烘干试样在（600±20）℃灼烧的失重量。

(1) 仪器和设备

① 分析天平：精度为 0.0001g。

② 高温马弗炉：温度可控制在（600±20）℃。

③ 电热干燥箱：温度可控制在（105±5）℃。

④ 干燥器：内装干燥剂。

⑤ 瓷坩埚：容积 30mL，具盖。

(2) 样品

① 采样　按照 HJ/T 20 或 HJ/T 313 的规定执行。

② 试样的制备　在制备有机质分析试样时，用镊子挑除风干试样中的塑料、石块等非活性物质，研磨至全部通过 0.25mm 孔径筛，混匀后装入磨口瓶中于常温保存待测。

(3) 分析步骤　将瓷坩埚事先于（600±20）℃的马弗炉中灼烧至恒重（连续两次称量之差不大于 0.001g）。称取试样 1g（精确至 0.0001g），平铺于瓷坩埚中，半盖坩埚盖，然后将其置于电热干燥箱中，在（105±5）℃下烘 1h，取出后移入干燥器冷却至室温，称重。重复上述步骤进行检查性烘干，每次 30min，直至恒重。

称取烘干试样 0.5g（精确至 0.0001g），平铺于瓷坩埚中，将坩埚盖好，然后将其放入马弗炉中，待温度升至 600℃后，于（600±20）℃灼烧 3h，取出后先在空气中冷却 5min 左右，再移入干燥器中冷却至室温，称重。重复上述步骤进行检查性灼烧，每次 30min，直至恒重。

详见 HJ 761—2015。

3.35　微波萃取法提取固体废物中有机物

微波射线可自由透过对微波透明的萃取介质，深入样品基体内部，按照不同物质对微波能吸收程度的不同，可对体系中不同组分进行选择性加热，从而使目标物从基体或体系中分离出来，进入萃取溶剂中。

（1）仪器和设备

① 微波萃取仪：含装置配备的萃取罐和密封罐。

② 分析天平：精度 0.01g。

③ 样品筛：孔径 1mm。

④ 浓缩装置：氮吹仪、旋转蒸发仪、K-D 浓缩仪或其他具有相当功能的设备。

（2）样品

① 采集与保存　参照 HJ/T 20 的相关规定进行固体废物样品的采集和保存。固体废物样品置于不含干扰物的具塞棕色玻璃瓶中，密封避光、低温保存，尽快运回实验室，途中避免干扰引入或样品被破坏。如暂不能分析，应在 4℃ 以下冷藏保存，半挥发性有机物的保存期为 1 个月，易变质的样品应尽快分析。

② 样品的制备　将采集好的固体废物样品，置于干燥洁净的托盘上，先剔除杂质，再依据样品形态，选择不同的前处理方法。容易研磨的固体废物样品：通过研磨或其他方法将样品压碎，使得样品颗粒大小能通过 1mm 样品筛，使样品充分均匀化。不容易研磨的固体废物样品：可用剪碎、撕碎或者其他方法减小样品的体积，使样品在萃取时被溶剂充分浸泡；也可在样品称量后，加入无水硫酸钠、硅藻土一起研磨。

③ 试样的制备

a. 萃取　称取 5～10g（精准到 0.01g）待测样品，置于微波萃取罐内，加入适量正己烷-丙酮混合溶剂，溶剂用量不超过萃取罐体积的 1/3。将装有样品的萃取罐放入密封罐中，然后将密封罐放到微波萃取仪中，设定萃取温度和萃取时间（见表 3-24），开启仪器进行萃取。

表 3-24　微波萃取参考条件

序号	分析项目	预加热时间/min	萃取时间/min	萃取温度/℃
1	多环芳烃类	5	10	90
2	酞酸酯类	5	10	110
3	有机氯农药	5	10	110
4	有机磷农药	5	10	90
5	多氯联苯	5	10	110
6	其他有机物	5	15	100

b. 萃取液过滤　萃取完成后，待萃取液降至室温，将萃取液除水过滤。在玻璃漏斗上垫一层玻璃棉或玻璃纤维滤膜，铺加约 5g 无水硫酸钠，将萃取液经上述玻璃漏斗过滤到浓缩管中，用少量正己烷-丙酮混合溶剂洗涤玻璃漏斗和过滤后的残留物，合并萃取液，待后续处理。

详见 HJ 765—2015。

3.36 电感耦合等离子体质谱法测定固体废物中金属元素

适用于固体废物和固体废物浸出液中银（Ag）、砷（As）、钡（Ba）、铍（Be）、镉（Cd）、钴（Co）、铬（Cr）、铜（Cu）、锰（Mn）、钼（Mo）、镍（Ni）、铅（Pb）、锑（Sb）、硒（Se）、铊（Tl）、钒（V）、锌（Zn）17 种金属元素的测定。若通过验证，本方法也可适用于其他金属元素的测定。当固体废物浸出液取样体积为 25mL 时，17 种金属元素的检出限为 $0.7 \sim 6.4\mu g/L$，测定下限为 $2.8 \sim 25.6\mu g/L$。当固体废物样品量在 0.1g 时，17 种金属元素的方法检出限为 $0.4 \sim 3.2mg/kg$，测定下限为 $1.6 \sim 12.8mg/kg$。固体废物或固体废物浸出液经微波消解预处理后，采用电感耦合等离子体质谱仪进行检测，根据元素的质谱图或特征离子进行定性，内标法定量。

（1）干扰和消除

① 质谱型干扰　质谱型干扰主要包括同量异位素干扰、多原子离子干扰、氧化物和双电荷干扰等。同量异位素干扰可以使用干扰校正方程进行校正，或在分析前对样品进行化学分离等方法进行消除。多原子离子干扰是 ICP-MS 最主要的干扰来源，可以利用干扰校正方程、仪器优化以及碰撞反应池技术进行消除。氧化物干扰和双电荷干扰可通过调节仪器参数降低干扰程度。

② 非质谱型干扰　非质谱型干扰主要包括基体抑制干扰、空间电荷效应干扰、物理效应干扰等。非质谱型干扰程度与样品基体性质有关，可通过内标法、仪器条件优化或标准加入法等措施消除。

（2）仪器和设备

① 电感耦合等离子体质谱仪（ICP-MS）：能够扫描的质量范围为 $6 \sim 240$，在 10％峰高处的缝宽应介于 $0.6 \sim 0.8$。

② 微波消解装置：具备程式化功率设定功能，微波消解仪功率在 1200W 以上，配有聚四氟乙烯或同等材质的微波消解罐。

③ 天平：感量 0.1mg。

④ 尼龙筛：0.15mm（100 目）。

⑤ 滤膜：水系微孔滤膜，孔径 $0.45\mu m$。

⑥ 赶酸仪：温度≥150℃。

（3）样品

① 采集与保存　按照 HJ/T 20 和 HJ/T 298 的相关规定对固体废物进行样品的采集和保存。

② 样品的制备

a. 固体废物浸出液　按照 HJ/T 299、HJ/T 300 和 HJ 557 的相关规定进行浸出液的制备。

b. 固体废物　按照 HJ/T 20 的相关规定进行固体废物样品的制备。对于固态废物或可干化的半固态固体废物样品，准确称取 10g 样品（精确至 0.01g），自然风干或冷冻干燥后，再次称重（精确至 0.01g），研磨，全部过 0.15mm（100 目）尼龙筛备用。

③ 试样的制备

a. 固体废物浸出液试样　移取固体废物浸出液 25.0mL，置于消解罐中，加入 4mL 硝酸和 1mL 盐酸，将消解罐放入微波消解装置进行消解。消解后冷却至室温，小心打开消解罐的盖子，然后将消解罐放在赶酸仪中，于 150℃ 敞口赶酸至内容物近干，冷却至室温后，用去离子水溶解内容物，然后将溶液转移至 50mL 容量瓶中，用去离子水定容至 50mL。测定前使用滤膜过滤或取上清液进行测定。

b. 固体废物试样　对于固态样品或可干化的半固体样品，称取 0.1～0.2g 过筛后的样品；对于液态或不可干化的固态样品，直接称取样品 0.2g（精确至 0.0001g）。将样品置于消解罐中，加入 1mL 盐酸、4mL 硝酸、1mL 氢氟酸和 1mL 双氧水，将消解罐放入微波消解装置进行消解。消解后冷却至室温，小心打开消解罐的盖子，然后将消解罐放在赶酸仪中，于 150℃ 敞口赶酸，至内容物近干，冷却至室温后，用去离子水溶解内容物，然后将溶液转移至 50mL 容量瓶中，用去离子水定容至 50mL。测定前使用滤膜过滤或取上清液进行测定。

注意：对于特殊基体样品，若使用上述消解液消解不完全，可适当增加酸用量。若通过验证能满足本方法的质量控制和质量保证要求，也可以使用电热板等其他消解方法。

④ 空白试样　用去离子水代替试样，采用与试样制备相同的步骤和试剂，制备空白试样。

（4）分析步骤

① 仪器参考条件　不同型号仪器的最佳工作条件不同，标准模式和反应池模式应按照仪器使用说明书进行操作。

② 仪器调谐　点燃等离子体后，仪器预热稳定 30min。用质谱仪调谐溶液对仪器的灵敏度、氧化物和双电荷进行调谐，在仪器的灵敏度、氧化物、双电荷满足要求的条件下，质谱仪给出的调谐溶液中所含元素信号强度的相对标准偏差≤5％。在涵盖待测元素的质量数范围内进行质量校正和分辨率校验，如果质量校正结果与真实值差别超过±0.1 或调谐元素信号的分辨率在 10％峰高处所对应的峰宽超过 0.6～0.8 的范围，应按照仪器使用说明书的要求将质量校正到正确值。

③ 校准　分别取一定体积的多元素标准使用液和内标标准贮备溶液于容量瓶中，用硝酸溶液进行稀释，配制成金属元素浓度分别为 0μg/L、10.0μg/L、20.0μg/L、50.0μg/L、100μg/L、500μg/L 的校准系列。内标标准贮备溶液可以直接加入到校准系列中，也可在样品雾化之前通过蠕动泵在线加入。所选内标的浓度应远高于样品自身所含内标元素的浓度，常用的内标浓度范围为 50.0～1000μg/L。用 ICP-MS 进行测定，以各元素的浓度为横坐标，响应值和内标响应值的比值为纵坐标，建立校准曲线。校准曲线的浓度范围可根据测量需要进行调整。

④ 试样测定　每个试样测定前，用硝酸溶液冲洗系统直到信号降至最低，待分析信号稳定后才可开始测定。将制备好的试样加入与校准曲线相同量的内标标准，在相同的仪器分析条件下进行测定。若样品中待测元素浓度超出校准曲线范围，需经稀释后重新测定，稀释液使用硝酸溶液。

⑤ 空白试样测定　按照与试样相同的测定条件测定空白试样。

详见 HJ 766—2015。

3.37 石墨炉原子吸收分光光度法测定固体废物中钡

固体废物或固体废物浸出液经消解后，注入石墨炉原子化器中，经过干燥、灰化和原子化，钡化合物形成的钡基态原子对 553.6nm 特征谱线产生吸收，其吸收强度在一定范围内与试液中钡的质量浓度成正比。

(1) 干扰和消除　试样中钾、钠和镁的总浓度为 500mg/L，铬为 10mg/L，锰为 25mg/L，铁和锌总浓度为 2.5mg/L，铝为 2mg/L，硝酸为 5% 以下时，对钡的测定无影响。当这些物质的浓度超过上述质量浓度时，可采用样品稀释法或标准加入法消除干扰。试样中钙的浓度大于 5mg/L 时，对钡的测定产生正干扰。当注入原子化器中钙的浓度为 100~300mg/L 时，钙对钡的干扰不随钙浓度变化而变化。根据钙的干扰特征，加入基体改进剂硝酸钙，既可消除记忆效应又能提高测定的灵敏度。若试样中钙的浓度超过 300mg/L，应将试样适当稀释后测定。当样品基体成分复杂或者不明时，应采用样品稀释法或标准加入法，用于考查样品是否宜用校准曲线法直接定量。

(2) 仪器和设备

① 石墨炉原子吸收分光光度计（具有背景校正功能）。

② 热解涂层石墨管。

③ 电热板或石墨消解仪：具有温控功能（温度稳定 ±5℃），最高温度可设定至 180℃。

④ 微波消解仪：输出功率 1000~1600W。具有可编程控制功能，可对温度、压力和时间（升温时间和保持时间）进行全程监控；具有安全防护功能。

⑤ 消解罐：由碳氟化合物（可溶性聚四氟乙烯 PFA 或改性聚四氟乙烯 TFM）制成的封闭罐体，可抗压（170~200psi），耐酸和耐腐蚀，具有自动泄压功能。

⑥ 天平：精度 0.01g。

⑦ 分析天平：精度 0.0001g。

⑧ 三角瓶：150mL。

⑨ 玻璃小漏斗：可放于三角瓶口。

⑩ 聚四氟乙烯坩埚：50mL。

⑪ 容量瓶：25mL、50mL、100mL、250mL。

⑫ 抽滤装置：配有孔径为 0.45μm 醋酸纤维或聚乙烯滤膜。

⑬ 筛：非金属筛，100 目。

(3) 样品

① 采集与保存　按照 HJ/T 20 及 HJ/T 298 的相关规定进行固体废物样品的采集和保存。

② 样品的制备

a. 固体废物　按照 HJ/T 20 的相关规定进行固体废物样品的制备。对于固态或可干化半固态样品，称取 10g 样品（精确至 0.01g），自然风干或冷冻干燥，再次称重（精确至 0.01g），研磨，全部过 100 目筛备用。

b. 固体废物浸出液　按照 HJ/T 299、HJ/T 300 或 HJ 557 的相关规定进行浸出液制备。浸出液如不能很快进行处理分析，应加硝酸酸化（1L 浸出液加入 10mL 硝酸），并尽快消解，不要超过 24h。

③ 试样的制备

a. 固体废物试样

（a）电热板消解法：称取 0.1g 过筛后的样品（精确至 0.0001g）于 50mL 聚四氟乙烯坩埚中。用少量水湿润后加入 10mL 盐酸，于通风橱内的电热板上低温 [(95±5)℃] 加热，使样品初步分解（有机质含量较高的样品，需提前加入盐酸浸泡过夜）。待蒸发至约剩 3mL 时取下稍冷。加入 5mL 硝酸、5mL 氢氟酸、3mL 高氯酸，加盖后于电热板上中温 [(120±5)℃] 加热 1h。开盖，电热板温度控制在 [(140±5)℃]，继续加热，并经常摇动坩埚。当加热至冒浓白烟时，加盖使黑色有机碳化物分解。待坩埚壁上的黑色有机物消失后，开盖，驱赶白烟并蒸至内容物呈黏稠状。视消解情况，可补加 3mL 硝酸、3mL 氢氟酸、1mL 高氯酸重复上述消解过程。取下坩埚稍冷，加入 2mL 硝酸溶液，温热溶解可溶性残渣。冷却后转移至 250mL 容量瓶中，用实验用水淋洗坩埚，将淋洗液全部转移至容量瓶中，用实验用水定容至标线，混匀，待测。若使用石墨消解仪替代电热板消解样品，可参照上述步骤进行。

（b）微波消解法：称取 0.1g 过筛后的样品（精确至 0.0001g）于微波消解罐中。用少量水湿润后加入 6mL 硝酸、2mL 氢氟酸（有机质含量较高的样品，需提前加入硝酸浸泡过夜）。设定微波消解仪的工作程序（表 3-25），启动仪器。待冷却后，用少量实验用水将微波消解罐中全部内容物转移至 50mL 聚四氟乙烯坩埚中，加入 2mL 高氯酸，电热板温度控制在 150℃，驱赶白烟并至内容物呈黏稠状。取下坩埚稍冷，加入 2mL 硝酸溶液，温热溶解可溶性残渣。冷却后转移至 250mL 容量瓶中，用实验用水淋洗坩埚，将淋洗液全部转移至容量瓶中，用实验用水定容至标线，混匀，待测。

表 3-25　固体废物微波消解法升温程序参考表（钡）

升温时间/min	消解温度/℃	保持时间/min
5	100	2
5	150	3
5	180	25

b. 固体废物浸出液试样

（a）电热板消解法：量取 50.0mL 浸出液于 150mL 三角瓶中，加入 2mL 硝酸，混匀。在三角瓶口插入小漏斗后置于电热板上低温 [(95±5)℃] 加热，少于 20mL 时取下冷却。用少量实验用水冲洗小漏斗和三角瓶内壁，如消解液中含有较多杂质，则需进行过滤，抽滤装置需用 1+9（体积比）硝酸溶液润洗。全量消解液转移到 50mL 容量瓶中，用实验用水淋洗三角瓶，将淋洗液转移至容量瓶中，用实验用水定容至标线，混匀，待测。

（b）微波消解法：量取 25.0mL 浸出液倒入消解罐中（根据消解罐容积和样品浓度高低确定浸出液量取体积，最终溶液体积不得超过仪器规定的限值）。向消解罐中加入 2mL 硝酸，盖紧消解罐。将消解罐放在微波炉转盘上。设定微波消解仪的工作程序（表 3-26），启动仪器。

表 3-26　固体废物浸出液微波消解法升温程序参考表（钡）

升温时间/min	消解温度/℃	保持时间/min
10	180	15

消解程序结束后，消解罐应在微波消解仪内冷却至少 5min 后取出。在通风橱内小心打开消解罐的盖子，释放其中的气体。如消解液中含有较多杂质，则需进行过滤。抽滤装置需用 1+9（体积比）硝酸溶液润洗。将消解液移入 50mL 容量瓶中，用实验用水淋洗消解罐，将淋洗液转移至容量瓶，用实验用水定容至标线，混匀，待测。也可用电热板或石墨消解仪将微波消解后的消解液在亚沸状态下［保持溶液温度（95±5）℃］加热浓缩，用实验用水淋洗消解罐，将淋洗液转移至 25mL 容量瓶，用实验用水定容至标线。

　　c. 空白样品的制备

（a）固体废物空白：使用空容器制备固体废物空白样品。

（b）固体废物浸出液空白：使用实验用水配制成浸提剂，按照固体废物浸出液方法制备固体废物浸出液空白，进行消解。

（4）分析步骤

① 仪器参考条件　　根据仪器说明书要求优化测试条件。仪器参考测量条件见表 3-27。

表 3-27　仪器参考测量条件（钡）

元　素	钡（Ba）	元　素	钡（Ba）
光源	钡空心阴极灯	原子化温度/℃	2600
测定波长/nm	553.6	原子化时间/s	2.8
通带宽度/nm	0.5	清除温度/℃	2650
干燥温度/℃	85～120	清除时间/s	2
干燥时间/s	55	原子化阶段是否停气	是
灰化温度/℃	1000	氩气流速/(L/min)	3.0
灰化时间/s	8	进样量/μL	20

② 校准　　分别吸取钡标准使用液 0.00mL、1.00mL、2.00mL、4.00mL、6.00mL、8.00mL、10.00mL 于 100mL 容量瓶中，用硝酸溶液定容至标线，混匀。此标准系列含钡分别为 0μg/L、10.0μg/L、20.0μg/L、40.0μg/L、60.0μg/L、80.0μg/L、100.0μg/L。或者按照以上浓度由仪器自动配制。由低浓度到高浓度依次向石墨管内加入 20μL 标准溶液，按照仪器测量条件测量吸光度。以相应吸光度为纵坐标，钡标准系列质量浓度为横坐标，建立钡的校准曲线。

③ 空白样品测定　　制备好的空白样品，按照与建立校准曲线相同的条件进行测定。

④ 测定　　制备好的样品，按照与建立校准曲线相同的条件进行测定。

注意：根据样品分析过程中背景干扰，确定是否需要加入 10% 体积的基体改进剂硝酸钙溶液。若样品中加入基体改进剂，所使用的校准曲线配制时也应按照比例加入。

详见 HJ 767—2015。

3.38　气相色谱法/测定固体废物有机磷农药

适用于固体废物及其浸出液中 12 种有机磷农药的测定，包括丙溴磷、甲拌磷、乐果、二嗪农、乙拌磷、异稻瘟净、甲基对硫磷、马拉硫磷、毒死蜱、对硫磷、稻丰散和乙硫磷。

若通过验证，也可适用于其他有机磷农药的测定。固体废物或固体废物浸出液中的有机磷农药经有机溶剂萃取，萃取液经浓缩定容后用气相色谱分离，火焰光度检测器测定，以保留时间定性，外标法定量。

(1) 仪器和设备

① 气相色谱仪：具有分流/不分流进样口，配有火焰光度检测器（FPD）。

② 色谱柱：30m×0.25mm×0.25μm，超低流失（5%苯基)-甲基聚硅氧烷毛细管柱；或30m×0.32mm×0.25μm，(14%氰基-苯基)-甲基聚硅氧烷毛细管柱，或其他等效毛细管柱。

③ 提取设备：索氏提取器或加压流体萃取仪。

④ 浓缩装置：氮吹浓缩仪或其他浓缩装置。

⑤ 分液漏斗：具聚四氟乙烯（PTFE）活塞。

⑥ 微量注射器：10μL、25μL、100μL、250μL、500μL和1000μL。

(2) 样品

① 采集和保存　按照HJ/T 20和HJ/T 298的相关规定进行样品的采集和保存。样品采集后，必须密封贮存于预先洗净烘干的棕色玻璃瓶中，尽快分析。若不能立即分析，应在4℃以下冷藏避光保存，保存期限不超过7d。样品提取液避光冷藏保存，保存期限不超过40d。

注意：样品采集时尽量避免搅动，以免造成固体废物中有机磷农药的降解或挥发。

② 试样的制备

a. 固体废物浸出液试样的制备

(a) 浸出：按照HJ/T 299或HJ/T 300的相关规定制备固体废物浸出液试样。

(b) 萃取：取固体废物浸出液100mL于分液漏斗中，加入适量氯化钠摇匀，加20mL二氯甲烷充分振荡、静置，有机相经过装有适量无水硫酸钠的漏斗除水，用二氯甲烷充分洗涤硫酸钠，收集有机相。按上述步骤重复萃取两次，合并有机相，收集于浓缩管中，待浓缩。

注意：可根据有机污染物含量适当减少浸出液的取样量，浸出液应立即萃取。萃取液出现乳化现象时可采用机械技术分离或离心方法进行破乳。

(c) 浓缩和净化

ⓐ 浓缩：使用氮吹仪浓缩时，水浴温度为35℃。浓缩至10mL，加入10mL正己烷，继续浓缩至1.0mL。亦可使用K-D浓缩、旋转蒸发浓缩等其他合适的浓缩方法。

ⓑ 净化：若样品中存在基体干扰，可采用硅胶层析柱和硅胶固相萃取小柱进行净化。若通过验证，亦可采用其他合适的净化方法。

b. 固体废物试样的制备

(a) 水性液态固体废物：称取10.0g（精确到0.1g）样品，加入90mL水，混匀后全部转入分液漏斗中。

(b) 油状液态固体废物：称取10.0g（精确到0.1g）样品，加入30mL二氯甲烷，混匀后全部转入分液漏斗中，加100mL水。

(c) 固态和半固态废物

ⓐ 脱水：称取10.0g（精确至0.1g）样品，加入适量无水硫酸钠，将样品干燥拌匀至流砂状，备用。若使用加压流体萃取仪，则用硅藻土脱水。

注意：试样制备后应立即进行萃取，以减少有机磷农药的降解损失。不适宜采用风干、研磨、破碎等方式制备样品。对于无法搅拌，只能采取破碎等方式处理的坚硬固体废物样品，应考虑到有机磷农药的降解。取样量可根据样品类型、污染物含量、萃取方法进行调整。对于有机污染物含量高的样品，可适当减少取样量。

ⓑ 萃取：将固体废物试样全部转移至纸质套筒中，加入 100mL 正己烷-丙酮混合溶剂，提取 16～18h，回流速率控制在 6 次/h 左右。提取液收集于浓缩管中，待浓缩。若通过验证，亦可使用其他适合的萃取方法。

注意：超声波萃取不适合本方法。

ⓒ 浓缩和净化：使用氮吹仪浓缩时，水浴温度为 35℃。将提取液浓缩至 1.0mL，待测。亦可使用 K-D 浓缩、旋转蒸发浓缩等其他合适的浓缩方法。净化方法同固体废物浸出液试样的制备。

注意：氮吹浓缩时，萃取液浓缩到 1.0mL 左右即停止。若继续浓缩，随着萃取液体积的减少，应考虑有机磷农药的损失。有机污染物含量高的样品，可适当增大浓缩定容体积。

（3）分析步骤

① 气相色谱参考条件　柱箱升温程序：60℃保持 0.5min，以 70℃/min 升温到 100℃，以 45℃/min 升温到 180℃，以 20℃/min 升温到 200℃并保持 6.5min，以 45℃/min 升温到 280℃并保持 10min；进样口温度：200℃；进样方式：不分流进样；FPD 检测器温度：250℃；气体流量：氮气 1.5mL/min、氢气 75mL/min、空气 300mL/min。

② 校准　分别取一定量的标准使用液，用正己烷稀释定容使目标化合物浓度分别为 0.00μg/L、20μg/L、100μg/L、250μg/L、500μg/L、1000μg/L 和 2000μg/L。在推荐色谱条件下进行测定，以各组分的质量浓度为横坐标，该组分的峰面积（或峰高）为纵坐标绘制校准曲线。

注意：根据样品实际情况适当调整校正曲线范围。

③ 测定　将制备好的试样按照气相色谱参考条件进行测定。

④ 空白试验

a. 固体废物浸出液空白　称取 100.0g 石英砂，按照步骤制备试样，按照气相色谱参考条件进行测定。

b. 固体废物空白　称取 10.0g 石英砂，按照步骤制备试样，按照气相色谱参考条件进行测定。

详见 HJ 768—2015。

3.39　电感耦合等离子发射体光谱法测定固体废物中 22 种金属元素

固体废物或固体废物浸出液经酸消解后，进入等离子体发射光谱仪的雾化器中被雾化，由氩载气带入等离子体火炬中，目标元素在等离子体火炬中被气化、电离、激发并辐射出特征谱线。特征光谱的强度与试样中待测元素的含量在一定范围内成正比。

（1）干扰和消除

① 光谱干扰　光谱干扰主要包括连续背景和谱线重叠干扰。校正光谱干扰常用的方法是背景扣除法（根据单元素试验确定扣除背景的位置及方式）及干扰系数法。也可以在混合标准溶液中采用基体匹配的方法消除其影响。

② 非光谱干扰　非光谱干扰主要包括化学干扰、电离干扰、物理干扰以及去溶剂干扰

等，在实际分析过程中各类干扰很难截然分开。是否予以补偿和校正，与样品中干扰元素的浓度有关。此外，物理干扰一般由样品的黏滞程度及表面张力变化而致，尤其是当样品中含有大量可溶盐或样品酸度过高时，都会对测定产生干扰。消除此类干扰的最常见的方法是稀释法以及标准加入法。

（2）仪器和设备

① 电感耦合等离子体发射光谱仪。

② 微波消解仪：具有程序温控功能，最大功率范围 600～1500W。

③ 温控电热板：控制精度±2.5℃。

④ 分析天平：精度±0.0001g。

⑤ 聚四氟乙烯坩埚：50mL。

⑥ 聚四氟乙烯坩埚：100mL。

⑦ 筛：非金属筛，100 目。

（3）样品

① 采集与保存　按照 HJ/T 20 和 HJ/T 298 的相关规定进行固体废物样品的采集与保存。

② 样品的制备

a. 固体废物：按照 HJ/T 20 的相关规定进行固体废物样品的制备。对于固态或可干化的半固态样品，准确称取 10g（精确至 0.01g）样品，自然风干或冷冻干燥，再次称重（精确至 0.01g），研磨，全部过 100 目筛备用。

b. 固体废物浸出液：按照 HJ 557、HJ/T 299、HJ/T 300 或 GB 5086.1 的相关规定进行固体废物浸出液的制备。浸出液如不能及时进行分析，应加浓硝酸酸化（1L 浸出液加入 10mL 硝酸），并尽快消解，不要超过 24h。

③ 试样的制备

a. 固体废物试样

（a）微波消解法：对于固态或可干化的半固态样品，称取 0.1～0.5g（精确至 0.0001g）过筛样品；对于液态或无须干化的半固态样品，直接称取 0.5g（精确至 0.0001g）样品（含油固体废物应适当少取）。样品置于微波消解罐中，用少量水润湿后加入 9mL 浓硝酸、2mL 浓盐酸、3mL 氢氟酸及 1mL 过氧化氢，按照表 3-28 的升温程序进行消解。微波消解后的样品需冷却至少 15min 后取出，用少量实验用水将微波消解罐中全部内容物转移至 50mL 聚四氟乙烯坩埚中，加入 2mL 高氯酸，置于电热板上加热至 160～180℃，驱赶至白烟冒尽，且内容物呈黏稠状。取下坩埚稍冷，加入 2mL 硝酸溶液，温热溶解残渣。冷却后转移至 25mL 容量瓶中，用适量硝酸溶液淋洗坩埚，将淋洗液全部转移至 25mL 容量瓶中，用硝酸溶液定容至标线，混匀，待测。固体废物微波消解参考升温程序见表 3-28。

表 3-28　固体废物微波消解参考升温程序（22 种元素）

升温时间/min	消解温度/℃	保持时间/min
5	室温～120	3
3	120～160	3
3	160～180	10

注意：若最终消解后仍有颗粒物沉淀，则需离心或以 0.45μm 膜过滤后定容。有机质含量较高的样品，需提前加入 5mL 浓硝酸浸泡过夜。

（b）电热板消解法：对于固态或可干化的半固态样品，称取 0.1～0.5g（精确至 0.0001g）过筛样品；对于液态或无须干化的半固态样品，直接称取 0.5g（精确至 0.0001g）样品（含油固体废物应适当少取）。样品置于聚四氟乙烯坩埚中，在通风橱内，向坩埚中加入 1mL 实验用水湿润样品，加入 5mL 浓盐酸置于电热板上以 180～200℃ 加热至近干，取下稍冷。加入 5mL 浓硝酸、5mL 氢氟酸、3mL 高氯酸，加盖后于电热板上 180℃ 加热至余液为 2mL，继续加热，并摇动坩埚。当加热至冒浓白烟时，加盖使黑色有机碳化物分解。待坩埚壁上的黑色有机物消失后，开盖，驱赶白烟并蒸至内容物呈黏稠状。视消解情况，可补加 3mL 浓硝酸、3mL 氢氟酸、1mL 高氯酸，重复上述消解过程。取下坩埚稍冷，加入 2mL 硝酸溶液，温热溶解可溶性残渣。冷却后转移至 25mL 容量瓶中，用适量硝酸溶液淋洗坩埚，将淋洗液全部转移至容量瓶中，用硝酸溶液定容至标线，混匀，待测。

注意：有机质含量较高的样品，需提前加入 5mL 浓硝酸浸泡过夜。

b. 固体废物浸出液试样

（a）微波消解法：量取固体废物浸出液样品 25.0mL 至微波消解罐中，加入 5mL 浓硝酸，按微波消解仪器说明装好消解罐，按照表 3-29 的升温程序进行消解。消解程序结束后，消解罐应在微波消解仪内冷却至室温取出。放至通风橱内小心打开消解罐盖，用少量实验用水将微波消解罐中全部内容物转移至 100mL 聚四氟乙烯坩埚中，在电热板上以 180℃ 加热消解 1h，取下坩埚稍冷。转移至 25mL 容量瓶中，用适量硝酸溶液淋洗坩埚，将淋洗液全部转移至 25mL 容量瓶中，用硝酸溶液定容至标线，混匀，待测。

表 3-29　固体废物浸出液微波消解参考升温程序（22 种元素）

升温时间/min	消解温度/℃	保持时间/min
10	室温～150	5
5	150～180	5

注意：固体废物种类较多，所含有机质差异较大，消解时各种酸的用量可视消解情况酌情增减；电热板温度不宜太高，防止聚四氟乙烯坩埚变形；样品消解时，需防止蒸干，以免待测元素损失。样品及加入酸的体积总和不应超过消解罐体积的 1/3。

（b）电热板消解法：量取固体废物浸出液样品 25.0mL 于 100mL 聚四氟乙烯坩埚中，加入 5mL 浓硝酸，在电热板上于 180℃ 加热消解 1～2h。若有颗粒物或沉淀，需滴加浓硝酸 2mL 继续加热消解，直至溶液澄清。用适量硝酸溶液淋洗坩埚，将淋洗液全部转移至 25mL 容量瓶中，用硝酸溶液定容至标线，混匀，待测。

c. 空白试样的制备

（a）固体废物空白：不加样品，按与试样制备相同的操作步骤进行固体废物空白试样的制备。

（b）固体废物浸出液空白：使用实验用水配制成浸提剂，按照与固体废物浸出液样品制备相同的步骤进行固体废物浸出液空白的制备，按照与固体废物浸出液试样制备相同的步骤进行消解。

（4）分析步骤

① 仪器参考条件　不同型号的仪器最佳测试条件不同，根据仪器说明书要求优化测试条件。仪器参考测量条件见表 3-30。

表 3-30　仪器参考测量条件（22 种元素）

高频功率 /kW	反射功率 /W	载气流量 /(L/min)	蠕动泵转速 /(r/min)	流速 /(mL/min)	测定时间 /s
1.0～1.6	<5	1.0～1.5	100～120	0.2～2.5	1～20

点燃等离子体后，按照厂家提供的工作参数进行设定，待仪器预热至各项指标稳定后开始进行测量。

② 校准　依次配制一系列待测元素的标准溶液，可根据实际样品中待测元素浓度情况调整校准曲线的浓度范围。分别移取一定体积的多元素混合标准溶液，用硝酸溶液配制系列标准曲线，参考浓度见表 3-31。将标准溶液由低浓度到高浓度依次导入电感耦合等离子体发射光谱仪，按照仪器参考测量条件测量发射强度。以目标元素系列质量浓度为横坐标，发射强度值为纵坐标，建立目标元素的校准曲线。

表 3-31　标准系列溶液参考浓度（22 种元素）　　　　单位：mg/L

元素	浓度 1	浓度 2	浓度 3	浓度 4	浓度 5	浓度 6
银(Ag)、铍(Be)、铊(Tl)、镉(Cd)	0.00	0.20	0.40	0.60	0.80	1.00
钴(Co)、铬(Cr)、铜(Cu)、镍(Ni)、铅(Pb)、锶(Sr)、钛(Ti)、钒(V)、锌(Zn)、锑(Sb)	0.00	1.00	2.00	3.00	4.00	5.00
铝(Al)、钡(Ba)、铁(Fe)、锰(Mn)、钙(Ca)、镁(Mg)、钾(K)、钠(Na)	0.00	5.00	10.0	15.0	20.0	25.0

③ 测定

a. 试样测定　分析前，用硝酸溶液冲洗系统直到空白强度值降至最低，待分析信号稳定后，在与建立校准曲线相同的条件下分析试样。试样测定过程中，若待测元素浓度超出校准曲线范围，试样需稀释后重新测定。

b. 空白样品的测定　按照与试样测定相同的操作步骤测定空白试样。

详见 HJ 781—2016。

3.40　加压流体萃取法提取固体废物中有机物

将经过处理的固体废物样品加入密闭容器中，选择合适的有机溶剂，在加压、加热条件下，处于液态的有机溶剂和样品充分接触，将固体废物中的有机物提取到有机溶剂中。

（1）仪器和设备

① 加压流体萃取装置：加热温度范围为 100～180℃，压力可达 2000psi（约合

13.8MPa)。配备 40mL、60mL 或其他规格的玻璃接收瓶（螺纹瓶盖，涂有硅树脂的 PTFE 密封垫），金属材质专用漏斗，专用的玻璃纤维滤膜等。

② 萃取池：11mL、22mL、34mL、66mL 或其他规格。不锈钢材质，或可耐 2000psi（约合 13.8MPa）压力的其他材料，萃取池内部经过特殊抛光处理；上、下两端分别配有螺旋纹密封盖和不锈钢砂芯。

③ 筛：孔径 1mm，金属网。

④ 研钵：玛瑙、玻璃或陶瓷等材质制成。

（2）样品

① 采集与保存　按照 HJ/T 20 的相关规定进行固体废物样品的采集和保存。将固体废物样品放入清洁、无干扰具塞棕色玻璃瓶中，加盖，密封。运输过程中应避光、冷藏保存，尽快运回实验室进行分析，途中避免干扰引入或样品被破坏。如不能及时分析，应于 4℃ 以下冷藏、避光和密封保存，测定半挥发性有机物的样品保存时间为 10d，不挥发性有机物为 14d，易变质的样品应尽快分析。

② 试样的制备　样品提取前应进行干燥、粉碎、均化和筛分成细小颗粒。对于灰渣等干燥的固体废物，可直接进行研磨均化。大体积的干燥固体废物应先粉碎，再研磨均化、筛分。

a. 干燥脱水　将样品放在搪瓷盘或不锈钢盘上，混匀，除去枝棒、叶片、石子、玻璃、废金属等异物。样品的干燥可依据目标物的性质选择以下不同的方式。方法一：不挥发性有机物（如多氯联苯等）的新鲜样品在室温条件下避光、风干。方法二：需要测定新鲜样品时，使用冻干法进行干燥脱水。方法三：需要测定新鲜样品时，也可采用干燥剂脱水方法。称取适量含有少量水分的颗粒态固体废物样品，加入一定量的硅藻土充分混匀、脱水，在研钵中反复研磨呈散粒状（约 1mm），全部转入萃取池中进行萃取。

注意：所有样品均不能使用烘箱干燥脱水。如果固体废物样品存在明显的水相，应先进行离心分离水相，再选择上述合适的方式进行干燥处理。本方法测定结果仅为固相中含量，水相中污染物不计算在内。

b. 均化筛分　将风干（方法一）或冻干脱水后（方法二）的样品按照 HJ/T 20 进行缩分、研磨、过筛均化处理成约 1mm 的细小颗粒。

注意：对于黏性样品或油腻的样品可采用方法三进行干燥脱水、研磨。纤维态固体废物样品应先切碎、绞碎成尽可能小，称取一定量样品后掺入硅藻土或石英砂研磨成约 1mm 的颗粒。

③ 含水率的测定　将干燥皿依次用洗涤液、自来水、丙酮和实验用水清洗干净，于 (105 ± 2)℃烘干至恒重，置于干燥器中冷却至室温（至少 45min），取出后立即称重（m_0，准确至 0.01g）。称取约 10g 固体废物样品置于干燥皿中称重（m_1，准确至 0.01g）。将盛有固体废物样品的干燥皿于 (105 ± 2)℃烘干至恒重，置于干燥器中冷却至室温（至少 45min），取出后立即称重（m_2，准确至 0.01g）。按照公式 $w=[(m_1-m_2)/(m_1-m_0)]\times100\%$ 计算含水率。

④ 试样的萃取

a. 萃取池选择　一般情况下，11mL 的萃取池可装 10g 试样，22mL 萃取池可装 20g 试样，34mL 萃取池可装 30g 试样（萃取池的具体规格参见仪器说明书）。萃取池的选择，应考虑称取固体废物试样的质量、体积及需要掺入干燥剂的量等因素。

注意：称取试样量取决于样品性质及使用分析方法的灵敏度、分析目的和样品的污染程度，含有机碳较多的固体废物应适当减少取样量。例如，污水处理场的污泥，应控制在 2～5g。

b. 试样的装填　将洗净的萃取池拧紧底盖，垂直放在水平台面上。将专用的玻璃纤维滤膜放置于其底部，顶部放置专用漏斗。用小烧杯称取适量试样，如需加入替代物或同位素内标，应一并加入试样中，轻微晃动小烧杯使其混入试样。按编号将试样依次通过专用漏斗小心转移至萃取池，移去漏斗，拧紧顶盖（应避免试样粘在萃取池螺纹上或洒落）。竖直平稳拿起萃取池，再次拧紧两端盖子，将其竖直平稳放入加压流体萃取装置样品盘中。在每个萃取池对应位置上放置干净的接收瓶，记录每个样品对应的萃取池和接收瓶的编号。对应接收瓶体积，一般为萃取池体积的 0.5～1.4 倍，不同仪器会有所不同。

注意：装入试样后的萃取池上端，应保证留有 0.5～1.0cm 高的空间；若萃取池上端空间大于 1.0cm，应加入适量石英砂。

c. 溶剂的选择　根据目标物推荐使用以下溶剂或混合溶剂：

（a）有机磷农药：二氯甲烷或丙酮-二氯甲烷混合溶液。

（b）有机氯农药：丙酮-二氯甲烷混合溶液或丙酮-正己烷混合溶液。

（c）氯代除草剂：丙酮-二氯甲烷-磷酸的混合溶液。

（d）多环芳烃：丙酮-正己烷混合溶液。

（e）多氯联苯：正己烷、丙酮-二氯甲烷混合溶液或丙酮-正己烷混合溶液。

（f）其他半挥发性有机物：丙酮-二氯甲烷混合溶液或丙酮-正己烷混合溶液。

d. 萃取条件　载气压力：0.8MPa；加热温度：100℃（有机磷农药可选择 80℃，多氯联苯可选择 120℃）；萃取池压力：1200～2000psi（约合 8.3～13.8MPa）；预加热平衡：5min；静态萃取时间：5min；溶剂淋洗体积：60% 池体积；氮气吹扫时间：60s（可根据萃取池体积适当增加吹扫时间，以便彻底淋洗样品）；静态萃取次数：1～2 次。上述参数为本方法优化参考条件，也可根据目标化合物或不同仪器选择其他参考条件。高浓度固体废物样品（有机质含量高）至少须进行 2 次静态萃取。

e. 试样的自动萃取　条件设置后，启动程序，仪器自动完成萃取。萃取结束后，依次取下接收瓶，按分析方法要求进行萃取液浓缩、净化等后续处理和分析。

f. 空白试验　取相同质量的石英砂替代试样，按照与试样的萃取相同步骤进行操作。

详见 HJ 782—2016。

3.41　火焰原子吸收分光光度法测定固体废物中铅、锌和镉

固体废物或固体废物浸出液经酸消解后，试样中的待测元素在火焰原子化器中被离解为基态原子，该基态原子蒸气对元素空心阴极灯或无极放电灯发射的特征辐射谱线产生选择性吸收。在一定浓度范围内，其吸收强度与试样中待测物的质量浓度成正比。

（1）干扰和消除　当钙的含量高于 1000mg/L 时，抑制镉的吸收；当钙含量为 2000mg/L 时，信号抑制达 19%。当铁的含量超过 100mg/L 时，抑制锌的吸收，加入硝酸镧可消除共存成分的干扰。当样品中含盐量很高，分析谱线波长低于 350nm 时，出现非特征吸收，例如高浓度钙产生的背景吸收使铅的测定结果偏高。当样品基体成

分复杂或者不明，或加标回收率超过本方法质控要求范围时，应采用标准加入法进行试样测定并计算结果。

（2）仪器和设备

① 火焰原子吸收分光光度计。

② 铅空心阴极灯、锌空心阴极灯、镉空心阴极灯。

③ 空气压缩机，应备有除水、除油和除尘装置。

④ 电热板或石墨消解仪：具有温控功能（温度稳定±5℃），最高温度可设定至200℃。

⑤ 微波消解仪：输出功率1000～1600W。具有可编程控制功能，可对温度、压力和时间（升温时间和保持时间）进行全程监控；具有安全防护功能。

⑥ 分析天平：精度为0.1mg。

⑦ 聚四氟乙烯坩埚：50mL。

⑧ 筛：非金属筛，100目。

（3）样品

① 样品采集与保存　按照HJ/T 20和HJ/T 298的相关规定进行固体废物样品的采集与保存。

② 样品的制备

a. 固体废物　按照HJ/T 20的相关规定进行固体废物样品的制备。对于固态废物或可干化半固态废物样品，准确称取10g（精确至0.01g）样品，自然风干或冷冻干燥，再次称重（精确至0.01g），研磨，全部过100目筛备用。

b. 固体废物浸出液　按照HJ/T 299、HJ/T 300或HJ 557的相关规定进行固体废物浸出液的制备。浸出液如不能及时进行分析，应加硝酸酸化至pH<2，可保存14d。

③ 试样的制备

a. 固体废物试样

（a）电热板消解法：称取0.25～1.00g过筛后的样品（精确至0.1mg）于50mL聚四氟乙烯坩埚中。用少量水润湿样品后加入5mL盐酸，于通风橱内的电热板上约120℃加热，使样品初步消解，待蒸发至约剩3mL时取下稍冷。加入5mL硝酸、5mL氢氟酸、3mL高氯酸，加盖后于电热板上约160℃加热1h。开盖，电热板温度控制在170～180℃继续加热，并经常摇动坩埚。当加热至冒浓白烟时，加盖使黑色有机碳化物充分分解。待坩埚壁上的黑色有机物消失后，开盖，驱赶白烟并蒸至内容物呈黏稠状。视消解情况，可补加3mL硝酸、3mL氢氟酸和1mL高氯酸，重复上述消解过程。当白烟再次冒尽且内容物呈黏稠状时，取下坩埚稍冷，加入1mL硝酸溶液温热溶解可溶性残渣，冷却后全量转移至25mL容量瓶，用适量实验用水淋洗坩埚盖和内壁，洗液并入25mL容量瓶，用实验用水定容至标线，摇匀，待测。如果消解液中含有未溶解颗粒，需进行过滤、离心分离或者自然沉降。

注意：加热时勿使样品有大量的气泡冒出，否则会造成样品的损失。若固体废物中铅、锌或镉的含量较高，试样消解后定容体积可根据实际情况确定。若使用石墨消解仪替代电热板消解样品，可参照上述步骤进行。

（b）微波消解法：称取0.25～1.00g过筛后的样品（精确至0.1mg）于微波消解罐中。用少量水润湿样品后加入5mL硝酸、5mL盐酸、3mL氢氟酸和1mL过氧化氢，按照表3-32的升温程序进行消解。冷却后将微波消解罐中的内容物全量转移至50mL聚四氟乙烯坩埚，加入1mL高氯酸，置于电热板上170～180℃驱赶白烟，至内容物呈黏稠状。取下坩埚稍冷，加入 1mL 硝酸溶液，温热溶解可溶性残渣，冷却后全量转移至 25mL 容量瓶，用适量实验用水淋洗坩埚盖和内壁，洗液并入 25mL 容量瓶，用实验用水定容至标线，摇匀，待测。如果消解液中含有未溶解颗粒，需进行过滤、离心分离或者自然沉降。

表 3-32　固体废物微波消解法升温程序参考表（铅、锌、镉）

升温时间/min	消解功率/W	消解温度/℃	保持时间/min
12	400	室温～160	3
5	500	160～180	3
5	500	180～200	10

b. 固体废物浸出液试样

（a）电热板消解法：量取 50mL 浸出液于 150mL 三角瓶中，加入 5mL 硝酸，摇匀。在三角瓶口插入小漏斗，置于电热板上 120℃加热，在微沸状态下将样品加热至约 5mL，取下冷却。加入 3mL 硝酸、1mL 高氯酸直至消解完全（消解液澄清，或消解液色泽及透明度不再变化），继续于 180℃蒸发至近干，取下稍冷，加入 1mL 硝酸溶液，温热溶解可溶性残渣，冷却后用适量实验用水淋洗小漏斗和三角瓶内壁，将消解液全量转移至 50mL 容量瓶，用实验用水定容至标线，摇匀，待测。如果消解液中含有较多杂质，需进行过滤、离心分离或者自然沉降。

（b）微波消解法：量取 50mL 浸出液（可根据消解罐容积和样品浓度高低确定浸出液量取体积，最终溶液体积不得超过仪器规定的限值）于微波消解罐中，加入 5mL 硝酸，按说明书的要求盖紧消解罐。将消解罐放在微波炉转盘上，按表 3-33 的升温程序进行消解。消解结束后，待消解罐在微波消解仪内冷却至室温后取出。放至通风橱内小心打开消解罐的盖子，释放其中的气体。将消解液全量转移至聚四氟乙烯坩埚，用适量实验用水淋洗消解罐内壁，洗液并入聚四氟乙烯坩埚，在电热板上于微沸状态下加热至近干。用适量实验用水淋洗坩埚内壁，将坩埚内容物及洗液全量转移至 50mL 容量瓶，用实验用水定容至标线，摇匀，待测。如果消解液中含有较多杂质，需进行过滤、离心分离或者自然沉降。

表 3-33　固体废物浸出液微波消解法升温程序参考表（铅、锌、镉）

升温时间/min	消解功率/W	消解温度/℃	保持时间/min
10	400	室温～150	5
5	500	150～180	5

注意：由于固体废物种类较多，所含有机质差异较大，在消解时各种酸的用量可视消解情况酌情增减；电热板温度不宜太高，防止聚四氟乙烯坩埚变形；样品消解时，须防止蒸干，以免待测元素损失。

c. 空白样品的制备

（a）固体废物空白：使用空容器按照步骤制备固体废物空白样品。

（b）固体废物浸出液空白：使用实验用水配制成浸提剂，按照步骤制备固体废物浸出液空白，按照步骤进行消解。

（4）分析步骤

① 仪器参考条件　不同型号火焰原子吸收分光光度计的最佳测定条件不同，可根据仪

器使用说明书要求优化测试条件。仪器参考测量条件见表3-34。

表3-34　仪器参考测量条件（铅、锌、镉）

元　　素	铅(Pb)	锌(Zn)	镉(Cd)
测定波长/nm	283.3	213.9	228.8
通带宽度/nm	0.5	1.0	0.5
灯电流/mA	8.0	5.0	5.0
火焰类型	乙炔-空气，中性	乙炔-空气，贫燃	乙炔-空气，贫燃

② 校准

a. 铅校准系列　分别准确移取 0.00mL、0.50mL、1.00mL、2.00mL、4.00mL、8.00mL和 10.0mL 铅标准使用液于一组 100mL 容量瓶中，用硝酸溶液定容至标线，摇匀。此标准系列含铅分别为 0.00mg/L、0.50mg/L、1.00mg/L、2.00mg/L、4.00mg/L、8.00mg/L和 10.0mg/L。按照仪器参考条件，用硝酸溶液调节仪器零点后，从低浓度到高浓度依次吸入标准系列，测量相应的吸光度，以相应吸光度为纵坐标，铅标准系列质量浓度为横坐标，建立铅的校准曲线。

b. 锌校准系列　分别准确移取 0.00mL、0.50mL、1.00mL、2.00mL、3.00mL、4.00mL和 5.00mL 锌标准使用液于一组 100mL 容量瓶中，用硝酸溶液定容至标线，摇匀。此标准系列含锌分别为 0.00mg/L、0.50mg/L、1.00mg/L、2.00mg/L、3.00mg/L、4.00mg/L和 5.00mg/L。按照仪器参考条件，用硝酸溶液调节仪器零点后，从低浓度到高浓度依次吸入标准系列，测量相应的吸光度，以相应吸光度为纵坐标，锌标准系列质量浓度为横坐标，建立锌的校准曲线。

c. 镉校准系列　分别准确移取 0.00mL、0.50mL、1.00mL、2.00mL、3.00mL、4.00mL和 5.00mL 镉标准使用液于一组 100mL 容量瓶中，用硝酸溶液定容至标线，摇匀。此标准系列含镉分别为 0.00mg/L、0.50mg/L、1.00mg/L、2.00mg/L、3.00mg/L、4.00mg/L和 5.00mg/L。按照仪器参考条件，用硝酸溶液调节仪器零点后，从低浓度到高浓度依次吸入标准系列，测量相应的吸光度，以相应吸光度为纵坐标，镉标准系列质量浓度为横坐标，建立镉的校准曲线。

③ 空白样品测定　制备好的空白试样，按照与建立校准曲线相同的条件进行测定。

④ 测定　制备好的试样，按照与建立校准曲线相同的条件进行测定。

详见 HJ 786—2016。

3.42　石墨炉原子吸收分光光度法测定固体废物中的铅和镉

固体废物或固体废物浸出液经酸消解后，注入石墨炉原子化器中，经过干燥、灰化和原子化，成为基态原子蒸气，对元素空心阴极灯或无极放电灯发射的特征辐射谱线产生选择性吸收。在一定浓度范围内，其吸收强度与试样中待测物的质量浓度成正比。

（1）仪器和设备

① 石墨炉原子吸收分光光度计（具有背景校正功能）。

② 铅空心阴极灯、镉空心阴极灯。

③ 电热板或石墨消解仪：具有温控功能（温度稳定±5℃），最高温度可设定至200℃。

④ 微波消解仪：输出功率1000～1600W。具有可编程控制功能，可对温度、压力和时间（升温时间和保持时间）进行全程监控；具有安全防护功能。

⑤ 分析天平：精度为0.1mg。

⑥ 聚四氟乙烯坩埚：50mL。

⑦ 筛：非金属筛，100目。

（2）样品

① 样品采集与保存　按照HJ/T 20和HJ/T 298的相关规定进行固体废物样品的采集和保存。

② 样品的制备

a. 固体废物　按照HJ/T 20的相关规定进行固体废物样品的制备。对于固态废物或可干化半固态废物样品，准确称取10g（精确至0.01g）样品，自然风干或冷冻干燥，再次称重（精确至0.01g），研磨，全部过100目筛备用。

b. 固体废物浸出液　按照HJ/T 299、HJ/T 300或HJ 557的相关规定进行固体废物浸出液的制备。浸出液若不能及时进行分析，应加硝酸酸化至pH<2，可保存14d。

③ 试样的制备

a. 固体废物试样

（a）电热板消解法：称取0.25～1.00g过筛后的样品（精确0.1mg）于50mL聚四氟乙烯坩埚中。用少量水润湿样品后加入5mL盐酸，于通风橱内的电热板上约120℃加热，使样品初步消解，待蒸发至约剩3mL时取下稍冷。加入5mL硝酸、5mL氢氟酸、3mL高氯酸，加盖后电热板上约160℃加热1h。开盖，电热板温度控制在（180±5）℃继续加热，并经常摇动坩埚。当加热至冒浓白烟时，加盖使黑色有机碳化物充分分解。待坩埚壁上的黑色有机物消失后，开盖，驱赶白烟并蒸至内容物呈黏稠状。视消解情况，可补加3mL硝酸、3mL氢氟酸和1mL高氯酸，重复上述消解过程。当白烟再次冒尽且内容物呈黏稠状时，取下坩埚稍冷，加入1mL硝酸溶液温热溶解可溶性残渣，冷却后全量转移至25mL容量瓶，用适量实验用水淋洗坩埚盖和内壁，洗液并入25mL容量瓶，用实验用水定容至标线，摇匀，待测。如果消解液中含有未溶解颗粒，需进行过滤、离心分离或者自然沉降。

（b）微波消解法：称取0.25～1.00g过筛后的样品（精确至0.1mg）于微波消解罐中。用少量水润湿样品后加入5mL硝酸、5mL盐酸、3mL氢氟酸和1mL过氧化氢，按照表3-32的升温程序进行消解。冷却后将微波消解罐中的内容物全量转移至50mL聚四氟乙烯坩埚，加入1mL高氯酸，置于电热板上（170～180）℃驱赶白烟，至内容物呈黏稠状。取下坩埚稍冷，加入1mL硝酸溶液，温热溶解可溶性残渣，冷却后全量转移至25mL容量瓶，用适量实验用水淋洗坩埚盖和内壁，洗液并入25mL容量瓶，用实验用水定容至标线，摇匀，待测。如果消解液中含有未溶解颗粒，需进行过滤、离心分离或者自然沉降。

b. 固体废物浸出液试样

（a）电热板消解法：量取50mL浸出液于150mL三角瓶中，加入5mL硝酸，摇匀。在三角瓶口插入小漏斗，置于电热板上120℃加热，在微沸状态下将样品加热至约5mL，取下冷却。加入3mL硝酸、1mL高氯酸直至消解完全（消解液澄清，或消解液色泽及透明度不再变化），继续于180℃蒸发至近干，取下冷却，加入1mL硝酸溶液，温热溶解可溶性残渣，冷却后用适量实验用水淋洗小漏斗和三角瓶内壁，将消解液全量转移至 50mL 容量瓶，用实验用水定容至标线，摇匀，待测。如果消解液中含有较多杂质，需进行过滤、离心分离或者自然沉降。

（b）微波消解法：量取 50mL 浸出液（可根据消解罐容积和样品浓度高低确定浸出液量取体积，最终溶液体积不得超过仪器规定的限值）于微波消解罐中，加入 5mL 硝酸，按说明书的要求盖紧消解罐。将消解罐放在微波炉转盘上。按照表 3-33 的升温程序进行消解。消解结束后，待消解罐在微波消解仪内冷却至室温后取出。放至通风橱内小心打开消解罐的盖子，释放其中的气体。将消解液全量转移至聚四氟乙烯坩埚，用适量实验用水淋洗消解罐内壁，洗液并入聚四氟乙烯坩埚，在电热板上于微沸状态下加热至近干。用适量实验用水淋洗坩埚内壁，将坩埚内容物及洗液全量转移至 50mL 容量瓶，用实验用水定容至标线，摇匀，待测。如果消解液中含有较多杂质，需进行过滤、离心分离或者自然沉降。

c. 空白样品的制备

（a）固体废物空白：使用空容器按照固体废物试样的步骤制备固体废物空白试样。

（b）固体废物浸出液空白：使用实验用水配制成浸提剂，按照固体废物浸出液制备固体废物浸出液空白，按照固体废物浸出液试样的步骤进行消解。

（3）分析步骤

① 仪器参考条件　不同型号石墨炉原子吸收分光光度计的最佳测定条件不同，可根据仪器使用说明书要求优化测试条件。仪器参考测量条件见表 3-35。

表 3-35　仪器参考测量条件（铅、镉）

元　素	铅(Pb)	镉(Cd)	元　素	铅(Pb)	镉(Cd)
测定波长/nm	283.3	228.8	原子化时间/s	3	3
灯电流/mA	8.0	6.0	消除温度/℃	2200	2000
通带宽度/nm	0.5	0.5	消除时间/s	2	3
干燥温度/℃	85～120	85～120	原子化阶段是否停气	是	是
干燥时间/s	20	45	氩气流速/(L/min)	3.0	3.0
灰化温度/℃	400	250	进样量/μL	20	20
灰化时间/s	5	5	基体改进剂/μL	5	5
原子化温度/℃	2100	1800			

② 校准

a. 铅校准系列　分别准确移取 0.00mL、0.50mL、1.00mL、2.00mL、4.00mL 和 5.00mL 铅标准使用液于一组 100mL 容量瓶中，用硝酸溶液定容至标线，摇匀。此标准系列含铅分别为 0.00μg/L、5.00μg/L、10.0μg/L、20.0μg/L、40.0μg/L 和 50.0μg/L。按照仪器参考条件，用硝酸溶液调节仪器零点后，从低浓度到高浓度依次吸入标准系列，测量相应的吸光度，以相应吸光度为纵坐标，铅标准系列质量浓度为横坐标，建立铅的校准曲线。

b. 镉校准系列　分别准确移取 0.00mL、0.10mL、0.20mL、0.30mL、0.40mL 和 0.50mL 镉标准使用液于一组 200mL 容量瓶中，用硝酸溶液定容至标线，摇匀。此标准系列含镉分别为 0.00μg/L、0.50μg/L、1.00μg/L、1.50μg/L、2.00μg/L 和 2.50μg/L。按

照仪器参考条件，用硝酸溶液调节仪器零点后，从低浓度到高浓度依次吸入标准系列，测量相应的吸光度，以相应吸光度为纵坐标，以镉标准系列质量浓度为横坐标，建立镉的校准曲线。

③ 空白样品测定　制备好的空白试样按照与建立校准曲线相同的条件进行测定。

④ 测定　制备好的试样按照与建立校准曲线相同的条件进行测定。

详见 HJ 787—2016。

3.43　顶空-气相色谱法测定固体废物中的丙烯醛、丙烯腈和乙腈

在一定的温度下，顶空瓶内样品中挥发性组分向液上空间挥发，产生蒸气压，在气液固三相（或气液两相）达到热力学动态平衡后，气相中的挥发性组分经气相色谱分离，用火焰离子化检测器检测。以保留时间定性，峰高或峰面积定量。

（1）仪器和设备

① 气相色谱仪：具毛细柱分流/不分流进样口，可程序升温，具氢火焰离子化检测器（FID）。

② 毛细管色谱柱。柱 1：30m×0.32mm×0.50μm，100%聚乙二醇固定液，也可使用其他等效毛细管柱。柱 2：30m×0.32mm×0.25μm，50%二苯基 50%二甲基硅氧烷固定液，也可使用其他等效毛细管柱。

③ 顶空进样器：带顶空瓶、密封垫（聚四氟乙烯/硅氧烷或聚四氟乙烯/丁基橡胶）、密封瓶盖（螺旋盖或一次使用的压盖）。

④ 往复式振荡器：振荡频率 150 次/min，可固定顶空瓶。

⑤ 天平：感量为 0.01g、0.0001g。

⑥ 微量注射器：10μL、100μL。

⑦ 采样器材：铁铲和不锈钢药勺。

⑧ 样品瓶：60mL 或 250mL，带聚四氟乙烯材质隔垫的螺纹棕色玻璃瓶。

⑨ 棕色玻璃瓶：2mL，具聚四氟乙烯衬垫和实心螺旋盖。

⑩ 便携式冷藏箱：容积 20L，温度 4℃以下。

⑪ 一次性巴斯德玻璃吸液管。

（2）样品

① 采集与保存　按照 HJ/T 20 和 HJ/T 298 的相关规定进行固体废物样品的采集和保存。采集样品的工具应用金属制品，使用前应经过净化处理。所有样品应至少采集 3 份代表性样品。用采样器材将样品尽快采集到样品瓶中，并尽量填满。快速清除掉样品瓶螺纹及外表面上黏附的样品，密封样品瓶，置于便携式冷藏箱内，带回实验室。样品送入实验室后应尽快分析。若不能立即分析，应在远离有机物蒸气的环境中 4℃以下密封保存，并于 48h 内完成分析。用于浸出毒性分析的样品也应于 48h 内完成分析。

② 试样的制备

a. 固体废物低含量试样的制备　取出装有样品的样品瓶，待恢复至室温后，称取 2g（精确至 0.01g）样品置于顶空瓶中，迅速向顶空瓶中加入 10mL 基体改性剂，立即密封。在往复式振荡器上以 150 次/min 的频率振荡 10min，待测。

b. 固体废物高含量试样的制备　当固体废物样品为固态且样品中目标化合物浓度大于

150mg/kg，或者固体废物样品为液态且样品中目标化合物浓度大于30mg/L时，视该样品为高含量样品。取出装有样品的样品瓶，待恢复至室温后，称取2g（精确至0.01g）样品置于含10mL甲醇的顶空瓶中，立即密封，在往复式振荡器上以150次/min的频率振荡10min。静置沉降后，用一次性巴斯德玻璃吸液管移取约1mL甲醇提取液至2mL棕色玻璃瓶中，必要时，提取液可进行离心分离。该提取液在4℃暗处保存，保存期为48h。在分析前将甲醇提取液恢复到室温后，向空的顶空瓶中依次加入2g（精确至0.01g）石英砂、10mL基体改性剂，根据样品浓度加入10～100μL甲醇提取液，立即密封，振荡混匀，待测。

c. 浸出液试样的制备　按照HJ/T 299或HJ/T 300中挥发性有机物的浸出步骤制备固体废物浸出液试样。移取10mL浸出液至顶空瓶中，立即密封，待测。

③ 空白试样的制备

a. 固体废物低含量样品空白试样的制备　称取2g（精确至0.01g）石英砂代替低含量固体废物样品，按照固体废物低含量试样的制备步骤制备低含量空白试样。

b. 固体废物高含量样品空白试样的制备　称取2g（精确至0.01g）石英砂代替高含量固体废物样品，按照固体废物高含量试样的制备步骤制备高含量空白试样。

c. 固体废物浸出液空白试样的制备　按照HJ/T 299或HJ/T 300的浸提方法，移取10mL浸提剂置于顶空瓶中，立即密封，待测。

（3）分析步骤

① 仪器参考条件

a. 顶空进样器参考条件　加热平衡温度85℃；加热平衡时间20min；取样针温度95℃；传输线温度100℃；传输线为经过去活处理，内径0.32mm的石英毛细管柱；压力化平衡时间2min；进样时间0.1min；顶空瓶压力40psi。

b. 气相色谱仪参考条件　进样口温度：150℃；压力：4psi；进样方式：分流进样；分流比：1:1。柱箱升温程序：40℃保持5.0min，以5℃/min的升温速率升至60℃，再以30℃/min的升温速率升至150℃，保持5.0min。FID检测器温度：250℃；载气：氮气；氢气流量：40mL/min；空气流量：450mL/min。

② 校准

a. 固体废物校准曲线的绘制　向6支顶空瓶中依次加入2g（精确至0.01g）石英砂、10mL基体改性剂，再分别加入0μL、1.00μL、10.0μL、50.0μL、100μL和150μL的丙烯醛、丙烯腈和乙腈混合标准溶液，配制目标化合物质量分别为0μg、2.0μg、20.0μg、100μg、200μg和300μg的校准曲线系列。在往复式振荡器上以150次/min的频率振荡10min，按照仪器参考条件依次进行分析，以质量（μg）为横坐标，峰面积或峰高为纵坐标，绘制校准曲线。

b. 固体废物浸出液校准曲线的绘制　向6支顶空瓶中加入10mL实验用水，再分别加入0μL、1.00μL、10.0μL、50.0μL、100μL和150μL的丙烯醛、丙烯腈和乙腈混合标准溶液，配制目标化合物浓度分别为0mg/L、0.20mg/L、2.00mg/L、10.0mg/L、20.0mg/L和30.0mg/L的校准曲线系列。按照仪器参考条件依次进行分析，以浓度（mg/L）为横坐标，峰面积或峰高为纵坐标，绘制校准曲线。

③ 测定　将制备好的试样置于顶空进样器上，按照仪器参考条件进行测定。

④ 空白试验　将制备好的空白试样置于顶空进样器上，按照仪器参考条件进行测定。

详见 HJ 874—2017。

3.44 气相色谱-质谱法测定固体废物中多氯联苯

固体废物中的多氯联苯采用索氏提取或加压流体萃取等方式提取，浸出液中的多氯联苯采用液-液萃取，提取液选择合适的方法净化、浓缩后用气相色谱-质谱仪分离、检测，根据保留时间和特征离子丰度比定性，内标法定量。

(1) 仪器和设备

① 气相色谱-质谱联用仪（GC-MS）：配备毛细管分流/不分流进样口，具有恒流或恒压功能；柱温箱可程序升温；具有电子轰击源（EI 源）。

② 色谱柱：低流失石英毛细管柱。色谱柱 1：30m(长)×0.25mm(内径)×0.25μm（膜厚），固定相为 5%苯基 95%甲基聚硅氧烷。色谱柱 2：60m(长)×0.25mm(内径)，固定相为改性 5%苯基 95%甲基聚硅氧烷。亦可采用其他等效的低流失色谱柱。

注意：为保证对所关注的氯取代多氯联苯异构体都能很好地分离，在有干扰时可选择不同性能的毛细管柱进行校核。

③ 冷冻干燥设备。

④ 提取装置

a. 索氏提取器或具有相当功能的设备。

b. 加压流体萃取仪：配 40mL 左右的萃取池，萃取压力 1500psi 以上，萃取温度需要大于 120℃。

⑤ 净化装置

a. 层析柱：内径 8～15mm、长 200～300mm 的玻璃层析柱。

b. 自动凝胶渗透色谱仪：配有紫外检测器（波长 254nm）及长度 600mm、直径 25mm 的凝胶柱，装填约 70g 多孔聚苯乙烯二乙烯基苯生物活性微球体填料，5～10mL 样品定量环。

⑥ 浓缩装置：旋转蒸发浓缩器、氮吹仪或功能相当的其他浓缩装置。

⑦ 金属筛：840μm（20 目）。

(2) 样品

① 采集和保存　按照 HJ/T 20 和 HJ/T 298 的相关要求进行固体废物样品的采集及制备。样品采集后于 4℃下避光保存，14d 内完成萃取，40d 内完成萃取液的分析。

② 样品的制备

a. 固体废物　称取 20.0g 样品，加入适量的无水硫酸钠，将样品干燥拌匀呈流砂状，备用。如使用加压流体萃取，则用硅藻土脱水。或者直接选用研磨过筛后的样品提取。

注意：对于无法搅拌、只能采取破碎等方式处理的大颗粒或坚硬的固体废物样品或其他适宜风干或者冻干的样品，可采用冷冻干燥设备或其他方式进行脱水，研磨过金属筛但应考虑到低氯代多氯联苯的损失。取样量可根据样品类型、干扰程度、污染物含量、萃取方法进行调整，对于有机污染物含量高的样品，可适当减少取样量，或者取部分提取液进行净化分析。

b. 固体废物浸出液　按照 HJ/T 299 或 HJ/T 300 的相关规定进行固体废物浸出液的制备。

③ 试样制备

a. 提取

（a）固体废物

ⓐ 水溶性及油性液态固体废物：称取 20.0g 样品，加入 80mL 水及 50mL 替代物标准使用液，混匀后全部转入分液漏斗中，用 100mL 的二氯甲烷分三次萃取，萃取液经无水硫酸钠脱水后收集于浓缩瓶中。

注意：若萃取液中含有大量的油脂，可以参照 HJ 77.3 使用二甲基亚砜萃取法去除碳氢化合物等低极性有机物后，再进行净化处理。具体措施如下：将萃取液溶剂转换成正己烷，浓缩到 3mL 左右，添加到 25mL 用正己烷饱和的二甲基亚砜中，用正己烷清洗浓缩瓶三次，同样转移到二甲基亚砜溶液中，用分液漏斗振荡萃取四次，收集约 100mL 二甲基亚砜溶液；在收集的 100mL 二甲基亚砜溶液中加入 40mL 正己烷振荡萃取，弃去正己烷；再向二甲基亚砜溶液中加入 75mL 正己烷和 100mL 水，振荡萃取，静置后收集正己烷层，重复操作三次，合并正己烷收集液；向正己烷收集液中加入氢氧化钾溶液 10mL，振荡洗涤，弃去水层，再加入 25mL 水洗涤，静置分层，正己烷萃取液经无水硫酸钠脱水后收集于浓缩瓶中。

ⓑ 固态和半固态废物：其提取方法有两种，索式提取法和加压流体萃取法。索氏提取法是将脱水后的样品全部转移至索氏提取器的提取杯中，在每个样品中加入 50mL 替代物标准使用液，用 200～300mL 的正己烷-丙酮混合溶剂或甲苯溶剂提取 8h 以上，回流速度控制在 4～6 次/h，收集提取液；加压流体萃取法是参照 HJ 782 将脱水后的样品全部转移至合适的萃取池中，同时加入 50mL 替代物标准使用，设定萃取条件，压力为 1500psi，温度为 120℃，提取溶剂为正己烷-丙酮混合溶剂或者甲苯溶液，100％充满萃取池模式，高温高压静置 5min，循环三次，收集提取液。

注意：在满足本方法质量控制要求的前提下，经验证后可使用其他提取溶剂。

（b）固体废物浸出液：取固体废物浸出液 300mL 于分液漏斗中，加入 40mL 替代物标准使用液进行萃取，收集萃取液。

b. 提取液（萃取液）浓缩　将样品提取液或萃取液转移至浓缩装置中，浓缩至 1～2mL，待净化。如提取液为二氯甲烷，浓缩至 10mL 左右加入 3mL 正己烷转换溶剂，继续浓缩至 1～2mL，待净化分析。

c. 净化及分离

（a）硫的净化：如样品含大量的硫，需要首先进行脱硫净化。在浓缩后的提取液中添加 50mL 左右的正己烷，再加入 15g 处理后铜珠粉，充分振荡，过滤，收集滤液浓缩至 1～2mL，按净化处理。

（b）硫酸净化：如提取液颜色较深，可先用硫酸净化方法进行初步净化处理。将浓缩后的提取液或萃取液转移至 125mL 的分液漏斗中，加入 75mL 正己烷，用 5～10mL 硫酸振摇约 1min，静置后弃去水相，重复操作直至硫酸层为无色。向分液漏斗中加入 30mL 氯化钠溶液洗涤有机相，静置分层后弃去水相，有机相经无水硫酸钠干燥脱水后，浓缩至 1～2mL，再净化。

（c）多层硅胶柱净化：在玻璃层析柱（内径 12～15mm）底部添加一些玻璃棉，由下而上依次添加 3g 硅胶、5g 氢氧化钠碱性硅胶、2g 硅胶、10g 硫酸硅胶、2g 硅胶、5g 10％硝酸银硅胶（可选，少量硫干扰时添加）和 5g 无水硫酸钠。填充后多层硅胶柱用 100mL 正己烷淋洗，保持液面在无水硫酸钠层。转移浓缩后的提取液或萃取液或者净化后的浓缩液至净化柱中，用 1～2mL 的正己烷冲净提取液的容器壁，反复进行 2～3 次。用 120mL 正己烷以 2.5mL/min（每秒 1 滴）的流速洗脱，收集洗脱液。用浓缩器浓缩至 1～2mL，进一步净化处理，或者直接浓缩至 1mL 以下，加入 25μL 内标使用液定容至 1.0mL，待测。

（d）硅酸镁层析柱净化：当样品存在有机氯农药或其他小分子物质干扰时，需要对硫酸净化或多层硅胶柱净化后的样品使用硅酸镁层析柱进一步净化分离。

在玻璃层析柱（内径 8～10mm）底部添加一些玻璃棉，由下而上分别填入 5g 无水硫酸钠、5g 硅酸镁及 5g 无水硫酸钠，用 40mL 正己烷冲洗硅酸镁层析柱，保持液面在无水硫酸钠层。将硫酸净化或多层硅胶柱净化后的浓缩液全部转移至柱内，用 1～2mL 的正己烷冲洗样品浓缩瓶三次，一并转移至层析柱内，当液面到达硫酸钠层时，弃去淋洗液。再加入 100mL 二氯甲烷-正己烷混合溶剂洗脱层析柱，洗脱流速控制在 2.5mL/min（每秒 1 滴）左右，接收全部洗脱液。用浓缩器浓缩至 1mL 以下，加入 25μL 内标使用液定容至 1.0mL，待测。

（e）自动凝胶渗透色谱（GPC）净化：当样品存在大分子干扰时，可选择自动凝胶渗透色谱对浓缩后提取液或者萃取液进行净化处理，再使用多层硅胶柱净化或硅酸镁层析柱净化进一步净化分离，也可以直接浓缩定容分析。

使用二氯甲烷淋洗自动凝胶渗透色谱系统，弃去淋洗液。注入 5mL 凝胶渗透色谱校正标准使用液于样品定量环中，使用二氯甲烷自动洗脱校正标准溶液，记录紫外检测器响应信号。正常色谱流出峰顺序依次为玉米油、邻苯二甲酸二乙基己酯、五氯酚、芘和硫。

设置多氯联苯收集时间段。以 85% 以上玉米油信号峰流出、且 85% 以上邻苯二甲酸二乙基己酯能被收集的时间点为样品开始收集时间，芘和硫信号之间最小信号峰时间点为样品结束收集时间。

将浓缩后的提取液或萃取液用二氯甲烷定容至 10mL，准确移取 5mL 样品于定量环中，使用二氯甲烷洗脱，收集多氯联苯时间段内的洗脱液。浓缩洗脱液至 10mL 加入 3mL 正己烷继续浓缩至 1～2mL，再用多层硅胶柱净化或硅酸镁层析柱净化进一步分离净化，或者继续浓缩至 1mL 以下，加入 25μL 内标使用液定容至 1.0mL，待测。

注意：自动凝胶渗透色谱净化过程中，每处理 20 个样品后需要进行凝胶渗透色谱校正标准混合溶液确认，如五氯酚的回收率高于 85%，则认为净化有效，如五氯酚回收率低于 85%，则需对前面处理的 1 个批次样品重新提取净化。在满足本方法质量控制要求的前提下，经验证后可使用其他自动或手动提取、净化方法。

④ 空白试样的制备　用石英砂代替实际样品，按与试样制备相同的步骤分别制备固体废物空白试样和固体废物浸出液空白试样。

（3）分析步骤

① 仪器参考条件

a. 气相色谱仪参考条件　色谱柱 1：程序升温模式，起始温度 80℃保留 1min，10℃/min 升温至 210℃，再以 3℃/min 升温至 226℃，最后以 20℃/min 升温至 305℃保持 20min。载气：高纯氦气；流量：1.0mL/min。色谱柱 2：程序升温模式，起始温度 130℃保持 1min，15℃/min 升温至 210℃，再以 3℃/min 升温至 310℃保持 20min。载气：高纯氦气；

流量：1.2mL/min。

进样方式：不分流进样，0.75min后开始分流，分流比20：1。进样量：1.0μL。进样口温度：280℃。传输线温度：280℃。

b. 质谱仪参考条件　离子源温度：250℃；离子源电子能量：70eV；四极杆温度：150℃；数据采集方式：全扫描方式（SCAN法）或选择离子方式（SIM法）；溶剂延迟时间：4min。其余参数参照仪器使用说明书进行设定。

② 校准

a. 仪器性能检查　样品分析前，取1μL十氟三苯基膦（dFTPP）使用液直接进样，对气相色谱-质谱系统进行仪器性能检查，所得质量离子的丰度应满足表3-36的要求。

表3-36　dFTPP关键离子及质量离子丰度评价表

质量离子 m/z	丰度评价	质量离子 m/z	丰度评价
51	强度为198碎片的30%～60%	199	强度为198碎片的5%～9%
68	强度小于69碎片的2%	275	强度为198碎片的10%～30%
70	强度小于69碎片的2%	365	强度大于198碎片的1%
127	强度为198碎片的40%～60%	441	存在但不超过443碎片的强度
197	强度小于198碎片的1%	442	强度大于198碎片的40%
198	基峰，相对强度100%	443	强度为442碎片的17%～23%

b. 校准曲线的绘制

（a）标准曲线的配制和测定：用多氯联苯标准使用液、替代物标准使用液和内标使用液以甲醇或正己烷为溶剂配制标准系列溶液，其中目标化合物系列浓度为：0.050g/mL、0.100g/mL、0.250g/mL、0.500g/mL、1.00g/mL和2.00g/mL；对应的替代物标准系列浓度为：0.200g/mL、0.400g/mL、1.00g/mL、2.00g/mL、4.00g/mL和8.00g/mL；内标使用液浓度均为0.250g/mL。

按照仪器参考条件进行分析，得到不同浓度各目标化合物的质谱总离子流图，记录各目标化合物的保留时间和定量离子质谱峰的峰面积。

（b）标准曲线的建立：以目标化合物浓度与内标物浓度的比值为横坐标，目标化合物和内标物定量离子峰面积的比值为纵坐标，用最小二乘法建立标准曲线。也可采用非线性拟合曲线进行校准，但至少应有6个浓度水平。

③ 测定　取待测试样，按照与绘制标准曲线相同的仪器条件进行试样的测定。若试样中待测物质浓度超出标准曲线范围，应稀释后重新测定。

注意：试样稀释时，应适当添加内标物。

④ 空白试验　取空白试样按照与试样测定相同的仪器条件进行空白试样的测定。

详见HJ 891—2017。

3.45　高效液相色谱法测定固体废物中多环芳烃

固体废物或固体废物浸出液中的多环芳烃用有机溶剂提取，提取液经浓缩、净化后用高效液相色谱分离，紫外/荧光检测器测定，以保留时间定性，外标法定量。

（1）仪器和设备

① 高效液相色谱仪：配备紫外检测器或荧光检测器，具有梯度洗脱功能。

② 色谱柱：填料为ODS（十八烷基硅烷键合硅胶）的反相色谱柱或其他性能相近的色谱柱；规格5μm×250mm×4.6mm。

③ 提取装置：索氏提取器或其他同等性能的设备。

④ 浓缩装置：氮吹浓缩仪或其他同等性能的设备。

⑤ 固相萃取装置。

⑥ 一般实验室常用仪器和设备。

（2）样品

① 采集和保存　按照HJ/T 20和HJ/T 298的相关规定采集和保存固体废物样品。样品应于洁净的棕色磨口玻璃瓶中保存，运输过程中应避光、密封、冷藏。如不能及时分析，应于4℃以下冷藏、避光、密封保存，保存时间为7d。

② 试样的制备

a.固体废物浸出液试样的制备

a）浸出　按照HJ/T 299或HJ/T 300的相关规定制备固体废物浸出液。

b）萃取　量取100mL浸出液于500mL的分液漏斗中，依次加入50.0μL十氟联苯使用液、适量氯化钠和20mL二氯甲烷，充分振摇、静置分层后，有机相经装有适量无水硫酸钠的漏斗除水，收集有机相于浓缩瓶中，按上述步骤重复萃取两次，合并有机相，用少量二氯甲烷反复洗涤漏斗和硫酸钠层2~3次，合并有机相，待浓缩。

c）浓缩　将盛有提取液的浓缩瓶放入氮吹浓缩仪中，室温下调节氮气流量至溶剂表面有气流波动（避免形成气涡），将提取液浓缩至约1.5~2mL，用3~5mL正己烷洗涤氮吹过程中已经露出的浓缩器壁，将提取液浓缩至约1mL，重复此浓缩过程2~3次，将溶剂完全转化为正己烷，再浓缩至约1mL，待净化。如不需净化，加入约3mL乙腈，再浓缩至1mL以下，将溶剂完全转换为乙腈，并准确定容至1.0mL，待测。

注意：也可采用旋转蒸发或其他方式浓缩。

d）净化

（a）硅胶层析柱净化：

ⓐ 硅胶柱制备：在玻璃层析柱的底部加入玻璃棉，加入10mm厚的无水硫酸钠，用少量二氯甲烷进行冲洗。用二氯甲烷制备10g活性硅胶悬浮液，放入层析柱中，以玻璃棒轻敲层析柱，除去气泡，使硅胶填实。放出二氯甲烷，在层析柱上部加入10mm厚的无水硫酸钠。层析柱示意图见图3-1。

ⓑ 净化：用40mL正己烷淋洗层析柱，淋洗速度控制在2mL/min，在顶端无水硫酸钠暴露于空气之前，关闭层析柱底端聚四氟乙烯活塞，弃去流出液。将浓缩后的约1mL提取液移入层析柱，用2mL正己烷分3次洗涤浓缩瓶，洗液全部移入层析柱，在顶端无水硫酸钠暴露于空气之前，加入25mL正己烷继续淋洗，弃去流出液。用25mL二氯甲烷-正己烷混合溶液洗脱，洗脱液收集于浓缩瓶中，用氮吹浓缩法（或其他浓缩方式）将洗脱液浓缩至约

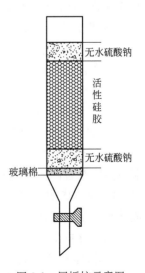

图3-1　层析柱示意图

无水硫酸钠

活性硅胶

无水硫酸钠

玻璃棉

1mL，加入约 3mL 乙腈，再浓缩至 1mL 以下，将溶剂完全转换为乙腈，并准确定容至 1.0mL，待测。

(b) 固相萃取柱（填料为硅胶或硅酸镁）净化：以固相萃取柱作为净化柱，将其固定在固相萃取装置上。用 4mL 二氯甲烷冲洗净化柱，再用 10mL 正己烷平衡净化柱，待柱充满后关闭流速控制阀浸润 5min，打开控制阀，弃去流出液。在柱床暴露于空气之前，将浓缩后约 1mL 提取液移入柱内，用 3mL 正己烷分 3 次洗涤浓缩瓶，洗液全部移入柱内，弃去流出液。用 10mL 二氯甲烷-正己烷混合溶液洗脱，接收洗脱液，待洗脱液浸满净化柱后关闭流速控制阀，浸润 5min，再打开控制阀，至洗脱液完全流出。用氮吹浓缩法（或其他浓缩方式）将洗脱液浓缩至约 1mL，加入约 3mL 乙腈，再浓缩 1mL 以下，将溶剂完全转换为乙腈，并准确定容至 1.0mL，待测。

注意：样品浓度较高（洗脱液颜色较深）时，浓缩体积可适当增加，也可将洗脱液用甲醇或乙腈适当稀释后待测。净化后的试样如不能及时分析，应于 4℃下冷藏、避光、密封保存，30d 内完成分析。本方法推荐净化方式为硅胶层析柱净化或固相萃取柱净化，也可采用其他等效净化方式。

b. 固体废物试样的制备

(a) 水性液态固体废物：称取 10g（精确到 0.01g）样品，加入 90mL 水，混匀后全部转入分液漏斗，其余步骤按照 1.2 至 1.4 步骤进行。

(b) 油状液态固体废物：称取 10g（精确到 0.01g）样品，加入 30mL 二氯甲烷，混匀后全部转入分液漏斗，加 100mL 水，其余步骤按照固体废物浸出液试样的制备萃取至浓缩的步骤进行。

(c) 固态和半固态固体废物

ⓐ 脱水：称取 10g（精确到 0.01g）样品，加入适量无水硫酸钠，研磨均化成流砂状，备用。如果使用加压流体提取，脱水按照 HJ 782 规定执行。

注意：固体废物样品成分复杂，当样品中有机物含量较高时应适当减少取样量。

ⓑ 提取：将脱水后的样品全部转移至玻璃套管或纸质套管内，加入 50.0μL 十氟联苯使用液，将套管放入索氏提取器中。加入 100mL 丙酮-正己烷混合溶液，以每小时不小于 4 次的回流速度提取 16～18h。提取完毕，冷却至室温，取出底瓶，冲洗提取杯接口，将清洗液一并转移至底瓶。加入少许无水硫酸钠至硫酸钠颗粒可自由流动，放置 30min 脱水干燥。

注意：也可将提取液通过装有适量无水硫酸钠的漏斗脱水。若通过验证并达到本方法质量控制要求，亦可采用其他提取方式。套管规格根据样品量而定。

ⓒ 浓缩和净化：将脱水后的提取液全部转移至浓缩瓶中，进行浓缩后净化。

③ 空白试样的制备

a. 固体废物浸出液空白试样的制备　以石英砂代替样品，按照固体废物浸出液试样的制备步骤制备固体废物浸出液空白试样。

b. 固体废物空白试样的制备　以石英砂代替样品，按照固体废物试样的制备步骤制备固体废物空白试样。

(3) 分析步骤

① 仪器参考条件　进样量：10μL；柱温：35℃；流速：1.0mL/min；流动相 A：乙腈；流动相 B：水。梯度洗脱程序见表 3-37。

表 3-37　梯度洗脱程序

时间/min	流动相 A/%	流动相 B/%	时间/min	流动相 A/%	流动相 B/%
0	60	40	28	100	0
8	60	40	29	60	40
18	100	0	35	60	40

检测波长：根据目标物的出峰时间、最大吸收波长或最佳激发/发射波长编制波长变换程序，见表 3-38。

表 3-38　目标物对应的紫外检测波长和荧光检测波长

序号	组分名称	紫外检测器		荧光检测器	
		最大吸收波长/nm	推荐吸收波长/nm	最佳激发波长 λ_{ex}/发射波长 λ_{em}/nm	推荐激发波长 λ_{ex}/发射波长 λ_{em}/nm
1	萘	220	220	280/334	280/324
2	苊烯	229	230	—	—
3	苊	261	254	268/308	280/324
4	芴	229	230	280/324	280/324
5	菲	251	254	292/366	254/350
6	蒽	252	254	253/402	254/400
7	荧蒽	236	230	360/460	290/460
8	芘	240	230	336/376	336/376
9	苯并[a]蒽	287	290	288/390	275/385
10	䓛	267	254	268/383	275/385
11	苯并[b]荧蒽	256	254	300/436	305/430
12	苯并[k]荧蒽	307、240	290	308/414	305/430
13	苯并[a]芘	296	290	296/408	305/430
14	二苯并[a, h]蒽	297	290	297/398	305/430
15	苯并[g, h, i]芘	210	220	300/410	305/430
16	茚并[1, 2, 3-c, d]芘	250	254	302/506	305/500

注：荧光检测器不适用于苊烯和十氟联苯的测定。

② 校准　分别量取适量的多环芳烃标准使用液和 50.0μL 十氟联苯使用液，用乙腈稀释，制备至少 5 个浓度点的校准系列，多环芳烃的质量浓度分别为 0.05μg/mL、0.10μg/mL、0.50μg/mL、2.00μg/mL 和 5.00μg/mL（此为参考浓度），十氟联苯的质量浓度为 2.00μg/mL，贮存于棕色进样瓶中，待测。由低浓度到高浓度依次将标准系列溶液注入液相色谱仪，按照仪器参考条件分离检测，记录色谱峰的出峰时间和峰高或峰面积。以标准系列溶液中目标组分浓度为横坐标，其对应的峰高或峰面积为纵坐标，建立校准曲线。

③ 测定　按照与校准曲线的建立相同的仪器分析条件进行试样的测定。

④ 空白试验　按照与试样测定相同的仪器分析条件进行空白试样的测定。

详见 HJ 892—2017。

3.46　气相色谱-质谱法测定固体废物中有机氯农药

固体废物和浸出液中的有机氯农药经提取、净化、浓缩、定容后，用气相色谱分离、质谱检测。根据质谱图、保留时间、碎片离子质荷比及其丰度定性，内标法定量。

（1）仪器和设备

① 气相色谱-质谱仪：具有电子轰击源（EI 源）。

② 色谱柱：石英毛细管柱，30m×0.25mm×0.25μm，固定相为 5％苯基、95％甲基聚硅氧烷，或其他等效的毛细管色谱柱。

③ 提取装置：索氏提取器或加压流体萃取仪等性能相当的设备。

④ 凝胶渗透色谱仪：具 254nm 固定波长紫外检测器，填充凝胶填料的净化柱。

⑤ 浓缩装置：氮吹浓缩仪、旋转蒸发仪或其他浓缩装置。

⑥ 真空冷冻干燥仪：空载真空度达 13Pa 以下。

⑦ 翻转式振荡仪。

⑧ 固相萃取装置。

（2）样品

① 采集和保存　按照 HJ/T 20 和 HJ/T 298 的相关规定进行固体废物样品的采集和保存。样品应于洁净的具塞磨口棕色玻璃瓶中保存。运输过程中应密封、避光、4℃以下冷藏。运至实验室后，若不能及时分析，应于 4℃以下冷藏、避光、密封保存，保存时间不超过 10d。

② 样品的预制备

a. 固体废物浸出液的制备　固体废物浸出液的制备按照 HJ/T 299 或 HJ/T 300 的相关规定执行。

b. 固体废物样品的制备　固体废物样品的制备按照 HJ 782 或 HJ 765 的相关规定执行。

③ 试样的制备

a. 固体废物浸出液试样的制备

（a）萃取：取 100mL 固体废物浸出液转入合适体积的分液漏斗中，加入适量的替代物标准使用液和适量氯化钠，再加入 20mL 二氯甲烷，充分振荡、静置分层后，有机相经装有适量无水硫酸钠的漏斗脱水，收集有机相于浓缩瓶中，再重复萃取一次，合并有机相，用少量二氯甲烷反复洗涤漏斗和硫酸钠层 2~3 次，合并有机相，待浓缩。

注意：如果浸出液浓度较高可适当减少取样量。萃取过程如出现乳化现象，可通过冷冻和搅拌等方法破乳。

（b）浓缩：使用氮吹浓缩仪时应在室温条件下，开启氮气至溶剂表面有气流波动（避免形成气涡），用二氯甲烷多次洗涤氮吹过程中已露出的浓缩器壁，将萃取液浓缩到 5mL 左右。无须净化时，全部转移，加入适量内标使用液，定容至 10.0mL，混匀，待测。如需净化，继续浓缩至 2mL，加入约 5mL 正己烷并浓缩至约 1mL，重复此浓缩过程 2 次，浓缩至 1mL，待净化。亦可使用其他同等效果的浓缩方法。

（c）净化：将硅酸镁固相萃取柱固定在固相萃取装置上，用 4mL 正己烷淋洗，再加入

5mL 正己烷，关闭控制阀，浸润 5min，然后缓慢打开控制阀。继续加入 5mL 正己烷，在柱填料暴露于空气之前，关闭控制阀，弃去流出液。将浓缩后的萃取液转移至硅酸镁固相萃取柱中，用 2mL 正己烷分次洗涤浓缩瓶，洗液全部转入硅酸镁固相萃取柱中。缓慢打开控制阀，在柱填料暴露于空气之前关闭控制阀。缓慢打开控制阀，用 9mL 正己烷-丙酮混合溶剂 Ⅱ 以 1mL/min 的速度洗脱，收集全部洗脱液，加入适量内标使用液，定容至 10.0mL，混匀，待测。也可使用其他等效净化方法。

b. 固体废物试样的制备

a）水性液态固体废物　称取 10.0g（精确到 0.01g）样品，加入 90mL 水，混匀后全部转入分液漏斗中，其余步骤按照萃取、浓缩和净化步骤进行。

b）油状液态固体废物　称取适量或 10.0g（精确到 0.01g）样品，加入适量二氯甲烷至样品完全溶解，混匀后全部转入分液漏斗中，加 100mL 水，其余步骤按照萃取、浓缩和净化步骤进行。

c）固态和半固态固体废物

（a）提取：提取方法可选择索氏提取、加压流体萃取、微波萃取或其他等效萃取方法，萃取溶剂为正己烷-丙酮混合溶剂 Ⅰ 或二氯甲烷-丙酮混合溶剂。

索氏提取：将脱水后固体废物样品全部转入玻璃纤维或天然纤维材质套筒中，加入曲线中间点附近浓度的替代物标准使用液，将套筒小心置于索氏提取器回流管中，在圆底溶剂瓶中加入 100mL 1+1 正己烷-丙酮混合溶剂，提取 16～18h，回流速度控制在 4～6 次/h。提取完毕，取出底瓶，待浓缩。

加压流体萃取：按照 HJ 782 步骤进行提取。

微波萃取：按照 HJ 765 步骤进行提取。

注意：有机物含量较高的固体废物样品可适当减少取样量。如果提取液存在明显水分，需要进一步过滤和脱水。在玻璃漏斗上垫一层玻璃棉或玻璃纤维滤膜，加入约 5g 无水硫酸钠，将提取液过滤至浓缩器皿中。再用少量正己烷-丙酮混合溶剂 Ⅰ 洗涤提取容器 3 次，洗涤液并入漏斗中过滤，最后再用少量正己烷-丙酮混合溶剂 Ⅰ 冲洗漏斗，全部收集至浓缩器皿中，待浓缩。

（b）浓缩：推荐使用以下两种浓缩方法。其他方法经验证满足要求也可使用。

氮吹：按照前文所提到氮吹浓缩的操作步骤执行。

旋转蒸发：加热温度根据溶剂沸点设置在 30～60℃，将提取液浓缩至约 10mL，停止浓缩。用一次性滴管将浓缩液转移至具刻度浓缩器皿中，并用少量正己烷-丙酮混合溶剂 Ⅰ 将旋转蒸发瓶底部冲洗 2 次，合并全部的浓缩液，再用氮吹浓缩至 10mL 以下，转移完全，加入适量内标使用液，定容为 10.0mL，混匀后，待测。如需净化，继续浓缩至 1～2mL，待净化。

注意：当后续净化步骤选用凝胶渗透色谱法时，用氮吹将提取液浓缩至 5mL 以下，加入约 10mL 凝胶渗透色谱流动相，浓缩至 1～2mL，待净化。

（c）净化：浓缩后提取液可采用硅酸镁层析柱、凝胶渗透色谱或硅酸镁小柱净化。其他方法经验证满足要求也可使用。

硅酸镁层析柱净化：

硅酸镁层析柱制备：在层析柱底部填入玻璃棉，依次加入约 1.5cm 厚的无水硫酸钠和 20g 硅酸镁，轻敲层析柱壁，使硅酸镁填充均匀。再添加约 1.5cm 厚的无水硫酸钠。如需脱硫，在柱上端加入约 2g 铜粉。加入 60mL 正己烷淋洗，同时轻敲层析柱壁，赶出气泡，使硅酸镁填实，保持填料充满正己烷，关闭活塞，浸泡填料至少 10min。打开活塞的同时，继续加入 60mL 正己烷淋洗，在上端无水硫酸钠层暴露于空气之前，关闭活塞，待用。

净化：将浓缩后提取液转至硅酸镁层析柱内，并用 2mL 正己烷分两次清洗浓缩器皿，全部移入制备好的硅酸镁层析柱，并将此溶液浸没在铜粉中约 5min。

于硅酸镁层析柱下置一圆底烧瓶，打开活塞使提取液至液面刚没过硫酸钠层，关闭活塞。用 200mL 94＋6 正己烷-乙醚混合溶剂淋洗层析柱，洗脱液速度保持在 5mL/min，收集全部淋洗液。此洗脱液包含多氯联苯及六六六、滴滴涕、氯丹等大部分有机氯农药。然后用 200mL 85＋15 正己烷-乙醚混合溶剂再次淋洗层析柱，此洗脱液包含硫丹Ⅱ、硫丹硫酸酯、异狄氏剂醛和异狄氏剂酮等有机氯农药。再用 200mL 1＋1 正己烷-乙醚混合溶剂淋洗层析柱，此洗脱液将剩余硫丹Ⅱ、硫酸盐硫丹、异狄氏剂醛和异狄氏剂酮等有机氯农药完全淋洗，参见表 3-39。合并全部淋洗液，待再次浓缩后，加入适量内标使用液，定容至 10.0mL，混匀，待测。

注意：其他淋洗体系在被验证对目标物有较好的净化效果时也可采用。

表 3-39 各组分在硅酸镁层析柱不同阶段参考洗脱率

序号	化合物名称	94＋6 正己烷-乙醚混合溶剂	85＋15 正己烷-乙醚混合溶剂	1＋1 正己烷-乙醚混合溶剂
1	α-六六六	95.2%		
2	六氯苯	107.3%		
3	β-六六六	111.3%		
4	γ-六六六	105.5%		
5	δ-六六六	122.6%		
6	七氯	107.9%		
7	艾氏剂	109.5%		
8	环氧七氯 B	105.6%		
9	α-氯丹	113.8%		
10	硫丹Ⅰ	114.5%		
11	γ-氯丹	108.4%		
12	狄氏剂	118.3%		
13	p,p'-滴滴伊	104.4%		
14	异狄氏剂	123.8%		
15	硫丹Ⅱ	7.4%	60.9%	7.2%
16	p,p'-滴滴滴	120.5%		
17	硫酸盐硫丹	5.8%	33.6%	40.0%

序号	化合物名称	94＋6 正己烷-乙醚混合溶剂	85＋15 正己烷-乙醚混合溶剂	1＋1 正己烷-乙醚混合溶剂
18	异狄氏剂醛	2.0%	31.2%	78.4%
19	o,p'-滴滴涕	111.8%		
20	异狄氏剂酮	11.0%	79.1%	7.1%
21	p,p'-滴滴涕	117.4%		
22	甲氧滴滴涕	121.8%		
23	灭蚁灵	99.8%		

凝胶渗透色谱净化：

凝胶渗透色谱柱的校准：按照仪器说明书对凝胶渗透色谱柱进行校准，得到的色谱峰应满足以下条件：所有峰形均匀对称；玉米油和邻苯二甲酸二（2-二乙基己基）酯的色谱峰之间分辨率大于85%；邻苯二甲酸二（2-二乙基己基）酯和甲氧滴滴涕的色谱峰之间分辨率大于85%；甲氧滴滴涕和菲的色谱峰之间分辨率大于85%；菲和硫的色谱峰不能重叠，基线分离大于90%。

确定收集时间：有机氯农药的初步收集时间限定在玉米油出峰后至硫出峰前，菲洗脱出以后，立即停止收集。然后用有机氯农药标准使用液直接进样获得标准谱图，根据标准谱图确定起始和停止收集时间，测定其回收率。确定的收集时间应保证目标物回收率≥90%。

上机净化：按照确定后的收集时间将浓缩后提取液依次放置好，编程后开启仪器自动净化、收集流出液，再次浓缩后，加入适量内标使用液，定容至10.0mL，混匀，待测。

硅酸镁小柱净化：按照固体废物浸出液试样的制备的净化步骤中的硅酸镁小柱净化的步骤进行。

④ 空白试样的制备

a. 固体废物浸出液空白试样　用石英砂代替实际样品，按照与固体废物浸出液样品制备和固体废物浸出液试样制备的相同步骤制备空白试样。

b. 固体废物空白试样　用石英砂代替实际样品，按照与固体废物试样制备的相同步骤制备空白试样。

（3）分析步骤

① 仪器参考条件

a. 气相色谱参考条件：

进样口：温度250℃，不分流。

进样量：1.0μL。

柱流量：1.0mL/min（恒流）。

柱温：120℃保持2min；以12℃/min速率升至180℃，保持5min；再以7℃/min速率升至240℃，保持1min；再以1℃/min速率升至250℃，保持2min；再以10℃/min速率升至280℃保持2min。

b. 质谱参考条件：

电子轰击源：EI；

离子源温度：230℃；

离子化能量：70eV；

接口温度：280℃；

四级杆温度：150℃；

质量扫描范围：45～450；

溶剂延迟时间：5min；

数据采集方式：全扫描（SCAN）或选择离子模式（SIM）模式。

② 校准

a. 质谱性能检查 每次分析前，应进行质谱自动调谐〔如通过十氟三苯基膦（DFT-PP）〕，再将气相色谱和质谱仪设定至分析方法要求的仪器条件，并处于待机状态。

b. 校准曲线的建立 取 5 个 5mL 容量瓶，预先加入 2mL 1＋1 正己烷-丙酮混合溶剂，分别移取适量的有机氯农药标准使用液、替代物标准使用液和内标使用液，用 1＋1 正己烷-丙酮混合溶剂定容后，混匀，配制成 5 个质量浓度点的标准系列，目标物及替代物的质量浓度依次为 $1.00\mu g/mL$、$5.00\mu g/mL$、$10.0\mu g/mL$、$20.0\mu g/mL$、$50.0\mu g/mL$，内标质量浓度均为 $40.0\mu g/mL$。按照仪器参考条件，从低浓度到高浓度依次进样分析。以目标化合物质量浓度为横坐标，目标化合物与内标化合物定量离子响应值的比值和内标化合物质量浓度的乘积为纵坐标，建立校准曲线。

③ 测定 按照与校准曲线的建立相同的仪器分析条件进行试样的测定。

④ 空白试验 按照与试样测定相同的仪器分析条件进行空白试样的测定。

详见 HJ 912—2017。

3.47 进口可用作原料的废物放射性污染检验规程

《进口可用作原料的废物放射性污染检验规程》（SN/T 0570—2007）规定了进口可用作原料的废物放射性污染的检验方法和检验结果的判定规则，见表 3-40。

表 3-40 进口可用作原料的废物放射性污染检验规程

要求	放射性污染
检验	进口可用作原料的废物放射性污染的检验必须在货物的进口口岸进行。 进口可用作原料的废物可先经过通道式放射性监测仪的检测，一旦发现异常报警，即可按照本要求的规定做进一步的检测。 进口可用作原料的废物应严格按照本要求进行巡测和布点检测，外照射贯穿辐射剂量率，α、β 自表面污染水平三项检测指标均需检测。 对于废金属、废五金类被检货物的堆垛厚度不超过 1m，货物应落地后进行检测。 对于有争议的货物，必要时可按 GB 16487 系列标准的要求进行核素测定
检验指标	对于各类进口可用作原料的废物，以外照射贯穿辐射剂量率，α、β 自表面污染水平三项检测指标作为检验指标
检验管理限值	以进口口岸正常天然辐射本底值＋$0.25\mu Gy/h$ 为外照射贯穿辐射剂量率的进口管理指标的限值，以 $0.04Bq/cm^2$ 和 $0.4Bq/cm^2$ 分别为 α、β 自表面污染水平的管理限值。 注：对于天然辐射本底显著地高或低（以我国正常天然辐射本底加权平均值 $102.7\times10^{-3}\mu Gy/h$ 作为参考，并考虑到本底的涨落，例如其值高于或低于该加权平均值的 3 倍以上）的口岸，天然辐射本底值＋$0.25\mu Gy/h$ 的外照射贯穿辐射剂量限值可能不适用，应进行详细的调查研究，另行做出相应的判定与处理

要求	放射性污染
检验仪器	检验用仪器应符合 GB 18871、GB/T 12162.3 和 GB/T 5202 的规定
检验人员的防护	检验人员应配备个人剂量监测仪并按照 GB 18871 及有关规定的要求进行安全防护
外照射贯穿辐射剂量率测量	环境天然辐射本底值测量 在进行外照射贯穿辐射剂量率测量前，应先测量并确定货物进口口岸当地的天然环境辐射本底值。 选择能够代表当地口岸正常天然辐射本底状态，无放射性污染的平坦空旷地面的 3～5 个点(可作为固定调查点)作为测量点，将测量仪之测量探头置于测量点上方距地面 1m 高处，测定其外照射贯穿辐射剂量率，每 10s 读取测量值 1 次，取 10 次读数的平均值作为该点的测量值，取各测量点测量值的算术平均值作为该进口口岸的正常天然辐射平均值。 巡测 对进口可用作原料的废物，应在货物进口口岸通道等中间地带首先进行放射性污染的巡回检测，以便及早发现放射性异常或污染。 巡测时，尽可能地将测量仪器接近被测物表面或装载进口可用作原料的废物的集装箱、车体、仓体等的表面，对被测物的周体表面进行巡回检测。 在巡检时已发现放射性明显超过三项检测指标管理限值的废物原料，判定为不合格。 对已发现放射性污染超过三项检测指标管理限值的货物不再进行分检或挑选。 布点 对于装运废金属、废五金类的汽车、火车、集装箱、轮船或成堆摊放的散装货物，均可按网格法布点(见图 3-2)。 用直接测量法进行外照射贯穿辐射剂量率和 α、β 自表面污染的检测。 其中对： 图 3-2 放射性污染测量布点示意图 汽车：按汽车车厢纵向 2 线和横向 3 线的网格法布点，于网格的 6 个交点上布点和测量。 火车、集装箱：以纵、横 2 个方向的网格法布点测量，但不少于 10 个点。 轮船船舱：根据舱面大小，按舱面的前、中、后 3 线和左、中、右 3 线布网格，于网格的交点上布点测量，但不少于 12 个点。 测量 按照仪器使用说明书的要求进行规范操作。 测量时将仪器探头尽可能贴近被测物表面(一般的测量仪器的探头距离被测物的距离应不大于 300mm)，待仪器的显示值稳定后开始测量和读数，每 10s 读数 1 次，取 10 次读数的平均值作为该测点的外照射贯穿辐射剂量率值。 注:检测中，对管类、容器等包容体的检验，应特别注意其内部可能存在的因屏蔽而从外部不易检测到的 α、β 表面污染

要求	放射性污染
α、β 表面污染检验	要求 一般 α、β 表面污染水平的巡测和布点测量应与外照射贯穿辐射剂量率的测量同时进行，必要时也可分别进行该项目的巡测和布点测量。检测时，α、β 表面污染检测仪器应尽可能靠近被测物表面（仪器距被测物表面的距离分别不大于 20mm 和 0mm），以不大于 100mm/s 的速度移动，进行 α、β 表面污染水平的检测。 布点 对 α、β 表面污染水平检测的布点方法同外照射贯穿辐射剂量率检测的布点方法，对表面污染水平的检测要求测量面积需大于 300cm²。 测量 α、β 自表面污染水平检测每点应进行 2～3 次读数，每次间隔 1min 并读取其累积计数值。 表面污染测量仪的效率测定 α 表面污染测量仪的效率测定 先用 α 表面污染测量仪测得天然环境辐射本底 10min 的计数 N_0，再测定仪器校正源 5min 得计数 N_1，将仪器探头反转 180° 后再测定 5min，得校正源的计数 N_2（考虑平面源的不均匀性），最后将测得的结果代入公式计算得仪器的效率因子 $\eta_{4\pi(\alpha)}$。 β 表面污染源测量仪的效率测定 用 β 表面污染测量仪器测得天然环境辐射本底的 4min 的计数 N_0，然后再测定校正源 2min 得计数 N_1，将仪器探头反转 180°，测定 2min 得校正源的计数 N_2（考虑平面源的不均匀性），将测得的结果代入公式计算得仪器的效率因子 $\eta_{4\pi(\beta)}$
检验结果的判定	外照射贯穿辐射空气吸收剂量率检验结果的判定　按照本规程的各项规定对进口可用作原料的废物进行检验，当其外照射贯穿辐射空气吸收剂量率超过货物进口口岸当地正常环境天然辐射本底值＋0.25μGy/h 时，该检验批判定为不合格。 α、β 表面污染水平检验结果的判定　按照本规程的各项规定对进口可用作原料的废物进行检验，当其 α、β 表面污染水平分别超过 0.04Bq/cm² 和 0.4Bq/cm² 时，该检验批判定为不合格

3.48　进口可用作原料的废塑料检验检疫规程

《进口可用作原料的固体废物检验检疫规程　第 1 部分：废塑料》（SN/T 1791.1—2018）规定了进口可用作原料的废塑料的术语和定义、要求、抽样方法、检验检疫、结果判定和处置。见表 3-41。

表 3-41　进口可用作原料的废塑料检验检疫规程

要求	废塑料
单证和标志要求	进口可用作原料的固体废物国外供货商注册登记证书、进口可用作原料的固体废物国内收货人注册登记证书、中华人民共和国限制进口类可用作原料的固体废物进口许可证和运往中国的废物原料装运前检验证书及其他相关单证应真实、一致。 集装箱箱号、封识号应与装运前检验证书等相关单证所列明的一致

要求	废塑料
卫生检疫要求	不应携带下列卫生检疫物： a)病原体； b)医学媒介生物； c)被病原微生物污染的物品
动植物检疫要求	不应携带下列动植物检疫物： a)动植物病原体(包括菌种、毒种等)、害虫及其他有害生物； b)动植物疫情流行的国家和地区的有关动植物、动植物产品和其他检疫物； c)动物尸体； d)土壤
检验要求	1. 废塑料的放射性污染控制水平应符合 GB 16487.12 的要求。 2. 废塑料中未混有废弃炸弹、炮弹等爆炸性武器弹药。 3. 废塑料中应严格限制下列夹杂物的混入，总质量不应超过进口废塑料质量的 0.01％： a)被焚烧或部分焚烧的废塑料，被灭火剂污染的废塑料； b)使用过的完整塑料容器； c)密闭容器； d)《国家危险废物名录》中的废物； e)依据 GB 5085.1～GB 5085.6 鉴别标准进行鉴别，凡具有腐蚀性、毒性、易燃性、反应性等一种或一种以上危险特性的其他危险废物。 4. 除上述各条所列废物外，进口废塑料中应限制其他夹杂物(包括废纸、废木片、废金属、废玻璃、废橡胶/废轮胎、热固性塑料、其他含金属涂层的塑料、未经压缩处理的废发泡塑料等废物)的混入，总质量不应超过进口废塑料质量的 0.5％
抽样	警示：现场开箱、掏箱等过程中应注意操作安全。 遇有威胁到现场检验检疫人员的安全、健康的情形时，应采取必要的防护措施，必要时应立即停止检验检疫，并采取相应的隔离防护措施。 5. 集装箱装运的废塑料开箱检验数量应不少于检验批集装箱数量的 50％，掏箱检验不少于 10％，对集装箱箱号、封识号与装运前检验证书不符以及经非侵入式检测存在异常的集装箱实施掏箱检验，开箱检验和掏箱检验不足一箱的按一箱计算。 6. 散装陆运的废塑料和散装海运的废塑料检验数量应不少于检验批数量的 50％，落地检验不少于检验批数量的 10％。 7. 现场抽样时，集装箱装运的废塑料样品按实施掏箱检验的每一集装箱内货物质量的 5％以上随机抽取；散装海运的废塑料样品按每一船舱内货物质量的 5％以上随机抽取；散装陆运的废塑料样品按检验批货物质量的 5％以上随机抽取。 8. 需送实验室分析时，应对可疑物进行抽样，抽样数量以满足实验室检测要求为准
货证及标志一致性检查	检查集装箱箱号(或其他运载工具)、封识号或货物的品名、类别与装运前检验证书是否相符
卫生检疫	卫生检疫应按 SN/T 1254 实施，卫生处理根据不同装运方式、不同处理目的分别按 SN/T 1253、SN/T 1270、SN/T 1281、SN/T 1286、SN/T 1302 和 SN/T 1331 实施
动植物检疫	检查货物中是否存在动植物病原体(包括菌种、毒种等)、害虫及其他有害生物。 检查货物是否存在动植物疫情流行的国家和地区的有关动植物、动植物产品和其他检疫物。 检查货物中是否存在动物尸体及土壤

要求	废塑料
集装箱装运货物的检验	放射性检测 按 SN/T 0570 实施检验。 开箱检验 按 5. 规定的比例抽取开箱检验的集装箱，对货物实施感官检验。 检验过程中发现有不符合 1. 或 2. 情形时，应停止检验；发现有 3. d)或 3. e)的可疑物时，可按 8. 要求抽样送实验室，并按 GB 5085.1～GB 5085.6、GB/T 15555 进行检测和判断。 检验过程中发现有 3. 或 4. 所列夹杂物且暂不能确定是否超标时，可对相应集装箱实施掏箱检验，也可对全部集装箱实施掏箱检验。 掏箱检验 按 5. 规定的比例抽取掏箱检验的集装箱，应将集装箱内的货物掏出，并对货物实施感官检验。 检验过程中发现有不符合 1. 或 2. 情形时，应停止检验；发现有 3. d)或 3. e)的可疑物时，可按 8. 要求抽样送实验室，并按 GB 5085.1～GB 5085.6、GB/T 15555 进行检测和判断。 检验过程中发现有 3. 或 .4 所列夹杂物且暂不能确定是否超标时，应实施分拣检验。 分拣检验应按 7. 抽取样品并实施分拣。实施分拣前称出样品的质量，分拣后应分别称出严格限制夹杂物和其他夹杂物的质量，然后分别按下式计算夹杂物含量。 $$X = W_x/W_p \times 100\%$$ 式中　X——夹杂物的含量； 　　　W_x——样品中夹杂物的质量，kg； 　　　W_p——样品质量，kg。 分拣过程中发现有不符合 1. 或 2. 情形时，应停止检验。 分拣过程中，如已分拣出夹杂物比例已超过 3. 或 4. 规定的限值，可停止检验。随机抽样检验的结果作为整批货物检验结果
散装海运货物的检验	放射性检验 按 SN/T 0570 实施检验。 开舱检验 对舱面的货物实施感官检验。 检验过程中发现有不符合 1. 或 2. 情形时，应停止检验；发现有 3. d)或 3. e)的可疑物时，可按 8. 要求抽样送实验室，并按 GB 5085.1～GB 5085.6、GB/T 15555 进行检测和判断。 检验过程中发现有 3. 或 4. 所列夹杂物且暂不能确定是否超标时，应在卸货过程或卸货后进行分拣检验。 落地检验 对卸至指定场地的货物实施感官检验。 检验过程中发现有不符合 1. 或 2. 情形时，应停止检验；发现有 3. d)或 3. e)的可疑物时，可按 8. 要求抽样送实验室，并按 GB 5085.1～GB 5085.6、GB/T 15555 进行检测和判断。 检验过程中发现有 3. 或 4. 所列夹杂物且暂不能确定是否超标时，应实施抽样分拣检验。 分拣过程中发现有不符合 1. 或 2. 情形时，应停止检验。 分拣过程中，如已分拣出夹杂物比例已超过 3. 或 4. 规定的限值，可停止检验。随机抽样检验的结果作为整批货物检验结果

要求	废塑料
散装陆运货物的检验	散装陆运货物的检验参照散装海运货物实施
重量鉴定	按 SN/T 3023.2、SN/T 0188、SN/T 4952 实施
现场记录	做好原始记录，并实施拍照
结果判定	经检验检疫，未发现不符合检验和检疫要求的，判定为合格。 经检疫，发现不符合检疫要求的，判定为检疫不合格。 经检验，发现不符合检验要求的，判定为检验不合格
处置	对判定为合格的，予以放行。 对检疫不合格的，应根据相关规定进行检疫处理，并向收货人出具相关证单。 对检验不合格的，应向收货人出具相关证单并责令退运。 实施重量鉴定的，依据收货人的申请出具检验证书

3.49　进口可用作原料的木、木制品废料检验检疫规程

《进口可用作原料的固体废物检验检疫规程　第 3 部分：木、木制品》（SN/T 1791.3—2018）规定了进口木、木制品废料（以下简称木废料）的术语和定义、要求、抽样方法、检验检疫及其结果判定和处置。见表 3-42。

表 3-42　进口可用作原料的木、木制品废料检验检疫规程疫规程

要求	木、木制品废料
单证和标志要求	进口可用作原料的固体废物国外供货商注册登记证书、进口可用作原料的固体废物国内收货人注册登记证书、中华人民共和国限制进口类可用作原料的固体废物进口许可证和运往中国的废物原料装运前检验证书及其他相关单证应真实、一致。 集装箱箱号、封识号应与装运前检验证书等相关单证所列明的一致
卫生检疫要求	不应携带下列卫生检疫物： a)病原体； b)医学媒介生物； c)被病原微生物污染的物品
动植物检疫要求	不应携带下列动植物检疫物： a)动植物病原体(包括菌种、毒种等)、害虫及其他有害生物； b)动植物疫情流行的国家和地区的有关动植物、动植物产品和其他检疫物； c)动物尸体； d)土壤

要求	木、木制品废料
检验要求	1. 木废料的放射性污染控制水平应符合 GB 16487.3 的要求。 2. 木废料中未混有废弃炸弹、炮弹等爆炸性武器弹药。 3. 木废料中应严格限制下列夹杂物的混入，总质量不应超过进口废塑料质量的 0.01%： a)密闭容器； b)《国家危险废物名录》中的废物； c)依据 GB 5085.1～GB 5085.6 鉴别标准进行鉴别，凡具有腐蚀性、毒性、易燃性、反应性等一种或一种以上危险特性的其他危险废物。 4. 除上述各条所列废物外，木废料中应限制其他夹杂物(包括废金属、废纸、废塑料、废玻璃、废橡胶、已腐烂的木料等废物)的混入，总质量不应超过进口木废料质量的 0.5%
抽样	5. 集装箱装运的木、木制品废料应按不低于检验批集装箱数量的 50% 实施开箱查验，并对其中的 10% 实施掏箱检验，检验过程中发现集装箱承运货物密实封顶的，宜实施掏箱检验。不足一箱的按一箱计算。 6. 对集装箱箱号、封识号、封识代码与相关单证不符的木、木制品废料，须对相关集装箱实施掏箱检验。 7. 集装箱装运的废木料的抽样分拣按每一集装箱内货物件(包、袋、捆)数的 3% 随机抽取，并不得少于 3 件(包、袋、捆)； 8. 对可疑物需送实验室分析时，应对其进行抽样，抽样数量以满足实验室检测要求为准
货证及标志一致性检查	警示：现场开箱、掏箱等过程中应注意操作安全。遇有威胁到现场检验检疫人员的安全、健康的情形时，应采取必要的防护措施，必要时应立即停止检验检疫，并采取相应的隔离防护措施。 检查集装箱箱号(或其他运载工具)、封识号或货物的品名、类别与装运前检验证书是否相符
卫生检疫	卫生检疫应按 SN/T 1254 实施，卫生处理根据不同装运方式、不同处理目的分别按 SN/T 1253、SN/T 1270、SN/T 1281、SN/T1286、SN/T 1302 和 SN/T 1331 实施
动植物检疫	检查货物中是否存在动植物病原体(包括菌种、毒种等)、害虫及其他有害生物。检查货物是否存在动植物疫情流行的国家和地区的有关动植物、动植物产品和其他检疫物。 检查货物中是否存在动物尸体及土壤
集装箱装运货物的检验	放射性检测 按 SN/T 0570 实施检验。 开箱检验 按 5. 规定的比例抽取开箱检验的集装箱，对货物实施感官检验。 检验过程中发现有不符合 1. 或 2. 情形时，应停止检验；发现有 3. d)或 3. e)的可疑物时，可按 8. 要求抽样送实验室，并按 GB 5085.1～GB 5085.6、GB/T 15555 进行检测和判断。 检验过程中发现有 3. 或 4. 所列夹杂物且暂不能确定是否超标时，可对相应集装箱实施掏箱检验，也可对全部集装箱实施掏箱检验。 掏箱检验 按 5. 规定的比例抽取掏箱检验的集装箱，应将集装箱内的货物掏出，并对货物实施感官检验。 检验过程中发现有不符合 1. 或 2. 情形时，应停止检验；发现有 3. b)或 3. c)的可疑物时，可按 8. 要求抽样送实验室，并按 GB 5085.1～GB 5085.6、GB/T 15555 进行检测和判断。

要求	木、木制品废料
集装箱装运货物的检验	检验过程中发现有 3. 或 4. 所列夹杂物且暂不能确定是否超标时，应实施分拣检验。 分拣检验应按 7. 抽取样品并实施分拣。 实施分拣前称出样品的质量，分拣后应分别称出严格限制夹杂物和其他夹杂物的质量，然后分别按下式计算夹杂物含量。 $$X = W_x/W_p \times 100\%$$ 式中　X ——夹杂物的含量； 　　　W_x ——样品中夹杂物的质量，kg； 　　　W_p ——样品质量，kg。 分拣过程中发现有不符合 1. 或 2. 情形时，应停止检验。 分拣过程中，如已分拣出夹杂物比例已超过 3. 或 4. 规定的限值，可停止检验。 随机抽样检验的结果作为整批货物检验结果
散装海运货物的检验	放射性检验 按 SN/T 0570 实施检验。 开舱检验 对舱面的货物实施感官检验。 检验过程中发现有不符合 1. 或 2. 情形时，应停止检验；发现有 3. b)或 3. c)的可疑物时，可按 8. 求抽样送实验室，并按 GB 5085.1～GB 5085.6、GB/T 15555 进行检测和判断。 检验过程中发现有 3. 或 4. 所列夹杂物且暂不能确定是否超标时，应在卸货过程或卸货后进行分拣检验。 落地检验 对卸至指定场地的货物实施感官检验。 检验过程中发现有不符合 1. 或 2. 情形时，应停止检验；发现有 3. b)或 3. c)的可疑物时，可按 8. 要求抽样送实验室，并按 GB 5085.1～GB 5085.6、GB/T 15555 进行检测和判断。 检验过程中发现有 3. 或 4. 所列夹杂物且暂不能确定是否超标时，应实施抽样分拣检验。 分拣过程中发现有不符合 1. 或 2. 情形时，应停止检验。 分拣过程中，如已分拣出夹杂物比例已超过 3. 或 4. 规定的限值，可停止检验。 随机抽样检验的结果作为整批货物检验结果
散装陆运货物的检验	散装陆运货物的检验参照散装海运货物实施
重量鉴定	按 SN/T 3023.2、SN/T 0188、SN/T 4952 实施
现场记录	做好原始记录，并实施拍照
结果判定	经检验检疫，未发现不符合检验和检疫要求的，判定为合格。 经检疫，发现不符合检疫要求的，判定为检疫不合格。 经检验，发现不符合检验要求的，判定为检验不合格
处置	对判定为合格的，予以放行。 对检疫不合格的，应根据相关规定进行检疫处理，并向收货人出具相关证单。 对检验不合格的，应向收货人出具相关证单并责令退运。 实施重量鉴定的，依据收货人的申请出具检验证书

3.50 进口可用作原料的废钢铁检验检疫规程

《进口可用作原料的固体废物检验检疫规程 第 4 部分：废钢铁》（SN/T 1791.4—2018）规定了进口废钢铁的术语和定义、要求、抽样方法、检验检疫、结果判定和处置，见表 3-43。

表 3-43 进口可用作原料的废钢铁检验检疫规程

要求	废钢铁
单证和标识要求	进口可用作原料的固体废物国外供货商注册登记证书、进口可用作原料的固体废物国内收货人注册登记证书、中华人民共和国限制进口类可用作原料的固体废物进口许可证和运往中国的废物原料装运前检验证书及其他相关单证应真实、一致。 集装箱箱号、封识号应与装运前检验证书等相关单证所列明的一致
卫生检疫要求	不应携带下列卫生检疫物： a)病原体； b)医学媒介生物； c)被病原微生物污染的物品
动植物检疫要求	不应携带下列动植物检疫物： a)动植物病原体(包括菌种、毒种等)、害虫及其他有害生物； b)动植物疫情流行的国家和地区的有关动植物、动植物产品和其他检疫物； c)动物尸体； d)土壤
检验要求	1. 废钢铁的放射性污染控制水平应符合 GB 16487.6 的要求。 2. 废钢铁中未混有废弃炸弹、炮弹等爆炸性武器弹药。 3. 废钢铁中应严格限制下列夹杂物的混入，总质量不应超过进口废钢铁质量的 0.01%： a)密闭容器； b)《国家危险废物名录》中的废物； c)依据 GB 5085.1～GB 5085.6 鉴别标准进行鉴别，凡具有腐蚀性、毒性、易燃性、反应性等一种或一种以上危险特性的其他危险废物。 4. 除上述各条所列废物外，废钢铁中应限制其他夹杂物(包括木废料、废纸、废玻璃、废塑料、废橡胶、废织物、粒径不大于 2mm 的粉状物、剥离铁锈等废物)的混入，总质量不应超过进口废钢铁质量的 0.5%，其中夹杂和沾染的粒径不大于 2mm 的粉状物(除尘灰、尘泥、污泥、金属氧化物等)的总质量不应超过进口废钢铁总质量的 0.1%
抽样	警示：现场开箱、掏箱等过程中应注意操作安全。 遇有威胁到现场检验检疫人员的安全、健康的情形时，应采取必要的防护措施，必要时应立即停止检验检疫，并采取相应的隔离防护措施。 5. 集装箱装运的废钢铁开箱检验数量应不少于检验批集装箱数量的 50%，掏箱检验不少于 10%，对集装箱箱号、封识号与装运前检验证书不符以及经非侵入式检测存在异常的集装箱实施掏箱检验，开箱检验和掏箱检验不足一箱的按一箱计算。 6. 散装海运和散装陆运的废钢铁实施 100%落地检验。 7. 现场抽样时，集装箱装运的废钢铁样品按实施掏箱检验的每一集装箱内货物质量的 5%以上随机抽取；散装海运的废钢铁样品按每一船舱内货物质量的 1%以上随机抽取；散装陆运的废钢铁样品按检验批货物质量的 5%以上随机抽取。 8. 需送实验室分析时，应对可疑物进行抽样，抽样数量以满足实验室检测要求为准

要求	废钢铁
货证及标识一致性检查	检查集装箱箱号(或其他运载工具)、封识号或货物的品名、类别与装运前检验证书是否相符
卫生检疫	卫生检疫应按 SN/T 1254 实施,卫生处理根据不同装运方式、不同处理目的分别按 SN/T 1253、SN/T 1270、SN/T 1281、SN/T 1286、SN/T 1302 和 SN/T 1331 实施
动植物检疫	检查货物中是否存在动植物病原体(包括菌种、毒种等)、害虫及其他有害生物。 检查货物是否存在动植物疫情流行的国家和地区的有关动植物、动植物产品和其他检疫物。 检查货物中是否存在动物尸体及土壤
集装箱装运货物的检验	放射性检测 按 SN/T 0570 实施检验。 开箱查验 按 5. 规定的比例抽取开箱检验的集装箱,对货物实施感官检验。 检验过程中发现有不符合 1. 或 2. 情形时,应停止检验;发现有 3.b)或 3.c)的可疑物时,可按 8. 要求抽样送实验室,并按 GB 5085.1～GB 5085.6、GB/T 15555 进行检测和判断。 检验过程中发现有 3. 或 4. 所列夹杂物且暂不能确定是否超标时,可对相应集装箱实施掏箱检验,也可对全部集装箱实施掏箱检验。 掏箱检验 按 5. 规定的比例抽取掏箱检验的集装箱,应将集装箱内的货物掏出,并对货物实施感官检验。 检验过程中发现有不符合 1. 或 2. 情形时,应停止检验;发现有 3.b)或 3.c)的可疑物时,可按 8. 要求抽样送实验室,并按 GB 5085.1～GB 5085.6、GB/T 15555 进行检测和判断。 检验过程中发现有 3. 或 4. 所列夹杂物且暂不能确定是否超标时,应实施分拣检验。 分拣检验应按 7. 抽取样品并实施分拣。 实施分拣前称出样品的质量,分拣后应分别称出严格限制夹杂物和其他夹杂物的质量,然后分别按下式计算夹杂物含量。$$X = W_x / W_p \times 100\%$$式中 X ——夹杂物的含量; W_x ——样品中夹杂物的质量,kg; W_p ——样品质量,kg。 分拣过程中发现有不符合 1. 或 2. 情形时,应停止检验。 分拣过程中,如已分拣出夹杂物比例已超过 3. 或 4. 规定的限值,可停止检验。 随机抽样检验的结果作为整批货物检验结果
散装海运货物的检验	放射性检测 按 SN/T 0570 实施检验。 开舱检验 对舱面的货物实施感官检验。 检验过程中发现有不符合 1. 或 2. 情形时,应停止检验;发现有 3.b)或 3.c)的可疑物时,可按 8. 要求抽样送实验室,并按 GB 5085.1～GB 5085.6、GB/T 15555 进行检测和判断。 检验过程中发现有 3. 或 4. 所列夹杂物且暂不能确定是否超标时,应在卸货过程或卸货后进行分拣检验。 落地检验 对卸至指定场地的货物实施感官检验。 检验过程中发现有不符合 1. 或 2. 情形时,应停止检验;发现有 3.b)或 3.c)的可疑物时,可按 8. 要求抽样送实验室,并按 GB 5085.1～GB 5085.6、GB/T 15555 进行检测和判断。

要求	废钢铁
散装海运货物的检验	检验过程中发现有 3. 或 4. 所列夹杂物且暂不能确定是否超标时，应实施抽样分拣检验。 分拣过程中发现有不符合 1. 或 2. 情形时，应停止检验。 分拣过程中，如已分拣出夹杂物比例已超过 3. 或 4. 规定的限值，可停止检验。随机抽样检验的结果作为整批货物检验结果
散装陆运货物的检验	散装陆运货物的检验参照散装海运货物的检验实施
重量鉴定	按 SN/T 3023.2、SN/T 0188、SN/T 4952 实施
现场记录	做好原始记录，并实施拍照
结果判定	经检验检疫，未发现不符合检验和检疫要求的，判定为合格。 经检疫，发现不符合检疫要求的，判定为检疫不合格。 经检验，发现不符合检验要求的，判定为检验不合格
处置	对判定为合格的，予以放行。 对检疫不合格的，应根据相关规定进行检疫处理，并向收货人出具相关证单。 对检验不合格的，应向收货人出具相关证单并责令退运。 实施重量鉴定的，依据收货人的申请出具检验证书

3.51 进口可用作原料的供拆卸的船舶及其他浮动结构体检验检疫规程

《进口可用作原料的固体废物检验检疫规程 第 5 部分：供拆卸的船舶及其他浮动结构体》（SN/T 1791.5—2018）规定了进口可用作原料的供拆卸的船舶及其他浮动结构体（以下简称废船舶）的术语和定义、要求、检验检疫、结果判定和处置，见表 3-44。

表 3-44　进口可用作原料的供拆卸的船舶及其他浮动结构体检验检疫规程

要求	供拆卸的船舶及其他浮动结构体
单证要求	进口可用作原料的固体废物国内进口废物原料的收货人注册登记证书、中华人民共和国限制进口类可用作原料的固体废物进口许可证及其他相关单证应真实、一致
卫生检疫要求	不应携带下列卫生检疫物： a)病原体； b)医学媒介生物； c)被病原微生物污染的物品
动植物检疫要求	不应携带下列动植物检疫物： a)动植物病原体(包括菌种、毒种等)、害虫及其他有害生物； b)动植物疫情流行的国家和地区的有关动植物、动植物产品和其他检疫物； c)动物尸体； d)土壤

要求	供拆卸的船舶及其他浮动结构体
检验要求	1. 进口废船舶的放射性污染控制应符合 GB 16487.11 的要求。 2. 废船舶中未混有废弃炸弹、炮弹等爆炸性武器弹药。 3. 进口废船舶中不包含未经洗舱的废油船。 4. 废船舶中应严格限制下列夹杂物(携带物)的混入,总质量不应超过进口废船舶轻吨的 0.01%: a)石棉废物或含石棉的废物(船舶本身的石棉隔热和绝缘材料除外); b)废船货舱中油及油泥的残留量; c)密闭容器(船舶自身的除外); d)《国家危险废物名录》中的废物; e)依据 GB 5085.1~GB 5085.6 鉴别标准进行鉴别,凡具有腐蚀性、毒性、易燃性、反应性等一种或一种以上危险特性的其他危险废物。 5. 废船舶中作为船舶本身的隔热和绝缘材料的石棉含量不应超过其轻吨的 0.08%。 6. 除上述各条所列夹杂物外,采取拖航行形式进口的废船舶中应限制其他夹杂物(携带物)的混入,总质量不应超过其轻吨的 0.05%。 7. 采取自航行进口的废船舶中除上述各条所列的夹杂物外,其他夹杂物(携带物)总质量 $W_废$ 应满足以下公式计算要求: $$W_废 \leq 1.5TN$$ 式中　$W_废$——船舶其他夹杂物(携带物)总质量,kg; 　　　T——船舶入港后停泊时间,d; 　　　N——船舶应载船员人数,人; 　　　1.5——系数,kg/(人·d)。 8. 曾经承运过 4. 条所列货物以及其他危险化学物质专用运输船舶必须进行清洗。进口者应向检验机构申报曾经承运过 4. 条所列物质以及其他危险化学物质的名称及主要成分。 9. 废船舶污染物排放应符合 GB 3552 的要求
货证一致性检查	警示:现场检验检疫过程中应注意安全,遇有威胁到人身安全、健康的情形时,应采取必要的防护措施,必要时应立即停止检验检疫,并采取相应的隔离防护措施。 进口废船舶的相关单证应齐全、一致
卫生检疫	按 SN/T 1343 对压舱水进行处理。按 SN/T 1288 对废船进行卫生处理,并按 SN/T 1289 进行卫生检疫查验
动植物检疫	检查货物中是否存在动植物病原体(包括菌种、毒种等)、害虫及其他有害生物。检查货物是否存在动植物疫情流行的国家和地区的有关动植物、动植物产品和其他检疫物。 检查是否存在动物尸体及土壤
现场检验	参照 SN/T 0570 规定有关巡测和布点检测的要求对废船舶进行放射性检验。 检验过程中发现有不符合 1. 或 2. 情形时,可停止现场检验;发现有 4.d)或 4.e)的可疑物时,应抽样送实验室按 GB 5085.1~GB 5085.6、GB/T 15555 进行检测和判断。 检查废船舶中易燃易爆有毒物品数量和存放安全情况。 检查油船、化学品专用船的洗舱除气及安全情况
现场记录	做好原始记录,并实施拍照
结果判定	经检验检疫,未发现不符合检验和检疫要求的,判定为合格。 经检疫,发现不符合检疫要求的,判定为检疫不合格。 经检验,发现不符合检验要求的,判定为检验不合格

要求	供拆卸的船舶及其他浮动结构体
处置	对判定为合格的，予以放行。 对检疫不合格的，应根据相关规定进行检疫处理，并向收货人出具相关证单。 对检验不合格的，应向收货人出具相关证单并责令退运

3.52 进口可用作原料的废五金电器检验检疫规程

《进口可用作原料的固体废物检验检疫规程 第6部分：废五金电器》（SN/T 1791.6—2018）规定了进口可用作原料的废五金电器的术语和定义、要求、抽样方法、检验检疫、结果判定和处置，见表3-45。

表 3-45 进口可用作原料的废五金电器检验检疫规程

要求	废五金电器
单证和标识要求	进口可用作原料的固体废物国外供货商注册登记证书、进口可用作原料的固体废物国内收货人注册登记证书、中华人民共和国限制进口类可用作原料的固体废物进口许可证和运往中国的废物原料装运前检验证书及其他相关单证应真实、一致。 集装箱箱号、封识号应与装运前检验证书等相关单证所列明的一致
卫生检疫要求	不应携带下列卫生检疫物： a)病原体； b)医学媒介生物； c)被病原微生物污染的物品
动植物检疫要求	不应携带下列动植物检疫物： a)动植物病原体(包括菌种、毒种等)、害虫及其他有害生物； b)动植物疫情流行的国家和地区的有关动植物、动植物产品和其他检疫物； c)动物尸体； d)土壤
检验要求	1. 进口废五金电器的放射性污染控制应符合 GB 16487.10 的要求。 2. 废五金电器中未混有废弃炸弹、炮弹等爆炸性武器弹药。 3. 废五金电器中应严格限制下列夹杂物的混入，总质量不应超过进口废五金电器质量的 0.01％： a)未清除绝缘油材料的变压器、镇流器和压缩机； b)密闭容器； c)《国家危险废物名录》中的废物； d)依据 GB 5085.1～GB 5085.6 鉴别标准进行鉴别，凡具有腐蚀性、毒性、易燃性、反应性等一种或一种以上危险特性的其他危险废物。 4. 除上述各条所列废物外，废五金电器中应限制其他夹杂物(包括木废料、废纸、废塑料、废橡胶、废玻璃以及国家禁止进口的废机电产品等废物)的混入，总质量不应超过进口废五金电器质量的 0.5％。 5. 进口废五金电器中可回收利用金属的含量应不低于废五金电器总质量的 80％

要求	废五金电器
抽样	警示：现场开箱、掏箱等过程中应注意操作安全。 遇有威胁到现场检验检疫人员的安全、健康的情形时，应采取必要的防护措施，必要时应立即停止检验检疫，并采取相应的隔离防护措施。 6. 集装箱装运的废五金电器开箱检验数量应不少于检验批集装箱数量的 50％，掏箱检验不少于 10％，对集装箱箱号、封识号与装运前检验证书不符以及经非侵入式检测存在异常的集装箱实施掏箱检验，开箱检验和掏箱检验不足一箱的按一箱计算。 7. 散装海运和散装陆运的废五金电器实施 100％落地检验。 8. 现场抽样时，集装箱装运的废五金电器样品按实施掏箱检验的每一集装箱内货物质量的 5％以上随机抽取；散装海运的废五金电器样品按每一船舱内货物质量的 5％以上随机抽取；散装陆运的废五金电器样品按检验批货物质量的 5％以上随机抽取。 9. 需送实验室分析时，应对可疑物进行抽样，抽样数量以满足实验室检测要求为准
货证及标识一致性检查	检查集装箱箱号（或其他运载工具）、封识号或货物的品名、类别与装运前检验证书是否相符
卫生检疫	卫生检疫应按 SN/T 1254 实施，卫生处理根据不同装运方式、不同处理目的分别按 SN/T 1253、SN/T 1270、SN/T 1281、SN/T1286、SN/T 1302 和 SN/T 1331 实施
动植物检疫	检查货物中是否存在动植物病原体（包括菌种、毒种等）、害虫及其他有害生物。 检查货物是否存在动植物疫情流行的国家和地区的有关动植物、动植物产品和其他检疫物。 检查货物中是否存在动物尸体及土壤
集装箱装运货物的检验	放射性检测 按 SN/T 0570 实施检验。 开箱查验 按 6. 规定的比例抽取开箱检验的集装箱，对货物实施感官检验。 检验过程中发现有不符合 1. 或 2. 情形时，应停止检验；发现有 3.c)或 3.d)的可疑物时，可按 9. 要求抽样送实验室，并按 GB 5085.1～GB 5085.6、GB/T 15555 进行检测和判断。 检验过程中发现有 3. 或 4. 所列夹杂物且暂不能确定是否超标时，可对相应集装箱实施掏箱检验，也可对全部集装箱实施掏箱检验。 掏箱检验 按 6. 规定的比例抽取掏箱检验的集装箱，应将集装箱内的货物掏出，并对货物实施感官检验。 检验过程中发现有不符合 1. 或 2. 情形时，应停止检验；发现有 3.c)或 3.d)的可疑物时，可按 9. 要求抽样送实验室，并按 GB 5085.1～GB 5085.6、GB/T 15555 进行检测和判断。 检验过程中发现有 3. 或 4. 所列夹杂物且暂不能确定是否超标时，应实施分拣检验。 检验过程中不能确定货物是否符合 5. 时，按照附录 A 要求实施。 分拣检验应按 8. 抽取样品并实施分拣。 实施分拣前称出样品的质量，分拣后应分别称出严格限制夹杂物和其他夹杂物的质量，然后分别按下式计算夹杂物含量。 $$X = W_x / W_p \times 100\%$$ 式中 X ——夹杂物的含量； $\quad W_x$ ——样品中夹杂物的质量，kg； $\quad W_p$ ——样品质量，kg。 分拣过程中发现有不符合 1. 或 2. 情形时，应停止检验。 分拣过程中，如已分拣出夹杂物比例已超过 3. 或 4. 规定的限值，可停止检验。 随机抽样检验的结果作为整批货物检验结果

要求	废五金电器
散装海运货物的检验	放射性检测 按 SN／T 0570 实施检验。 开舱检验 对舱面的货物实施感官检验。 检验过程中发现有不符合 1. 或 2. 情形时，应停止检验；发现有 3.c)或 3.d)的可疑物时，可按 9. 要求抽样送实验室，并按 GB 5085.1～GB 5085.6、GB/T 15555 进行检测和判断。 检验过程中发现有 3. 或 4. 所列夹杂物且暂不能确定是否超标时，应在卸货过程或卸货后进行分拣检验。 落地检验 对卸至指定场地的货物实施感官检验。 检验过程中发现有不符合 1. 或 2. 情形时，应停止检验；发现有 3.c)或 3.d)的可疑物时，可按 9. 要求抽样送实验室，并按 GB 5085.1～GB 5085.6、GB/T 15555 进行检测和判断。 检验过程中发现有 3. 或 4. 所列夹杂物且暂不能确定是否超标时，应实施抽样分拣检验。 检验过程中不能确定货物是否符合 5. 时，按照附录 A 实施。 分拣过程中发现有不符合 1. 或 2. 情形时，应停止检验。 分拣过程中，如已分拣出夹杂物比例已超过 3. 或 4. 规定的限值，可停止检验。 随机抽样检验的结果作为整批货物检验结果
散装陆运货物的检验	散装陆运货物的检验参照散装海运货物的检验实施
重量鉴定	按 SN/T 3023.2、SN/T 0188、SN/T 4952 实施
现场记录	做好原始记录，并实施拍照
结果判定	经检验检疫，未发现不符合检验和检疫要求的，判定为合格。 经检疫，发现不符合检疫要求的，判定为检疫不合格。 经检验，发现不符合检验要求的，判定为检验不合格
处置	对判定为合格的，予以放行。 对检疫不合格的，应根据相关规定进行检疫处理，并向收货人出具相关证单。 对检验不合格的，应向收货人出具相关证单并责令退运。 实施重量鉴定的，依据收货人的申请出具检验证书

附录 A 废五金电器可回收利用材料的检测方法

1 取样

1.1 取样方案

按检验批选择下列方案之一进行，代表性样品的质量应大于检验批质量的 5％：

a) 在堆货的场地上按一定的规律或方法任意选取若干份（质量基本相同的）货物组成一份代表性样品；

b）在卸货或运输过程中按机械随机取样法任意选取若干份（质量基本相同的）货物组成一份代表性样品。

1.2 取样方法

根据货物的实际情况，按检验批选择下列方法之一进行：

a）按图 3-3(a) 所示的"＊"号位置取样；

b）按图 3-3(b) 所示的"＊"号位置取样；

c）按图 3-3(c) 所示的"＊"号位置取样；

d）在卸货或运输过程，采用定时或定间隔的方法取样。

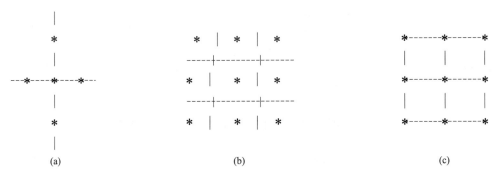

图 3-3 取样方法

2 检验

2.1 代表性样品的抽取

抽取的代表性样品质量应达到该检验批质量 5%。

2.2 可利用金属的检测

2.2.1 可利用金属的拆解

对代表性样品中的金属材料采用拆卸或其他合适的物理方法将其分离出来，用校准之衡器称出金属材料的质量。

2.2.2 可利用金属的含量计算

按下式计算可利用金属的含量：

$$X_a = W_a / W_d \times 100\%$$

式中　X_a——可利用金属的含量；

　　　W_a——代表性样品中可利用金属的质量，kg；

　　　W_d——代表性样品的质量，kg。

2.3 其他可回收利用材料的检测参照 2.2 实施。

3.53　进口可用作原料的废电线电缆检验检疫规程

《进口可用作原料的固体废物检验检疫规程　第 7 部分：废电线电缆》（SN/T 1791.7—2018）规定了进口可用作原料的废电线电缆的术语和定义、要求、抽样方法、检验检疫、结果判定和处置，见表 3-46。

表 3-46　进口可用作原料的废电线电缆检验检疫规程

要求	废电线电缆
单证和标识要求	进口可用作原料的固体废物国外供货商注册登记证书、进口可用作原料的固体废物国内收货人注册登记证书、中华人民共和国限制进口类可用作原料的固体废物进口许可证和运往中国的废物原料装运前检验证书及其他相关单证应真实、一致。 集装箱箱号、封识号应与装运前检验证书等相关单证所列明的一致
卫生检疫要求	不应携带下列卫生检疫物： a）病原体； b）医学媒介生物； c）被病原微生物污染的物品
动植物检疫要求	不应携带下列动植物检疫物： a）动植物病原体（包括菌种、毒种等）、害虫及其他有害生物； b）动植物疫情流行的国家和地区的有关动植物、动植物产品和其他检疫物； c）动物尸体； d）土壤
检验要求	1. 进口废电线电缆的放射性污染控制应符合 GB 16487.9 的要求。 2. 废电线电缆中未混有废弃炸弹、炮弹等爆炸性武器弹药。 3. 废电线电缆中应严格限制下列夹杂物的混入，总质量不应超过废电线电缆质量的 0.01％： a）密闭容器； b）油封电缆、光缆，铅皮电缆； c）《国家危险废物名录》中的废物； d）依据 GB 5085.1～GB 5085.6 鉴别标准进行鉴别，凡具有腐蚀性、毒性、易燃性、反应性等一种或一种以上危险特性的其他危险废物。 4. 除上述各条所列废物外，废电线电缆中应限制其他夹杂物（包括废纸、木废料、废玻璃等废物）的混入，总质量不应超过进口废电线电缆质量的 0.5％。
抽样	警示：现场开箱、掏箱等过程中应注意操作安全。遇有威胁到现场检验检疫人员的安全、健康的情形时，应采取必要的防护措施，必要时应立即停止检验检疫，并采取相应的隔离防护措施。 5. 集装箱装运的废电线电缆开箱检验数量应不少于检验批集装箱数量的 50％，掏箱检验不少于 10％，对集装箱箱号、封识号与装运前检验证书不符以及经非侵入式检测存在异常的集装箱实施掏箱检验，开箱检验和掏箱检验不足一箱的按一箱计算。 6. 散装海运和散装陆运的废电线电缆实施 100％落地检验。 7. 现场抽样时，集装箱装运的废电线电缆样品按实施掏箱检验的每一集装箱内货物质量的 5％以上随机抽取；散装海运的废电线电缆样品按每一船舱内货物质量的 5％以上随机抽取；散装陆运的废电线电缆样品按检验批货物质量的 5％以上随机抽取。 8. 需送实验室分析时，应对可疑物进行抽样，抽样数量以满足实验室检测要求为准
货证及标识一致性检查	检查集装箱箱号（或其他运载工具）、封识号或货物的品名、类别与装运前检验证书是否相符

要求	废电线电缆
卫生检疫	卫生检疫应按 SN/T 1254 实施,卫生处理根据不同装运方式、不同处理目的分别按 SN/T 1253、SN/T 1270、SN/T 1281、SN/T 1286、SN/T 1302 和 SN/T 1331 实施
动植物检疫	检查货物中是否存在动植物病原体(包括菌种、毒种等)、害虫及其他有害生物。检查货物是否存在动植物疫情流行的国家和地区的有关动物、动植物产品和其他检疫物。 检查货物中是否存在动物尸体及土壤。
集装箱装运货物的检验	放射性检测 按 SN/T 0570 实施检验。 开箱查验 按 5. 规定的比例抽取开箱检验的集装箱,对货物实施感官检验。 检验过程中发现有不符合 1. 或 2. 情形时,应停止检验;发现 3.c) 或 3.d) 的可疑物时,可按 8. 要求抽样送实验室,并按 GB 5085.1~GB 5085.6、GB/T 15555 进行检测和判断。 检验过程中发现 3. 或 4. 所列夹杂物且暂不能确定是否超标时,可对相应集装箱实施掏箱检验,也可对全部集装箱实施掏箱检验。 掏箱检验 按 5. 规定的比例抽取掏箱检验的集装箱,应将集装箱内的货物掏出,并对货物实施感官检验。 检验过程中发现有不符合 1. 或 2. 情形时,应停止检验;发现有 3.c) 或 3.d) 的可疑物时,可按 8. 要求抽样送实验室,并按 GB 5085.1~GB 5085.6、GB/T 15555 进行检测和判断。 检验过程中发现有 3. 或 4. 所列夹杂物且暂不能确定是否超标时,应实施分拣检验。 分拣检验应按 7. 抽取样品并实施分拣。实施分拣前称出样品的质量,分拣后应分别称出严格限制夹杂物和其他夹杂物的质量,然后分别按下式计算夹杂物含量。 $$X = W_x/W_p \times 100\%$$ 式中 X——夹杂物的含量; 　　　W_x——样品中夹杂物的质量,kg; 　　　W_p——样品质量,kg。 分拣过程中发现有不符合 1. 或 2. 情形时,应停止检验。 分拣过程中,如已分拣出夹杂物比例已超过 3. 或 4. 规定的限值,可停止检验。随机抽样检验的结果作为整批货物检验结果
散装海运货物的检验	放射性检测 按 SN/T 0570 实施检验。 开舱检验 对舱面的货物实施感官检验。 检验过程中发现有不符合 1. 或 2. 情形时,应停止检验;发现有 3.c) 或 3.d) 的可疑物时,可按 8. 要求抽样送实验室,并按 GB 5085.1~GB 5085.6、GB/T 15555 进行检测和判断。 检验过程中发现有 3. 或 4. 所列夹杂物且暂不能确定是否超标时,应在卸货过程或卸货后进行分拣检验。 落地检验 对卸至指定场地的货物实施感官检验。 检验过程中发现有不符合 1. 或 2. 情形时,应停止检验;发现有 3.c) 或 3.d) 的可疑物时,可按 8. 要求抽样送实验室,并按 GB 5085.1~GB 5085.6、GB/T 15555 进行检测和判断。 检验过程中发现有 3. 或 4. 所列夹杂物且暂不能确定是否超标时,应实施抽样分拣检验。 分拣过程中发现有不符合 1. 或 2. 情形时,应停止检验。 分拣过程中,如已分拣出夹杂物比例已超过 3. 或 4. 规定的限值,可停止检验。随机抽样检验的结果作为整批货物检验结果

要求	废电线电缆
散装陆运货物的检验	散装陆运货物的检验参照散装海运货物的检验实施
重量鉴定	按 SN/T 3023.2、SN/T 0188、SN/T 4952 实施
现场记录	做好原始记录,并实施拍照
结果判定	经检验检疫,未发现不符合检验和检疫要求的,判定为合格。 经检疫,发现不符合检疫要求的,判定为检疫不合格。 经检验,发现不符合检验要求的,判定为检验不合格
处置	对判定为合格的,予以放行。 对检疫不合格的,应根据相关规定进行检疫处理,并向收货人出具相关证单。 对检验不合格的,应向收货人出具相关证单并责令退运。 实施重量鉴定的,依据收货人的申请出具检验证书

3.54 进口可用作原料的废电机检验检疫规程

《进口可用作原料的固体废物检验检疫规程 第8部分:废电机》(SN/T 1791.8—2018)规定了进口可用作原料的废电机的术语和定义、要求、抽样方法、检验检疫、结果判定和处置,见表3-47。

表 3-47 进口可用作原料的废电机检验检疫规程

要求	废电机
单证和标识要求	进口可用作原料的固体废物国外供货商注册登记证书、进口可用作原料的固体废物国内收货人注册登记证书、中华人民共和国限制进口类可用作原料的固体废物进口许可证和运往中国的废物原料装运前检验证书及其他相关单证应真实、一致。 集装箱箱号、封识号应与装运前检验证书等相关单证所列明的一致
卫生检疫要求	不应携带下列卫生检疫物: a)病原体; b)医学媒介生物; c)被病原微生物污染的物品
动植物检疫要求	不应携带下列动植物检疫物: a)动植物病原体(包括菌种、毒种等)、害虫及其他有害生物; b)动植物疫情流行的国家和地区的有关动植物、动物产品和其他检疫物; c)动物尸体; d)土壤
检验要求	1. 进口废电机的放射性污染控制应符合 GB 16487.8 的要求。 2. 废电机中未混有废弃炸弹、炮弹等爆炸性武器弹药。 3. 废电机中应严格限制下列夹杂物的混入,总质量不应超过进口废电机质量的 0.01%: a)废电机表面附着的油污; b)密闭容器; c)《国家危险废物名录》中的废物; d)依据 GB 5085.1~GB 5085.6 鉴别标准进行鉴别,凡具有腐蚀性、毒性、易燃性、反应性等一种或一种以上危险特性的其他危险废物。 4. 除上述各条所列废物外,废电机中应限制其他夹杂物(包括废木块、废纸、废纤维、废玻璃、废塑料、废橡胶等废物)的混入,总质量不应超过进口废电机质量的 0.5%

要求	废电机
抽样	警示:现场开箱、掏箱等过程中应注意操作安全。遇有威胁到现场检验检疫人员的安全、健康的情形时,应采取必要的防护措施,必要时应立即停止检验检疫,并采取相应的隔离防护措施。 　5. 集装箱装运的废电机开箱检验数量应不少于检验批集装箱数量的50%,掏箱检验不少于10%,对集装箱箱号、封识号与装运前检验证书不符以及经非侵入式检测存在异常的集装箱实施掏箱检验,开箱检验和掏箱检验不足一箱的按一箱计算。 　6. 散装海运和散装陆运的废电机实施100%落地检验。 　7. 现场抽样时,集装箱装运的废电机样品按实施掏箱检验的每一集装箱内货物质量的5%以上随机抽取;散装海运的废电机样品按每一船舱内货物质量的2%以上随机抽取;散装陆运的废电机样品按检验批货物质量的5%以上随机抽取。 　8. 需送实验室分析时,应对可疑物进行抽样,抽样数量以满足实验室检测要求为准
货证及标识 一致性检查	检查集装箱箱号(或其他运载工具)、封识号或货物的品名、类别与装运前检验证书是否相符
卫生检疫	卫生检疫应按 SN/T 1254 实施,卫生处理根据不同装运方式、不同处理目的分别按 SN/T 1253、SN/T 1270、SN/T 1281、SN/T 1286、SN/T 1302 和 SN/T 1331 实施
动植物检疫	检查货物中是否存在动植物病原体(包括菌种、毒种等)、害虫及其他有害生物。 检查货物是否存在动植物疫情流行的国家和地区的有关动植物、动植物产品和其他检疫物。 检查货物中是否存在动物尸体及土壤
集装箱装运 货物的检验	放射性检测 按 SN/T 0570 实施检验。 开箱查验 按 5. 规定的比例抽取开箱检验的集装箱,对货物实施感官检验。 检验过程中发现有不符合 1. 或 2. 情形时,应停止检验;发现有 3. c)或 3. d)的可疑物时,可按 8. 要求抽样送实验室,并按 GB 5085.1～GB 5085.6、GB/T 15555 进行检测和判断。 检验过程中发现 3. 或 4. 所列夹杂物且暂不能确定是否超标时,可对相应集装箱实施掏箱检验,也可对全部集装箱实施掏箱检验。 掏箱检验 按 5. 规定的比例抽取掏箱检验的集装箱,应将集装箱内的货物掏出,并对货物实施感官检验。 检验过程中发现有不符合 1. 或 2. 情形时,应停止检验;发现有 3. c)或 3. d)的可疑物时,可按 8. 要求抽样送实验室,并按 GB 5085.1～GB 5085.6、GB/T 15555 进行检测和判断。 检验过程中发现有 3. 或 4. 所列夹杂物且暂不能确定是否超标时,应实施分拣检验。 分拣检验应按 7. 抽取样品并实施分拣。实施分拣前称出样品的质量,分拣后应分别称出严格限制夹杂物和其他夹杂物的质量,然后分别按下式计算夹杂物含量。 $$X=W_{x}/W_{p}\times100\%$$ 式中　X——夹杂物的含量; 　　　W_{x}——样品中夹杂物的质量,kg; 　　　W_{p}——样品质量,kg。 分拣过程中发现有不符合 1. 或 2. 情形时,应停止检验。 分拣过程中,如已分拣出夹杂物比例已超过 3. 或 4. 规定的限值,可停止检验。随机抽样检验的结果作为整批货物检验结果

要求	废电机
散装海运货物的检验	放射性检测 按 SN/T 0570 实施检验。 开舱检验 对舱面的货物实施感官检验。 检验过程中发现有不符合 1. 或 2. 情形时,应停止检验;发现有 3. c)或 3. d)的可疑物时,可按 8. 要求抽样送实验室,并按 GB 5085.1~GB 5085.6、GB/T 15555 进行检测和判断。 检验过程中发现有 3. 或 4. 所列夹杂物且暂不能确定是否超标时,应在卸货过程或卸货后进行分拣检验。 落地检验 对卸至指定场地的货物实施感官检验。 检验过程中发现有不符合 1. 或 2. 情形时,应停止检验;发现有 3. c)或 3. d)的可疑物时,可按 8. 要求抽样送实验室,并按 GB 5085.1~GB 5085.6、GB/T 15555 进行检测和判断 检验过程中发现有 3. 或 4. 所列夹杂物且暂不能确定是否超标时,应实施抽样分拣检验。 分拣过程中发现有不符合 1. 或 2. 情形时,应停止检验。 分拣过程中,如已分拣出夹杂物比例已超过 3. 或 4. 规定的限值,可停止检验。随机抽样检验的结果作为整批货物检验结果
散装陆运货物的检验	散装陆运货物的检验参照散装海运货物的检验实施
重量鉴定	按 SN/T 3023.2、SN/T 0188、SN/T 4952 实施
现场记录	做好原始记录,并实施拍照
结果判定	经检验检疫,未发现不符合检验和检疫要求的,判定为合格。 经检疫,发现不符合检疫要求的,判定为检疫不合格。 经检验,发现不符合检验要求的,判定为检验不合格
处置	对判定为合格的,予以放行。 对检疫不合格的,应根据相关规定进行检疫处理,并向收货人出具相关证单。 对检验不合格的,应向收货人出具相关证单并责令退运。 实施重量鉴定的,依据收货人的申请出具检验证书

3.55　进口可用作原料的废有色金属检验检疫规程

　　《进口可用作原料的固体废物检验检疫规程　第 9 部分:废有色金属》(SN/T 1791.9—2018)规定了进口废有色金属的术语和定义、要求、抽样方法、检验检疫、结果判定和处置。适用于进口废有色金属的检验检疫,不包括废有色金属的氧化物、盐类物质及氧化物和盐类物质的混合物。见表 3-48。

表 3-48　进口可用作原料的废有色金属检验检疫规程

要求	废有色金属
单证和标志要求	进口可用作原料的固体废物国外供货商注册登记证书、进口可用作原料的固体废物国内收货人注册登记证书、中华人民共和国限制进口类可用作原料的固体废物进口许可证和运往中国的废物原料装运前检验证书及其他相关单证应真实、一致。 集装箱箱号、封识号应与装运前检验证书等相关单证所列明的一致

要求	废有色金属
卫生检疫要求	不应携带下列卫生检疫物： a)病原体； b)医学媒介生物； c)被病原微生物污染的物品
动植物检疫要求	不应携带下列动植物检疫物： a)动植物病原体(包括菌种、毒种等)、害虫及其他有害生物； b)动植物疫情流行的国家和地区的有关动植物、动植物产品和其他检疫物； c)动物尸体； d)土壤
检验要求	1. 废有色金属的放射性污染控制水平应符合 GB 16487.7 的要求。 2. 未混有废弃炸弹、炮弹等爆炸性武器弹药。 3. 应严格限制下列夹杂物的混入，总质量不应超过进口废有色金属质量的 0.01%： a)密闭容器； b)《国家危险废物名录》中的废物； c)根据 GB 5085 鉴别，凡具有腐蚀性、毒性、易燃性、反应性等一种或一种以上危险特性的其他危险废物。 4. 应限制其他夹杂物(包括木废料、废纸、废塑料、废橡胶、废玻璃、粒径不大于 2mm 的粉状物等废物)的混入，总质量不应超过进口废有色金属总质量的 1.0%，其中夹杂和沾染的粒径不大于 2mm 的粉状物(灰尘、污泥、结晶盐、金属氧化物、纤维末等)的总质量不应超过进口废有色金属质量的 0.1%
抽样	警示：现场开箱、掏箱等过程中应注意操作安全。遇有威胁到现场检验检疫人员的安全、健康的情形时，应采取必要的防护措施，必要时应立即停止检验检疫，并采取相应的隔离防护措施。 5. 集装箱装的废有色金属开箱检验数量应不少于检验批集装箱数量的 50%，掏箱检验不少于 10%，对集装箱箱号、封识号与装运前检验证书不符以及经非侵入式检测存在异常的集装箱实施掏箱检验，开箱检验和掏箱检验不足一箱的按一箱计算。 6. 散装海运和散装陆运的废有色金属实施 100% 落地检验。 7. 现场抽样时，集装箱装运的废有色金属样品按实施掏箱检验的每一集装箱内货物质量的 5% 以上随机抽取；散装海运的废有色金属样品按每一船舱内货物质量的 5% 以上随机抽取；散装陆运的废有色金属样品按检验批货物质量的 5% 以上随机抽取。 8. 需送实验室分析时，应对可疑物进行抽样，抽样数量以满足实验室检测要求为准
货证及标志一致性检查	检查集装箱箱号(或其他运载工具)、封识号或货物的品名、类别与装运前检验证书是否相符
卫生检疫	卫生检疫查验按 SN/T 1254 实施，卫生处理根据不同装运方式、不同处理目的分别按 SN/T 1253、SN/T 1270、SN/T 1281、SN/T 1286、SN/T 1302 和 SN/T 1331 实施
动植物检疫	检查货物中是否存在动植物病原体(包括菌种、毒种等)、害虫及其他有害生物。检查货物是否存在动植物疫情流行的国家和地区的有关动植物、动植物产品和其他检疫物。 检查货物中是否存在动物尸体及土壤

要求	废有色金属
集装箱装运货物的检验	放射性检测 按 SN/T 0570 实施检验。 开箱查验 按 5. 规定的比例，随机抽取开箱查验的集装箱，对箱内货物实施感官检验。 检验过程中发现有 1. 或 2. 情形时，应停止现场检验；对发现有 3.b)和 3.c)的可疑物时，应按抽样要求抽样送实验室，并按 GB 5085.3、GB/T 15555 进行检测。 检验过程中目测发现有 3. 和 4. 所列夹杂物且暂不能确定是否超标时，应对查验箱货物实施掏箱检验。 掏箱检验 按 5. 规定的比例抽取掏箱检验的集装箱，应将集装箱内的货物掏出，并对货物实施感官检验。 检验过程中发现有不符合 1. 或 2. 情形时，应停止检验；发现有 3.b)或 3.c)的可疑物时，可按 8. 要求抽样送实验室，并按 GB 5085.1～GB 5085.6、GB/T 15555 进行检测和判断。 检验过程中发现有 3. 或 4. 所列夹杂物且暂不能确定是否超标时，应实施分拣检验。 分拣检验应对实施掏箱检验的货物按 7. 抽取样品并实施分拣。实施分拣前称出样品的质量，分拣后应分别称出严格限制夹杂物和其他夹杂物的质量，然后分别按下式计算夹杂物含量。 $$X = W_x/W_p \times 100\%$$ 式中 X——夹杂物的含量； W_x——样品中夹杂物的质量，kg； W_p——样品质量，kg。 分拣过程中发现有不符合 1. 或 2. 情形时，应停止检验。 分拣过程中，如已分拣出夹杂物比例已超过 3. 或 4. 规定的限值，可停止检验。随机抽样检验的结果作为整批货物检验结果
散装海运货物的检验	放射性检测 按 SN/T 0570 实施检验。 开舱查验 对舱面的货物实施感官检验。 检验过程中发现有不符合 1. 或 2. 情形时，应停止检验；发现有 3.b)或 3.c)的可疑物时，可按 8. 要求抽样送实验室，并按 GB 5085.1～GB 5085.6、GB/T 15555 进行检测和判断。 检验过程中发现有 3. 或 4. 所列夹杂物且暂不能确定是否超标时，应在卸货过程或卸货后进行分拣检验。 落地检验 对卸至指定检验检疫场地的货物实施感官检验。 检验过程中发现有不符合 1. 或 2. 情形时，应停止检验；发现有 3.b)或 3.c)的可疑物时，可按 8. 要求抽样送实验室，并按 GB 5085.1～GB 5085.6、GB/T 15555 进行检测和判断。 检验过程中发现有 3. 或 4. 所列夹杂物且暂不能确定是否超标时，应实施抽样分拣检验。分拣过程中发现有不符合 1. 或 2. 情形时，应停止检验。 分拣过程中，如已分拣出夹杂物比例已超过 3. 或 4. 规定的限值，可停止检验。随机抽样检验的结果作为整批货物检验结果。 散装陆运货物的检验 散装陆运货物的检验参照散装海运货物的检验实施

要求	废有色金属
结果判定	经检验检疫,未发现不符合检验和检疫要求的,判定为合格。 经检疫,发现不符合检疫要求的,判定为检疫不合格。 经检验,发现不符合检验要求的,判定为检验不合格
处置	对属于经检验检疫,未发现不符合检验和检疫要求的,判定为合格情况的,予以放行。 对属于经检疫,发现不符合检疫要求的,判定为检疫不合格情况的,应根据相关规定进行检疫处理,并向收货人出具相关单证。 对属于经检验,发现不符合检验要求的,判定为检验不合格情况的,应向收货人出具相关单证并责令退运。 实施重量鉴定的,依据收货人的申请出具检验证书

3.56　进口可用作原料的冶炼渣检验检疫规程

《进口可用作原料的固体废物检验检疫规程　第10部分:冶炼渣》(SN/T 1791.10—2018)规定了进口冶炼渣的环境保护控制要求。适用于进口冶炼渣的检验检疫。见表3-49。

表3-49　进口可用作原料的冶炼渣检验检疫规程

要求	冶炼渣
单证和标志要求	进口可用作原料的固体废物国外供货商注册登记证书、进口可用作原料的固体废物国内收货人注册登记证书、中华人民共和国限制进口类可用作原料的固体废物进口许可证和运往中国的废物原料装运前检验证书及其他相关单证应真实、一致。 集装箱箱号、封识号应与装运前检验证书等相关单证所列明的一致。
卫生检疫要求	不应携带下列卫生检疫物: a)病原体; b)医学媒介生物; c)被病原微生物污染的物品
动植物检疫要求	不应携带下列动植物检疫物: a)动植物病原体(包括菌种、毒种等)、害虫及其他有害生物; b)动植物疫情流行的国家和地区的有关动植物、动植物产品和其他检疫物; c)动物尸体; d)土壤
检验要求	1. 冶炼渣的放射性污染控制水平应符合GB 16487.2的要求。 2. 未混有废弃炸弹、炮弹等爆炸性武器弹药。 3. 应严格限制下列夹杂物的混入,总质量不应超过进口冶炼渣质量的0.01%: a)密闭容器; b)《国家危险废物名录》中的废物; c)根据GB 5085鉴别,凡具有腐蚀性、毒性、易燃性、反应性等一种或一种以上危险特性的其他危险废物。 4. 除上述各条所列废物外,冶炼渣中应限制其他夹杂物(包括木废料、废纸、废塑料、废橡胶、废玻璃等废物)的混入,总质量不应超过进口冶炼渣质量的0.5%。 5. "主要含锰的冶炼钢铁产生的粒状熔渣(包括熔渣砂)"中Mn含量应大于25%;"轧钢产生的氧化皮"中Fe含量应大于68%,且CaO和SiO_2总量应小于3%;"含铁量大于80%的冶炼钢铁产生的渣钢铁"中S和P总量应小于0.7%

要求	冶炼渣
抽样	警示:现场开箱、掏箱等过程中应注意操作安全。遇有威胁到现场检验检疫人员的安全、健康的情形时,应采取必要的防护措施,必要时应立即停止检验检疫,并采取相应的隔离防护措施。 6. 集装箱装运的冶炼渣开箱检验数量应不少于检验批集装箱数量的50%,掏箱检验不少于10%,对集装箱箱号、封识号与装运前检验证书不符以及经非侵入式检测存在异常的集装箱实施掏箱检验,开箱检验和掏箱检验不足一箱的按一箱计算。 7. 散装海运和散装陆运的冶炼渣实施100%落地检验。 8. 现场抽样时,集装箱装运的冶炼渣样品按实施掏箱检验的每一集装箱内货物质量的5%以上随机抽取;散装海运的冶炼渣样品按每一船舱内货物质量的5%以上随机抽取;散装陆运的冶炼渣样品按检验批货物质量的5%以上随机抽取。 9. 需送实验室分析时,应对可疑物进行抽样,抽样数量以满足实验室检测要求为准。
货证及标志 一致性检查	检查集装箱箱号(或其他运载工具)、封识号或货物的品名、类别与装运前检验证书是否相符
卫生检疫	卫生检疫查验按 SN/T 1254 实施,卫生处理根据不同装运方式、不同处理目的分别按 SN/T 1253、SN/T 1270、SN/T 1281、SN/T 1286、SN/T 1302 和 SN/T 1331 实施
动植物检疫	检查货物中是否存在动植物病原体(包括菌种、毒种等)、害虫及其他有害生物。检查货物是否存在动植物疫情流行的国家和地区的有关动植物、动植物产品和其他检疫物。 检查货物中是否存在动物尸体及土壤
集装箱装运 货物的检验	放射性检测 按 SN/T 0570 实施检验。 开箱查验 按 6. 规定的比例抽取开箱检验的集装箱,对货物实施感官检验。 检验过程中发现有不符合 1. 或 2. 情形时,应停止检验;发现有 3. b)或 3. c)的可疑物时,可按 9. 要求抽样送实验室,并按 GB 5085.1～GB 5085.6、GB/T 15555 进行检测和判断。 检验过程中发现有 3. 或 4. 所列夹杂物且暂不能确定是否超标时,可对相应集装箱实施掏箱检验,也可对全部集装箱实施掏箱检验。 掏箱检验 按 6. 规定的比例抽取掏箱检验的集装箱,应将集装箱内的货物掏出,并对货物实施感官检验。 检验过程中发现有不符合 1. 或 2. 情形时,应停止检验;发现有 3. b)或 3. c)的可疑物时,可按 9. 要求抽样送实验室,并按 GB 5085.1～GB 5085.6、GB/T 15555 进行检测和判断。 检验过程中发现有 3. 或 4. 所列夹杂物且暂不能确定是否超标时,应实施分拣检验。 分拣检验应按 8. 抽取样品并实施分拣。实施分拣前称出样品的质量,分拣后应分别称出严格限制夹杂物和其他夹杂物的质量,然后分别按下式计算夹杂物含量。 $$X = W_x / W_p \times 100\%$$ 式中　X——夹杂物的含量; 　　　W_x——样品中夹杂物的质量,kg; 　　　W_p——样品质量,kg。 分拣过程中发现有不符合 1. 或 2. 情形时,应停止检验。 分拣过程中,如已分拣出夹杂物比例已超过 3. 或 4. 规定的限值,可停止检验。随机抽样检验的结果作为整批货物检验结果。 进行限量成分检验

要求	冶炼渣
散装海运货物的检验	放射性检测 按 SN/T 0570 实施检验。 开舱查验 对舱面的货物实施感官检验。 检验过程中发现有不符合 1. 或 2. 情形时,应停止检验;发现有 3.b)或 3.c)的可疑物时,可按 9. 要求抽样送实验室,并按 GB 5085.1～GB 5085.6、GB/T 15555 进行检测和判断。 检验过程中发现有 3. 或 4. 所列夹杂物且暂不能确定是否超标时,应在卸货过程或卸货后进行分拣检验。 落地检验 对卸至指定场地的货物实施感官检验。 检验过程中发现有不符合 1. 或 2. 情形时,应停止检验;发现有 3.b)或 3.c)的可疑物时,可按 9. 要求抽样送实验室,并按 GB 5085.1～GB 5085.6、GB/T 15555 进行检测和判断。 检验过程中发现有 3. 或 4. 所列夹杂物且暂不能确定是否超标时,应实施抽样分拣检验。 分拣过程中发现有不符合 1. 或 2. 情形时,应停止检验。 分拣过程中,如已分拣出夹杂物比例已超过 3. 或 4. 规定的限值,可停止检验。随机抽样检验的结果作为整批货物检验结果。 散装陆运货物的检验 散装陆运货物的检验参照散装海运货物的检验实施。 进行限量成分检验
结果判定	经检验检疫,未发现不符合检验和检疫要求的,判定为合格。 经检疫,发现不符合检疫要求的,判定为检疫不合格。 经检验,发现不符合检验要求的,判定为检验不合格
处置	对属于经检验检疫,未发现不符合检验和检疫要求的,判定为合格情况的,予以放行。 对属于经检疫,发现不符合检疫要求的,判定为检疫不合格情况的,应根据相关规定进行检疫处理,并向收货人出具相关单证。 对属于经检验,发现不符合检验要求的,判定为检验不合格情况的,应向收货人出具相关证单并责令退运。 实施重量鉴定的,依据收货人的申请出具检验证书

3.57　进口可用作原料的废汽车压件检验检疫规程

《进口可用作原料的固体废物检验检疫规程　第 11 部分:废汽车压件》 (SN/T 1791.11—2018)规定了进口可用作原料的废汽车压件的术语和定义、要求、抽样、检验检疫、结果判定和处置,见表 3-50。

表 3-50　进口可用作原料的废汽车压件检验检疫规程

要求	废汽车压件
单证和标志要求	进口可用作原料的固体废物进口废物原料的国外供货商注册登记证书、进口可用作原料的固体废物国内收货人注册登记证书、中华人民共和国限制进口类可用作原料的固体废物进口许可证和运往中国的废物原料装运前检验证书及其他相关单证应真实、一致。 集装箱箱号、封识号应与装运前检验证书等相关单证所列明的一致

要求	废汽车压件
卫生检疫要求	不应携带下列卫生检疫物： a)病原体； b)医学媒介生物； c)被病原微生物污染的物品
动植物检疫要求	不应携带下列动植物检疫物： a)动植物病原体(包括菌种、毒种等)、害虫及其他有害生物； b)动植物疫情流行的国家和地区的有关动物、动植物产品和其他检疫物； c)动物尸体； d)土壤
检验要求	1. 废汽车压件的放射性污染控制水平应符合 GB 16487.13 的要求。 2. 未混有废弃炸弹、炮弹等爆炸性武器弹药。 3. 废汽车压件应拆除或清除废汽车本身的下列组成，这些组成部分的总质量不应超过废汽车总质量的 0.01％： a)安全气囊； b)蓄电池； c)灭火器、密闭压力容器； d)机油、齿轮油、汽油、柴油、制动液、冷却液； e)制冷剂、催化剂； f)沾染的油泥、油污。 4. 废汽车压件中应清除废汽车本身构成的轮胎、座椅、靠垫等非金属材料，这些组成部分的总质量不应超过废汽车压件总质量的 0.3％。 5. 废汽车压件中应严格限制下列夹杂物的混入，总质量不应超过废汽车压件总质量的 0.01％： a)密闭容器； b)《国家危险废物名录》中的废物； c)依据 GB 5085.1～GB 5085.6 鉴别标准进行鉴别，凡具有腐蚀性、毒性、易燃性、反应性等一种或一种以上危险特性的其他危险废物。 6. 除上述各条所列废物外，废汽车压件中应限制其他夹杂物(包括木废料、废纸、废橡胶、热固性塑料、生活垃圾等)的混入，总质量不应超过废汽车压件总质量的 0.5％
抽样	警示：现场开箱、掏箱等过程中应注意操作安全。遇有威胁到现场检验检疫人员的安全、健康的情形时，应采取必要的防护措施，必要时应立即停止检验检疫，并采取相应的隔离防护措施。 7. 集装箱装运的废汽车压件开箱检验数量应不少于检验批集装箱数量的 50％，掏箱检验不少于 10％，对集装箱箱号、封识号与装运前检验证书不符以及经非侵入式检测存在异常的集装箱实施掏箱检验，开箱检验和掏箱检验不足一箱的按一箱计算。 8. 散装海运和散装陆运的废汽车压件实施 100％落地检验。 9. 需要拆解检验时，集装箱装运的样品通常从掏箱货物中随机抽取，散装海运或陆运的样品从落地检验货物中随机抽取，抽样数量不少于表 3-51 所列数量。

表 3-51 拆解检验的抽样比例

废汽车压件批量/t	抽样数(以件计)
≤100	2
100～500	3
501～1000	5
1001～5000	7
5001～10000	10

10. 需送实验室分析时，应对可疑物进行抽样，抽样数量以满足实验室检测要求为准

要求	废汽车压件
货证及标志 一致性检查	检查集装箱箱号(或其他运载工具)、封识号或货物的品名、类别与装运前检验证书是否相符
卫生检疫	卫生检疫查验按 SN/T 1254 实施,卫生处理根据不同装运方式、不同处理目的分别按 SN/T 1253、SN/T 1270、SN/T 1281、SN/T 1286、SN/T 1302 和 SN/T 1331 实施
动植物检疫	检查货物中是否存在动植物病原体(包括菌种、毒种等)、害虫及其他有害生物。检查货物是否存在动植物疫情流行的国家和地区的有关动物、动植物产品和其他检疫物。 检查货物中是否存在动物尸体及土壤
集装箱装 运货物的检验	放射性检测 按 SN/T 0570 实施检验。 开箱查验 按 7. 规定的比例抽取开箱检验的集装箱,对货物实施感官检验。 检验过程中发现有不符合 1. 或 2. 情形时,应停止检验;发现有 5.b)或 5.c)的可疑物时,可按 10. 要求抽样送实验室,并按 GB 5085.1～GB 5085.6、GB/T 15555 进行检测和判断。 检验过程中发现有 3.～6. 所列夹杂物且暂不能确定是否超标时,可对相应集装箱实施掏箱检验,也可对全部集装箱实施掏箱检验。 掏箱检验 按 7. 规定的比例抽取掏箱检验的集装箱,应将集装箱内的货物掏出,并对货物实施感官检验。 检验过程中发现有不符合 1. 或 2. 情形时,应停止检验;发现有 5.b)或 5.c)的可疑物时,可按 10. 要求抽样送实验室,并按 GB 5085.1～GB 5085.6、GB/T 15555 进行检测和判断。 检验过程中发现有 3.～6. 所列夹杂物且暂不能确定是否超标时,应实施分拣检验。 分拣检验应按 9. 抽取样品并实施分拣。实施分拣前称出样品的质量,分拣后应分别称出严格限制夹杂物和其他夹杂物的质量,然后分别按下式计算夹杂物含量。 $$X = W_x / W_p \times 100\%$$ 式中　X——夹杂物的含量; 　　　W_x——样品中夹杂物的质量,kg; 　　　W_p——样品质量,kg。 分拣过程中发现有不符合 1. 或 2. 情形时,应停止检验。 分拣过程中,如已分拣出夹杂物比例已超过 3.～6. 规定的限值,可停止检验。随机抽样检验的结果作为整批货物检验结果
散装海运 货物的检验	放射性检测 按 SN/T 0570 实施检验。 开舱查验 对舱面的货物实施感官检验。 检验过程中发现有不符合 1. 或 2. 情形时,应停止检验;发现有 5.b)或 5.c)的可疑物时,可按 10. 要求抽样送实验室,并按 GB 5085.1～GB 5085.6、GB/T 15555 进行检测和判断。 检验过程中发现有 3.～6. 所列夹杂物且暂不能确定是否超标时,应在卸货过程或卸货后进行分拣检验。 落地检验 对卸至指定场地的货物实施感官检验。 检验过程中发现有不符合 1. 或 2. 情形时,应停止检验;发现有 5.b)或 5.c)的可疑物时,可按 10. 要求抽样送实验室,并按 GB 5085.1～GB 5085.6、GB/T 15555 进行检测和判断。 检验过程中发现有 3.～6. 所列夹杂物且暂不能确定是否超标时,应实施抽样分拣检验。 分拣过程中发现有不符合 1. 或 2. 情形时,应停止检验。 分拣过程中,如已分拣出夹杂物比例已超过 3.～6. 规定的限值,可停止检验。随机抽样检验的结果作为整批货物检验结果。 散装陆运货物的检验 散装陆运货物的检验参照散装海运货物的检验实施

要求	废汽车压件
结果判定	经检验检疫,未发现不符合检验和检疫要求的,判定为合格。 经检疫,发现不符合检疫要求的,判定为检疫不合格。 经检验,发现不符合检验要求的,判定为检验不合格
处置	对属于经检验检疫,未发现不符合检验和检疫要求的,判定为合格情况的,予以放行。 对属于经检疫,发现不符合检疫要求的,判定为检疫不合格情况的,应根据相关规定进行检疫处理,并向收货人出具相关单证。 对属于经检验,发现不符合检验要求的,判定为检验不合格情况的,应向收货人出具相关证单并责令退运。 实施重量鉴定的,依据收货人的申请出具检验证书

3.58 进口可用作原料的废纸或纸板检验检疫规程

《进口可用作原料的固体废物检验检疫规程 第13部分:废纸或纸板》(SN/T 1791.13—2018)规定了进口可用作原料的废纸或纸板的术语和定义、要求、抽样、检验检疫、结果判定和处置,见表3-52。

表 3-52　进口可用作原料的废纸或纸板检验检疫规程

要求	废纸或纸板
单证和标志要求	进口可用作原料的固体废物国外供货商注册登记证书、进口可用作原料的固体废物国内收货人注册登记证书、中华人民共和国限制进口类可用作原料的固体废物进口许可证和运往中国的废物原料装运前检验证书及其他相关单证应真实、一致。 集装箱箱号、封识号应与装运前检验证书等相关单证所列明的一致
卫生检疫要求	不应携带下列卫生检疫物: a)病原体; b)医学媒介生物; c)被病原微生物污染的物品
动植物检疫要求	不应携带下列动植物检疫物: a)动植物病原体(包括菌种、毒种等)、害虫及其他有害生物; b)动植物疫情流行的国家和地区的有关动植物、动植物产品和其他检疫物; c)动物尸体; d)土壤
检验要求	1. 废纸或纸板的放射性污染控制水平应符合 GB 16487.4 的要求。 2. 未混有废弃炸弹、炮弹等爆炸性武器弹药。 3. 废纸或纸板中应严格限制下列夹杂物的混入,总质量不应超过进口废纸或纸板质量的 0.01%: a)被焚烧或部分焚烧的废纸,被灭火剂污染的废纸; b)密闭容器; c)《国家危险废物名录》中的废物; d)依据 GB 5085.1~GB 5085.6 鉴别标准进行鉴别,凡具有腐蚀性、毒性、易燃性、反应性等一种或一种以上危险特性的其他危险废物。 4. 除上述各条所列废物外,废纸或纸板中应限制其他夹杂物(包括木废料、废金属、废玻璃、废塑料、废橡胶、废织物、废吸附剂、铝塑纸复合包装、热敏纸、沥青防潮纸、不干胶纸、墙/壁纸、涂蜡纸、浸蜡纸、浸油纸、硅油纸、复写纸等废物)的混入,总质量不应超过进口废纸或纸板质量的 0.5%

要求	废纸或纸板
抽样	警示：现场开箱、掏箱等过程中应注意操作安全。遇有威胁到现场检验检疫人员的安全、健康的情形时，应采取必要的防护措施，必要时应立即停止检验检疫，并采取相应的隔离防护措施。 5. 集装箱装运的废纸或纸板开箱检验数量应不少于检验批集装箱数量的 50%，掏箱检验不少于 10%，对集装箱箱号、封识号与装运前检验证书不符以及经非侵入式检测存在异常的集装箱实施掏箱检验，开箱检验和掏箱检验不足一箱的按一箱计算。每一掏箱检验集装箱内货物需随机选取 1 件（包、捆）或以上货物进行拆包检验。 6. 散装陆运和散装海运的废纸或纸板检验数量不少于检验批数量的 50%，落地检验不少于检验批数量的 10%。 7. 现场抽样时，集装箱装运的废纸或纸板样品按实施掏箱检验的每一集装箱内货物件（包、捆）数的 5% 以上随机抽取；散装海运的废纸或纸板样品按每一船舱内货物总件数的 2% 以上随机抽取，并不得少于 2 件（包、捆）；散装陆运的废纸或纸板样品按检验批货物总件数的 2% 以上随机抽取，并不得少于 2 件（包、捆）。 8. 需送实验室分析时，应对可疑物进行抽样，抽样数量以满足实验室检测要求为准
货证及标志一致性检查	检查集装箱箱号（或其他运载工具）、封识号或货物的品名、类别与装运前检验证书是否相符
卫生检疫	卫生检疫查验按 SN/T 1254 实施，卫生处理根据不同装运方式、不同处理目的分别按 SN/T 1253、SN/T 1270、SN/T 1281、SN/T 1286、SN/T 1302 和 SN/T 1331 实施
动植物检疫	检查货物中是否存在动植物病原体（包括菌种、毒种等）、害虫及其他有害生物。检查货物是否存在动植物疫情流行的国家和地区的有关动植物、动植物产品和其他检疫物。 检查货物中是否存在动物尸体及土壤
集装箱装运货物的检验	放射性检测 按 SN/T 0570 实施检验。 开箱查验 按 5. 规定的比例抽取开箱检验的集装箱，对货物实施感官检验。 检验过程中发现有不符合 1. 或 2. 情形时，应停止检验；发现有 3. c）或 3. d）的可疑物时，可按 8. 要求抽样送实验室，并按 GB 5085.1～GB 5085.6、GB/T 15555 进行检测和判断。 检验过程中发现有 3. 或 4. 所列夹杂物且暂不能确定是否超标时，可对相应集装箱实施掏箱检验，也可对全部集装箱实施掏箱检验。 掏箱检验 按 5. 规定抽取掏箱检验的集装箱，应将货物掏出并拆包，对货物实施感官检验。 检验过程中发现有不符合 1. 或 2. 情形时，应停止检验；发现有 3. c）或 3. d）的可疑物时，可按 8. 要求抽样送实验室，并按 GB 5085.1～GB 5085.6、GB/T 15555 进行检测和判断。 检验过程中发现有 3. 或 4. 所列夹杂物且暂不能确定是否超标时，应实施分拣检验。 分拣检验应对实施掏箱检验的货物按 7. 抽取样品并实施分拣。实施分拣前称出样品的质量，分拣后应分别称出严格限制夹杂物和其他夹杂物的质量，然后分别按下式计算夹杂物含量。 $$X = W_x / W_p \times 100\%$$ 式中　X——夹杂物的含量； 　　　W_x——样品中夹杂物的质量，kg； 　　　W_p——样品质量，kg。 分拣过程中发现有不符合 1. 或 2. 情形时，应停止检验。 分拣过程中，如已分拣出夹杂物比例已超过 3. 或 4. 规定的限值，可停止检验。 随机抽样检验的结果作为整批货物检验结果

要求	废纸或纸板
散装海运货物的检验	放射性检测 按 SN/T 0570 实施检验。 开舱查验 对舱面的货物实施感官检验。 检验过程中发现有不符合 1. 或 2. 情形时，应停止检验；发现有 3. c）或 3. d）的可疑物时，可按 8. 要求抽样送实验室，并按 GB 5085.1～GB 5085.6、GB/T 15555 进行检测和判断。 检验过程中发现有 3. 或 4. 所列夹杂物且暂不能确定是否超标时，应在卸货过程或卸货后进行分拣检验。 落地检验 对卸至指定场地的货物实施感官检验。 检验过程中发现有不符合 1. 或 2. 情形时，应停止检验；发现有 3. c）或 3. d）的可疑物时，可按 8. 要求抽样送实验室，并按 GB 5085.1～GB 5085.6、GB/T 15555 进行检测和判断。 检验过程中发现有 3. 或 4. 所列夹杂物且暂不能确定是否超标时，应实施抽样分拣检验。 分拣过程中发现有不符合 1. 或 2. 情形时，应停止检验。 分拣过程中，如已分拣出夹杂物比例已超过 3. 或 4. 规定的限值，可停止检验。随机抽样检验的结果作为整批货物检验结果。 散装陆运货物的检验 散装陆运货物的检验参照散装海运货物的检验实施
结果判定	经检验检疫，未发现不符合检验和检疫要求的，判定为合格。 经检疫，发现不符合检疫要求的，判定为检疫不合格。 经检验，发现不符合检验要求的，判定为检验不合格
处置	对属于经检验检疫，未发现不符合检验和检疫要求的，判定为合格情况的，予以放行。 对属于经检疫，发现不符合检疫要求的，判定为检疫不合格情况的，应根据相关规定进行检疫处理，并向收货人出具相关单证。 对属于经检验，发现不符合检验要求的，判定为检验不合格情况的，应向收货人出具相关证单并责令退运。 实施重量鉴定的，依据收货人的申请出具检验证书

第4章

固体废物鉴别技术

在对固体废物的鉴别过程中会使用到各类前处理手段与分析手段，包括放射性探测技术、样品前处理技术、表面形貌分析技术、物质结构与形态分析技术、机械性能分析技术、成分分析技术、热分析技术等。下面对涉及固废鉴别的常见技术进行介绍。

4.1 放射性探测技术

进行放射性探测的仪器叫作辐射检测仪，市场上有辐射报警仪，它是不带剂量显示的仪器，只能提示佩戴人员当前所在场地射线是不是超标，至于辐射剂量具体是多少，不好确定。辐射剂量检测仪不仅可以报警，还可以清晰显示当前所在场地的辐射剂量值。辐射检测仪主要元器件是盖革计数管，这是一种专门探测放射性（α 粒子、β 粒子、γ 射线和 X 射线）强度的记数仪器，由充气的管或小室作探头，当向探头施加的电压达到一定范围时，射线在管内每电离产生一对离子，就能放大产生一个相同大小的电脉冲并被相连的电子装置所记录，由此测量得单位时间内的射线数。

进口固体废物的放射性污染是以外照射贯穿辐射剂量率，α、β 表面污染水平三项指标作为检验指标，具体来说用到的设备是：①携带式 X、γ 辐射剂量率仪；②通道式 X 和 γ 辐射监测仪；③α、β 表面污染监测仪。

4.1.1 携带式 X、γ 辐射仪

这种仪器可由电池供电，质量轻，可携带测量，是口岸最常用的 X 和 γ 辐射测量仪器（见图 4-1）。该仪器包括一个或几个 X 和 γ 辐射探测器，一般测量能量范围为 50keV～3MeV，响应时间不超过 8s。通常设有报警功能，可以作为监测仪使用。测量辐射剂量率的准确度较高，其测量的剂量率值可以作为原始结果来判断被测物的放射性水平，比较适合放射性分布较为均匀商品的定量分析，也可以对已知放射性异常的集装箱进行寻源。该类仪器易于携带，使用方便，可用于固体废物放

图 4-1 携带式 X、γ 辐射仪

射性探测，但由于不够灵敏，无法适应大量废品（或入境集装箱）中大海捞针式的现场放射性监测。

4.1.2 通道式 X、γ 辐射仪

通道式 X、γ 辐射仪主要用来探测车辆、人员、行李和邮件的放射性，有时也称为门式或固定式放射性监测系统（见图 4-2）。通道式辐射仪检测时只需被测货物或人低于一定速度通过探测器即可，非常符合现代物流的要求，而且通道式仪器的探测元件面积大，定性能力强。但是由于其探测元件为固定式，无法贴近货物进行检测，再加上集装箱的屏蔽等因素，其检测结果的精确性相对较差，适合用于对入境集装箱的监控和初步筛选。和携带式相比，固定式 X、γ 辐射计量率仪一般采用塑料闪烁体作探测部件，可以做得比较大，所以探测灵敏度更高，对物流影响小，更适合用于初步筛选放射性异常的货物。探测能量范围一般应在 50keV～7MeV，至少应达到 80keV～1.5MeV，通常可设置报警预值以配合自动监测工作。

4.1.3 α、β 表面污染监测仪

对固体废物进行放射性探测时，α、β 表面污染监测仪（见图 4-3）用于测量现场的货物表面有无放射性物质以及强度。由于 α 射线的射程短，所以测量时必须紧挨被测物体表面，但同时又不能使探头碰到被测物体表面，以防止探头表面受到损坏和污染。β 射线的射程稍远，但监测仪和被测物体也不能太远，具体距离应和仪器刻度上的距离相等。该仪器为便携式设备，主要用于废物表面的 α、β 活度的测量或者用于物体表面是否有放射性污染的判定。

图 4-2 通道式 X 和 γ 辐射仪

图 4-3 α、β 表面污染监测仪

4.2 样品前处理技术

鉴定固体废物特别是对危险废物的成分分析时，在仪器进样前往往需要对样品进行提取、消解、净化等前处理，下面对常见前处理技术进行介绍。

4.2.1 索氏提取法

索氏提取法是从固体物质中提取目标化合物的一种方法，它利用溶剂回流和虹吸原理使固体物质每一次都能被纯溶剂所提取，所以萃取效率较高。进行索氏提取的装置称为索氏提取仪，可用成本低廉的玻璃器皿自己搭建组装（见图 4-4），也可以购买市场上的多通道商品化设备（见图 4-5），但基本结构一致。索氏提取装置主要是由提取瓶、提取管、冷凝器、加热浴四部分组成的，提取管两侧分别有虹吸管和连接管，各部分连接处要严密不能漏气。萃取前应先将固体物质研磨破碎，以增加液体浸溶的面积。然后将固体物质放在滤纸套内，放置于提取管中，试样粗细度要适宜。因为试样粉末过粗，目标物不易抽提干净，试样粉末过细，则有可能透过滤纸孔隙随回流溶剂流失，影响测定结果。提取瓶内加入提取溶剂，加热提取瓶，当溶剂加热沸腾后，蒸气通过导气管上升，被冷凝为液体滴入提取器中，浸提样品中的目标物质。当液面超过虹吸管最高处时，即发生虹吸现象，溶液回流入烧瓶，因此可萃取出溶于溶剂的部分物质。流入提取瓶内的溶剂继续被加热汽化、上升、冷凝，滴入提取管内，如此循环往复，直到抽提完全为止。索氏提取法利用这个过程使固体中的可溶物富集到烧瓶内，由于每次虹吸前，固体样品都能被纯的热溶剂所萃取，溶剂反复利用，因此该法

节省溶剂，而且提取效率较高，缺点是对于受热易分解的物质不宜用此法。

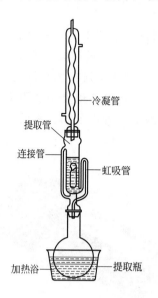

图 4-4　索氏提取装置的基本构造

冷凝管

提取管

连接管

虹吸管

加热浴

提取瓶

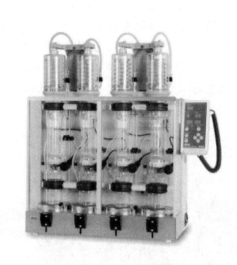

图 4-5　四通道的索氏提取仪

4.2.2　超声提取法

超声提取法是利用超声波辐射压强产生的空化作用、机械效应和热效应等效应，从固体物质中提取目标化合物的一种方法。超声波穿过介质时会形成膨胀和压缩过程，在液体中，膨胀过程形成负压。如果超声波能量足够强，膨胀过程会在液体中生成气泡或将液体撕裂成很小的空穴，这些空穴瞬间闭合，闭合时产生高达 3000MPa 的瞬间压力，称为空化作用，空化作用会加速目标成分进入溶剂，提高提取率。另外，超声波在介质中的传播能强化介质的扩散、传播，这就是超声波的机械效应。它还可以给予介质和悬浮体不同的加速度，且介质分子的运动速度远大于悬浮体分子的运动速度。从而在两者间产生摩擦，这种摩擦力可使生物分子解聚，使样品中的目标成分更快地溶解于溶剂之中。最后，超声波在介质的传播过程中，介质将所吸收的能量全部或大部分转变成热能，从而导致介质本身和样品温度的升高，增大了样品中成分的溶解速度，这就是超声波的热效应。这三种效应及其他一些次级效应的共同作用，使得超声波产生了巨大的提取能力。

超声提取装置由超声波电源、超声换能器和提取容器三部分组成（图 4-6)，它将超声换能器粘在槽的底部或槽的两侧，上部敞口。进行超声提取时，需要在提取容器中加入适量的水作为传导介质，并将样品粉碎以

图 4-6　超声提取仪

增加表面积，然后加入一定体积的溶剂，溶剂种类应该考虑其与目标物的相似相溶性。将容器放入提取容器的槽中，开启超声波提取仪，按照设定的条件超声一定时间后，停止超声，

冷却至室温倒出提取液。一般而言，为提高提取率需要将提取液倒出后加入新鲜溶剂重复提取 2～3 次。超声提取法优点就是价廉、安全性好、操作简单，缺点是一般需要手动更换新鲜溶剂重复提取。

4.2.3 微波萃取法

微波萃取法是指使用微波能加热与样品相接触的溶剂，在微波反应器中从塑料、矿物等基质中提取各种目标成分的方法。当用于分析聚合物、矿物等固体基质时，一方面微波所产生的电磁场可加速被提取组分的分子由固体内部向固液界面扩散的速率；另一方面在微波萃取中，吸收微波能力的差异可使基体物质的某些区域或提取体系中的某些组分被选择性加热，从而使被提取物质从基体或体系中分离，进入到具有较小介电常数、微波吸收能力相对较差的萃取溶剂中。

图 4-7　常压微波提取装置

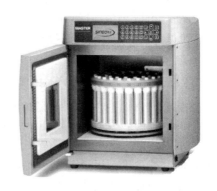
图 4-8　高压微波提取装置

微波提取法分为常压法与高压法。常压法是指在敞开容器中进行微波萃取的一种方法，设备包括微波炉、瓶架、蒸馏瓶、搅拌器、冷凝管等部件（图 4-7）；高压法是指在耐高压密闭容器中进行微波萃取的一种方法（图 4-8），主要包括密闭萃取罐（一般为聚四氟乙烯材料）、微波装置、控制开关等部件。为了使微波提取更有效，选择合适的有机溶剂至关重要，必须考虑以下几个方面：①溶剂应具有一定的极性，也可以是极性、非极性溶剂混合溶液；②溶剂对待分离成分应有较强的溶解能力，而对萃取成分的后续分析干扰较少；③萃取溶剂的沸点应高一些。微波提取法的突出优点在于溶剂用量少、提取效率高，而且可同时测定多个样品，但它的缺点也很明显，就是设备较为昂贵，加料与拆装相对麻烦一点。

4.2.4 加速溶剂提取法

加速溶剂提取法是指在较高的温度（50～200℃）和压力（1000～3000psi）下用有机溶剂对固体或半固体的目标成分进行提取的自动化方法。加速溶剂提取法的关键点就在于高温与高压，同时实现这两个条件使该方法相对其他提取方法在提取效率与时间上有了极大的改善：①提高溶剂温度提取能使溶剂溶解待测物的容量增加数十倍甚至数百倍。因为提高温度能极大地减弱由范德华力、氢键、溶质分子和样品基体活性位置的偶极吸引力所引起的溶质与基体之间的强相互作用力。升温还能减小溶剂进入样品基体的阻滞，增加溶剂进入样品基体的扩散，溶剂能更好地浸润样品基体，有利于被萃取物与溶剂的接触。②提高压力提取可以使提取溶剂沸点高于其在常压下的沸点。由于液体对溶质的溶解能力远大于气体对溶质的溶解能力，因此通过增加压力可使高温下的溶剂仍保持在液态，从而大大提高溶剂的提取能力。

图4-9　加速溶剂提取仪

加速溶剂提取仪（图4-9）是用来进行加速溶剂提取的设备，基本结构包括：溶剂瓶、泵、气路、收集瓶、加温炉、不锈钢萃取池等。以某品牌的加速溶剂提取仪为例，一般工作程序如下：将样品手动装入萃取池并放到圆盘式传送装置上，以下步骤将完全自动先后进行；圆盘传送装置将萃取池送入加热炉腔并与相对编号的收集瓶连接，泵将溶剂输送到萃取池（20～60s），萃取池在加热炉被加温和加压（5～8min），在设定的温度和压力下静态萃取5min，多步小量向萃取池加入清洗溶剂（20～60s），萃取液自动经过滤膜进入收集瓶，用氮气吹洗萃取池和管道（60～100s），萃取液全部进入收集瓶待分析。全过程仅需13～17min。溶剂瓶由4个组成，每个瓶可装入不同的溶剂，可选用不同溶剂先后萃取相同的样品，也可用同一溶剂萃取不同的样品。加速溶剂提取有几个需要注意的地方：①样品一般需要用硅藻土混合，提高与溶剂接触面，同时减少溶剂用量；②溶剂瓶必须带有防爆设计，因为内部压力较大；③乙醚等溶剂不可使用，防爆；④加热温度适当，以防溶解基质进入管道引起堵塞。加速溶剂提取法有以下突出优点：有机溶剂用量少、提取速度快、提取效率极高、选择性好，自动化程度也很高。但是缺点就是设备的价格比较昂贵。

4.2.5　液-液萃取法

液-液萃取法是用溶剂分离和提取液体混合物中组分的方法，也是一种净化方法。

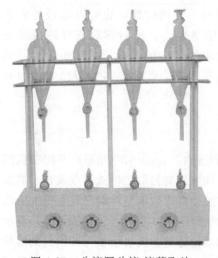

图4-10　分液漏斗液-液萃取法

在液体混合物中加入与其不相混溶（或稍相混溶）的选定溶剂，利用其组分在溶剂中的不同溶解度而达到分离或提取目的。可通过选择两种不相溶的液体控制萃取过程的选择性和分离效率，在大部分情况下，一种液相是水溶剂，另一种液相是有机溶剂。有机物质在有机溶剂中的溶解度一般比在水相中的溶解度大，所以可以将它们从水溶液中萃取出来。对于液-液萃取法来说，使用一次萃取是往往不可能将全部物质从水相中移入有机相中，一般都需要多次提取。

常规的液-液萃取法（图4-10）一般是以分液漏斗为基本器皿进行操作的，基本步骤如下：①萃取。选比溶液总体积大1倍的梨形分液漏斗，向其中加入被萃取溶液和萃取剂，并进行震荡、放气。②静置分层。在振摇萃取之后，需将溶液静置，使两相分为清晰的两层。若产生乳化现象影响分层，可通过延长静置时间、加入电解质等方案消除乳化。③分离洗涤。分层后，经旋塞放出下层液体，从上口倒出上层液体，分开两相时不应使被测组分损失。一般需要重复进行萃取或洗涤萃取液。分液漏斗液-液萃取法是最简单、最经典的液体提取方法，操作方便，设备简单而低廉，提取效率较高。

4.2.6 微波消解法

微波消解法是指利用微波加热封闭容器中的消解液（一般是酸液）和试样，从而在高温增压条件下使各种样品快速溶解的湿法消化。与前面介绍的前处理方法一般用于提取有机物不同，微波消解法的目的是希望酸能分解样品基体，与目标金属离子形成可溶盐，这样便可测定样品中含有的目标物金属的总含量。由于微波可以直接穿入试样的内部，在试样的不同深度，微波所到之处同时产生热效应，因此这种方式不仅使加热更迅速，而且更均匀，大大缩短了加热时间。而传统电炉加热是通过热辐射、对流与热传导传送能量，热是由外向内通过器壁传给试样，通过热传导的方式加热试样。因此，微波消解法的速度要比常规加热消解法快很多。目前，微波消解技术已广泛地应用于分析检测中样品处理。

进行微波消解的设备称为微波消解仪（图4-11），兼具微波加热与高压密闭容器内反应的设计决定了其完全、快速、低空白的优点，但不可避免地带来了高压现象。为了提高安全性，微波消解仪需要有以下特性：①可监控温度、压力甚至可控制温度、压力；②消解密封罐必须能耐一定高压，并且有可泄压设计，一旦压力超过上限可以自动泄压防爆；③消解罐需带护套设计，这是为了进一步提高耐压与安全性。此外，操作时必须知道以下注意事项才能安全规范地完成消解过程：①系统

图4-11 微波消解仪

内不可使用高氯酸盐、炸药、醚等物质；②样品为未知物时，称样量不可大于0.5g，且不同罐的称样量尽量一致；③同一批消解过程，不可使用不同的溶剂体系；④消解结束后的放气、泄压必须缓慢。微波消解法是一种快速、高效的消解手段，甚至可以消解常规化学方法较难消解的物质，但同时其密闭、高压特点也限制了其称样量不能太高，以防消解反应剧烈，不适合测定目标物含量极低样品的前处理，而且设备较为昂贵。

4.2.7 固相萃取法

上面介绍了通过提取、消解、萃取等手段将化学物质从样品基质中分离，并形成溶液的方法。一般这些溶液进样前，特别是有机化合物的测定往往需要对溶液进行固相萃取处理。不同于前面介绍的超声提取、微波消解等前处理方法，固相萃取法是主要是以分离、净化、

富集为目的的，能降低样品基质干扰，提高检测灵敏度。固相萃取法是利用选择性吸附与选择性洗脱的液相色谱法分离原理，是一种包括液相和固相的物理萃取过程。较常用的方式是使样品溶液通过吸附剂，保留其中被测目标物质，再选用适当强度溶剂冲去杂质，然后用少量溶剂迅速洗脱被测物质，从而达到快速分离净化与浓缩的目的。也可选择性吸附干扰杂质，而让被测物质流出，或同时吸附杂质和被测物质，再使用合适的溶剂选择性洗脱被测物质。

进行固相萃取前处理的装置称为固相萃取装置，包括手动固相萃取装置（图 4-12）与全自动固相萃取装置（图 4-13）。对于固相萃取的操作过程，针对填料保留机理的不同操作稍有不同。一种方式是基于填料保留目标化合物：①活化——去小柱杂质并创造溶剂环境；②上样——将样品用一定的溶剂溶解，转移入柱并使组分保留在柱上；③淋洗——最大程度除去干扰物；④洗脱——用小体积的溶剂将被测物质洗脱下来并收集。另一种方式是基于填料保留杂质：①活化——除去柱子杂质并创造溶剂环境；②上样——将样品转移入柱，此时大部分目标化合物会随样品基液流出，杂质被保留在柱上，故此步骤要开始收集；③洗脱——用小体积的溶剂将组分淋洗下来并收集，合并收集液。固相萃取法可同时完成样品富集与净化，能提高检测灵敏度，而且比液-液萃取更快、更省溶剂，高通量设备还可实现自动化批量处理。该法的不足就是固相萃取小柱成本较高。

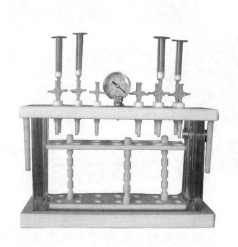

图 4-12　手动固相萃取装置

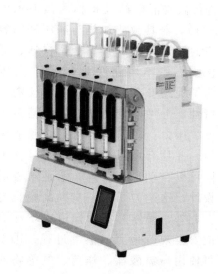

图 4-13　全自动固相萃取装置

4.3　表面形貌分析

表面所具有的微观几何形状统称为表面形貌，一种材料表面的微观几何形貌特性在很大程度上影响着它的许多技术性能和使用功能，观察材料表面形貌为研究样品形态结构提供了便利，有助于监控产品质量、改善工艺，在固废鉴定中有着重要的应用。表面形貌分析主要是以光学显微镜、扫描电子显微镜、透视电子显微镜、X 射线衍射仪（XRD）等分析手段来实现。

4.3.1　光学显微镜

　　光学显微镜是利用凸透镜的放大成像原理，将人眼不能分辨的微小物体放大到人眼能分辨的尺寸，以供人们提取微细结构信息的光学仪器。光学显微镜的放大效能（分辨率）是由所用光波长短和物镜数值口径决定，缩短使用的光波波长或增加数值口径可以提高分辨率。可见光的光波幅度比较窄，紫外光波长短，可以提高分辨率，但不能用肉眼直接观察。所以，利用减小光波长来提高光学显微镜分辨率是有限的，提高数值口径是提高分辨率的理想措施。显微镜总的放大倍数是目镜和物镜放大倍数的乘积，而物镜的放大倍数越高，分辨率越高。光学显微镜有多种分类方法：按使用目镜的数目可分为三目、双目和单目显微镜；按图像是否有立体感可分为立体视觉和非立体视觉显微镜；按观察对象可分为生物和金相显微镜等；按光学原理可分为偏光、相衬和微分干涉对比显微镜等；按光源类型可分为普通光、荧光、红外光和激光显微镜等。

　　光学显微镜（图 4-14）对样本的放大主要由物镜完成，物镜放大倍数越大，它的焦距越短。焦距越小，物镜的透镜和玻片间距离（工作距离）也越小。目镜只起放大作用，不能提高分辨率，标准目镜的放大倍数是十倍。聚光镜能使光线照射标本后进入物镜，形成一个大角度的锥形光柱，因而对提高物镜分辨率是很重要的。聚光镜可以上下移动，以调节光的明暗，可变光阑可以调节入射光束的大小。显微镜用光源，自然光和灯光都可以，以灯光较好，因光色和强度都容易控制。一般的显微镜可用普通的灯光，质量高的显微镜要用显微镜灯才能充分发挥其性能。光学显微镜由光学放大系统和机械装置两部分组成，光学系统包括目镜、物镜、聚光器、光源等，机械系统一般包括镜筒、物镜转换器、镜台、镜臂和底座等。光学显微镜操作方便、直观、检定效率高，它的最佳分辨率是 $0.2\mu m$，因为采用可见光作为光源，

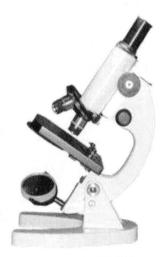

图 4-14　光学显微镜

光学显微镜对于色彩的识别非常敏感和准确，不仅能对样品金属、合金、非金属制品表层组织进行观察与尺寸测量，而且在表层以下的一定范围内的组织同样也可被观察到。

4.3.2　电子显微镜

　　电子显微镜，简称电镜，经过 50 多年的发展已成为现代科学技术中不可缺少的重要工具。电子显微镜由镜筒、真空装置和电源柜三部分组成：镜筒主要有电子源、电子透镜、样品架、荧光屏和探测器等部件；真空装置用以保障显微镜内的真空状态，由机械真空泵、扩散泵和真空阀门等构成；电源柜由高压发生器、励磁电流稳流器和各种调节控制单元组成。电子显微镜可分为透射式电子显微镜、扫描式电子显微镜：透射式电子显微镜常用于观察那些用普通显微镜所不能分辨的细微物质结构；扫描式电子显微镜主要用于观察固体表面的形貌，也能与 X 射线衍射仪或电子能谱仪相结合，构成电子微探针，用于物质成分分析。

4.3.2.1 透射电子显微镜

透射电子显微镜（图 4-15）因电子束穿透样品后再用电子透镜成像放大而得名。它的光路与光学显微镜相仿，可以直接获得一个样本的投影。通过改变物镜的透镜系统人们可以直接放大物镜的焦点的像，由此人们可以获得电子衍射像，使用这个像可以分析样本的晶体结构。在这种电子显微镜中，图像细节的对比度是由样品的原子对电子束的散射形成的。由于电子需要穿过样本，因此样本必须非常薄。组成样本的原子的原子量、加速电子的电压和所希望获得的分辨率决定样本的厚度，样本的厚度可以从数纳米到数微米不等。原子量越高、电压越低，样本就必须越薄。样品较薄或密度较低的部分，电子束散射较少，这样就有较多的电子通过物镜光栏，参与成像，在图像中显得较亮。反之，样品中较厚或较密的部分，在图像中则显得较暗。透射电镜的分辨率为 0.1～0.2nm，放大倍数为几万到几十万倍，也就是说透射电子显微镜在光学显微镜的基础上放大了 1000 倍。由于电子易散射或被物体吸收，故穿透力低，必须制备更薄的超薄切片（通常为 50～100nm）。透射式电子显微镜镜筒的顶部是电子枪，电子由钨丝热阴极发射出，通过第一、第二两个聚光镜使电子束聚焦。电子束通过样品后由物镜成像于中间镜上，再通过中间镜和投影镜逐级放大，成像于荧光屏或照相干版上。中间镜主要通过对励磁电流的调节，放大倍数可从几十倍连续地变化到几十万倍。改变中间镜的焦距，即可在同一样品的微小部位上得到电子显微像和电子衍射图像。

图 4-15　透射电子显微镜

图 4-16　扫描电子显微镜

4.3.2.2 扫描电子显微镜

扫描电子显微镜（图 4-16）是 1965 年发明的研究工具，主要是利用二次电子信号成像来观察样品的表面形态。扫描电镜是介于透射电镜和光学显微镜之间的一种微观形貌观察手段，可直接利用样品表面材料的物质性能进行微观成像。与透射电子显微镜不同，扫描电子显微镜的电子束不穿过样品，仅以电子束尽量聚焦在样本的一小块地方，然后一行一行地扫描样本。入射的电子导致样本表面被激发出次级电子，显微镜观察的是这些每个点散射出来的电子，放在样品旁的闪烁晶体接收这些次级电子，通过放大后调制显像管的电子束强度，从而改变显像管荧光屏上的亮度，图像为立体形象，反映了标本的表面结构。由于这样的显微镜中电子不必透射样本，因此不需要很薄的样品，而且电子加速的电压不必非常高。扫描式电子显微镜的分辨率主要决定于样品表面上电子束的直径，放大倍数是显像管上扫描幅度与样品上扫描幅度之比，可从几十倍连续地变化到几十万倍。扫描电子显微镜可分析材料的几何形貌、颗粒度及颗粒度的分布、物相的结构等。扫描电子显微镜具有高分辨率与较高的放大倍数，而且成像富有立体感，是目前常见的用于表面形貌观察的分析技术。

4.3.3　X射线衍射分析（XRD）

X射线衍射仪技术是通过对材料进行X射线衍射，分析其衍射图谱，获得材料的成分、材料内部原子或分子的结构或形态等信息的研究手段。由于X射线的波长和晶体内部原子面之间的间距相近，晶体可以作为X射线的空间衍射光栅，即一束X射线照射到物体上时，受到物体中原子的散射，每个原子都产生散射波，这些波互相干涉，结果就产生衍射。衍射波叠加的结果使射线的强度在某些方向上加强，在其他方向上减弱，分析衍射结果，便可获得晶体结构。布拉格方程 $2d\sin\theta = n\lambda$ 是晶体衍射基础的著名公式。式中，λ 是X射线的波长；θ 是衍射角；d 是结晶面间隔；n 是整数。波长 λ 可用已知的X射线衍射角测

图4-17　X射线衍射仪

定，进而求得面间隔，即结晶内原子或离子的规则排列状态。将求出的衍射X射线强度和面间隔与已知的表对照，即可确定试样结晶的物质结构，此即定性分析，从衍射X射线强度的比较，可进行定量分析。

X射线衍射仪（图4-17）是用于X射线衍射分析的仪器，但其基本构造主要部件包括4部分：①高稳定度X射线源；②样品及样品位置取向的调整机构系统；③射线检测器；④衍射图的处理分析系统。X射线衍射技术已经成为最基本、最重要的一种结构测试手段，其主要应用主要有以下几个方面：①物相分析，它是X射线衍射在金属中用得最多的方面，分定性分析和定量分析；②结晶度的测定，结晶度定义为结晶部分质量与总的试样质量之比的百分数；③精密测定点阵参数，它常用于相图的固态溶解度曲线的测定。X射线衍射分析方法具有不损伤样品、无污染、快捷、测量精度高、能得到有关晶体完整性的大量信息等优点。因此，它作为材料结构和成分分析的一种现代科学方法，已逐步在各学科研究和生产中广泛应用。

4.4　物质结构与形态分析

物质结构与形态分析是对产品的成分结构进行分析，确认产品种类、区分外观相似材料的方法，在固废鉴别中对辨别聚合物种类、确认分子结构具有重要应用。物质结构与形态分析一般有以下几种方法。

4.4.1　红外光谱

红外光谱分析法是指利用红外光谱对物质分子进行的分析和鉴定，它是将一束不同波长的红外射线照射到物质的分子上，某些特定波长的红外射线被吸收，从而形成这

一分子的红外吸收光谱。红外光谱分析法是以分子能选择性地吸收某些波长的红外光而引起分子中振动能级和转动能级的跃迁为原理的，因为每种分子都有由其组成和结构决定的独有的红外吸收光谱，不同的化学键或官能团吸收频率不同，每个有机物分子只吸收与其分子振动、转动频率相一致的红外光谱，据此可以对分子进行结构分析和鉴定。通常将红外光谱分为三个区域：近红外区（$0.75 \sim 2.5 \mu m$）、中红外区（$2.5 \sim 25 \mu m$）和远红外区（$25 \sim 300 \mu m$）。由于绝大多数有机物和无机物的基频吸收带都出现在中红外区，因此中红外光谱仪红外区是研究和应用最多的区域，积累的资料也最多，仪器技术最为成熟。通常所说的红外光谱即指中红外光谱。红外光谱的解析能够提供许多关于官能团的信息，可以帮助确定部分乃至全部分子类型及结构，其定性分析特征性高、分析时间短，红外吸收峰的位置与强度反

图 4-18　红外光谱仪

映了分子结构上的特点，可以用来鉴别未知物的结构组成或确定其化学基团。红外光谱定量分析法的依据是朗伯-比尔定律，红外光谱用于定量时法要求所选择的定量分析峰应有足够的强度，即摩尔吸光系数大的峰，且不与其他峰相重叠。

红外光谱仪（图 4-18）是利用物质对不同波长红外辐射的吸收特性，进行分子结构和化学组成分析的仪器。红外光谱仪的种类有：①棱镜和光栅光谱仪。属于色散型，它的单色器为棱镜或光栅，属单通道测量，即每次只测量一个窄波段的光谱元。②傅里叶变换红外光谱仪。傅里叶变换红外光谱仪被称为第三代红外光谱仪，它是非色散型的，其核心部分是一台双光束干涉仪。其中，傅里叶变换红外光谱是目前最广泛使用的。当仪器中的动镜移动时，经过干涉仪的两束相干光间的光程差就改变，探测器所测得的光强也随之变化，从而得到干涉图。

红外光谱分析法对样品的适用性相当广泛，固态、液态或气态样品都能应用，无机、有机、高分子化合物都可检测。此外，红外光谱还具有测试迅速、操作方便、重复性好、灵敏度高、试样用量少、仪器结构简单等特点，因此，它已成为现代结构化学和分析化学最常用和不可缺少的工具。此外，用傅里叶变换红外光谱加一个显微镜就可进行显微红外光谱分析，可将检测限降低至 10ng，极少量的样品就能获得很好的红外光谱图，而且对于固体不均匀混合物，可直接测定各个固体微米区域组分的红外光谱图。显微红外光谱分析是矿物岩石物相分析的有力工具。

4.4.2　拉曼光谱

拉曼光谱是一种散射光谱，是指对与入射光频率不同的散射光谱进行分析以得到分子振动、转动方面的信息，并应用于分子结构研究的一种分析方法。拉曼光谱分析法是基于拉曼效应，即光照射到物质上发生弹性散射和非弹性散射，弹性散射的散射光是与激发光波长相同的成分，非弹性散射的散射光有比激发光波长长的和短的成分，统称为拉曼效应。当用波长比试样粒径小得多的单色光照射气体、液体或透明试样时，大部分的光会按原来的方向透

射，而一小部分则按不同的角度散射开来，产生散射光。在垂直方向观察时，除了与原入射光有相同频率的瑞利散射外，还有一系列对称分布着的若干条很弱的与入射光频率发生位移的拉曼谱线。由于拉曼谱线的数目、位移的大小、谱线的长度直接与试样分子振动或转动能级有关，因此，与红外吸收光谱类似，对拉曼光谱的研究，也可以得到有关分子振动或转动的信息。

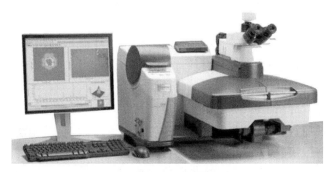

图 4-19   拉曼光谱仪

拉曼光谱仪（图 4-19）是进行拉曼光谱分析的设备，一般由以下五个部分构成：①光源。它的功能是提供单色性好、功率大并且最好能多波长工作的入射光。②外光路。外光路部分包括聚光、集光、样品架、滤光和偏振等部件。③色散系统。色散系统使拉曼散射光按波长在空间分开，通常使用单色仪。④接收系统。拉曼散射信号的接收类型分单通道和多通道两种。⑤信息处理系统。为了提取拉曼散射信息，常用的电子学处理方法是直流放大、选频和光子计数，然后用记录仪或计算机接口软件画出图谱。

拉曼光谱法在有机化学、高聚物、生物学、表面和薄膜方面均有分析应用。①有机化学：拉曼光谱在有机化学方面主要是用作结构鉴定的手段，拉曼位移的大小、强度及拉曼峰形状是鉴定化学键、官能团的重要依据；②高聚物：拉曼光谱可以提供关于碳链或环的结构信息；③生物：拉曼光谱是研究生物大分子的有力手段，拉曼光谱可以在接近自然状态、活性状态下来研究生物大分子的结构及其变化。拉曼光谱分析方法不需要对样品进行前处理，也没有样品的制备过程，避免了一些误差的产生，并且在分析过程中具有操作简便、测定时间短、灵敏度高等优点。但同时也存在一些不足：①不同振动峰重叠和拉曼散射强度容易受光学系统参数等因素的影响；②荧光现象对傅里叶变换拉曼光谱分析的干扰；③在进行傅里叶变换光谱分析时，常出现曲线的非线性问题等。

4.4.3　核磁共振波谱

核磁共振波谱法是研究原子核对射频辐射的吸收，它是对各种有机和无机物的成分、结构进行定性分析的最强有力的工具之一，有时亦可进行定量分析。它不破坏样品，是一种无损检测技术。核磁共振波谱法是以核磁共振现象为基础开展的。核磁共振主要是由原子核的自旋运动引起的，不同的原子核，自旋运动的情况不同，它们可以用核的自旋量子数 I 来表示。迄今为止，只有自旋量子数等于 1/2 的原子核，其核磁共振信号才能够被人们利用，经常为人们所利用的原子核有：^1H、^{11}B、^{13}C、^{17}O、^{19}F、^{31}P。由于原子核携带电荷，当原子核自旋时，会产生一个磁矩，这一磁矩的方向与原子核的自旋方向相同，大小与原子核的自旋角动量成正比。将原子核置于外加磁场中，若原子核磁矩与外加磁场方向不同，则原子核磁矩会绕外磁场方向旋转，这一现象类似陀螺在旋转过程中转动轴的摆动，称为进动，进动具有能量也具有一定的频率。当原子核在外加磁场中接受其他来源的能量输入后，就会发生能级跃迁，也就是原子核磁矩与外加磁场的夹角会发生变化。根据选择定则，能级的跃迁只能发生在 $\Delta m = \pm 1$ 之间，即在相邻的两个能级间跃迁，这种能级跃迁是获取核磁共振信号的基础。因此，某种特定的原子核，在给定的外加磁场中，当辐射的能量恰好等于自旋核两种不同取向的能量差时，处于低能态的自旋核吸收电磁辐射能跃迁到高能态，这种现象称为核磁共振。

核磁共振波谱仪（图 4-20）是进行核磁共振波谱分析的设备，核磁共振谱仪有两大类：高分辨核磁共振谱仪和宽谱线核磁共振谱仪。前者只能测液体样品，主要用于有机分析；后者可直接测量固体样品，在物理学领域用得较多。按谱仪的工作方式可分为连续波核磁共振谱仪（普通谱仪）和傅里叶变换核磁共振谱仪。其中，连续波核磁共振仪主要由磁铁、射频发射器、检测器和放大器、记录仪等组成，频率最高可达 $500\sim600\text{MHz}$，频率大的仪器，分辨率好、灵敏度高、图谱简单易于分析。磁铁上备有扫描线圈，用它来保证磁铁产生的磁场均

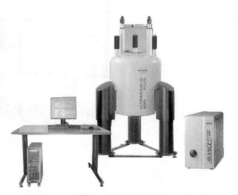

图 4-20　核磁共振波谱仪

匀，并能在一个较窄的范围内连续精确变化。特别需要指出的是，核磁共振技术在有机合成中，不仅可对反应物或产物进行结构解析和构型确定，在研究合成反应中的电荷分布及其定位效应、探讨反应机理等方面也有着广泛应用。核磁共振波谱能够精细地表征出各个氢核或碳核的电荷分布状况，通过研究配合物中金属离子与配体的相互作用，从微观层次上阐明配合物的性质与结构的关系，对有机合成反应机理的研究主要是通过对其产物结构的研究和动力学数据的推测来实现的。核磁共振是有机化合物结构鉴定的一个重要手段，一般根据化学位移鉴定基团；由耦合分裂峰数、偶合常数确定基团联结关系；根据各 H 峰积分面积定出各基团质子比。核磁共振还用于研究聚合反应机理和高聚物序列结构。当前，H 谱、C 谱是应用量广泛的核磁共振谱（见质子磁共振谱），较常用的还有 F、P、N 等核磁共振谱。

4.4.4　质谱分析

质谱分析法是一种与光谱并列的谱学方法，是一种测量离子质荷比（质量-电荷之比）的分析方法，即可通过电场和磁场将运动的离子（带电荷的原子、分子或分子碎片，有分子离子，同位素离子，碎片离子，重排离子，多电荷离子，亚稳离子等）按它们的质荷比分离后进行检测，测出离子准确质量即可确定离子的化合物组成。分析一个化合物产生的离子可为获得化合物的分子量、化学结构、裂解规律以及由单分子分解形成的某些离子间存在的某种相互关系等提供重要信息。在众多的分析测试方法中，质谱学方法被认为是一种同时具备高特异性和高灵敏度且得到了广泛应用的普适性方法。质谱法的基本原理如下：首先使试样中各组分在离子源中发生电离，生成不同荷质比的带电荷离子，经加速电场的作用，形成离子束，进入质量分析器。在质量分析器中，利用电场和磁场使其发生相反的速度色散——离子束中速度较慢的离子通过电场后偏转大，速度快的偏转小；在磁场中离子发生角速度矢量

相反的偏转，即速度慢的离子依然偏转大，速度快的偏转小。当两个场的偏转作用彼此补偿时，它们的轨道便相交于一点。与此同时，在磁场中还能发生质量的分离，这样就使具有同一质荷比而速度不同的离子聚焦在同一点上，不同质荷比的离子聚焦在不同的点上，将它们分别聚焦而得到质谱图，从而确定其质量。

质谱仪（图 4-21）一般由高真空系统、样品导入系统、离子源、质量分析器、检测器、数据处理系统等部分组成。样品导入系统可分为直接进样系统与色谱联用进样系统，后者是将多组分分离成单一组分，再通过"接口"进样。离子源、质量分析器和离子检测器是质谱仪的核心。离子源是使试样分子在高真空条件下离子化的装置，电离后的分子因接受了过多的能量会进一步碎裂成较小质量的多种碎片离子和中性粒子，常见离子源有高频离子源、电轰击电离（EI）、化学电离（CI）、大气压化学电离（APCI）、二次离子质谱（FAB/LSIMS）、等离子解析质谱（PDMS）、激光解吸/电离（MALDI）、电喷雾电离（ESI）。它们在加速电场作用下获取具有相同能量的平均动能而进入质量分

图 4-21　质谱仪

析器，质量分析器是将同时进入其中的不同质量的离子，按质荷比大小分离的装置，常见质量分析器有磁分析器、飞行时间分析器、四极滤质器、离子阱和离子迦旋共振分析器。分离后的离子依次进入离子检测器，采集放大离子信号，经计算机处理，绘制成质谱图。质谱仪按应用范围分为同位素质谱仪、无机质谱仪和有机质谱仪。近年来，面对越来越纷繁复杂的基质，为了进一步提高质谱检测灵敏度及抗干扰能力，串接质量分离器质谱的使用已经越来越广，如三重四级杆质谱、四极杆-飞行时间质谱等。

质谱法特别是它与色谱仪联用的方法，已广泛应用在有机化学、生化、药物代谢、临床、毒物学、农药测定、环境保护、石油化学、地球化学、食品化学、植物化学、宇宙化学和国防化学等领域。在无机化学和核化学方面，许多挥发性低的物质可采用高频火花源由质谱法测定，此法对合金、矿物、原子能和半导体等工艺中高纯物质的分析尤其有价值，有可能检测出含量为亿分之一的杂质。另外，利用存在寿命较长的放射性同位素的衰变来确定物体存在的时间，在考古学和地理学上极有意义。

4.5　力学性能分析

力学性能是指材料在不同环境（温度、介质、湿度）下，承受各种外加载荷（拉伸、压缩、弯曲、扭转、冲击、交变应力等）时所表现出的力学特征。力学性能测试可以应用到生产的任何阶段，从测试原材料质量直到检查制成品的耐用性，分为静力试验和动力试验两大类。静力试验包括拉伸试验、压缩试验、弯曲试验、剪切试验、扭转试验、硬度试验、蠕变试验、高温持久强度试验、应力松弛试验、断裂韧性试验（见断裂力学分析）等。动力试验包括冲击试验、疲劳试验（见疲劳强度）等。材料力学性能的测定与机械产品的设计计算、材料选择、工艺评价和材质的检验等有密切的关系。测出的力学性能数据不仅取决于材料本

身，还与试验的条件有关。金属材料力学性能的好坏，决定了它的使用范围与使用寿命，金属材料的力学性能是零件设计和选材时的主要依据，金属常用的力学性能包括弹性、塑性、硬度、冲击韧性、疲劳强度和断裂韧性等。塑料应用领域非常广泛，不同的应用领域所需要的性能也不完全一样，常见塑料力学性能包括拉伸性能、压缩性能、冲击性能、硬度试验等。对于橡胶而言，门尼黏度是其比较重要的力学性能之一。

力学性能试验在各种特定的试验机上进行，试验机按传动方式分机械式和油压式两类，可手动操作或自动操纵。有的试验机还带有计算机装置，按编好的程序自动进行试验操作和控制，并可用图像和数字显示出结果，提高试验的精度，使用方便。

4.5.1　万能材料试验机

万能试验机（图 4-22）是对各种材料进行仪器设备静载、拉伸、压缩、弯曲、剪切、撕裂、剥离等力学性能试验用的机械加力的试验机，适用于塑料板材、管材、异型材、塑料薄膜及橡胶、电线电缆、钢材、玻纤维等材料的各种物理机械性能测试，为材料开发、物性试验、教学研究、质量控制等不可缺少的检测设备。不同的材料需要不同的夹具，拉力机夹具作为仪器的重要组成部分，也是试验能否顺利进行及试验结果准确度高低的一个重要因素。万能拉力机主要适用于金属及非金属材料的测试，如橡胶、塑料、电线电缆、光纤光缆、安全带、保险带、皮革皮带复合材料、塑料型材、防水卷材、钢管、铜材、型材、弹簧钢、轴承钢、不锈钢（以及其他高硬度钢）、铸件、钢板、钢带、有色金属、金属线材的拉伸、压缩、弯曲、剪切、剥离、撕裂、两点延伸（配引伸计）等多种试验。

4.5.2　硬度计

硬度表示材料抵抗硬物体压入其表面的能力，一般硬度越高，耐磨性越好，常用硬度计的种类有里氏硬度计（图 4-23）、洛氏硬度计、维氏硬度计、布氏硬度计、布洛维硬度计、邵氏硬度计、铅笔硬度计。①里氏硬度计，这是一种能将各种硬度值进行换算的较小型的硬度计，主要用于金属材料硬度的测试；②洛氏硬度计，用于各种钢材（含合金钢、不锈钢）硬度的测试；③维氏硬度计，用于测黑色金属、有色金属、硬质合金（如铝合金）及表面渗碳、渗氮层的硬度；④布氏硬度计，测未经淬火的钢材、铸铁、有色金属及质软的轴承合金材料的硬度；⑤邵氏硬度计，有 HA 和 HD 两种，前者测较软橡胶类硬度参数，后者测较硬的橡胶或塑料硬度参数。

图 4-22　万能试验机

图 4-23　里氏硬度计

4.5.3 门尼黏度计

门尼黏度可反映橡胶加工性能的好坏、分子量高低与分布范围宽窄，它广泛用来作为控制橡胶胶料工艺性能的一项指标。橡胶的门尼黏度高说明胶料物理强度较高，不易混炼均匀及挤出加工，其分子量高、分布范围宽；门尼黏度低说明胶料易粘辊，其分子量低、分布范围窄；门尼黏度过低则说明硫化后制品抗拉强度低。门尼黏度计（图 4-24）是用来测定生胶或混炼胶的门尼黏度的仪器，高精度传感器、控制系统、旋转系统、控温系统、数据传输方式、显示方式、转子、测控方式等均是门尼黏度计的主要技术指标。门尼黏度计可测定三种数据，一是门尼黏度的测定，二是应力松弛特性的测定，三是焦烧时间的测定。门尼黏度计是一个标准的转子，以恒定的转速（一般 2r/min）在密闭室的试样中转动。转子转动所受到的剪切阻力大小与试样在硫化过程中的黏度变化有关，可通过测力装置显示在以门尼为单位的刻度盘上，以相同时间间隔读取的数值可做出门尼硫化曲线。当门尼数先降后升，从最低点起上升 5 个单位时的时间称门尼焦烧时间，从门尼焦烧点再上升 30 个单位的时间称门尼硫化时间。门尼黏度是再生胶的重要指标，它表征再生胶的分子量大小，门尼黏度大，橡胶制品厂混炼工艺性能就差，甚至不能混炼成片。再生橡胶贮存期间，门尼黏度逐渐升高，不少企业存在这个问题，这是一个较普遍的质量问题。

图 4-24　门尼黏度计

4.6　成分分析

成分分析是指利用定性、定量分析手段，精确分析材料中的组成成分、元素含量、填料含量的方法。成分分析在固体废物的鉴别，特别是危险废物鉴别并对其中有机、无机有害物质分析时应用广泛。

4.6.1 气相色谱

气相色谱法是利用气体作流动相的色谱分离分析方法。气相色谱可分为气固色谱和气液色谱，气固色谱指流动相是气体，色谱柱固定相是固体物质的色谱分离方法；气液色谱指流动相是气体，色谱柱固定相是液体的色谱分离方法。在实际工作中，气相色谱法是以气液色谱为主。气相色谱法主要是利用物质的沸点、极性及吸附性质的差异来实现混合物的分离。待分析样品被汽化后经惰性气体（即载气，也叫流动相）带入色谱柱，柱内含有液体或固体固定相，由于样品中各组分的沸点、极性或吸附性能不同，每种组分都倾向于在流动相和固定相之间形成分配或吸附平衡。但由于载气是流动的，这种平衡实际上很难建立起来，也正是由于载气的流动，使样品组分在运动中进行反复多次的分配或吸附/解吸附，结果是在载气中浓度大的组分先流出色谱柱，而在固定相中分配浓度大的组分后流出。当组分流出色谱柱后，立即进入检测器。检测器能够将样品组分转变为电信号，将这些信号放大并记录下来时，就是气相色谱图了。

气相色谱仪（图 4-25）是进行气相色谱分析的仪器，一般包括气路系统、进样系统、分离系统、检测系统、温控系统等五大系统：①气路系统，气相色谱仪中的气路是一个载气连续运行的密闭管路系统；②进样系统，进样系统就是把气体或液体样品匀速而定量地加到色谱柱上端；③分离系统，分离系统的核心是色谱柱，它的作用是将多组分样品分离为单个组分；④检测系统检测器，它能把被色谱柱分离的样品组分根据其特性和含量转化成电信号，经放大后，由记录仪记录成色谱图；⑤温度控制系统，用于控制和测量色谱柱、检测器、汽化室温度。

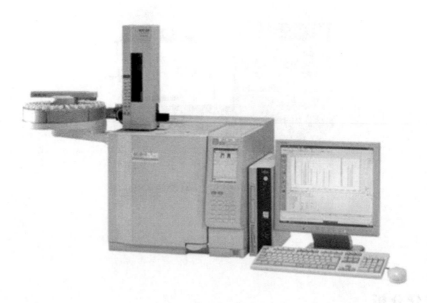

图 4-25　气相色谱仪

色谱分离后组分能否鉴定出来则在于检测器，因此检测器是除色谱柱外的另一个核心部件，这里专门介绍下。目前气相色谱常用的检测器是氢火焰离子化检测器（FID）、电子捕获检测器（ECD）、火焰光度检测器（FPD）、热导检测器（TCD）、氮磷检测器（NPD）、质谱检测器（MSD）。①氢火焰离子化检测器（FID）是利用有机物在氢火焰的作用下化学电离而形成离子流，借测定离子流强度进行检测，是有机化合物检测常用的检测器；②电子捕获检测器（ECD）是利用电负性物质捕获电子的能力，通过测定电子流进行检测的，是目前分析痕量电负性有机化合物最有效的检测器，元素的电负性越强，检测器灵敏度越高；③火焰光度检测器（FPD）对含硫和含磷的化合物有比较高的灵敏度和选择性；④热导检测器（TCD）是一种通用的非破坏性浓度型检测器，一直是实际工作中应用最多的气相色谱检测器之一，TCD特别适用于气体混合物的分析；⑤氮磷检测器（NPD）是一种适用于分析氮、磷化合物的高灵敏度、高选择性质量检测器；⑥质谱检测器（MSD）是一种质量型、通用型检测器，其原理与质谱相同。它不仅能给出一般GC检测器所能获得的色谱图（总离子流色谱图或重建离子流色谱图），而且能够给出每个色谱峰所对应的质谱图。通过计算机对标准谱库的自动检索，可提供化合物分析结构的信息，故质谱检测器是GC定性分析的有效工具。常说的为色谱-质谱联用（GC-MS）分析，是将色谱的高分离能力与MS的结构鉴定能力结合在一起。同时，色谱-质谱联用分析法能获得更高的灵敏度与更强的抗干扰能力，是非常有效的定量手段。

气相色谱分析方法，包括定性分析和定量分析两部分：①定性分析，气相色谱分析中最常用的定性方法是利用物质的保留时间进行定性分析。当操作条件不变时，物质的保留时间只与其化学性质相关，因此可用于定性分析。利用保留时间进行定性分析时，当样品中某一组分与已知标准品的保留时间相同时，可初步判断该组分与标准品可能是同一化合物。但需要注意的是，有时多种物质在一定的操作条件下具有相同的保留时间，所以不能完全根据保留时间相同而断定它们是同一物质。常见处理方法是，选用其他具有不同极性的色谱柱进行二次乃至多次分析，若在不同色谱柱上测得的保留时间均相同，则基本可以断定为同一物质。当然，如果使用的是质谱检测器，则可直接获得组分的质谱图，这样的定性更为直接、准确。②定量分析，在一定范围内，色谱峰的峰面积和样品组分的含量或浓度呈线性关系，故可通过测量相应的峰面积确定样品的含量。在定量分析中常采用内标法和外标法。内标法是指测量样品中某一组分或某几个组分的含量时，将一定量的某一纯组分加入样品中作为内标物，然后进行色谱分析，通过测量并对比内标物和待测组分的峰面积，即可求出待测组分在样品中的含量。外标法则是用已知浓度的标准品进行色谱分析，得出关于峰面积和浓度的标准曲线，然后在完全相同的条件下注入被分析物，得到相应的峰面积，最后根据标准曲线计算待测样品的浓度。

气相色谱具有以下特点：①分析速度快，一般只需几分钟到几十分钟便可完成一次分析；②选择性好，能分离、分析性质极为相近的物质，如有机物中的手性物质，顺、反异构体，同位素，芳香烃中的邻、间、对位异构体，对应体积组成极复杂的混合物；③分离效能高，在较短时间内能够同时分离和测定极为复杂的混合物；④灵敏度高，检测器选择合适的话，可以进行微量甚至痕量分析；⑤应用范围广，可以分析气体、易挥发的液体和固体，包含在固体之中的气体。通常，只要沸点在500℃以下，且在操作条件下热稳定性良好的物质，理论上均可以采用气相色谱技术进行分析。气相色谱法日益广泛地应用于石油、精细化工、医药、生化、电力、白酒、矿山、环境科学等各个领域，成为工农业生产、科研、教学等不可缺少的重要分离、分析工具。

4.6.2　液相色谱

液相色谱法就是用液体作为流动相的色谱法。液相色谱法的分离机理是基于混合物中各组分对两相亲和力的差别。根据固定相的不同，液相色谱分为液固色谱、液液色谱和键合相色谱。应用最广的是以硅胶为填料的液固色谱和以微硅胶为基质的键合相色谱。经典液相色谱的流动相是依靠重力缓慢地流过色谱柱，因此固定相的粒度不可能太小（$100\sim150\mu m$），不仅分离效率低、分析速度慢，而且操作也比较复杂。直到 20 世纪 60 年代，发展出粒度小于 $10\mu m$ 的高效固定相，并使用了高压输液泵和自动记录的检测器，克服了经典液相色谱的缺点，发展成高效液相色谱，也称为高压液相色谱。使用高效液相色谱时，液体待检测物被注入色谱柱，通过压力在固定相中移动，由于被测物种不同物质与固定相的相互作用不同，不同的物质顺序离开色谱柱，通过检测器得到不同的峰信号，最后通过分析比对这些信号来判断待测物所含有的物质。高效液相色谱适于分析高沸点、不易挥发、分子量大、不同极性的有机化合物。液相色谱法可分为正相色谱法与反相色谱法：①正相色谱法，采用极性固定相，流动相为相对非极性的疏水性溶剂，常加入乙醇、异丙醇、四氢呋喃、三氯甲烷等以调节组分的保留时间，常用于分离中等极性和极性较强的化合物；②反相色谱法，一般用非极性固定相，流动相为水或缓冲液，常加入甲醇、乙腈、异丙醇、丙酮、四氢呋喃等与水互溶的有机溶剂以调节保留时间，适用于分离非极性和极性较弱的化合物。据统计，它占整个HPLC 应用的 80% 左右。

高效液相色谱仪（图 4-26）主要由流动相贮液瓶、输液泵、进样器、色谱柱、检测器和记录仪组成，其整体组成类似于气相色谱，但是针对其流动相为液体的特点做出很多调整。高效液相色谱的输液泵要求输液量恒定平稳，进样系统要求进样便利、切换严密。同时，由于液体流动相黏度远远高于气体，为了降低柱压，高效液相色谱的色谱柱一般比较粗，长度也远小于气相色谱柱。高效液相色谱仪由输出泵、进样装置、色谱柱、梯度冲洗装置、检测器及数据处理组成：①输出泵的功能是将冲洗剂在高压下连续不断地送入柱系统，使混合物试样在色谱中完成分离过程；②常用的进样方式有 3 种，注射器隔膜进样、阀进样和自动进样器进样；③色谱柱的功能是将混合物中各组分分离；④梯度冲洗又称溶剂程序，通过连续改变冲洗剂的组成，改善复杂样品的分

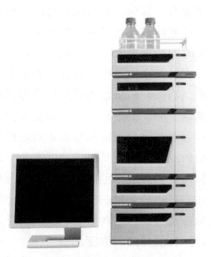

图 4-26　高效液相色谱仪

离度，缩短分析周期和改善峰形，其功能类似于气相色谱中的程序升温；⑤检测器的功能是将从色谱柱中流出的已经分离的组分显示出来或转换为相应的电信号；⑥仪器都配有计算机，以实现自动处理数据、绘图和打印分析报告。

液相色谱分离后组分能否鉴定出来则在于检测器，因此除色谱柱外的另一个核心部件，这里专门介绍下。目前液相色谱常用的检测器是紫外光度检测器（UV）、光电二极管阵列检测器（DAD）、荧光检测器（FLD）、差示折光检测器（RID）、电导检测器（ELCD）、质谱检测器（MSD）：①紫外光度检测器，它的作用原理是基于被分析试样组分对特定波长紫外光的选择性吸收，组分浓度与吸光度的关系遵守比尔定律；②光电二极管阵列检测器——

紫外检测器的重要进展,阵列由 1024 个光电二极管组成,每个光电二极管宽仅 $50\mu m$,各检测一窄段波长,通过对各个组分的吸收信号计算机快速处理,得三维立体谱图;③荧光检测器,是一种高灵敏度、高选择性检测器,对多环芳烃、维生素 B、黄曲霉素化合物等有响应;④差示折光检测器,除紫外检测器之外应用最多的检测器,是借连续测定流通池中溶液折射率的方法来测定试样浓度的检测器;⑤电导检测器,其作用原理是根据物质在某些介质中电离后所产生电导变化来测定电离物质含量;⑥质谱检测器,与气相色谱-质谱不一样,液相色谱-质谱没有标准谱图库,但仍可以通过准分子离子、二级碎片离子等进行定性确认。液相色谱-质谱联用能获得比其他检测器更高的灵敏度与更强抗干扰能力,是非常有效的定量手段。

高效液相色谱应用非常广泛,几乎遍及定量、定性分析的各个领域:①分离混合物,高效液相色谱法只要求样品能制成溶液,不受样品挥发性的限制,流动相可选择的范围宽,固定相的种类繁多,因而可以分离热不稳定和非挥发性的、离解的和非离解的以及各种分子量范围的物质;②生化分析,由于高效液相色谱法具有高分辨率、高灵敏度、速度快、色谱柱可反复利用、流出组分易收集等优点,因而被广泛应用到生物化学、食品分析、医药研究、环境分析、无机分析等各种领域,并已成为解决生化分析问题最有前途的方法;③仪器联用,高效液相色谱仪与结构仪器的联用是一个重要的发展方向。

液相色谱法具有以下优点:①高速,分析速度快、载液流速快,有些样品甚至在 5min 内即可完成;②高效,分离效能高,可选择固定相和流动相以达到最佳分离效果;③高灵敏度,紫外检测器可达 0.01ng,进样量在微升(μL)数量级;④应用范围广,70% 以上的有机化合物可用高效液相色谱分析,特别是高沸点、大分子、强极性、热稳定性差化合物的分离分析;⑤样品量少、容易回收,样品经过色谱柱后不被破坏,可以收集单一组分或做制备。但是,在进样到检测器之间,除了柱子以外的任何死空间中,如果流动相的流型有变化,被分离物质的任何扩散和滞留都会显著地导致色谱峰的加宽,柱效率降低,这是高效液相色谱的缺点"柱外效应"。液相色谱与气相色谱相比各有所长,可相互补充。

4.6.3　离子色谱

离子色谱属于高效液相色谱的一种,是分析阴离子和阳离子的一种液相色谱方法。狭义而言,离子色谱法是以低交换容量的离子交换树脂为固定相对离子性物质进行分离,用电导检测器连续检测流出物电导变化的一种色谱方法。分离的原理是基于离子交换树脂上可离解的离子与流动相中具有相同电荷的溶质离子之间进行的可逆交换和分析物溶质对交换剂亲和力的差别,适用于亲水性阴、阳离子的分离。对树脂亲和力弱的分析物离子先于对树脂

图 4-27　离子色谱仪

亲和力强的分析物离子依次被洗脱,这就是离子色谱分离过程,淋出液经过化学抑制器,将来自淋洗液的背景电导抑制到最小,这样当被分析物离开进入电导池时就有较大的可准确测量的电导信号。

离子色谱仪(见图 4-27)的构成与高效液相色谱相同,仪器由流动相传送部分、

分离柱、检测器和数据处理系统 4 个部分组成，在需要抑制背景电导的情况下通常还配有 MSM 或类似抑制器。其主要不同之处是离子色谱仪的流动相要求耐酸碱腐蚀以及在可与水互溶的有机溶剂（如乙腈、甲醇和丙酮等）中不溶胀。因此，凡是流动相通过的管道、阀门、泵、柱子及接头等均不宜用不锈钢材料，而是用耐酸碱腐蚀的 PEEK 材料的全塑离子色谱系统。离子色谱的最重要的部件是分离柱。柱管材料应是惰性的，一般均在室温下使用。高效柱和特殊性能分离柱的研制成功，是离子色谱迅速发展的关键。离子色谱仪的工作过程是：输液泵将流动相以稳定的流速（或压力）输送至分析体系，在色谱柱之前通过进样器将样品导入，流动相将样品带入色谱柱，在色谱柱中各组分被分离，并依次随流动相流至检测器，抑制型离子色谱则在电导检测器之前增加一个抑制系统，即用另一个高压输液泵将再生液输送到抑制器，在抑制器中，流动相的背景电导被降低，然后将流出物导入电导检测池，检测到的信号送至数据系统记录、处理或保存。非抑制型离子色谱仪不用抑制器和输送再生液的高压泵。离子色谱常用检测方法为电化学法和光学法：电化学检测器有三种，即电导安培、安培、积分安培，其中电导检测器应用最广泛，电导检测器可分为抑制型（两柱型）、非抑制型（单柱型）两种；光学法主要是紫外-可见光和荧光检测器。

离子色谱分析方法主要用于环境样品的分析，包括地面水、饮用水、雨水、生活污水和工业废水、酸沉降物和大气颗粒物等样品中的阴、阳离子，与微电子工业有关的水和试剂中痕量杂质的分析。另外，在食品、卫生、石油化工、水及地质等领域也有广泛的应用。经常检测的常见离子有：阴离子 F^-、Cl^-、Br^-、NO_2^-、PO_4^{3-}、NO_3^-、SO_4^{2-}，甲酸根、乙酸根、草酸根等；阳离子 Li^+、Na^+、NH_4^+、K^+、Ca^{2+}、Mg^{2+}、Cu^{2+}、Zn^{2+}、Fe^{2+}、Fe^{3+} 等。此外，还可对葡萄糖、乳糖、木糖、阿拉伯糖、蔗糖等多种糖类物质进行分析。离子色谱法的优点也比较明显：①分析速度快；②检测灵敏度高；③选择性好；④可实现多离子同时分析；⑤离子色谱柱的稳定性高。

4.6.4　X 射线荧光光谱

X 射线荧光光谱分析（XRF）是确定物质中微量元素的种类和含量的一种方法，又称 X 射线次级发射光谱分析，利用初级 X 射线光子或其他微观粒子激发待测物质中的原子，使之产生荧光（次级 X 射线）而进行物质成分分析和化学态研究的方法。X 射线荧光是原子内产生变化所致的现象，不同元素发出的特征 X 射线能量和波长各不相同，因此通过对 X 射线的能量或者波长的测量即可知道它是何种元素发出的，从而进行元素的定性分析。同时样品受激发后发射某一元素的特征 X 射线强度跟这元素在样品中的含量有关，因此测出它的强度就能进行元素的定量分析。X 射线荧光光谱定量方法一般采用基本参数法，该办法是用标样或纯物质计算出元素荧光 X 射线理论强度，并测其荧光 X 射线的强度，求出该元素的灵敏度系数后进行定量计算。按激发、色散和探测方法的不同，分为 X 射线光谱法（波长色散）和 X 射线能谱法（能量色散）。

X 射线荧光光谱仪有两种基本类型：波长色散型（WD-XRF）和能量色散型（ED-XRF）。①波长色散型（WD-XRF）光谱仪主要由激发、色散、探测、记录及数据处理等单元组成。激发单元的作用是产生初级 X 射线，它由高压发生器和 X 射线管组成。色散单元的作用是分出想要波长的 X 射线，它由样品室、狭缝、测角仪、分析晶体等部分组成。通过测角器以 1∶2 速度转动分析晶体和探测器，可在不同的布拉格角位置上测得不同波长的 X 射线而作元素的定性分析。探测器的作用是将 X 射线光子能量转化为电能，常用的有盖格计数管、正比计数管、闪烁计数管、半导体探测器等。记录单元由放大器、脉冲幅度分析器、显示部分组成。通过定标器的脉冲分析信号可以直接输入计算机，进行联机处理而得到被测元素的含量。②能量色散型（ED-XRF）光谱仪没有复杂的分光系统，结构简单。X 射线激发源可用 X 射线发生器，也可用放射性同位素。X 射线激发源由 X 射线机电源和 X 射线管组成，能量色散用脉冲幅度分析器、探测器和记录单元等与波长射散型 X 射线荧光光谱仪相同。这两种仪器各有优缺点；前者分辨率高，对轻、重元素测定的适应性广，对高低含量的元素测定灵敏度均能满足要求；后者的 X 射线探测的几何效率可提高 2～3 数量级，灵敏度高，可以对能量范围很宽的 X 射线同时进行能量分辨（定性分析）和定量测定。

　　X 射线荧光光谱分析方法是一种快速的、非破坏式的物质测量方法，用于快速的元素分析。近年来 X 荧光光谱分析在各行业应用范围不断拓展，已广泛应用于冶金、地质、有色、建材、商检、环保、卫生等各个领域，特别是在 RoHS 检测领域应用得最多，也最广泛。大多数分析元素均可用其进行分析，可分析固体、粉末、熔珠、液体等样品，分析范围为 Be～U 元素。X 射线荧光光谱分析方法的具有以下优点：①分析速度快，用时一般都很短，10～300s 就可以测完样品中的全部待测元素；②非破坏分析，在测定中不会引起化学状态的改变，也不会出现试样飞散现象；③分析精密度高，目前含量测定已经达到 10^{-6} 级别；④制样简单，固体、粉末、液体样品等都可以进行分析。值得一提的是，如今有了小巧的便携式 XRF 分析仪（图 4-28），检测人员可以在现场对样品进行快速测定，使其在口岸检测、探矿、找矿分析中发挥重要作用。

图 4-28　便携式 XRF 分析仪

4.6.5　电感耦合等离子体发射光谱

　　原子发射光谱法是利用物质在热激发或电激发下，处于激发态的待测元素原子回到基态时发射出特征的电磁辐射而进行元素定性和定量的分析方法。等离子体是指电离度超过 0.1% 被电离了的气体，这种气体不仅含有中性原子和分子，而且含有大量的电子和离子，电子和正离子的浓度处于平衡状态，当利用电感耦合等离子体（ICP）作为原子发射光谱的激发光源时就是 ICP（电感耦合等离子体）发射光谱分析方法，它是一种火焰温度为 6000～10000K 的火焰技术。由于待测元素原子的能级结构不同，因此发射谱线的特征不同，据此可对样品进行定性分析。而待测元素原子的浓度不同时，其发射强度也不同，可实现元素的定量测定。ICP 发射光谱分析方法可同时测定周期表中多数元素（金属元素及磷、硅、砷、硼等非金属元素），且均有较好的检出限。

图 4-29　ICP 发射光谱仪

　　ICP 发射光谱仪（图 4-29）主要包括以下几个

部分：①进样系统，进样系统是 ICP 发射光谱仪中极为重要的部分，也是 ICP 光谱分析研究中最活跃的领域，按试样状态不同可以分别用液体、气体或固体直接进样；②电感耦合等离子体光源（ICP），特点是基体效应低、检出限低等；③光谱仪的分光（色散）系统，复合光经色散元素分光后，得到一条按波长顺序排列的光谱，能将复合光束分解为单色光，选择分辨出目的元素的特征谱线，并进行观测记录的设备称为光谱仪；④检测器——光电转换器件，光电转换器件是光电光谱仪接收系统的核心部分，主要是利用光电效应将不同波长的辐射能转化成光电流的信号。

ICP 发射光谱法分析过程主要分为三步，即激发、分光、检测：①由等离子体激发光源提供能量使样品溶液蒸发，形成气态原子，并进一步使气态原子激发发光；②利用光谱仪器将光源发出的复合光经单色器分解成按波长顺序排列的谱线，形成光谱；③用检测器检测光谱中谱线的波长和强度，进行定性、定量分析。

发射光谱分析方法主要用于微量元素的分析，可分析的元素为大多数的金属和硅、磷、硫等少量的非金属，共 72 种。该法广泛地应用于质量控制的元素分析，超微量元素的检测。还可以对常量元素进行检测，例如组分测量中主要成分的元素测定。可以分析的样品：①金属（钢铁、有色金属）；②化学药品、石油、树脂、陶瓷；③生物、医药、食品；④环境（自来水、环境水、土壤、大气粉尘）；⑤可以分析其他各种样品中的金属。

发射光谱分析方法具有以下优点：①具有多元素同时检出能力，可同时检测一个样品中的多种元素；②分析速度快，试样多数不需经过化学处理就可分析，且固体、液体试样均可直接分析，同时还可多元素同时测定；③选择性好，由于光谱的特征性强，所以对于一些化学性质极相似的元素分析具有特别重要的意义；④检出限低，一般可达 $0.1 \sim 1 \mu g/g$；⑤用 ICP 光源时，准确度高，标准曲线的线性范围宽，可达 $4 \sim 6$ 个数量级。但是它的缺点也很明显：①分析时影响谱线强度的因素较多，尤其是试样组分的影响较为显著，所以对标准参比的组分要求较高；②含量（浓度）较大时，准确度较差；③大多数非金属元素难以得到灵敏的光谱线。

为了克服 ICP（电感耦合等离子体）发射光谱分析方法的不足，后来开发出了 ICP-MS 分析技术，可分析几乎地球上所有元素。ICP-MS 技术是 20 世纪 80 年代发展起来的新的分析测试技术，它以将 ICP 的高温（8000K）电离特性与四极杆质谱计的灵敏快速扫描的优点相结合而形成一种新型的最强有力的元素分析、同位素分析和形态分析技术。在 ICP-MS 中，ICP 作为质谱的高温离子源（7000K），样品在通道中进行蒸发、解离、原子化、电离等过程。离子通过样品锥接口和离子传输系统进入高真空的 MS 部分，MS 部分为四极快速扫描质谱仪，通过高速顺序扫描、分离、测定所有离子，扫描元素质量数范围为 $6 \sim 260$，且通过高速双通道分离后的离子进行检测，浓度线性动态范围达 9 个数量级从 10^{-12} 到 10^{-3} 直接测定。因此，与传统无机分析技术相比，ICP-MS 技术提供了最低的检出限、最宽的动态线性范围、干扰最少、分析精密度高、分析速度快、可进行多元素同时测定以及可提供精确的同位素信息等的分析方法。

4.7 热分析

热分析法是在程序控制温度下，准确记录物质理化性质随温度变化的关系，研究其受热过程所发生的晶型转化、熔融、蒸发、脱水等物理变化或热分解、氧化等化学变化以及伴随发生的温度、能量或质量改变的方法。物质在加热或冷却过程中，在发生相变或化学反应时，必然伴随着热量的吸收或释放。同时，根据相律，物相转化时的温度（如熔点、沸点等）保持不变，纯物质具有特定的物相转换温度和相应的热熔变化（ΔH），这些常数可用于物质的定性分析。而供试品的实际测定值与这些常数的偏离及其偏离程度又可用于检查供试品的纯度。热分析法包括差示扫描量热法（DSC）、热重分析法（TGA）、热机械分析（TMA）、动态热机械分析（DMA）、导数热重量法（DTG）、差（示）热分析（DTA）等方法。固废鉴别时，常用热分析技术获得聚合物的玻璃化温度、熔点温度、灰分含量等重要信息。下面介绍常用的差示扫描量热法（DSC）、热重分析法（TGA）。

4.7.1 差示扫描量热法（DSC）

差示扫描量热法是在程序控制温度下，测量输入到试样和参比物的功率差（如以热的形式）与温度的关系的方法。根据测量方法的不同，可分为功率补偿差示扫描量热法和热流型差示扫描量热法。功率补偿型的 DSC 是内加热式，装样品和参比物的支持器是各自独立的元件，在样品和参比物的底部各有一个加热用的铂热电阻和一个测温用的铂传感器。它是采用动态零位平衡原理，即要求样品与参比物温度，无论样品吸热还是放热时都要维持动态零位平衡状态，也就是要保持样品和参比物温度差趋向于零。DSC 测定的是维持样品和参比物处于相同温度所需要的能量差（$\Delta W = dH/dt$），反映了样品熔的变化。热流型 DSC 是外加热式，采取外加热的方式使均温块受热然后通过空气和康铜做的热垫片两个途径把热传递给试样杯和参比杯，试样杯的温度由镍铬丝和镍铝丝组成的高灵敏度热电偶检测，参比杯的温度由镍铬丝和康铜组成的热电偶加以检测。由此可知，检测的是温差 ΔT，它是试样热量变化的反映。

差示扫描量热仪（图 4-30）的结构部件包括加热器、制冷设备、匀热炉膛、气氛控制器、热流传感器、炉温测温传感器、信号放大器：①加热器，用于给样品和参比端加热；②制冷设备，用于给样品和参比端降温；③匀热炉膛，采用高热导率的金属作为匀热块，使炉膛内表面温度分布均匀；④气氛控制器，气氛控制器可进行气氛流量控制及气氛通道的切换，用来保护样品及排出样品生成的气体；⑤热流传感器，用于快速准确地检测试验中样品与参比之间产生的热流

图 4-30　差示扫描量热仪

差；⑥炉温测温传感器，用于检测匀热块的温度，并将此信息返回微处理器；⑦信号放大器，将热流传感器的信号放大，及时准确地检测样品的热流信号。差示扫描量热仪测量的是与材料内部热转变相关的温度、热流的关系，应用范围非常广，特别是材料的研发、性能检测与质量控制。其记录到的曲线称 DSC 曲线，它以样品吸热或放热的速率，即热流率 dH/dt（单位：毫焦/秒）为纵坐标，以温度 T 或时间 t 为横坐标，可以测定多种热力学和动力学参数，如玻璃化转变温度、熔点、比热容、反应热、转变热、相图、反应速率、结晶速

率、高聚物结晶度、样品纯度等。该法使用温度范围宽（－175～725℃）、分辨率高、试样用量少。差示扫描量热法能定量的灵敏度高，工作温度可以很低，所以它的应用很宽，特别适用于高分子、液晶、食品工业、医药和生物等领域的研究工作。

4.7.2　热重分析（TGA）

热重分析法（TGA）是指在程序控制温度下测量待测样品的质量与温度变化关系的一种热分析技术，用来研究材料的热稳定性和组分。当被测物质在加热过程中有升华、汽化、分解出气体或失去结晶水时，被测的物质质量就会发生变化，这时热重曲线就不是直线而是有所下降。通过分析热重曲线，就可以知道被测物质在多少度时产生变化，并且根据失重量，可以计算失去了多少物质。这种分析过程有助于研究晶体性质的变化，也有助于研究物质的脱水、解离、氧化、还原等化学现象。最常用的测量的原理有两种，即变位法和零位法。所谓变位法，是根据天平梁倾斜度与质量变化成比例的关系，用差动变压器等检知倾斜度，并自动记录。零位法是采用差动变压器法、光学法测定天平梁的倾斜度，然后去调整安装在天平系统和磁场中线圈的电流，使线圈转动恢复天平梁的倾斜。由于线圈转动所施加的力与质量变化成比例，这个力又与线圈中的电流成比例，因此只需测量并记录电流的变化，便可得到质量变化的曲线。

热重分析仪（图 4-31）主要由天平、炉子、程序控温系统、记录系统等几部分构成。热重分析所用的仪器是热天平，它的基本原理是，样品质量变化所引起的天平位移量转化成电量，这个微小的电量经过放大器放大后，送入记录仪记录，而电量的大小正比于样品的质量变化量。热重分析通常可分为静态法和动态法两类：①静态法，包括等压质量变化测定和等温质量变化测定，等压质量变化测定是指在程序控制温度下，测量物质在恒定挥发物分压下平衡质量与温度关系的一种方法，等温质量变化测定是指在恒温条件下测量物质质量与压力

图 4-31　热重分析仪

关系的一种方法；②动态法，就是我们常说的热重分析和微商热重分析。热重分析法的重要特点是定量性强，能准确地测量物质的质量变化及变化的速率，可以说，只要物质受热时发生质量的变化，就可以用热重法来研究其变化过程。热重分析法目前广泛应用于塑料、橡胶、涂料、药品、催化剂、无机材料、金属材料与复合材料等各领域的研究开发、工艺优化与质量监控。具体包括：无机物、有机物及聚合物的热分解；含湿量、挥发物及灰分含量的测定；金属在高温下受各种气体的腐蚀过程；矿物的煅烧和冶炼；液体的蒸馏和汽化；煤、石油和木材的热解过程；升华过程；脱水和吸湿；爆炸材料的研究；反应动力学的研究；氧化稳定性和还原稳定性的研究；反应机制的研究；等等。

第5章

固体废物鉴别案例

5.1　锌矿砂

（1）对申报品名为"锌矿砂"的货物进行现场检验。

（2）货物申报质量为××吨××袋。

（3）货物由白色编织袋（吨袋）包装。货物主要为红褐色黏结固体，夹杂少量白色块状固体及灰黑色颗粒。检验员随机选取××个包装件，用扦样探筒于包装件中部扦取样品，装入洁净样品袋中，带回实验室待验，见图 5-1。

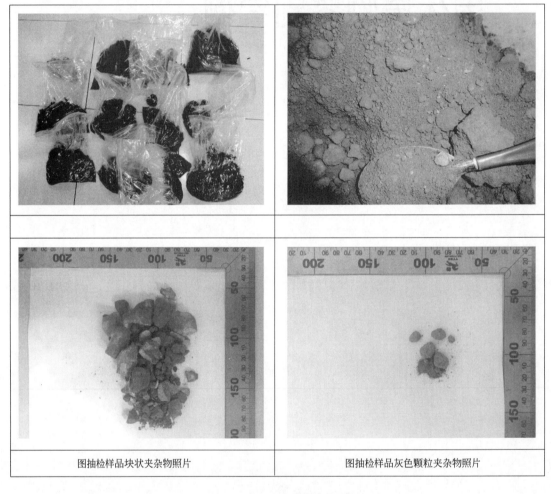

图抽检样品块状夹杂物照片　　　　　图抽检样品灰色颗粒夹杂物照片

图 5-1　锌矿砂抽检样品照片

（4）成分分析

① 水分　按照 GB 2007.6—87《散装矿产品取样、制样通则　水分测定方法　热干燥法》对抽检样品水分进行测定，抽检样品水分（105℃）为 22.3%。

② 化学分析结果　按照 GB/T 9728—2007《化学试剂　硫酸盐测定通用方法》对抽检样品水溶性硫酸根进行鉴定，抽检样品中检出水溶性硫酸根。抽检样品主成分分析结果见表 5-1。

表 5-1　抽检样品主成分分析结果[①]（锌矿砂）

成分	含量/%	测试方法
锌（Zn）	21.94	GB/T 14353.3—2010《铜矿石、铅矿石和锌矿石化学分析方法　第 3 部分：锌量测定》
硫（S）	1.75	GB/T 14353.12—2010《铜矿石、铅矿石和锌矿石化学分析方法　第 12 部分：硫量测定》
银（Ag）	0.0276	GB/T 8151.12—2012《锌精矿化学分析方法　第 12 部分：银量的测定　火焰原子吸收光谱法》
砷（As）	0.38	SN/T 1326—2003《进出口锌精矿中铝、砷、镉、钙、铜、镁、锰、铅的测定　电感耦合等离子体原子发射光谱（ICP-AES）法》
镉（Cd）	0.12	
汞（Hg）	<0.002	GB/T 8151.15—2005《锌精矿化学分析方法　汞量的测定　原子荧光光谱法》
二氧化硅（SiO$_2$）	7.4	GB/T 16597—1996《冶金产品分析方法　X 射线荧光光谱法通则》[②,③]
三氧化二铁（Fe$_2$O$_3$）	48.4	
氧化铅（PbO）	5.4	
氧化铝（Al$_2$O$_3$）	1.6	
三氧化二铟（In$_2$O$_3$）	0.06	
三氧化二铋（Bi$_2$O$_3$）	0.04	

① 结果以样品干态计算。

② 结果以元素氧化物计。

③ GB/T 16597—1996 为半定量方法。

③ 夹杂物化学成分分析结果　抽检样品中夹杂物成分分析结果见表 5-2。

表 5-2　抽检样品夹杂物主成分分析结果（锌矿砂）

夹杂物	成分及含量	测试方法
白色块状固体	ZnO：5.5%；CaO：83.6%；SiO$_2$：3.8%；Al$_2$O$_3$：0.5%	GB/T 16597—1996《冶金产品分析方法　X 射线荧光光谱法通则》[①,②]
灰黑色颗粒	ZnO：12.0%；Fe$_2$O$_3$：14.6%；SiO$_2$：25.5%；MgO：11.8%；SO$_3$：27.2%	

① 结果以元素氧化物计。

② GB/T 16597—1996 为半定量方法。

④ 物相分析　按照 GB/T 30904—2014《无机化工产品　晶型结构分析　X 射线衍射法》标准采用 XRD 法对样品进行定性分析。

抽检样品主要物相为 ZnFe$_2$O$_4$、ZnS、SiO$_2$。

夹杂物（白色块状固体）主要物相为 Ca$_6$Al$_{12}$Si$_{12}$O$_{48}$、SiO$_2$、ZnS、Al$_2$O$_3$。

夹杂物（灰黑色颗粒）主要物相为 SiO$_2$、ZnS、Al$_2$O$_3$。

（5）依据抽检样品的成分、物相、外观及综合文献资料判断，推断货物来源为湿法炼锌过程中的浸出渣（混有少量锌矿）。

（6）根据 GB 34330—2017《固体废物鉴别标准 通则》，判断该货物属于固体废物。

5.2 棉纱线

（1）对申报品名为"棉纱线"的货物进行现场检验。

（2）货物申报质量为××千克，于集装箱内堆放。

（3）检验员现场进行掏柜检验。现场货物以纱布、瓦楞纸或塑料膜包装，并用塑料编织带或铁丝打捆，部分包装破损严重。货物主要为蓝色、黑色、紫色等颜色的棉纱，混有少量白色、红色、绿色、灰色等杂色纱线、纺织布料、白色棉花、化纤等，及少量树叶、塑料膜、金属、纸片等非纺织品。货物混合、交缠在一起，有异味；部分货物可见明显切口。抽样过程中，发现货物存在掉色并散发粉尘的现象。检验员随机拆解包装件，扦取样品装入洁净样品袋中，带回实验室待验，见图 5-2。

图 5-2 棉纱线样品照片

（4）品质检验：检验员依据抽检样品外观，对抽检样品进行分析。

经检验，一份样品成分为"莱赛尔"，按照 SN/T 1791.12—2006《进口可用作原料的废物检验检疫规程 第 12 部分：纺织品废料》，判定样品为"废人造纤维"；其余 5 份样品主成分均为棉，按照 SN/T 1791.12—2006《进口可用作原料的废物检验检疫规程 第 12 部分：纺织品废料》判定样品为"废棉纱线"。结果见表 5-3。

表 5-3　　抽检样品成分分析结果（棉纱线）

样品编号	成分	结论	样品照片
1	莱赛尔	废人造纤维	
2	棉	废棉纱线	
3	棉	废棉纱线	
4	棉	废棉纱线	
5	棉	废棉纱线	
6	棉	废棉纱线	

（5）综上所述，货物主要为无统一规格的棉纱和人造纤维，依据货物的组成和外观推断，货物来源于纺织品生产过程产生的剩余料、残余料和下脚料。

（6）根据 GB 34330—2017《固体废物鉴别标准 通则》，判断该货物属于固体废物。

注：1.《进口废物管理目录》（环境保护部、商务部、国家发展和改革委员会、海关总署、国家质量监督检验检疫总局 2014 年第 80 号公告）将"废棉纱线（包括废棉线）""棉的回收纤维""其他废棉""人造纤维废料（包括落棉、废纱及回收纤维）"列为限制进口类可用作原料的固体废物。该公告于 2017 年 12 月 31 日废止。

2.《进口废物管理目录》（2017 年）（环境保护部、商务部、国家发展改革委、海关总署、国家质检总局 2017 年第 39 号公告）将"废棉纱线（包括废棉线）""棉的回收纤维""其他废棉""人造纤维废料（包括落棉、废纱及回收纤维）"列为禁止进口固体废物。该公告于 2017 年 12 月 31 日起执行。

5.3 废旧铝合金

（1）对申报品名为"废旧铝合金"的货物进行固体废物属性鉴别。

（2）货物申报质量为××吨。

（3）样品以塑料袋密封包装。

（4）检验员拆开包装袋，袋内为不规则金属片材/异型材，见图 5-3。

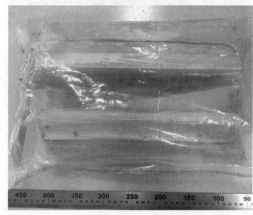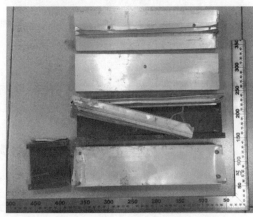

图 5-3 废旧铝合金货物及样品照片

（5）成分分析：依据 GB/T 7999—2015 标准，采用火花发射光谱对送检样品进行成分分析，送检样品成分均为铝合金。

（6）依据样品外观，结合申请人提供信息及文献资料，货物为废弃的铝合金。

依据 GB 34330—2017《固体废物鉴别标准　通则》，判断该货物属于固体废物。

《进口废物管理目录》（2017 年）（环境保护部、商务部、国家发展和改革委员会、海关总署、国家质量监督检验检疫总局 2017 年第 39 号公告），将"7602000090 其他铝废碎料"列入《非限制进口类可用作原料的固体废物目录》中，该货物属于我国非限制进口类可用作原料的固体废物。

注：《国家危险废物名录》（2016 版）中未有与货物对应的条款。

5.4　插花泥

（1）对申报品名为"插花泥"的样品进行固体废物鉴别。

（2）样品以透明塑料袋包装，为墨绿色饼状固体，见图 5-4。

图 5-4　插花泥样品照片

（3）成分分析：根据 GB/T 6040—2002 标准，采用 FT-IR 法对送检样品成分进行分析，送检样品主成分为酚醛树脂。

（4）综合分析样品的外观、形状及检测结果，推断样品来源于废弃的酚醛树脂插花泥。

（5）依据 GB 34330—2017《固体废物鉴别标准　通则》，判断该样品属于固体废物。

《进口废物管理目录》（环境保护部、商务部、国家发展和改革委员会、海关总署、国家质量监督检验检疫总局 2017 年第 39 号公告），将"3915909000 其他塑料的废碎料及下脚料［非工业来源废塑料（包括生活来源废塑料）］"列入《禁止进口固体废物目录》。判断该样品属于我国禁止进口固体废物。

5.5　含氟污泥

（1）实验室接受申请人委托，对申报品名为"含氟污泥"的样品进行危险废物鉴别。

（2）样品由委托方提供，用塑料袋包装。

（3）样品外观为浅黄色，团聚无规则固体，见图5-5。

（4）成分分析

① 水分　按照GB/T 6284—2006标准，对送检样品水分进行检测，送检样品水分为50.2%。

② 物相分析　按照GB/T 30904—2014标准，采用XRD法对送样品进行物相分析，送检样品主要物相为CaF_2、SiO_2、Al_2O_3等。

③ 化学成分　按照GB/T 16597—1996标准，采用XRF法对送检样品成分进行半定量分析，结果见表5-4。

图5-5　含氟污泥样品照片

表5-4　送检样品成分半定量分析结果（以干态计）

成分	含量/%	检测方法
氟化钙（CaF_2）	68.4	
二氧化硅（SiO_2）	13.8	
氧化钠（Na_2O）	8.6	
三氧化二铝（Al_2O_3）	3.7	GB/T 16597—1996
三氧化硫（SO_3）	3.2	
氧化钾（K_2O）	0.4	

（5）浸出毒性：按照GB 5085.3—2007对送检样品进行浸出毒性测试，送检样品经浸出处理后的"浸出液"中所检危害成分的检测结果均不超过GB 5085.3—2007《危险废物鉴别标准　浸出毒性鉴别》中限值，结果详见表5-5。

表5-5　浸出液中各危害成分的检测结果（含氟污泥）

序号	危害成分项目	检测结果	方法检出限	GB 5085.3—2007限值	单位	检测方法
1	铜	＜10	—	100	mg/L	
2	锌	＜10	—	100	mg/L	
3	镉	＜0.1	—	1	mg/L	GB 5085.3—2007
4	铅	＜1	—	5	mg/L	
5	总铬	＜1	—	15	mg/L	
6	六价铬	＜1	—	5	mg/L	
7	烷基汞	未检出	甲基汞＜10　乙基汞＜20	不得检出	ng/L	GB/T 14204—1993
8	汞	＜0.01	—	0.1	mg/L	
9	铍	＜0.01	—	0.02	mg/L	
10	钡	＜10	—	100	mg/L	
11	镍	＜1	—	5	mg/L	GB 5085.3—2007
12	总银	＜1	—	5	mg/L	
13	砷	＜1	—	5	mg/L	
14	硒	＜0.1	—	1	mg/L	
15	氰化物（以总CN^-计）	未检出	4	5	mg/kg	GB 5009.36—2016第三法（定性法）

序号	危害成分项目	检测结果	方法检出限	GB 5085.3—2007 限值	单位	检测方法
16	滴滴涕	未检出	0.1	0.1	mg/L	
17	六六六	未检出	0.1	0.5	mg/L	
18	乐果	未检出	1	8	mg/L	
19	对硫磷	未检出	0.1	0.3	mg/L	
20	甲基对硫磷	未检出	0.1	0.2	mg/L	
21	马拉硫磷	未检出	1	5	mg/L	
22	氯丹	未检出	1	2	mg/L	
23	六氯苯	未检出	1	5	mg/L	
24	毒杀酚	未检出	1	3	mg/L	
25	灭蚁灵	未检出	0.01	0.05	mg/L	
26	硝基苯	未检出	5	20	mg/L	
27	二硝基苯	未检出	5	20	mg/L	
28	对硝基氯苯	未检出	5	5	mg/L	
29	2,4-二硝基氯苯	未检出	5	5	mg/L	
30	五氯酚及五氯酚钠（以五氯酚计）	未检出	10	50	mg/L	
31	苯酚	未检出	1	3	mg/L	GB 5085.3—2007
32	2,4-二氯苯酚	未检出	1	6	mg/L	
33	2,4,6-三氯苯酚	未检出	1	6	mg/L	
34	苯并[a]芘	未检出	0.0001	0.0003	mg/L	
35	邻苯二甲酸二丁酯	未检出	1	2	mg/L	
36	邻苯二甲酸二辛酯	未检出	1	3	mg/L	
37	多氯联苯	未检出	0.002	0.002	mg/L	
38	苯	未检出	0.1	1	mg/L	
39	甲苯	未检出	0.1	1	mg/L	
40	乙苯	未检出	0.1	4	mg/L	
41	二甲苯	未检出	0.1	4	mg/L	
42	氯苯	未检出	0.1	2	mg/L	
43	1,2-二氯苯	未检出	0.1	4	mg/L	
44	1,4-二氯苯	未检出	0.1	4	mg/L	
45	丙烯腈	未检出	1	20	mg/L	
46	三氯甲烷	未检出	0.1	3	mg/L	
47	四氯化碳	未检出	0.1	0.3	mg/L	
48	三氯乙烯	未检出	0.1	3	mg/L	
49	四氯乙烯	未检出	0.1	1	mg/L	

（6）腐蚀性：按照 GB 5085.1—2007 对送检样品进行浸出腐蚀性测试，送检样品经浸出处理后的"浸出液"pH＝9.7，不属于腐蚀性危险废物。

（7）送检样品主成分为 CaF_2、SiO_2、Al_2O_3 等，依据样品的组成和外观，以及申请人提供的资料、文献资料综合判断，送检样品来源于含氟污水经处理所得的污泥。

（8）根据 GB 34330—2017《固体废物鉴别标准 通则》，判断送检样品属于固体废物。

（9）根据 GB 5085.7—2007《危险废物鉴别标准 通则》，判断送检样品不属于危险废物。

5.6 废塑料

（1）对申报品名为"废塑料"的货物进行现场检验。

（2）货物分别存放于集装箱内。

（3）柜号为"TCLU 8109640"的集装箱内货物为多种规格带卷芯薄膜；颜色有绿色、无色及银色等；货物有薄膜包装，以编织带固定于木托架上。包装件上贴有"PC MADE IN JAPAN"的标识。大部分货物未见明显同卷膜单面色差；大部分货物表面洁净，端面整齐，少数货物卷芯凹陷。柜号为"DFSU 6664588"的集装箱内货物为多种规格带卷芯、裸装薄膜，颜色有蓝色、无色等。部分货物贴有"废弃"标识。部分货物可见明显同卷膜单面色差（同一卷芯内有 2 种以上颜色的薄膜）。部分货物塑料膜松散；部分薄膜有破损，部分薄膜表面有玷污；部分货物转筒边缘不齐整（可见明显的宽度偏差）。

（4）柜号为"SLSU 8010840"的集装箱内货物为多种规格带卷芯、裸装薄膜；颜色以无色透明为主，混有少量浅蓝色透明薄膜等。部分货物贴有"PET MADE IN JAPAN"标识。大部分货物未见明显同卷膜单面色差；大部分货物表面洁净；部分货物塑料膜松散；部分货物转筒边缘不齐整（可见明显的宽度偏差）。

（5）检验员进行现场掏柜检验，依据货物外观随机选取货物卷筒，选取卷筒内层及外层薄膜，装入洁净样品袋中带回实验室检验。见图 5-6。

图 5-6 废塑料货物和样品照片

（6）成分分析：根据 GB/T 6040—2002 标准，采用 FT-IR 法对抽检样品成分进行分析。检验结果详见表 5-6。

表 5-6 抽检样品成分检验结果（废塑料）

样品自编号	主成分	样品自编号	主成分
1-1～1-6	聚碳酸酯	2-10（同轴）	聚丙烯、聚对苯二甲酸乙二醇酯
1-7、1-9、1-11	聚碳酸酯（覆有聚乙烯保护膜）	3-1～3-2、3-4～3-11	聚对苯二甲酸乙二醇酯
1-8、1-10	聚碳酸酯（双面覆有聚乙烯保护膜）	3-3	聚对苯二甲酸乙二醇酯（涂有聚丙烯酸质类物质）
2-1、2-4	聚对苯二甲酸乙二醇酯		
2-2～2-3、2-5～2-9	乙烯-醋酸乙烯酯共聚物		

（7）柜号为"TCLU 8109640"集装箱内货物申报品名为"聚碳酸酯"，经检验，货物主要为聚碳酸酯（PC）薄膜（部分样品附有聚乙烯保护膜）；柜号为"DFSU 6664588"集装箱内货物申报品名为"聚乙烯"，经检验，货物主要为乙烯-醋酸乙烯酯共聚物薄膜［混有少量聚对苯二甲酸乙二酯（PET）薄膜］；柜号为"SLSU 8010840"集装箱内货物申报品名为"聚对苯二甲酸乙二酯"，经检验，货物主要为聚对苯二甲酸乙二酯（PET）薄膜。

（8）综合货物的外观、形状、包装、检测结果以及文献资料，推断柜号为"TCLU 8109640"集装箱内货物来源于聚碳酸酯（PC）薄膜剩余产品；柜号为"DFSU 6664588"集装箱内货物来源于乙烯-醋酸乙烯酯共聚物薄膜不合格产品；柜号为"SLSU 8010840"集装箱内货物来源于聚对苯二甲酸乙二酯（PET）薄膜剩余产品。

（9）依据 GB 34330—2017《固体废物鉴别标准 通则》，判断柜号为"TCLU 8109640"集装箱内货物、柜号为"SLSU 8010840"集装箱内货物不属于固体废物。

（10）依据 GB 34330—2017《固体废物鉴别标准 通则》，判断柜号为"DFSU

6664588"集装箱内货物属于固体废物。

《进口废物管理目录》（2017 年）（环境保护部、商务部、国家发展改革委、海关总署、国家质检总局 2017 年第 39 号公告）将"3915909000"的其他塑料的废碎料及下脚料［工业来源废塑料（指在塑料生产及塑料制品加工过程中产生的热塑性下脚料、边角料和残次品）］列入《限制进口类可用作原料的固体废物目录》。该货物为目前我国限制进口类可用作原料的固体废物。

5.7 木粒

（1）对名为"木粒"的样品进行固废鉴别。样品由委托方提供，数量 1 包，用塑料袋包装，外套纸箱，约 2kg。

（2）样品为棕黄色、长短不一的圆木段，见图 5-7。

（3）定性分析：根据 GB/T 6040—2002 标准，采用 FT-IR 法对送检样品进行成分分析，送检样品主成分为纤维素。

（4）特征技术指标

① 发热量　根据 GB/T 213—2008 标准，测得样品的弹筒发热量为 17.62MJ/kg。

② 水分　根据 GB/T 6284—2006 标准，送检样品水分为 8.2%。

③ 灰分　根据 GB/T 9345.1—2008 标准，送检样品灰分为 3.0%。

④ 挥发性有机物　根据 GB/T 6041—2002 标准，采用顶空 GC-MS 法对送检样品进行挥发性有机物分析，送检样品中未检出挥发性有机物。

图 5-7　木粒样品照片

（5）依据送检样品的检测结果，综合文献查阅资料，推断送检样品"木粒"的来源：以木材为原料，经破碎、压缩而成的圆木段。

（6）根据《固体废物鉴别导则（试行）》和国家质量监督检验检疫总局公告 2017 年第 6 号《质检总局关于明确进口木及软木废料检验监管有关问题的公告》，判断送检样品为固体废物。

5.8 球碎矿

（1）对申报品名为"球碎矿"的货物进行现场检验。

（2）货物主要为灰黑色粉末、颗粒及不规则块状物，混有白色、褐色、红色等杂色粉末、颗粒及不规则块状物。部分货物严重结块。部分货物自发热，并有少量发烟现象。货物混有煤炭，以及少量的木材、废塑料、废橡胶、废金属、废电子元器件等夹杂物。检验员按照货物外观，随机抽取样品至洁净样品袋中，带回实验室检验，见图 5-8。

图 5-8　球碎矿货物现场及样品照片

（3）成分分析：采用 GB/T 16597—1996 和 GB/T 30904—2014 对抽检样品进行成分分析。结果见表 5-7。

表 5-7　抽检样品成分分析结果[①,②]（球碎矿）

抽样堆场	样品自编号	成分/%						主要物相分析
		MgO	Al_2O_3	SiO_2	Fe_2O_3	CaO	其他元素	
2#	1	3.9	4.9	22.6	16.3	47.6	SO_3：2.2	$CaCO_3$、$CaMg(CO_3)_2$、$CaMg(SiO_3)_2$
	2	1.5	1.1	5.4	87.9	2.6	—	Fe_2O_3、Fe_3O_4
	3	1.4	1.1	5.0	88.2	2.9	—	Fe_2O_3、Fe_3O_4
	4	1.6	1.2	5.5	87.4	2.8	—	Fe_2O_3、Fe_3O_4
	5	0.9	1.0	4.6	88.8	1.9	F：1.1	Fe_2O_3、Fe_3O_4
	6	2.0	1.2	5.6	87.9	2.0	—	Fe_2O_3、Fe_3O_4
	7	1.9	1.1	4.9	89.0	1.8	—	Fe_2O_3、Fe_3O_4
	8	2.2	0.9	4.1	90.4	1.1	—	Fe_2O_3、Fe_3O_4
	9	2.6	1.0	4.6	90.0	1.1	—	Fe_2O_3、Fe_3O_4
	10	1.4	1.5	5.5	88.1	2.3	—	Fe_2O_3、Fe_3O_4
	11	28.8	0.5	1.4	8.2	60.4		$CaCO_3$、$CaMg(CO_3)_2$、$CaMg(SiO_3)_2$
	12	1.7	1.4	5.9	86.8	2.8	—	Fe_2O_3、Fe_3O_4
	13	1.9	1.5	6.1	86.5	2.9	—	Fe_2O_3、Fe_3O_4
	14	1.7	1.4	5.9	86.6	2.8	—	Fe_2O_3、Fe_3O_4
	15	2.2	1.2	5.6	86.2	3.1	—	Fe_2O_3、Fe_3O_4
	16	5.0	4.4	22.8	9.0	55.4	—	$CaCO_3$、$CaMg(CO_3)_2$、$CaMg(SiO_3)_2$
	17	—	12.1	67.3	9.0	2.0	K_2O：8.4	$CaCO_3$、$CaMg(CO_3)_2$、$CaMg(SiO_3)_2$

抽样堆场	样品自编号	成分/%						主要物相分析
		MgO	Al_2O_3	SiO_2	Fe_2O_3	CaO	其他元素	
4#	81	1.9	2.2	15.6	8.9	69.5	—	$CaCO_3$、$CaMg(CO_3)_2$、$CaMg(SiO_3)_2$
	82	1.1	—	5.7	88.9	3.1	—	Fe_2O_3、Fe_3O_4
	83	0.8	0.5	4.5	3.3	90.2	—	$CaCO_3$、$CaMg(CO_3)_2$、$CaMg(SiO_3)_2$
	84	0.6	7.5	44.5	37.0	1.0	K_2O:8.3	Fe_2O_3、Fe_3O_4、SiO_2
	85	1.1	0.5	6.4	87.9	2.9	—	Fe_2O_3、Fe_3O_4
	86	0.5	1.4	6.4	86.3	2.9	SO_3:1.3	Fe_2O_3、Fe_3O_4
	87	1.2		5.6	89.2	3.0	—	Fe_2O_3、Fe_3O_4
	88	1.1	0.4	5.4	89.2	2.7	—	Fe_2O_3、Fe_3O_4
	89	1.1	0.5	5.9	87.6	3.9	—	Fe_2O_3、Fe_3O_4
	90	1.1	0.7	6.3	87.6	3.0	—	Fe_2O_3、Fe_3O_4
	91	1.0	0.5	4.4	90.7	2.4	—	Fe_2O_3、Fe_3O_4
	92	1.4	0.3	4.4	91.1	1.9	—	Fe_2O_3、Fe_3O_4
	93	3.6	3.0	25.5	7.5	56.6	SO_3:1.3;K_2O:1.1	$CaCO_3$、$CaMg(CO_3)_2$、$CaMg(SiO_3)_2$
	94	1.1	0.6	7.2	87.2	2.6	—	Fe_2O_3、Fe_3O_4
	95	1.2	0.6	6.1	87.9	3.2	—	Fe_2O_3、Fe_3O_4

① 上述结果以样品干态计算；

② GB/T 16597—1996 为 XRF 半定量方法，元素结果以氧化物计。

（4）经检验，货物主要成分为 Fe_2O_3、Fe_3O_4 和 $CaCO_3$、白云石、透辉石、煤炭等，混有少量的废塑料、废金属等夹杂物。依据抽检样品的组成、物相和外观，以及综合文献资料判断，推断货物来源于球团矿生产过程中的剩余物料、下脚料、不合格品的混合物。

（5）依据 GB 34330—2017《固体废物鉴别标准　通则》，判断该货物属于固体废物。

（6）依据《进口废物管理目录》（2017 年）（环境保护部、商务部、国家发展和改革委员会、海关总署、国家质量监督检验检疫总局 2017 年第 39 号公告）该货物为我国禁止进口固体废物。

5.9　枕木

（1）对申报品名为"枕木"的货物进行现场检验。

（2）货物申报质量为××千克，存放于集装箱内。

（3）检验员现场进行掏柜检验。现场货物为裸装、方形枕木，有使用过痕迹，部分货物表面有打孔；部分货物表面覆有泥土、石块及黑色油污，见图 5-9。

（4）综合分析货物的外观、形状、现场检验结果及文献资料，推断货物来源于已使用过的枕木。

（5）依据 GB 34330—2017《固体废物鉴别标准　通则》，判断该货物属于固体废物。

（6）依据《进口废物管理目录》（2017 年）（环境保护部、商务部、国家发展和改革委员会、海关总署、国家质量监督检验检疫总局 2017 年第 39 号公告）的《禁止进口固体废物目录》中序号"124"将"废枕木"列入《禁止进口固体废物目录》，判断该货物属于我国禁止进口固体废物。

图 5-9　枕木货物现场照片

5.10　锡矿

（1）对申报品名为"锡矿"货物进行现场检验。

（2）货物申报质量为××吨于集装箱××内摆放。

（3）检验员现场进行掏柜检验。货物由外层编织内层塑料袋（吨袋）包装。货物主要为多种颜色（黑色、砖红色、灰色、灰绿色等）的颗粒状、粉状及不规则块状固体，其中多个包装件内货物可见银色金属熔块。货物夹杂少量废纤维、废玻璃、羽毛、废钢片等废弃物。检验员检验全部包装件，用扦样探筒于包装件中部扦取样品，装入洁净样品袋中，带回实验室待验，见图 5-10。

（4）成分分析

① 化学成分分析　按照 GB/T 16597—1996《冶金产品分析方法　X 射线荧光光谱法通则》对抽检样品进行测定，结果见表 5-8。

表 5-8　抽检样品成分分析结果[1,2]（锡矿）

样品自编号	成分及含量/%					
	SnO_2	Al_2O_3	SiO_2	CaO	Fe_2O_3	PbO
1-1	12.4	1.0	62.6	1.9	11.4	—
1-2	39.1	19.8	7.0	2.5	1.0	—
1-3	26.5	23.8	18.6	6.1	1.1	3.9

样品自编号	成分及含量/%					
	SnO₂	Al₂O₃	SiO₂	CaO	Fe₂O₃	PbO
2-1	30.8	1.1	43.1	2.1	10.1	—
2-2	23.1	41.1	16.8	6.3	1.4	—
3	4.4	0.5	72.3	1.6	14.2	—
4	37.6	20.6	22.3	4.5	1.6	—
5[③]	6.5	—	—	—	0.2	92.4
6	6.2	3.8	50.2	1.5	2.6	
7	50.8	5.4	22.9	2.8	3.9	—
8	52.1	0.4	20.3	0.4	0.6	—
9	26.4	3.5	35.6	2.8	3.9	0.2

① 结果以氧化物计,以样品干态计算。

② GB/T 16597—1996 为半定量方法。

③ 样品检出铁合金及铅锡合金。

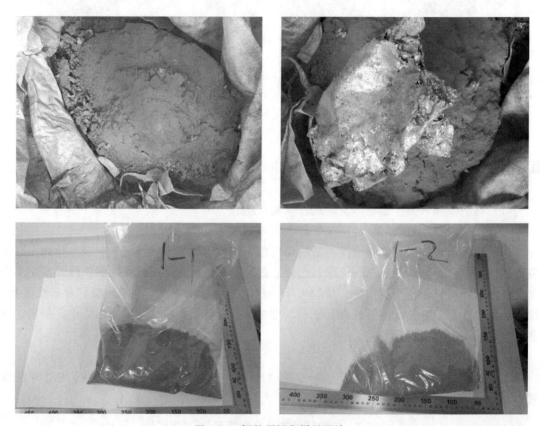

图 5-10　锡矿现场和样品照片

② 物相分析　按照 GB/T 30904—2014《无机化工产品　晶型结构分析　X 射线衍射法》标准采用 XRD 法对抽检样品进行定性分析,抽检样品 (除金属样品外) 主要物相均为 SnO₂、SiO₂、Fe₂O₃、CaO、Al₂O₃、Ca₂SiO₄ 等。

(5) 综上所述,依据样品的组成、物相和外观,以及综合文献资料判断,推断该批货物来源为冶炼过程中产生的锡渣，混有熔炼金属合金。

（6）根据 GB 34330—2017《固体废物鉴别标准　通则》，判断该批货物属于固体废物。

5.11　废五金

（1）对申报品名为"废五金"的货物进行现场检验。

（2）货物经现场鉴重，质量为××千克，存放于柜号为××集装箱内。

（3）检验员进行现场掏柜检验。货物主要有以铁丝捆绑的废水箱、以塑料编织袋（吨袋）包装的金属废碎料（夹杂子弹），部分货物散落。检验员抍取有代表性样品带回实验室，见图 5-11。

图 5-11　废五金货物现场及样品照片

（4）经检验员现场鉴重，金属废碎料（夹杂子弹）质量为××千克；其余货物质量为××千克。

（5）货物成分分析：按照 GB/T 16597—1996 标准，采用 X 荧光光谱仪检验，金属废碎料（夹杂子弹）的主成分为铅合金。

（6）该批货物申报品名为"疑似废五金（未申报）"，根据货物现场包装、外观及检测结果，推断货物来源于废五金（废水箱）及混有子弹的铅废碎料。

（7）依据 GB 34330—2017《固体废物鉴别标准　通则》，判断该货物属于固体废物。

（8）依据《进口废物管理目录》（2017 年）（环境保护部、商务部、国家发展和改革委员会、海关总署、国家质量监督检验检疫总局 2017 年第 39 号公告），货物中废五金（废水箱）属于我国限制进口类可用作原料的固体废物，质量为 11520kg；货物中混有子弹的铅废碎料属于我国禁止进口固体废物，质量为 7300kg，质量占比 38.8％。

（9）该批货物不符合 GB 16487.10—2017《进口可用作原料的固体废物环境保护控制标准——废五金电器》的规定。

注：依据环境保护部、商务部、国家发展改革委、海关总署、国家质检总局 2011 年第 12 号令发布的《固体废物进口管理办法》第十四条：进口固体废物必须符合进口可用作原料的固体废物环境保护控制标准或者相关技术规范等强制性要求。经检验检疫，不符合进口可用作原料的固体废物环境保护控制标准或者相关技术规范等强制性要求的固体废物，不得进口。

5.12　废五金料

（1）对申报品名为"废五金料"的货物进行现场检验。

（2）货物经现场鉴重，质量为××千克，存放于柜号为××集装箱内。

（3）货物以大编织袋（吨袋）包装，少量货物散落集装箱内。部分包装袋破损。

（4）检验员进行现场掏柜检验。货物主要为多种规格未经拆解的废电源插头、废鼠标、废适配器、废电机、废电话听筒、废键盘、废开关等废电子配件，外观残旧，破损。检验员扦取有代表性样品带回实验室，见图 5-12。

图 5-12　废五金料货物现场及样品照片

（5）该批货物申报品名为"废五金料"，根据货物现场包装及外观，推断货物来源于废弃的电器电子产品。

（6）依据 GB 34330—2017《固体废物鉴别标准　通则》，判断该货物属于固体废物。

（7）依据《进口废物管理目录》（2017 年）（环境保护部、商务部、国家发展和改革委员会、海关总署、国家质量监督检验检疫总局 2017 年第 39 号公告），该货物属于我国禁止进口固体废物。

5.13　废活性炭

（1）对申报品名为"废活性炭"的样品进行危险废物鉴别。

（2）样品由委托方提供，由塑料袋包装。样品共××袋，各约××千克，标记分别为 1

♯和2♯。

（3）样品外观均为黑色、块状、无规则固体，有少量黑色粉末碎屑，见图5-13。

图5-13 废活性炭样品照片

（4）成分分析

① 元素分析 按照 GB/T 16597—1996 标准，采用 XRF 法对送检样品进行物相分析，送检样品中检出 1♯样品主要含有 Al、Si、S、Fe、Ti、Ca 和 C 等元素，2♯样品主要含有 Fe、Al、Si、S、Ca、Ti 和 C 等元素。

② 化学成分 按照 GB/T 6041—2002 标准，采用 HS-GC/MS 法对送检样品挥发性有机化合物成分进行分析，送检样品均未检出挥发性有机化合物。

按照 GB/T 6041—2002 标准，采用 GC/MS 法对送检样品溶出物成分进行分析，样品中检出 $C_{15}\sim C_{24}$ 烃类化合物。

（5）浸出毒性：按照 GB 5085.3—2007 对送检样品进行浸出毒性测试，送检样品经浸出处理后的"浸出液"中所检危害成分的检测结果详见表5-9和表5-10。

1♯送检样品经浸出处理后的"浸出液"中所检危害成分的检测结果中总铬、镍、铍均超过 GB 5085.3—2007《危险废物鉴别标准 浸出毒性鉴别》中限值。

表 5-9 1♯样品浸出液中各危害成分的检测结果

序号	危害成分项目	检测结果	方法检出限	GB 5085.3—2007 限值	单位	检测方法
1	铜	＜10	—	100	mg/L	GB 5085.3—2007
2	锌	＜10	—	100	mg/L	

序号	危害成分项目	检测结果	方法检出限		GB 5085.3—2007 限值	单位	检测方法
3	镉	<0.1	—		1	mg/L	
4	铅	<1	—		5	mg/L	GB 5085.3—2007
5	总铬	122.4	—		15	mg/L	
6	六价铬	<1			5	mg/L	
7	烷基汞	未检出	甲基汞<10	不得检出		ng/L	GB/T 14204—1993
			乙基汞<20				
8	汞	<0.01	—		0.1	mg/L	
9	铍	0.025			0.02	mg/L	
10	钡	<10	—		100	mg/L	
11	镍	60.0	—		5	mg/L	GB 5085.3—2007
12	总银	<1			5	mg/L	
13	砷	<1			5	mg/L	
14	硒	<0.1	—		1	mg/L	
15	氰化物（以总 CN^- 计）	未检出	4		5	mg/kg	GB 5009.36—2016 第三法（定性法）
16	硝基苯	未检出	5		20	mg/L	
17	二硝基苯	未检出	5		20	mg/L	
18	对硝基氯苯	未检出	5		5	mg/L	
19	2,4-二硝基氯苯	未检出	5		5	mg/L	
20	五氯酚及五氯酚钠（以五氯酚计）	未检出	10		50	mg/L	
21	苯酚	未检出	1		3	mg/L	
22	2,4-二氯苯酚	未检出	1		6	mg/L	
23	2,4,6-三氯苯酚	未检出	1		6	mg/L	
24	苯并[a]芘	未检出	0.0001		0.0003	mg/L	
25	邻苯二甲酸二丁酯	未检出	1		2	mg/L	
26	邻苯二甲酸二辛酯	未检出	1		3	mg/L	GB 5085.3—2007
27	多氯联苯	未检出	0.002		0.002	mg/L	
28	苯	未检出	0.1		1	mg/L	
29	甲苯	未检出	0.1		1	mg/L	
30	乙苯	未检出	0.1		4	mg/L	
31	二甲苯	未检出	0.1		4	mg/L	
32	氯苯	未检出	0.1		2	mg/L	
33	1,2-二氯苯	未检出	0.1		4	mg/L	
34	1,4-二氯苯	未检出	0.1		4	mg/L	
35	丙烯腈	未检出	1		20	mg/L	
36	三氯甲烷	未检出	0.1		3	mg/L	
37	四氯化碳	未检出	0.1		0.3	mg/L	
38	三氯乙烯	未检出	0.1		3	mg/L	
39	四氯乙烯	未检出	0.1		1	mg/L	

表 5-10　2♯样品浸出液中各危害成分的检测结果

序号	危害成分项目	检测结果	方法检出限	GB 5085.3— 2007 限值	单 位	检测方法
1	铜	<10	—	100	mg/L	GB 5085.3—2007
2	锌	<10	—	100	mg/L	
3	镉	<0.1	—	1	mg/L	
4	铅	<1	—	5	mg/L	
5	总铬	<1	—	15	mg/L	
6	六价铬	<1	—	5	mg/L	
7	烷基汞	未检出	甲基汞<10 乙基汞<20	不得检出	ng/L	GB/T 14204—1993
8	汞	<0.01	—	0.1	mg/L	GB 5085.3—2007
9	铍	<0.01	—	0.02	mg/L	
10	钡	<10	—	100	mg/L	
11	镍	<1	—	5	mg/L	
12	总银	<1	—	5	mg/L	
13	砷	<1	—	5	mg/L	
14	硒	<0.1	—	1	mg/L	
15	氰化物 (以总 CN⁻ 计)	未检出	4	5	mg/kg	GB 5009.36—2016 第三法(定性法)
16	硝基苯	未检出	5	20	mg/L	GB 5085.3—2007
17	二硝基苯	未检出	5	20	mg/L	
18	对硝基氯苯	未检出	5	5	mg/L	
19	2,4-二硝 基氯苯	未检出	5	5	mg/L	
20	五氯酚及五氯 酚钠(以五氯 酚计)	未检出	10	50	mg/L	
21	苯酚	未检出	1	3	mg/L	
22	2,4-二氯苯酚	未检出	1	6	mg/L	
23	2,4,6-三氯 苯酚	未检出	1	6	mg/L	
24	苯并[a]芘	未检出	0.0001	0.0003	mg/L	
25	邻苯二甲酸 二丁酯	未检出	1	2	mg/L	
26	邻苯二甲酸 二辛酯	未检出	1	3	mg/L	
27	多氯联苯	未检出	0.002	0.002	mg/L	
28	苯	未检出	0.1	1	mg/L	
29	甲苯	未检出	0.1	1	mg/L	
30	乙苯	未检出	0.1	4	mg/L	
31	二甲苯	未检出	0.1	4	mg/L	
32	氯苯	未检出	0.1	2	mg/L	
33	1,2-二氯苯	未检出	0.1	4	mg/L	
34	1,4-二氯苯	未检出	0.1	4	mg/L	
35	丙烯腈	未检出	1	20	mg/L	

序号	危害成分项目	检测结果	方法检出限	GB 5085.3—2007 限值	单位	检测方法
36	三氯甲烷	未检出	0.1	3	mg/L	
37	四氯化碳	未检出	0.1	0.3	mg/L	
38	三氯乙烯	未检出	0.1	3	mg/L	GB 5085.3—2007
39	四氯乙烯	未检出	0.1	1	mg/L	

（6）毒性物质含量鉴别：采用 GB 5085.6—2007 对送检样品进行毒性物质含量鉴别。对送检样品中多环芳烃（致癌性物质）中18种致癌多环芳烃进行测定，结果见表5-11。

送检样品多环芳烃含量结果＜0.1％，不超过 GB 5085.6—2007《危险废物鉴别标准　毒性物质含量鉴别》中限值。

表 5-11　送检样品多环芳烃类毒性物质含量的检测结果

编号	CAS No.	毒性物质项目	含量/(mg/kg)	
			1#	2#
1	83-32-9	苊(萘嵌戊烷)	ND	ND
2	208-96-8	苊烯	ND	ND
3	120-12-7	蒽	ND	ND
4	56-55-3	苯并[a]蒽	ND	ND
5	205-99-2	苯并[b]荧蒽	ND	ND
6	207-08-9	苯并[κ]荧蒽	ND	ND
7	191-24-2	苯并[g,h,i]芘(二萘嵌苯)	ND	ND
8	50-32-8	苯并[a]芘	ND	ND
9	218-01-9	屈	ND	ND
10	53-70-3	二苯并[a,h]蒽	ND	ND
11	206-44-0	荧蒽	ND	ND
12	86-73-7	芴	ND	ND
13	193-39-5	茚并[1,2,3-cd]芘	ND	ND
14	91-20-3	萘	6.5	2.1
15	85-01-8	菲	7.0	3.1
16	129-00-0	芘	ND	ND
17	205-82-3	苯并[j]荧蒽	ND	ND
18	192-97-2	苯并[e]芘	ND	ND

注：　1. 多环芳烃检出限为 0.1mg/kg。

2. "ND"表示"未检出"，即低于方法检出限。

（7）易燃性：按照 GB 5085.4—2007 对送检样品进行易燃性测试。用 100mm 立方体试样在 140℃下，保持 24h，试样未自燃，该样品不属于易燃固体。经燃烧速率试验，判断该送检样品均不属于易燃固体。

（8）送检样品主成分为炭黑，依据样品的组成和外观，申请人提供的资料以及综合文献资料判断，送检样品来源于吸附处理过选钛厂粗粒干燥过程产生的烟气的废活性炭。

（9）1#送检样品经浸出处理后的"浸出液"中所检危害成分的检测结果中"总铬、镍、铍"均超过 GB 5085.3—2007《危险废物鉴别标准　浸出毒性鉴别》的限值。

（10）《国家危险废物名录》（2016 版）中，其他废物（HW49）来源于"非特定行业"产生的"化工行业生产过程中产生的废活性炭"（废物代码：900-039-49），危险特性为 T（有毒）。依据 GB 5085.7—2007《危险废物鉴别标准 通则》，判断送检样品均属于危险废物。

5.14 废旧电瓶

（1）对申报品名为"废旧电瓶"的货物进行固体废物属性鉴别。

（2）货物申报质量为××吨。

（3）样品见图 5-14。

图 5-14 废旧电瓶货物及样品照片

（4）依据样品外观，结合申请人提供信息及文献资料，货物为废弃的铅蓄电池。

依据 GB 34330—2017《固体废物鉴别标准 通则》，判断该货物属于固体废物。

《进口废物管理目录》（2017 年）（环境保护部、商务部、国家发展和改革委员会、海关总署、国家质量监督检验检疫总局 2017 年第 39 号公告），将"8548100000 的电池废碎料及废电池〔指原电池（组）和蓄电池的废碎料，废原电池（组）及废蓄电池〕"列入《禁止进口固体废物目录》中，该货物属于我国禁止进口固体废物。

（5）依据 GB 5085.7—2007《危险废物鉴别标准 通则》和《国家危险废物名录》（2016版），判断该货物属于危险废物。

5.15 冷凝水

（1）对申报品名为"冷凝水"的样品进行危险废物鉴别。

（2）样品由委托方提供，由白色塑料瓶包装，约××千克。

（3）样品外观为液体，静置后分层，下层为无色透明液体，上层为黄色液体，见图 5-15。

（4）成分分析

① 按 GB/T 6283—2008 标准对送检验品水分进行检测，送检样品水分含量为 93.4％。

② 按 GB/T 6041—2002 标准，采用 GC-MS 对"下层无色透明液体"进行检测，该部分样品主成分为水、2-甲基丙醛、甲醇、新戊二醇、苯酚和 $C_9 \sim C_{16}$ 烃类化合物；另检出少量 2-甲基丙酸、5,5-二甲基-1,3-二氧六环、1,3-二氧六环类化合物，以及甲基萘、二甲基

萘、三甲基萘、甲基菲、甲基蒽和二甲基菲等多环芳烃衍生物。结果见表 5-12。

图 5-15　冷凝水样品照片

表 5-12　送检样品（下层无色透明液体）成分分析结果

成分	含量	单位	检测方法
$C_9 \sim C_{16}$ 烃类化合物	2.2	%	GB/T 9722—2006
新戊二醇	1.4		
2-甲基丙醛	0.8		
5,5-二甲基-1,3-二氧六环	0.2		
2-甲基-1-丙醇	0.1		
1,3-二氧六环类化合物	0.1		
甲基丙酸	0.1		
甲醇	0.5		GB 5085.6—2007
苯酚	1485	mg/kg	GB 5085.6—2007
甲基萘	17		GB/T 6041—2002
二甲基萘	123		
三甲基萘	173		
甲基菲	138		
甲基蒽	90		
二甲基菲	116		

③ 按 GB/T 6041—2002 标准，采用 GC-MS 对"上层黄色液体"进行检测，该部分样品主成分为 $C_9 \sim C_{16}$ 烃类化合物、1,3-二氧六环类化合物、2-甲基-3-己酮、2-甲基丙醛、5,5-二甲基-1,3-二氧六环、甲基萘、二甲基萘、三甲基萘、四甲基萘、甲基芴、二甲基芴、甲基菲、甲基蒽和二甲基菲等多环芳烃衍生物，结果见 5-13。

表 5-13　送检样品（上层黄色液体）成分分析结果

成分	含量	单位	检测方法
$C_9 \sim C_{16}$ 烃类化合物	65.6	%	GB/T 9722—2006
1,3-二氧六环类化合物	30.5		
2-甲基丙醛	1.6		
5,5-二甲基-1,3-二氧六环	0.7		
2-甲基-3-己酮	0.4		

成分	含量	单位	检测方法
甲基萘	867		
二甲基萘	6834		
三甲基萘	7245		
四甲基萘	3098	mg/kg	GB/T 6041—2002
甲基菲	3508		
甲基蒽	1668		
二甲基菲	5738		

（5）浸出毒性：采用 GB 5085.3—2007 对送检样品进行浸出毒性鉴别，依据送检外观，将分为 1"下层无色透明液体"和 2"上层黄色液体"2 个单元测试进行检测。结果见表5-14。

送检样品中"下层无色透明液体"中苯酚含量超出 GB 5085.3—2007《危险废物鉴别标准 浸出毒性鉴别》中限值；送检样品中"上层黄色液体"经浸出处理后的"浸出液"中苯并 [a] 芘、甲苯、乙苯含量超出 GB 5085.3—2007《危险废物鉴别标准 浸出毒性鉴别》中限值。

表 5-14 浸出液中各危害成分的检测结果（冷凝水）

序号	类别	危害成分项目	方法检出限 /(mg/L)	浸出液中危害成分质量浓度限值/(mg/L)	含量/(mg/L) 1	含量/(mg/L) 2
1	无机元素及化合物	铜(以总铜计)	—	100	<10	<10
2		锌(以总锌计)	—	100	<10	<10
3		镉(以总镉计)	—	1	<0.1	<0.1
4		铅(以总铅计)	—	5	<1	<1
5		总铬	—	15	<1	<1
6		铬(六价)	—	5	<1	<1
7		烷基汞	甲基汞<10 ng/L	不得检出①	ND	ND
			乙基汞<20 ng/L	不得检出①	ND	ND
8		汞(以总汞计)	—	0.1	<0.01	<0.01
9		铍(以总铍计)	—	0.02	<0.01	<0.01
10		钡(以总钡计)	—	100	<10	<10
11		镍(以总镍计)	—	5	<1	<1
12		总银	—	5	<1	<1
13		砷(以总砷计)	—	5	<1	<1
14		硒(以总硒计)	—	1	<0.1	<0.1
15		无机氟化物	—	100	<10	<10
16		氰化物(以 CN⁻ 计)	4	5	ND	ND
17	非挥发性有机物	硝基苯	5	20	ND	ND
18		二硝基苯	5	20	ND	ND
19		对硝基氯苯	5	5	ND	ND
20		2,4-二硝基氯苯	5	5	ND	ND
21		五氯酚及五氯酚钠（以五氯酚计）	10	50	ND	ND
22		苯酚	1	3	1485	ND
23		2,4-二氯苯酚	1	6	ND	ND
24		2,4,6-三氯苯酚	1	6	ND	ND
25		苯并[a]芘	0.0001	0.0003	ND	0.001
26		邻苯二甲酸二丁酯	1	2	ND	ND
27		邻苯二甲酸二辛酯	1	3	ND	ND
28		多氯联苯	0.002	0.002	ND	ND

序号	类别	危害成分项目	方法检出限/(mg/L)	浸出液中危害成分质量浓度限值/(mg/L)	含量/(mg/L)	
					1	2
29		苯	0.1	1	ND	0.3
30		甲苯	0.1	1	0.1	5.3
31		乙苯	0.1	4	0.2	3.8
32		二甲苯	0.1	4	0.3	21.5
33	挥发性有机物	氯苯	0.1	2	ND	ND
34		1,2-二氯苯	0.1	4	ND	ND
35		1,4-二氯苯	0.1	4	ND	ND
36		丙烯腈	1	20	ND	ND
37		三氯甲烷	0.1	3	ND	ND
38		四氯化碳	0.1	0.3	ND	ND
39		三氯乙烯	0.1	3	ND	ND
40		四氯乙烯	0.1	1	ND	ND

① "不得检出"指甲基汞＜10ng/L，乙基汞＜20ng/L。

注："ND"表示"未检出"，即低于方法检出限。

（6）毒性物质含量鉴别：采用 GB 5085.6—2007 对送检样品进行毒性物质含量鉴别。依据送检外观，将分为 1"下层无色透明液体"和 2"上层黄色液体"2 个单元测试，对送检样品中甲醇（有毒物质）和多环芳烃（致癌性物质）含量进行鉴别，其中多环芳烃按 EPA8270 标准进行检测，结果见表 5-15。

表 5-15 送检样品多环芳烃及甲醇含量检测结果

编号	CAS No.	名称	含量/(mg/kg)	
			1	2
1	83-32-9	苊（萘嵌戊烷）	0.10	146
2	208-96-8	苊烯	ND	26
3	120-12-7	蒽	0.2	ND
4	56-55-3	苯并[a]蒽	ND	ND
5	205-99-2	苯并[b]荧蒽	ND	ND
6	207-08-9	苯并[k]荧蒽	ND	ND
7	191-24-2	苯并[g,h,i]芘（二萘嵌苯）	ND	ND
8	50-32-8	苯并[a]芘	ND	0.2
9	218-01-9	䓛	ND	ND
10	53-70-3	二苯并[a,h]蒽	ND	ND
11	206-44-0	荧蒽	ND	10
12	86-73-7	芴	0.3	233
13	193-39-5	茚并[1,2,3-cd]芘	ND	ND
14	91-20-3	萘	0.1	152
15	85-01-8	菲	1.6	1311
16	129-00-0	芘	0.1	52
17	205-82-3	苯并[j]荧蒽	ND	ND
18	192-97-2	苯并[e]芘	ND	ND
19	67-56-1	甲醇	5124	ND

（7）腐蚀性：按照 GB 5085.1—2007 对送检样品进行浸出腐蚀性鉴别，送检样品 pH＝9.37，不属于腐蚀性危险废物。

（8）经检验，送检样品主成分为水、$C_9 \sim C_{16}$ 烃类化合物、1,3-二氧六环类化合物和其他有机物。依照申请人提供的资料，推断样品来源于粉末涂料生产过程中冷凝器的冷凝水，依据 GB 34330—2017《固体废物鉴别标准　通则》，判断该样品属于固体废物。

（9）《国家危险废物名录》（2016 版）中将废物类别为"HW09 油/水、烃/水混合物或乳化液"、行业来源为"非特定行业"的其他工艺过程中产生的油/水、烃/水混合物或乳化液定为危险废物，废物代码为"900-007-09"，危险特性为"T（毒性）"。

（10）依据 GB 5085.7—2007《危险废物鉴别标准　通则》，判断该送检样品属于危险废物。

5.16　硫酸钙副产品

（1）对申报品名为"副产品硫酸钙"的货物进行现场检验。

（2）货物在车间内用绿色编织袋包装，每袋约 25kg，袋上有企业生产编号。

（3）包装件内货物样品主要为白色粉末，有不规则形状大小的结块。检验员在每堆随机选取 4 袋，每袋取约 500g 于塑料样品袋中，编号 A1～A4，B1～B4，C1～C4，D1～D4。抽样当天上午从离心机中取 4 袋样品编号 F1～F4，下午从离心机再取 4 袋样品于样品袋中编号 F5～F8，各约 500g，装入洁净样品袋中送实验室待检，见图 5-16。

图 5-16　硫酸钙副产品现场货物照片

（4）成分分析

① 物相分析　按照 GB/T 30904—2014 标准，采用 XRD 法对抽检样品进行物相分析，抽检样品主要成分一致，为 $CaSO_4 \cdot 0.5H_2O$，$CaSO_4 \cdot 2H_2O$。

② 化学成分

a. 按照 GB/T 16597—1996 标准，采用 X 荧光光谱仪对抽检样品的成分进行半定量分析，结果见表 5-16。

表 5-16　抽检样品成分分析结果（以元素氧化物计）（硫酸钙副产品）

样品号	检验结果/%		检测方法
	CaO	SO₃	
8217-A1	52.4	47.0	
8217-A3	52.4	47.2	GB/T 16597—1996
8217-B1	51.9	47.6	
8217-B3	52.5	47.1	

样品号	检验结果/%		检测方法
	CaO	SO₃	
8217-C1	52.7	46.9	
8217-C3	52.7	46.9	
8217-D1	52.5	47.0	
8217-D3	51.7	47.8	
8217-F1	51.8	47.4	GB/T 16597—1996
8217-F3	51.8	47.7	
8217-F5	52.4	46.8	
8217-F7	52.4	47.0	

b. 按照 GB/T 6041—2002 标准，采用 HS-GC/MS 法对抽检样品挥发性有机化合物成分进行分析，抽检样品均未检出挥发性有机化合物。

（5）浸出毒性：按照 GB 5085.3—2007 对抽检样品进行浸出毒性测试，抽检样品经浸出处理后的"浸出液"中所检危害成分的检测结果和 GB 5085.3—2007《危险废物鉴别标准浸出毒性鉴别》中限值，详见表 5-17。

表 5-17 样品浸出液中各危害成分的检测结果

序号	危害成分项目	检测结果	方法检出限	GB 5085.3—2007 限值	单位	检测方法
1	铜	<10	—	100	mg/L	
2	锌	<10	—	100	mg/L	
3	镉	<0.1	—	1	mg/L	
4	铅	<1	—	5	mg/L	GB 5085.3—2007
5	总铬	<1	—	15	mg/L	
6	六价铬	<1	—	5	mg/L	
7	烷基汞	未检出	甲基汞<10 乙基汞<20	不得检出	ng/L	GB/T 14204—1993
8	汞	<0.01	—	0.1	mg/L	
9	铍	<0.01	—	0.02	mg/L	
10	钡	<10	—	100	mg/L	
11	镍	<1	—	5	mg/L	GB 5085.3—2007
12	总银	<1	—	5	mg/L	
13	砷	<1	—	5	mg/L	
14	硒	<0.1	—	1	mg/L	
15	氰化物（以总 CN⁻ 计）	未检出	4	5	mg/kg	GB 5009.36—2016 第三法（定性法）
16	硝基苯	未检出	5	20	mg/L	
17	二硝基苯	未检出	5	20	mg/L	
18	对硝基氯苯	未检出	5	5	mg/L	
19	2,4-二硝基氯苯	未检出	5	5	mg/L	
20	五氯酚及五氯酚钠（以五氯酚计）	未检出	10	50	mg/L	GB 5085.3—2007
21	苯酚	未检出	1	3	mg/L	
22	2,4-二氯苯酚	未检出	1	6	mg/L	

序号	危害成分项目	检测结果	方法检出限	GB 5085.3—2007 限值	单位	检测方法
23	2,4,6-三氯苯酚	未检出	1	6	mg/L	
24	苯并[a]芘	未检出	0.0001	0.0003	mg/L	
25	邻苯二甲酸二丁酯	未检出	1	2	mg/L	
26	邻苯二甲酸二辛酯	未检出	1	3	mg/L	
27	多氯联苯	未检出	0.002	0.002	mg/L	
28	苯	未检出	0.1	1	mg/L	
29	甲苯	未检出	0.1	1	mg/L	GB 5085.3—2007
30	乙苯	未检出	0.1	4	mg/L	
31	二甲苯	未检出	0.1	4	mg/L	
32	氯苯	未检出	0.1	2	mg/L	
33	1,2-二氯苯	未检出	0.1	4	mg/L	
34	1,4-二氯苯	未检出	0.1	4	mg/L	
35	丙烯腈	未检出	1	20	mg/L	
36	三氯甲烷	未检出	0.1	3	mg/L	
37	四氯化碳	未检出	0.1	0.3	mg/L	
38	三氯乙烯	未检出	0.1	3	mg/L	
39	四氯乙烯	未检出	0.1	1	mg/L	

（6）毒性物质含量鉴别：因货物样品在加工过程中，原料为对苯二酚，采用 GB 5085.6—2007，对照标准附录 B 中甲醇和酚类毒性物质，对抽检样品中苯酚类化合物含量按标准进行检测，结果见表 5-18。

抽检样品甲醇和酚类化合物含量结果＜3％，不超过 GB 5085.6—2007《危险废物鉴别标准　毒性物质含量鉴别》中限值。

表 5-18　抽检样品中甲醇和酚类毒性物质的检测结果

序号	CAS No.	毒性物质项目	检测结果	方法检出限	单位
1	106-44-5	4-甲基苯酚	未检出	0.01	mg/kg
2	1319-77-3	甲酚（混合）	未检出	0.01	mg/kg
3	95-48-7	2-甲基苯酚	未检出	0.01	mg/kg
4	108-39-4	3-甲基苯酚	未检出	0.01	mg/kg
5	88-72-7	2-硝基苯酚	未检出	0.01	mg/kg
6	99-08-1	3-硝基苯酚	未检出	0.01	mg/kg
7	99-99-0	4-硝基苯酚	未检出	0.01	mg/kg
8	108-46-3	1,3-苯二酚	未检出	0.01	mg/kg
9	123-31-9	1,4-苯二酚	未检出	0.01	mg/kg
10	67-56-1	甲醇	未检出	0.01	mg/kg

采用 HJ 766—2015 方法，将样品经微波消解后，对样品中重金属进行测定，结果见表 5-19。

该抽检样品所有毒性物质所涉及元素均＜0.1％（1000mg/kg），由此推断该样品毒性物质含量均＜0.1％。

表 5-19　抽检样品中重金属含量的检测结果

项目	检测结果												方法检出限	单位
	A1	A3	B1	B3	C1	C3	D1	D3	F1	F3	F5	F7		
银	ND	ND	ND	ND	ND	ND	ND	ND	ND	ND	ND	ND	5	mg/kg
镉	ND	ND	ND	ND	ND	ND	ND	ND	ND	ND	ND	ND	5	mg/kg
铅	ND	ND	ND	ND	ND	ND	ND	ND	ND	ND	ND	ND	10	mg/kg
铍	ND	ND	ND	ND	ND	ND	ND	ND	ND	ND	ND	ND	5	mg/kg
钡	ND	ND	ND	ND	ND	ND	ND	ND	ND	ND	ND	ND	10	mg/kg
镍	ND	ND	ND	ND	ND	ND	ND	ND	ND	ND	ND	ND	10	mg/kg
硒	ND	ND	ND	ND	ND	ND	ND	ND	ND	ND	ND	ND	10	mg/kg
砷	ND	ND	ND	ND	ND	ND	ND	ND	ND	ND	ND	ND	5	mg/kg
钴	ND	ND	ND	ND	ND	ND	ND ND	ND	ND	ND	ND	ND	10	mg/kg
锑	ND	ND	ND	ND	ND	ND	ND	ND	ND	ND	ND	ND	10	mg/kg
锰	ND	ND	ND	ND	ND	ND	ND	ND	ND	ND	ND	ND	10	mg/kg
锌	178.0	165.6	139.5	124.8	186.0	152.2	173.1	196.0	305.3	130.3	127.9	171.9	10	mg/kg
铬	ND	ND	ND	ND	ND	ND	ND	ND	ND	ND	ND	ND	10	mg/kg

（7）腐蚀性：按照 GB 5085.1—2007 对抽检样品进行浸出腐蚀性测试，抽检样品经浸出处理后的"浸出液"pH 为 4.8～5.4，不属于腐蚀性危险废物。

（8）抽检样品主成分为水合硫酸钙，依据样品的组成和外观，以及综合文献资料判断，抽检样品来源于 2,5-二羟基苯磺酸钙生产过程中产生的副产物。

（9）《国家危险废物名录》（2016 版）没有与之对应的物质，同样在《危险化学品目录》（2015 版）也没有与之对应的物质。

（10）抽检样品的浸出毒性不超过 GB 5085.3—2007《危险废物鉴别标准　浸出毒性鉴别》中限值，所检的毒性物质均不超过 GB 5085.6—2007《危险废物鉴别标准　毒性物质含量鉴别》中限值，不属于腐蚀性物质。根据 GB 5085.7—2007《危险废物鉴别标准　通则》，判断抽检样品不属于危险废物。

5.17　皮干革

（1）对申报品名为"皮干革"的货物进行现场检验。

（2）货物存放柜号为"DRYU 4259728"集装箱内。检验员到达现场时，货物已全部掏厢，共 29 件，露天摆放。现场货物以瓦楞纸箱包装，外层以黑色塑料薄膜及塑料编织袋包装，少量包装件破损。注：货物上数字标记为内装皮革数量。

（3）检验员随机开拣 10 个包装件，开拣的部分包装件内部附有全部皮革的面积尺寸。货物主要为淡黄色及橘色非整张皮革。部分货物表面印有"040""050"等标记。大部分货物一侧有整齐的切痕。检验员共扦取样品 7 件，带回实验室待验，见图 5-17。

（4）抽检样品物化特性分析

① 定性分析　货物的申报名称为"皮干革"，根据 GB/T 6040—2002 标准，采用 FT-IR 法进行对抽检样品聚合物定性分析，抽检样品主成分为蛋白质和脂肪，经进一步鉴定，抽检样品为牛皮。

② 重金属分析　采用 GB/T 22930—2008 测定抽检样品的重金属含量，GB/T 22807—2008 测定抽检样品的六价铬含量，结果见表 5-20。从表 5-20 结果可见，抽检样品六价铬含量较低（均小于 3mg/kg）说明样品并非经铬鞣制。

图 5-17　皮干革货物现场照片

表 5-20　抽检样品重金属检测结果

包装件数字	重金属/(mg/kg)				
	铅（Pb）	镉（Cd）	铬（Cr）	六价铬（CrⅥ）	汞（Hg）
348	<10	<5	<10	<3	<2
358	<10	<5	<10	<3	<2
356	<10	<5	<10	<3	<2
350	<10	<5	<10	<3	<2
336	<10	<5	<10	<3	<2
342	<10	<5	<10	<3	<2
347	<10	<5	<10	<3	<2

③ 样品尺寸　对抽检样品的面积进行检测，结果见表 5-21。

表 5-21　抽检样品面积的检测结果

包装件数字	348	358	356	350	336	342	347
面积/m²	0.70	0.68	0.70	0.40	0.75	0.90	0.92

（5）该批货物申报品名为"牛肚皮干革"，抽检样品的成分为牛皮，结合货物的外观及申请人提供的资料综合分析，推断货物来源于未剖层非整张牛皮革。

（6）依据 GB 34330—2017《固体废物鉴别标准　通则》，判定该批货物不属于固体废物。

5.18　偏光片边角片材

（1）对申报品名为"偏光片边角片材"的货物进行现场检验。

（2）货物申报质量为××千克，存放于柜号为××集装箱内。

（3）货物以纸箱包装；包装件贴有"偏光片边角片材""亮面偏光片边角片材""雾面偏光片边角片材"的标记。

（4）检验员现场进行掏柜检验。现场检验货物为黑色半透明片材。货物以形状分类，表面以透明塑料包膜包裹。不同包裹间货物形状及大小不一致，但同一包裹内货物形状及大小基本一致。检验员现场随机选取有偏光片边角片材标签纸箱 8 个，编号 1～8 号；"亮面"偏光片边角片材标签纸箱 8 个，编号 L1～L8；"雾面"偏光片边角片材标签纸箱 8 个，编号 W1～W8，将样品装入洁净样品袋中，带回实验室待检，见图 5-18。

图 5-18　偏光片边角片材现场货物照片

（5）成分分析：根据 GB/T 6040—2002 标准，采用 FT-IR 法对抽检样品成分进行分析，抽检样品双面保护胶膜主成分为聚对苯二甲酸乙二醇酯，中间层主成分为纤维素酯类物质。

（6）货物申报品名为"偏光片边角片材"，经检验，货物主成分为纤维素酯类物质。综合分析货物包装、外观、检测结果及客户提供的资料，推断货物来源于经整理的偏光片片材生产或利用过程中的边角料。

（7）依据 GB 34330—2017《固体废物鉴别标准　通则》，判断该货物不属于固体废物。

5.19　铅矿石

（1）对申报品名为"铅矿石"货物进行现场检验。

（2）货物申报质量为××千克，存放于三个集装箱内。

（3）货物以杂色塑料编织袋包装，约 50 千克/包。

（4）检验员现场进行掏柜检验。现场货物主要为灰白色、黄褐色、灰色、灰黑色不规则块状固体及颗粒。检验员现场随机选取 20 个包装件，每个包装件扦取约 500g 样品，依据样品外观装入洁净样品袋中，依照集装箱号混为每柜 2 个大样，带回实验室待验，见图 5-19。

图 5-19　铅矿石货物现场照片

（5）成分分析：按照 GB/T 16597—1996 和 GB/T 30904—2014 标准，分别采用 XRF 法及 XRD 法对抽检样品进行组成定性及半定量分析和物相分析，结果见表 5-22。

表 5-22　抽检样品成分分析结果（铅矿石）

抽检柜号	主成分[①]/%							主要物相
	PbO	ZnO	Fe₂O₃	SO₃	SiO₂	Al₂O₃	CdO	
A	59.3	9.8	1.3	10.6	15.5	1.0	<0.1	PbS、SiO₂、
B	33.1	34.9	1.6	15.9	10.9	1.1	0.1	PbCO₃、
C	62.4	10.6	1.5	8.8	13.3	—	<0.1	ZnS

① 元素结果以氧化物计。

注：抽检样品未检出 As、Hg。

（6）货物申报品名为"铅矿石"，经检验，货物以铅、锌和硫为主。综合分析货物的外观、检测结果及文献资料，推断货物来源于铅矿。

（7）依据 GB 34330—2017《固体废物鉴别标准　通则》，判断该货物不属于固体废物。

5.20　球团碎

（1）对申报品名为"球团碎"的样品进行固体废物属性鉴别。

（2）样品由申请人提供，××袋约××千克。

（3）送检样品主要为黑褐色颗粒及粉末，样品潮湿，见图 5-20。

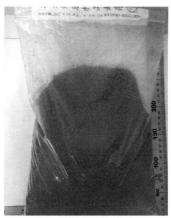

图 5-20　球团碎样品照片

（4）成分分析

① 水分　依据 GB/T 2007.6—1987 标准，对送检样品水分进行检测，送检样品水分（105℃）为 2.0%。

② 主成分　依据 GB/T 16597—1996 标准，采用 X 荧光光谱仪对送检样品进行元素组成分析，结果见表 5-23。

表 5-23　送检样品成分分析结果[①,②]（一）

主成分	Fe_2O_3	SiO_2	CaO
含量/%	95.8	1.9	0.8

① 上述结果以样品干态计算；

② 元素结果以氧化物计。

③ 碳含量　依据 GB/T 6730.61—2005 标准，对送检样品进行碳含量进行分析，送检样品碳含量为 0.04%。

④ 物相分析　依据 GB/T 30904—2014 标准，采用 X 射线衍射仪对送检样品元素组成进行物相分析，送检样品主要物相为 Fe_2O_3、Fe_3O_4 和少量 SiO_2。

⑤ 粒度分布　依据 GB/T 2007.7—1987 标准，对送检样品进行成分分析，结果见表 5-24。

表 5-24　送检样品成分分析结果[①,②]（二）

分布区间	>5mm	5mm～1mm	1mm～100 目	<100 目
粒径分布/%	39.90	38.31	11.50	10.29

① 上述结果以样品干态计。

② 元素结果以氧化物（Fe_2O_3）计。

⑥ 不同粒径成分分析　采用 GB/T 16597—1996 和 GB/T 30904—2014 对送检样品不同粒径部分进行成分分析。结果见表 5-25。

表 5-25　送检样品不同粒径成分分析结果[①,②]

分布区间	主成分/%			主要物相
	Fe_2O_3	CaO	SiO_2	
>5mm	95.7	0.7	1.8	Fe_2O_3、Fe_3O_4
5mm～1mm	95.8	0.6	1.9	
1mm～100 目	94.4	1.0	2.1	
<100 目	94.2	1.1	2.2	

① 上述结果以样品干态计。

② 元素结果以氧化物（Fe_2O_3）计。

⑦ 有毒有害成分分析：送检样品中未检出砷（As）。

（5）送检样品申报品名为"球团碎"，经检验，送检样品主要成分为 Fe_2O_3、Fe_3O_4，含有少量 SiO_2。综合分析样品的外观、性状、成分以及球团矿相关技术资料，推断送检样品来源于球团矿生产过程中的筛下物。

（6）依据 GB 34330—2017《固体废物鉴别标准　通则》，判断该样品不属于固体废物。

5.21　钽铌矿

（1）实验室派人对申报品名为"钽铌矿"的货物进行现场检验。

（2）货物于 2 个集装箱内堆放。

（3）检验员现场进行掏柜检验。货物以铁桶包装，主要为黑褐色固体（粉末状、颗粒状及块状）。货物检验员随机选取 26 个包装件，于包装铁桶中部破坏后用扦样探筒扦取样品，装入洁净样品袋中，带回实验室待验，见图 5-21。

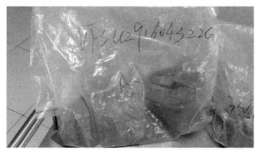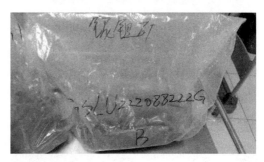

图 5-21　钽铌矿货物现场及样品照片

（4）成分分析

① 水分　按照 GB/T 2007.6—1987 标准，对抽检样品水分进行测定，集装箱 A 抽检样品水分（105℃）为 0.5%，集装箱 B 抽检样品水分（105℃）为 0.7%。

② 化学成分分析　按照 GB/T 16597—1996 标准，对抽检样品进行成分半定量分析，结果抽检样品未检出钽（Ta）和铌（Nb），检测结果见表 5-26。

表 5-26　抽检样品成分分析结果[①]（钽铌矿）

成分	含量/%		检测方法
	A	B	
氧化锰（MnO）	34.1	32.2	GB/T 16597—1996
二氧化硅（SiO$_2$）	46.2	43.8	
氧化铝（Al$_2$O$_3$）	8.6	11.0	
三氧化二铁（Fe$_2$O$_3$）	3.7	4.1	
氧化钾（K$_2$O）	1.7	1.6	
氧化钙（CaO）	1.3	2.2	
氧化钡（BaO）	3.1	3.2	

① 结果以氧化物计，以样品干态计算。

③ 物相分析　按照 GB/T 30904—2014 标准，采用 XRD 法对抽检样品进行定性分析，抽检样品主要物相均为 MnO$_2$、SiO$_2$ 和 Al$_2$O$_3$。

（5）货物申报品名为"钽铌矿"，经检验，货物主要成分为 MnO$_2$、SiO$_2$ 和 Al$_2$O$_3$，抽检样品中未检出 Ta 或 Nb，货物与钽铌矿有显著差异，判断货物不属于钽铌矿。

（6）依据样品的组成、物相和外观，以及综合文献资料判断，推断货物来源于锰矿。

（7）根据 GB/T 34330—2017《固体废物鉴别标准　通则》，判断该货物不属于固体废物。

5.22　脱脂棉

（1）对申报品名为"脱脂棉"的货物进行检验。

（2）货物于集装箱内摆放。

（3）现场货物以铁丝打捆的白色编织袋包装，货物主要为白色棉花，未见明显杂质。检验员每柜随机选取 25 个包装袋，扦取样品后装入洁净样品袋中送实验室待检。每袋约 500g，分别按照抽检柜号自编号 1～25。共扦取样品 50 袋，回实验室待检，见图 5-22。

图 5-22　脱脂棉货物及样品照片

（4）理化指标分析：实验室随机选取每柜自编号为 9♯、20♯ 抽检样品进行检测。抽检样品长度、荧光物、水中可溶物、酸碱度、醚中可溶物的检测结果符合 YY/T 0330—2015《医用脱脂棉》的规定，结果见表 5-27。

表 5-27　样品理化指标分析

检测项目	检测方法	检测结果		YY/T 0330—2015 要求
		抽检柜 A	抽检柜 B	
纤维组分	FZ/T 01057.1～ FZ/T 01057.4—2007	棉	棉	棉
手扯平均长度 /mm	GB/T 19617—2007	15.6	15.1	≥10
杂质数量	GB/T 20392—2006	3 粒(杂质面积: 0.02%)	4 粒(杂质面积: 0.06%)	—
荧光物	SN/T 0309—1994	样品无荧光物	样品无荧光物	不应显示强 蓝色荧光
酸碱度	YY/T 0330—2015	不显示粉红色	不显示粉红色	不显示粉红色
水中可溶物/%	YY/T 0330—2015	0.38	0.34	≤0.50
醚中可溶物%	YY/T 0330—2015	0.2	0.3	≤0.50

（5）货物申报品名为"脱脂棉"，经检验，货物主成分为棉。综合分析货物的外观、形

状及检测结果，推断货物来源于经去夹杂物、漂白加工而成的棉。

（6）依据 GB 34330—2017《固体废物鉴别标准　通则》，判断该货物不属于固体废物。

5.23　锌矿石

（1）对申报品名为"锌矿石"的样品进行固体废物属性鉴别。

（2）样品由申请人提供，××袋，每袋约××千克，以透明塑料袋包装后装入塑料编织袋中。

（3）样品为灰色及灰黑色不规则块状固体，见图 5-23。

图 5-23　锌矿石样品照片

（4）成分分析

① 成分分析　采用 GB/T 16597—1996、SN/T 1326—2003、GB/T 8151.1—2012 和 GB/T 8151.15—2005 标准对送检样品进行成分分析，结果见表 5-28。送检样品中重金属含量符合 YS/T 320—2014 要求。

表 5-28　送检样品成分分析结果（锌矿石）

编号	成分/%								
	SO_3	SiO_2	Fe_2O_3	Zn	Pb	Hg	As	Cd	其他元素
1	8.7	42.2	7.9	11.12	4.1	0.002	0.0042	0.041	Al_2O_3：5.8；K_2O：2.6
2	6.1	3.5	66.2	8.99	0.11	0.003	0.0001	0.026	MnO：3.7
3	6.9	8.1	31.0	20.04	11.8	0.002	0.0001	0.038	Al_2O_3：1.5；MnO：1.6
4	18.9	5.1	4.0	31.26	29.0	0.009	0.0037	0.11	BaO：1.8
5	9.0	39.3	21.4	7.84	0.086	<0.002	0.0001	0.014	Al_2O_3：4.7；K_2O：1.6
6	22.5	1.6	4.9	33.86	36.3	0.013	0.0004	0.11	—

注：1. 测试方法 Zn 为 GB/T 8151.1—2012；Hg 为 GB/T 8151.15—2005；As、Cd 和 Pb 为 SN/T 1326—2003。

2. 其余元素测试方法为 GB/T 16597—1996，该方法为半定量方法，结果以元素氧化物表示。

3. YS/T 320—2014《锌精矿》限量要求：砷（As）≤0.50%；镉（Cd）≤0.30%；汞（Hg）≤0.06%。

② 物相分析　按照 GB/T 30904—2014 标准采用 XRD 法对送检样品进行定性分析，送检样品主要物相分析结果见表 5-29。

表 5-29　送检样品物相分析结果

编号	主要物相
1	$Zn_4CO_3(OH)_6 \cdot H_2O$、$SiO_2$、$ZnO$、$Zn_2SiO_4$、$ZnO$、$PbO$、$2KAlSiO_4 \cdot 3H_2O$、$PbS$、$FeCO_3$
2	$Fe(Mn,Zn)(CO_3)_2$、$Fe_{15}Zn_9MnS_{25}$
3	$Zn_2Fe_2S_3$、PbS、Zn_2SiO_4、ZnO、$ZnAl_2O_4$、$FeCO_3$、PbO
4	$Zn_2Fe_2S_3$、PbS、Zn_2SiO_4
5	ZnO、SiO_2、Fe_2O_3、$ZnSO_3$
6	$Zn_2Fe_2S_3$、PbS、Zn_2SiO_4

（5）送检样品申报品名为"锌矿石"，经检验，送检样品以锌、铁、硅、铅和硫元素为主。综合分析样品的检测结果以及样品外观，推断样品来源于锌矿及铅锌混合矿。

（6）送检样品中重金属（As、Hg、Cd）检测结果符合 YS/T 320—2014《锌精矿》限量要求。

（7）依据 GB 34330—2017《固体废物鉴别标准　通则》，判断该样品不属于固体废物。

5.24　氧化锌混合物

（1）对申报品名为"氧化锌混合物"的样品进行固体废物属性鉴别。

（2）样品由申请人提供，并附有封条。

（3）检验员与申请人一起剪开封条，内部样品以透明塑料袋包装。样品为灰黑色粉末，见图 5-24。

图 5-24　氧化锌混合物样品照片

（4）成分分析

①　物相分析　按照 GB/T 30904—2014 标准，采用 XRD 法对送样品进行物相分析，送检样品主要物相为 ZnO、WO_3、$ZnCl_2$、PbO。

②　成分分析　对送检样品进行化学成分分析，结果见表 5-30。

表 5-30　送检样品成分分析结果[①]（氧化锌混合物）

成分	含量/%	测试方法
氧化锌(ZnO)	77.77	GB/T 8151.1—2012
碳(C)	3.38	GB/T 6730.61—2005[②]

成分	含量/%	测试方法
二氧化硅(SiO₂)	1.2	
氧化钨(WO₃)	3.5	GB/T 16597—1996③
三氧化二铁(Fe₂O₃)	2.8	
氧化铅(PbO)	1.8	

① 结果除 C 外以氧化物计,结果以样品干态计算;

② 参照铁矿石方法;

③ GB/T 16597—1996 为半定量方法。

③ 有害元素分析　按照 YS/T 73—2011《副产品氧化锌》和 GB/T 20424—2006《重金属精矿产品中有害元素的限量规范》要求,对送检样品有害元素进行检测,结果见表 5-31。

表 5-31　送检样品有害元素检测结果

成分	含量	限量要求/%	测试方法
氟(F)	0.25	≤0.2①	YS/T 73—2011
氯(Cl)	1.5	≤0.3①	
砷(As)	0.0004	≤0.60①	SN/T 1326—2003
镉(Cd)	0.20	≤0.30②	
汞(Hg)	<0.002	≤0.06②	GB/T 8151.15—2005

① 限量指标见 YS/T 73—2011;

② 限量指标见 GB/T 20424—2006。

(5) 经检验,送检样品为锌含量(以氧化锌计)在 50% 以上的混合物,依据样品的组成、物相和外观,以及综合文献资料判断,推断货物来源为由含锌矿物原料或是其他含锌原料生产的粗氧化锌(混有炭黑)。

(6) 送检样品的锌含量符合 YS/T 73—2011《副产品氧化锌》相关技术指标规定,而氟和氯含量不符合 YS/T 73—2011《副产品氧化锌》相关技术指标规定。

(7) 依据 GB 34330—2017《固体废物鉴别标准　通则》,判断送检样品不属于固体废物。

5.25　助滤剂

(1) 对申报品名为"助滤剂"的货物进行现场检验。

(2) 货物于集装箱内堆放,申报质量为 30907.19 千克(毛重)。

(3) 货物以黑色塑料编织袋(吨袋)包装,共 80 件。包装袋上印有"MAXFLO""ADVANCED FILTERACID 80"等标记。

(4) 检验员现场进行掏柜检验。货物为黑色粉末。检验员开检全部 80 个包装件,采用扦样探筒于包装件上部、中部和下部扦取样品,共扦取样品 80 袋,回实验室待检,见图 5-25。

(5) 成分分析

① 主成分　按照 GB/T 16597—1996 和 GB/T 30904—2014 标准,分别采用 XRF 和 XRD 法对抽检样品进行成分分析,抽检样品主成分为无定形二氧化硅(SiO₂)。

② 杂质元素　按照 EPA 3050B:1996 和 ISO 17294-2:2016 标准,采用 ICP 对抽检样品进行杂质元素分析,结果见表 5-32。

图 5-25　助滤剂货物现场及样品照片

表 5-32　抽检样品成分分析结果（助滤剂）

成分	Ca	Mg	K	P	Na
含量/%	0.17	0.17	0.91	0.30	0.03

注：抽检样品检出微量的铁、锰、锌和铜。

（6）粒径分布：按照 GB/T 19077.1—2008，采用激光粒度仪对抽检样品进行成分分析，抽检样品粒度分布集中，D_{10} 均大于 $40\mu m$，$10\mu m$ 及以下颗粒 <0.1%。

（7）货物申报品名为"助滤剂 MaxFlo$^®$X+10"，经检验，抽检样品主成分为无定形二氧化硅。依据样品的组成、物相和外观，以及综合文献资料判断，推断货物来源于稻壳经加工而成的无定形二氧化硅。

（8）根据 GB 34330—2017《固体废物鉴别标准　通则》，判断该货物不属于固体废物。

参考文献

[1] 冯均利，吴景武，余淑媛，等．进口含铁物料固体废物属性鉴别的探讨 [J]．冶金分析，2018，38（02）：18-24.

[2] 郝雅琼．进口有色金属物料的固体废物鉴别方法 [J]．环境污染与防治，2018，40（01）：6-10.

[3] 凌江，鞠红岩，聂晶磊．进口固体废物环境管理制度构筑 [J]．环境保护，2017，45（22）：7-10.

[4] 刘学之，张婷，孙鑫，等．中国固体废物进口的现状及监管问题分析 [J]．科技导报，2017，35（22）：86-91.

[5] 廖海滨．进口废物原料检验检疫监管模式实践探索 [J]．科技与创新，2017（17）：87-88.

[6] 马钟鸣，金杰，马云杰，等．进口废物原料口岸安全检验检疫与监管探讨 [J]．检验检疫学刊，2017，27（04）：59-62.

[7] 于泓锦，周炳炎，鞠红岩，等．进口废物管理目录研究 [J]．资源再生，2016（03）：52-55.

[8] 郝雅琼，朱雪梅，田书磊，等．进口固体废物鉴别现状和鉴别依据存在的问题及对策研究 [J]．环境污染与防治，2016，38（01）：106-110.

[9] 鞠红岩．我国废物进口现状和趋势分析 [J]．资源再生，2015（12）：38-40.

[10] 郝雅琼．进口可用作原料固体废物环控标准及检验规程存在问题及对策研究 [J]．环境与可持续发展，2015，40（05）：35-37.

[11] 王顺意，唐枫，马青原，等．进口废物原料 VOCs 风险评估研究 [J]．口岸卫生控制，2015，20（02）：16-18.

[12] 孙星星．我国固体废物进口监管问题研究 [D]．上海：华东政法大学，2015.

[13] 王钧华．进口固体废物的监管制度研究 [D]．上海：华东政法大学，2014.

[14] 张少婷．我国固体废物污染防治法律制度研究 [D]．重庆：重庆大学，2013.

[15] 张庆建，岳春雷，郭兵．固体废物属性鉴别及案例分析 [M]．北京：中国标准出版社，2015.

[16] 周炳炎，王琪．固体废物特性分析和属性鉴别案例精选 [M]．北京：中国环境出版社，2012.

附　录

附录1 《固体废物进口管理办法》

固体废物进口管理办法

（环境保护部、商务部、国家发展改革委、海关总署、国家质检总局联合令第12号）

第一章 总则

第一条 为了规范固体废物进口环境管理，防止进口固体废物污染环境，根据《中华人民共和国固体废物污染环境防治法》和有关法律、行政法规，制定本办法。

第二条 本办法所称固体废物，是指在生产、生活和其他活动中产生的丧失原有利用价值或者虽未丧失利用价值但被抛弃或者放弃的固态、半固态、液态和置于容器中的气态的物品、物质以及法律、行政法规规定纳入固体废物管理的物品、物质。

本办法所称固体废物进口，是指将中华人民共和国境外的固体废物运入中华人民共和国境内的活动。

第三条 本办法适用于以任何方式进口固体废物的活动。

通过赠送、出口退运进境、提供样品等方式将固体废物运入中华人民共和国境内的，进境修理产生的未复运出境固体废物以及出境修理或者出料加工中产生的复运进境固体废物的，除另有规定外，也适用本办法。

第四条 禁止转让固体废物进口相关许可证。

本办法所称转让固体废物进口相关许可证，是指：

（一）出售或者出租、出借固体废物进口相关许可证；

（二）使用购买或者租用、借用的固体废物进口相关许可证进口固体废物；

（三）将进口的固体废物全部或者部分转让给固体废物进口相关许可证载明的利用企业以外的单位或者个人。

第五条 禁止中华人民共和国境外的固体废物进境倾倒、堆放、处置。

禁止固体废物转口贸易。

未取得固体废物进口相关许可证的进口固体废物不得存入海关监管场所，包括保税区、出口加工区、保税物流园区、保税港区等海关特殊监管区域和保税物流中心（A/B型）、保税仓库等海关保税监管场所（以下简称"海关特殊监管区域和场所"）。

除另有规定外，进口固体废物不得办理转关手续（废纸除外）。

第六条 国务院环境保护行政主管部门对全国固体废物进口环境管理工作实施统一监督管理。国务院商务主管部门、国务院经济综合宏观调控部门、海关总署和国务院质量监督检验检疫部门在各自的职责范围内负责固体废物进口相关管理工作。

县级以上地方环境保护行政主管部门对本行政区域内固体废物进口环境管理工作实施监督管理。各级商务主管部门、经济综合宏观调控部门、海关、出入境检验检疫部门在各自职责范围内对固体废物进口实施相关监督管理。

国务院环境保护行政主管部门会同国务院商务主管部门、国务院经济综合宏观调控部门、海关总署、国务院质量监督检验检疫部门建立固体废物进口管理工作协调机制，实行固体废物进口管理信息共享，协调处理固体废物进口及经营活动监督管理工作的重要事务。

第七条 任何单位和个人有权向各级环境保护行政主管部门、商务主管部门、经济综合宏观调控部门、海关和出入境检验检疫部门，检举违反固体废物进口监管程序和进口固体废物造成污染的行为。

第二章 一般规定

第八条 禁止进口危险废物。禁止经中华人民共和国过境转移危险废物。

禁止以热能回收为目的进口固体废物。

禁止进口不能用作原料或者不能以无害化方式利用的固体废物。

禁止进口境内产生量或者堆存量大且尚未得到充分利用的固体废物。

禁止进口尚无适用国家环境保护控制标准或者相关技术规范等强制性要求的固体废物。

禁止以凭指示交货（TO ORDER）方式承运固体废物入境。

第九条 对可以弥补境内资源短缺，且根据国家经济、技术条件能够以无害化方式利用的可用作原料的固体废物，按照其加工利用过程的污染排放强度，实行限制进口和自动许可进口分类管理。

第十条 国务院环境保护行政主管部门会同国务院商务主管部门、国务院经济综合宏观调控部门、海关总署、国务院质量监督检验检疫部门制定、调整并公布禁止进口、限制进口和自动许可进口的固体废物目录。

第十一条 禁止进口列入禁止进口目录的固体废物。

进口列入限制进口或者自动许可进口目录的固体废物，必须取得固体废物进口相关许可证。

第十二条 进口固体废物应当采取防扬散、防流失、防渗漏或者其他防止污染环境的措施。

第十三条 进口固体废物的装运、申报应当符合海关规定，有关规定由海关总署另行制定。

第十四条 进口固体废物必须符合进口可用作原料的固体废物环境保护控制标准或者相关技术规范等强制性要求。经检验检疫，不符合进口可用作原料的固体废物环境保护控制标准或者相关技术规范等强制性要求的固体废物，不得进口。

第十五条 申请和审批进口固体废物，按照风险最小化原则，实行"就近口岸"报关。

第十六条 国家对进口可用作原料的固体废物的国外供货商实行注册登记制度。向中国出口可用作原料的固体废物的国外供货商，应当取得国务院质量监督检验检疫部门颁发的注册登记证书。

国家对进口可用作原料的固体废物的国内收货人实行注册登记制度。进口可用作原料的固体废物的国内收货人在签订对外贸易合同前，应当取得国务院质量监督检验检疫部门颁发的注册登记证书。

第十七条 国务院环境保护行政主管部门对加工利用进口废五金电器、废电线电缆、废电机等环境风险较大的固体废物的企业，实行定点企业资质认定管理。管理办法由国务院环境保护行政主管部门制定。

第十八条 国家鼓励限制进口的固体废物在设定的进口废物"圈区管理"园区内加工利用。

进口废物"圈区管理"应当符合法律、法规和国家标准要求。进口废物"圈区管理"园区的建设规范和要求由国务院环境保护行政主管部门会同国务院商务主管部门、国务院经济综合宏观调控部门、海关总署、国务院质量监督检验检疫部门制定。

第十九条 出口加工区内的进口固体废物利用企业以加工贸易方式进口固体废物的，必须持有固体废物进口相关许可证。

出口加工区以外的进口固体废物利用企业以加工贸易方式进口固体废物的，必须持有商务主管部门签发的有效的《加工贸易业务批准证》、海关核发的有效的加工贸易手册（账册）和固体废物进口相关许可证。

以加工贸易方式进口的固体废物或者加工成品因故无法出口需内销的，加工贸易企业无须再次申领固体废物进口相关许可证；未经加工的原进口固体废物仅限留作本企业自用。

第三章　固体废物进口许可管理

第二十条　进口列入限制进口目录的固体废物，应当经国务院环境保护行政主管部门会同国务院对外贸易主管部门审查许可。进口列入自动许可进口目录的固体废物，应当依法办理自动许可手续。

第二十一条　固体废物进口相关许可证当年有效。

固体废物进口相关许可证应当在有效期内使用，无论是否使用完毕逾期均自行失效。

固体废物进口相关许可证因故在有效期内未使用完的，利用企业应当在有效期届满30日前向发证机关提出延期申请。发证机关扣除已使用的数量后，重新签发固体废物进口相关许可证，并在备注栏中注明"延期使用"和原证证号。

固体废物进口相关许可证只能延期一次，延期最长不超过60日。

第二十二条　固体废物进口相关许可证实行"一证一关"管理。一般情况下固体废物进口相关许可证为"非一批一证"制，如要实行"一批一证"，应当同时在固体废物进口相关许可证备注栏内打印"一批一证"字样。

"一证一关"指固体废物进口相关许可证只能在一个海关报关；"一批一证"指固体废物进口相关许可证在有效期内一次报关使用；"非一批一证"指固体废物进口相关许可证在有效期内可以多次报关使用，由海关逐批签注核减进口数量，最后一批进口时，允许溢装上限为固体废物进口相关许可证实际余额的3%，且不论是否仍有余额，海关将在签注后留存正本存档。

第二十三条　固体废物进口相关许可证上载明的事项发生变化的，利用企业应当按照申请程序重新申请领取固体废物进口相关许可证。

发证机关受理申请后，注销原证，并公告注销的证书编号。

第二十四条　进口固体废物审批管理所需费用，按照国家有关规定执行。

第四章　检验检疫与海关手续

第二十五条　进口固体废物的承运人在受理承运业务时，应当要求货运委托人提供下列证明材料：

（一）固体废物进口相关许可证；

（二）进口可用作原料的固体废物国内收货人注册登记证书；

（三）进口可用作原料的固体废物国外供货商注册登记证书；

（四）进口可用作原料的固体废物装运前检验证书。

第二十六条　对进口固体废物，由国务院质量监督检验检疫部门指定的装运前检验机构实施装运前检验；检验合格的，出具装运前检验证书。

进口的固体废物运抵固体废物进口相关许可证列明的口岸后，国内收货人应当持固体废物进口相关许可证报检验检疫联、装运前检验证书以及其他必要单证，向口岸出入境检验检疫机构报检。

出入境检验检疫机构经检验检疫，对符合国家环境保护控制标准或者相关技术规范等强制性要求的，出具《入境货物通关单》，并备注"经初步检验检疫，未发现不符合国家环境保护控制标准要求的物质"；对不符合国家环境保护控制标准或者相关技术规范等强制性要求的，出具检验检疫处理通知书，并及时通知口岸海关和口岸所在地省、自治区、直辖市环境保护行政主管部门。

口岸所在地省、自治区、直辖市环境保护行政主管部门收到进口固体废物检验检疫不合格的通知后，应当及时通知利用企业所在地省、自治区、直辖市环境保护行政主管部门和国务院环境保护行政主管部门。

对于检验结果不服的，申请人应当根据进出口商品复验工作的有关规定申请复验。国务院质量监督检验检疫部门或者出入境检验检疫机构可以根据检验工作的实际情况，会同同级环境保护行政主管部门共同实施复验工作。

第二十七条　除另有规定外，对限制进口类或者自动许可进口类可用作原料的固体废物，应当持固体废物进口相关许可证和出入境检验检疫机构出具的《入境货物通关单》等有关单证向海关办理进口验放手续。

第二十八条　进口者对海关将其所进口的货物纳入固体废物管理范围不服的，可以依法申请行政复议，也可以向人民法院提起行政诉讼。

海关怀疑进口货物的收货人申报的进口货物为固体废物的，可以要求收货人送口岸检验检疫部门进行固体废物属性检验，必要时，海关可以直接送口岸检验检疫部门进行固体废物属性检验，并按照检验结果处理。

口岸检验检疫部门应当出具检验结果，并注明是否属于固体废物。

海关或者收货人对口岸所在地检验检疫部门的检验结论有异议的，国务院环境保护行政主管部门会同海关总署、国务院质量监督检验检疫部门指定专门鉴别机构对进口的货物、物品是否属于固体废物和固体废物类别进行鉴别。

《固体废物鉴别导则》及有关鉴别程序和办法由国务院环境保护行政主管部门会同海关总署、国务院质量监督检验检疫部门制定。

检验或者鉴别期间，海关不接受企业担保放行的申请。对货物在检验或者鉴别期间产生的相关费用以及损失，由进口货物的收货人自行承担。

本条所涉进口固体废物的鉴别，应当以《固体废物鉴别导则》为依据。

第二十九条　将境外的固体废物进境倾倒、堆放、处置的，进口属于禁止进口的固体废物或者未经许可擅自进口固体废物的，以及检验不合格的进口固体废物，由口岸海关依法责令进口者或者承运人在规定的期限内将有关固体废物原状退运至原出口国，进口者或者承运人承担相应责任和费用，并不免除其办理海关手续的义务，进口者或者承运人不得放弃有关固体废物。

收货人无法确认的进境固体废物，由承运人向海关提出退运申请或者可以由海关依法责令承运人退运。承运人承担相应责任和费用，并不免除其办理海关手续的义务。

第三十条　对当事人拒不退运或者超过3个月不退运出境的固体废物，口岸海关会同口岸出入境检验检疫机构和口岸所在地环境保护行政主管部门对进口者或者承运人采取强制措施予以退运。

第三十一条　对确属无法退运出境或者海关决定不予退运的固体废物，经进口者向口岸海关申请（进口者不明时由承运人或者负有连带责任的第三人申请），参考就近原则，由海关以拍卖或者委托方式移交省、自治区、直辖市环境保护行政主管部门认定的具有无害化利用或者处置能力的单位进行综合利用或者无害化处置，相关滞港费用和处置费用由进口者承担，进口者不明的由承运人承担。

对委托综合利用或者无害化处置扣除处理费用后产生的收益，应当由具有无害化利用或者处置能力的单位交由海关上缴国库。各级海关未经批准，不得拍卖国家禁止进口的固体废物。具体管理办法由海关总署会同国务院环境保护行政主管部门另行制定。

第三十二条 海关应当将退运等后续处理情况通报出入境检验检疫机构和口岸所在地省、自治区、直辖市环境保护行政主管部门。

口岸所在地省、自治区、直辖市环境保护行政主管部门应当通知进口固体废物利用企业所在地省、自治区、直辖市环境保护行政主管部门和国务院环境保护行政主管部门。

出入境检验检疫机构和环境保护行政主管部门应当根据具体情况对有关单位做出处理。

第五章 监督管理

第三十三条 进口的固体废物必须全部由固体废物进口相关许可证载明的利用企业作为原料利用。

第三十四条 进口固体废物利用企业应当以环境无害化方式对进口的固体废物进行加工利用。

由海关以拍卖或者委托方式移交处理的进口固体废物的利用或者处置单位，必须对所承担的进口固体废物全部进行综合利用或者无害化处置。

第三十五条 进口固体废物利用企业应当建立经营情况记录簿，如实记载每批进口固体废物的来源、种类、重量或者数量、去向，接收、拆解、利用、贮存的时间，运输者的名称和联系方式，进口固体废物加工利用后的残余物种类、重量或者数量、去向等情况。经营记录簿及相关单据、影像资料等原始凭证应当至少保存 5 年。

进口固体废物利用企业应当对污染物排放进行日常定期监测。监测报告应当至少保存 5 年。

进口固体废物利用企业应当按照国务院环境保护行政主管部门的规定，定期向所在地省、自治区、直辖市环境保护行政主管部门报告进口固体废物经营情况和环境监测情况。省、自治区、直辖市环境保护行政主管部门汇总后报国务院环境保护行政主管部门。

固体废物的进口者、代理商、承运人等其他经营单位，应当记录所代理的进口固体废物的来源、种类、重量或者数量、去向等情况，并接受有关部门的监督检查。记录资料及相关单据、影像资料等原始凭证应当至少保存 3 年。

第三十六条 省、自治区、直辖市环境保护行政主管部门应当组织对进口固体废物利用企业进行实地检查和监督性监测，发现有下列情形之一的，应当在 5 个工作日内报知国务院环境保护行政主管部门：

（一）隐瞒有关情况或者提供虚假材料申请固体废物进口相关许可证或者转让固体废物进口相关许可证；

（二）超过国家或者地方规定的污染物排放标准，或者超过总量控制指标排放污染物；

（三）对进口固体废物加工利用后的残余物未进行无害化利用或者处置；

（四）未按规定报告进口固体废物经营情况和环境监测情况，或者在报告时弄虚作假。

国务院环境保护行政主管部门和省、自治区、直辖市环境保护行政主管部门应当将有关情况记录存档，作为审批固体废物进口相关许可证的依据。

各级环境保护行政主管部门、商务主管部门、经济综合宏观调控部门、海关、出入境检验检疫部门，有权依据各自的职责对与进口固体废物有关的单位进行监督检查。

被检查的单位应当如实反映情况，提供必要的材料。检察机关应当为被检查的单位保守技术秘密和业务秘密。

检察机关进行现场检查时，可以采取现场监测、采集样品、查阅或者复制相关资料等措施。

检查人员进行现场检查，应当出示证件。

第六章　海关特殊监管区域和场所的特别规定

第三十七条　固体废物从境外进入海关特殊监管区域和场所时，有关单位应当申领固体废物进口相关许可证，并申请检验检疫。固体废物从海关特殊监管区域和场所进口到境内区外或者在海关特殊监管区域和场所之间进出的，无须办理固体废物进口相关许可证。

第三十八条　海关特殊监管区域和场所内单位不得以转口货物为名存放进口固体废物。

第三十九条　海关特殊监管区域和场所内单位产生的未复运出境的残次品、废品、边角料、受灾货物等，如属于限制进口或者自动许可进口的固体废物，其在境内与海关特殊监管区域和场所之间进出，或者在海关特殊监管区域和场所之间进出，免于提交固体废物进口相关许可证。出入境检验检疫机构不实施检验。

第四十条　海关特殊监管区域和场所内单位产生的未复运出境的残次品、废品、边角料、受灾货物等，如属于禁止进口的固体废物，需出区进行利用或者处置的，应当由产生单位或者收集单位向海关特殊监管区域和场所行政管理部门和所在地设区的市级环境保护行政主管部门提出申请，并提交如下申请材料：

（一）转移固体废物出区申请书；

（二）申请单位和接收单位签订的合同；

（三）接收单位的经年检合格的营业执照；

（四）拟转移的区内固体废物的产生过程及工艺、成分分析报告、物理化学性质登记表；

（五）接收单位利用或者处置废物方式的说明，包括废物利用或者处置设施的地点、类型、处理能力及利用或者处置过程中产生的废气、废水、废渣的处理方法等的介绍资料；

（六）证明接收单位能对区内固体废物以环境无害化方式进行利用或者处置的材料；出区废物是危险废物的，须提供接收单位所持的《危险废物经营许可证》复印件，并加盖接收单位章。

第四十一条　海关特殊监管区域和场所行政管理部门和所在地设区的市级环境保护行政主管部门受理出区申请后，作出准予或者不准予出区的决定，批准文件有效期1年。

出入境检验检疫机构凭海关特殊监管区域和场所行政管理部门和所在地设区的市级环境保护行政主管部门批准文件办理通关单，并对固体废物免于实施检验。海关凭海关特殊监管区域和场所行政管理部门和所在地设区的市级环境保护行政主管部门批准文件按规定办理有关手续。

第四十二条　海关特殊监管区域和场所内单位产生的固体废物，出区跨省转移、贮存、处置的，须按照《中华人民共和国固体废物污染环境防治法》第二十三条的规定向有关省、自治区、直辖市环境保护行政主管部门提出申请。

海关特殊监管区域和场所内单位产生的固体废物属于危险废物或者废弃电器电子产品的，出区时须依法执行危险废物管理或者废弃电器电子产品管理的有关制度。

第七章 罚则

第四十三条 违反本办法规定，将中华人民共和国境外的固体废物进境倾倒、堆放、处置，进口属于禁止进口的固体废物或者未经许可擅自进口限制进口的固体废物，或者以原料利用为名进口不能用作原料的固体废物的，由海关依据《中华人民共和国固体废物污染环境防治法》第七十八条的规定追究法律责任，并可以由发证机关撤销其固体废物进口相关许可证。

违反本办法规定，以进口固体废物名义经中华人民共和国过境转移危险废物的，由海关依据《中华人民共和国固体废物污染环境防治法》第七十九条的规定追究法律责任，并可以由发证机关撤销其固体废物进口相关许可证。

违反本办法规定，走私进口固体废物的，由海关按照有关法律、行政法规的规定进行处罚；构成犯罪的，依法追究刑事责任。

第四十四条 对已经非法入境的固体废物，按照《中华人民共和国固体废物污染环境防治法》第八十条的规定进行处理。

第四十五条 违反本办法规定，转让固体废物进口相关许可证的，由发证机关撤销其固体废物进口相关许可证；构成犯罪的，依法追究刑事责任。

第四十六条 以欺骗、贿赂等不正当手段取得固体废物进口相关许可证的，依据《中华人民共和国行政许可法》的规定，由发证机关撤销其固体废物进口相关许可证；构成犯罪的，依法追究刑事责任。

第四十七条 违反本办法规定，对进口固体废物加工利用后的残余物未进行无害化利用或者处置的，由所在地县级以上环境保护行政主管部门根据《中华人民共和国固体废物污染环境防治法》第六十八条第（二）项的规定责令停止违法行为，限期改正，并处 1 万元以上 10 万元以下的罚款；逾期拒不改正的，可以由发证机关撤销其固体废物进口相关许可证。造成污染环境事故的，按照《固体废物污染环境防治法》第八十二条的规定办理。

第四十八条 违反本办法规定，未执行经营情况记录簿制度、未履行日常环境监测或者未按规定报告进口固体废物经营情况和环境监测情况的，由所在地县级以上环境保护行政主管部门责令限期改正，可以并处 3 万元以下罚款；逾期拒不改正的，可以由发证机关撤销其固体废物进口相关许可证。

第四十九条 违反检验检疫有关规定进口固体废物的，按照《中华人民共和国进出口商品检验法》《中华人民共和国进出口商品检验法实施条例》等规定进行处罚。

违反海关有关规定进口固体废物的，按照《中华人民共和国海关法》和《中华人民共和国海关行政处罚实施条例》等规定进行处罚。

擅自进口禁止进口、不符合国家环境保护控制标准或者相关技术规范强制性要求的固体废物，经海关责令退运，超过 3 个月怠于履行退运义务的，由海关依照《中华人民共和国海关行政处罚实施条例》的规定进行处罚。

第五十条 进口固体废物监督管理人员贪污受贿、玩忽职守、徇私舞弊或者滥用职权，依法给予行政处分；构成犯罪的，依法追究刑事责任。

第八章 附则

第五十一条 本办法中由设区的市级环境保护行政主管部门行使的监管职责，在直辖市行政区域以及省、自治区直辖的县级行政区域内，由省、自治区、直辖市环境保护行政主管部门行使。

第五十二条 固体废物运抵关境即视为进口行为发生。

第五十三条　进口固体废物利用企业是指实际从事进口固体废物拆解、加工利用活动的企业。

第五十四条　来自中国香港、澳门特别行政区和中国台湾地区固体废物的进口管理依照本办法执行。

第五十五条　本办法自 2011 年 8 月 1 日起施行。

国务院环境保护行政主管部门、国务院商务主管部门、国务院经济综合宏观调控部门、海关总署、国务院质量监督检验检疫部门在本办法实施前根据各自职责发布的进口固体废物管理有关规定、通知与本办法不一致的，以本办法为准。

附录 2　《进口废物管理目录》

禁止进口固体废物目录

序号	海关商品编号	废物名称	简称	其他要求或注释
一、废动植物产品				
1	0501000000	未经加工的人发(不论是否洗涤); 废人发	废人发	
2	0502103000	猪鬃或猪毛的废料	猪毛废料	
3	0502902090	其他獾毛及其他制刷用兽毛的废料	兽毛废料	
4	0505901000	羽毛或不完整羽毛的粉末及废料	羽毛废料	
5	0506901110	含牛羊成分的骨废料(未经加工或仅经脱脂等加工的)	含牛羊成分的骨废料	
6	0506901910	其他骨废料(未经加工或仅经脱脂等加工的)	其他骨废料	
7	0507100090	其他兽牙粉末及废料	兽牙废料	
8	0511994010	废马毛(不论是否制成有或无衬垫的毛片)	废马毛	
9	1522000000	油鞣回收脂(包括加工处理油脂物质及动、植物蜡所剩的残渣)	油鞣回收脂	
10	1703100000	甘蔗糖蜜	甘蔗糖蜜	
11	1703900000	其他糖蜜	其他糖蜜	
二、矿渣、矿灰及残渣				
12	2517200000	矿渣,浮渣及类似的工业残渣(不论是否混有 25171000 所列的材料)	矿渣,浮渣及类似的工业残渣	
13	2517300000	沥青碎石	沥青碎石	
14	2525300000	云母废料	云母废料	
15	2530909910	废镁砖	废镁砖	
16	2618001090	其他主要含锰的冶炼钢铁产生的粒状熔渣	其他主要含锰的冶炼钢铁产生的粒状熔渣	
17	2618009000	其他的冶炼钢铁产生的粒状熔渣(包括熔渣砂)	其他的冶炼钢铁产生的粒状熔渣	

序号	海关商品编号	废物名称	简称	其他要求或注释
二、矿渣、矿灰及残渣				
18	2619000021	冶炼钢铁所产生的含钒浮渣、熔渣，五氧化二钒含量＞20％（冶炼钢铁所产生的粒状熔渣除外）	含五氧化二钒＞20％的冶炼钢铁产生的钒渣	
19	2619000029	其他冶炼钢铁所产生的含钒浮渣、熔渣（冶炼钢铁所产生的粒状熔渣除外）	其他冶炼钢铁产生的钒渣	
20	2619000090	冶炼钢铁所产生的其他熔渣、浮渣及其他废料（冶炼钢铁产生的粒状熔渣除外）	冶炼钢铁所产生的其他熔渣、浮渣及其他废料	包括冶炼钢铁产生的除尘灰、除尘泥、污泥等
21	2620110000	含硬锌的矿渣、矿灰及残渣（冶炼钢铁所产生灰、渣的除外）	含硬锌的矿渣、矿灰及残渣	
22	2620190000	含其他锌的矿渣、矿灰及残渣（冶炼钢铁所产生灰、渣的除外）	含其他锌的矿渣、矿灰及残渣	
23	2620210000	含铅汽油淤渣及含铅抗震化合物的淤渣	含铅淤渣	
24	2620290000	其他主要含铅的矿渣、矿灰及残渣（冶炼钢铁所产生灰、渣的除外）	其他主要含铅的矿渣、矿灰及残渣	
25	2620300000	主要含铜的矿渣、矿灰及残渣（冶炼钢铁所产生灰、渣的除外）	主要含铜的矿渣、矿灰及残渣	
26	2620400000	主要含铝的矿渣、矿灰及残渣（冶炼钢铁所产生灰、渣的除外）	主要含铝的矿渣、矿灰及残渣	包括来自铝冶炼、废铝熔炼中产生的扒渣、铝灰
27	2620600000	含砷、汞、铊及混合物矿渣、矿灰及残渣（用于提取或生产砷、汞、铊及其化合物）	含砷、汞、铊及混合物矿渣、矿灰及残渣	
28	2620910000	含锑、铍、镉、铬及混合物的矿渣、矿灰及残渣	含有锑、铍、镉、铬及混合物的矿渣、矿灰及残渣	
29	2620991000	其他主要含钨的矿渣、矿灰及残渣	其他主要含钨的矿渣、矿灰及残渣	
30	2620999011	含其他金属及其化合物的矿渣、矿灰及残渣，五氧化二钒＞20％（冶炼钢铁所产生的除外）	含五氧化二钒大于20％矿渣、矿灰及残渣	
31	2620999019	含其他金属及其化合物的矿渣、矿灰及残渣，10％＜五氧化二钒≤20％的（冶炼钢铁所产生的除外）	含五氧化二钒大于10％但不大于20％的矿渣、矿灰及残渣	

序号	海关商品编号	废物名称	简称	其他要求或注释
二、矿渣、矿灰及残渣				
32	2620999020	含铜大于10％的铜冶炼转炉渣、其他铜冶炼渣	含铜大于10％的铜冶炼转炉渣、其他铜冶炼渣	
33	2620999090	含其他金属及化合物的矿渣、矿灰及残渣（冶炼钢铁所产生灰、渣的除外）	含其他金属及化合物的矿渣、矿灰及残渣	
34	2621100000	焚化城市垃圾所产生的灰、渣	焚化城市垃圾所产生的灰、渣	
35	2621900010	海藻灰及其他植物灰（包括稻壳灰）	海藻灰及其他植物灰	
36	2621900090	其他矿渣及矿灰	其他矿渣及矿灰	包括粉煤灰、燃油灰等燃烧集尘灰（除尘灰）或污染治理设施产生的焚烧飞灰，以及含上述灰的混合物
37	2710910000	含多氯联苯、多溴联苯的废油（包括含多氯三联苯的废油）	含多氯联苯、多溴联苯的废油	
38	2710990000	其他废油	其他废油	包括不符合 YB/T 5075 标准的煤焦油
39	2713900000	其他石油等矿物油类的残渣	其他石油等矿物油类的残渣	
三、硅废碎料				
40	2804619011	含硅量＞99.9999999％的多晶硅废碎料	含硅量＞99.9999999％的多晶硅废碎料	
41	2804619091	其他含硅量不少于99.99％的硅废碎料	其他含硅量不少于99.99％的硅废碎料	
四、废药物				
42	3006920000	废药物（超过有效保存期等原因而不适于原用途的药品）	废药物	
五、杂项化学品废物				
43	3804000010	未经浓缩、脱糖或化学处理的木浆残余碱液	木浆残余碱液	
44	3825100000	城市垃圾	城市垃圾	包括未经分拣的混合生活垃圾
45	3825200000	下水道淤泥	污泥	包括污水处理厂等污染治理设施产生的污泥、除尘泥等
46	3825300000	医疗废物	医疗废物	
47	3825410000	废卤化物的有机溶剂	废有机溶剂	
48	3825490000	其他废有机溶剂	其他废有机溶剂	
49	3825500000	废的金属酸洗液，液压油及制动油（还包括废的防冻液）	废酸洗液、废油	

序号	海关商品编号	废物名称	简称	其他要求或注释
五、杂项化学品废物				
50	3825610000	主要含有有机成分的化工废物（其他化学工业及相关工业的废物）	主要含有有机成分的化工废物	包括含对苯二甲酸的废料和污泥
51	3825690000	其他化工废物（其他化学工业及相关工业的废物）	其他化工废物	
52	3825900090	其他商品编号未列明化工副产品及废物	其他编号未列明化工废物	
六、塑料废碎料及下脚料				
53	3915100000	乙烯聚合物的废碎料及下脚料	乙烯聚合物的废碎料及下脚料,不包括铝塑复合膜	非工业来源废塑料（包括生活来源废塑料）
54			铝塑复合膜	
55	3915200000	苯乙烯聚合物的废碎料及下脚料	苯乙烯聚合物的废碎料及下脚料	
56	3915300000	氯乙烯聚合物的废碎料及下脚料	氯乙烯聚合物的废碎料及下脚料	
57	3915901000	聚对苯二甲酸乙二酯废碎料及下脚料	PET的废碎料及下脚料,不包括废PET饮料瓶（砖）	非工业来源废塑料（包括生活来源废塑料）
58			废PET饮料瓶（砖）	
59	3915909000	其他塑料的废碎料及下脚料	其他塑料的废碎料及下脚料,不包括废光盘破碎料	
60			废光盘破碎料	
七、废橡胶、皮革				
61	4004000010	废轮胎及其切块	废轮胎及其切块	
62	4004000020	硫化橡胶废碎料及下脚料及其粉粒（硬质橡胶的除外）	废硫化橡胶	不包括符合GB/T 19208标准的硫化橡胶粉产品
63	4004000090	未硫化橡胶废碎料、下脚料及其粉、粒	未硫化橡胶废碎料及下脚料	
64	4017001010	各种形状的硬质橡胶废碎料	废硬质橡胶	
65	4115200010	皮革废渣、灰渣、淤渣及粉末	皮革废渣、灰渣、淤渣及粉末	
66	4115200090	成品皮革、皮革制品或再生皮革的边角料	皮革边角料	
八、回收（废碎）纸及纸板,包括废特种纸				
67	4707900010	回收（废碎）墙（壁）纸、涂蜡纸、浸蜡纸、复写纸（包括未分选的废碎品）	废墙（壁）纸、涂蜡纸、浸蜡纸、复写纸	包括废无碳复写纸、热敏纸、沥青防潮纸、不干胶纸、浸油纸、使用过的液体包装纸（利乐包）

序号	海关商品编号	废物名称	简称	其他要求或注释
八、回收（废碎）纸及纸板，包括废特种纸				
68	4707900090	其他回收纸或纸板（包括未分选的废碎品）	其他废纸	不包括废墙（壁）纸、涂蜡纸、浸蜡纸、复写纸、无碳复写纸、热敏纸、沥青防潮纸、不干胶纸、浸油纸、使用过的液体包装纸（利乐包）
九、废纺织原料及制品				
69	5103109090	其他动物细毛的落毛	其他动物细毛的落毛	
70	5103209090	其他动物细毛废料（包括废纱线，不包括回收纤维）	其他动物细毛废料	
71	5103300090	其他动物粗毛废料（包括废纱线，不包括回收纤维）	其他动物粗毛废料	
72	5104009090	其他动物细毛或粗毛的回收纤维	其他动物细毛或粗毛的回收纤维	
73	5202100000	废棉纱线（包括废棉线）	废棉纱线	
74	5202910000	棉的回收纤维	棉的回收纤维	
75	5202990000	其他废棉	其他废棉	
76	5505100000	合成纤维废料（包括落绵、废纱及回收纤维）	合成纤维废料	
77	5505200000	人造纤维废料（包括落绵、废纱及回收纤维）	人造纤维废料	
78	6309000000	旧衣物	旧衣物	
79	6310100010	新的或未使用的纺织材料制经分拣的碎织物等（新的或未使用的，包括废线、绳、索、缆及其制品）	纺织材料制碎织物	
80	6310100090	其他纺织材料制经分拣的碎织物等（包括废线、绳、索、缆及其制品）	其他废织物	
81	6310900010	新的或未使用的纺织材料制其他碎织物等（新的或未使用过的，包括废线、绳、索、缆及其制品）	纺织材料制其他碎织物	
82	6310900090	其他纺织材料制碎织物等（包括废线、绳、索、缆及其制品）	其他废织物	
十、废玻璃				
83	7001000010	废碎玻璃	废碎玻璃	包括阴极射线管的废玻璃和具有放射性的废玻璃
十一、金属和金属化合物的废物				
84	7112301000	含有银或银化合物的灰（主要用于回收银）	含有银或银化合物的灰	

序号	海关商品编号	废物名称	简称	其他要求或注释
十一、金属和金属化合物的废物				
85	7112309000	含其他贵金属或贵金属化合物的灰（主要用于回收贵金属）	含其他贵金属或贵金属化合物的灰	
86	7112912000	含有金及金化合物的废碎料（但含有其他贵金属除外，主要用于回收金）	含有金及金化合物的废碎料	
87	7112991000	含有银及银化合物的废碎料（但含有其他贵金属除外，主要用于回收银）	含有银及银化合物的废碎料	
88	7112992000	含其他贵金属或贵金属化合物废碎料（主要用于回收贵金属）	含其他贵金属或贵金属化合物废碎料	
89	7401000010	沉积铜（泥铜）	沉积铜（泥铜）	
90	7802000000	铅废碎料	铅废碎料	
91	8102970000	钼废碎料	钼废碎料	
92	8105300000	钴锍废碎料	钴锍废碎料	
93	8107300000	镉废碎料	镉废碎料	
94	8110200000	锑废碎料	锑废碎料	
95	8111001010	锰废碎料	锰废碎料	
96	8112130000	铍废碎料	铍废碎料	
97	8112220000	铬废碎料	铬废碎料	
98	8112520000	铊废碎料	铊废碎料	
99	8112923090	未锻轧铟废碎料	铟废碎料	
十二、废电池				
100	8548100000	电池废碎料及废电池[指原电池（组）和蓄电池的废碎料，废原电池（组）及废蓄电池]	电池废碎料及废电池	
十三、废弃机电产品和设备及其未经分拣处理的零部件、拆散件、破碎件、砸碎件，国家另有规定的除外（海关通关系统参数库暂不予提示）				
101	8469-8473	废打印机，复印机，传真机，打字机，计算机器，计算机等废自动数据处理设备及其他办公室用电器电子产品	废弃计算机类设备和办公用电器电子产品	不包括已清除电器电子元器件及铅、汞、镉、六价铬、多溴联苯（PBB）、多溴二苯醚（PBDE）等有毒有害物质，经分拣处理且未被污染的，仅由金属或合金组成的可列入限制进口的废五金电器类废物的零部件、拆散件、破碎件、砸碎件（例如冰箱外壳、空调散热片及管、游戏机支架等）
102	8415,8418,8450,8508-8510,8516	废空调，冰箱及其他制冷设备，洗衣机，洗盘机，微波炉，电饭锅，真空吸尘器，电热水器，地毯清扫器，电动刀，理发、吹发、刷牙、剃须、按摩器具和其他身体护理器具等废家用电器电子产品和身体护理器具	废弃家用电器电子产品	
103	8517,8518	废电话机，网络通信设备，传声器，扬声器等废通信设备	废弃通信设备	

序号	海关商品编号	废物名称	简称	其他要求或注释
十三、废弃机电产品和设备及其未经分拣处理的零部件、拆散件、破碎件、砸碎件,国家另有规定的除外（海关通关系统参数库暂不予提示）				
104	8519-8531	废录音机,录像机、放像机及激光视盘机,摄像机、摄录一体机及数字相机,收音机,电视机,监视器、显示器,信号装置等废视听产品及广播电视设备和信号装置	废弃视听产品及广播电视设备和信号装置	不包括已清除电器电子元器件及铅、汞、镉、六价铬、多溴联苯（PBB）、多溴二苯醚（PBDE）等有毒有害物质,经分拣处理且未被污染的,仅由金属或合金组成的可列入限制进口的废五金电器类废物的零部件、拆散件、破碎件、砸碎件（例如冰箱外壳、空调散热片及管、游戏机支架等）
105	9504	废游戏机	废弃游戏机	
106	8539	废荧光灯管,放电管,包括压钠管和金属卤化管及其他照明或用于发射或者控制灯光的设备	废弃照明设备	
107	8532-8534,8540-8542	废电容器,印刷电路,热电子管、显像管、阴极射线管或光阴极管,二极管、晶体管等半导体器件,集成电路等废电器电子元器件	废弃电器电子元器件	
108	9018-9022	医疗器械和射线应用设备	废弃医疗器械和射线应用设备	
109	84、85、90章	其他废弃机电产品和设备(指海关《商品综合分类表》第84、85、90章下完整的废弃机电产品和设备,及以其他商品名义进口本项下废物的)	其他废弃机电产品和设备	不包括已清除电器电子元器件及铅、汞、镉、六价铬、多溴联苯（PBB）、多溴二苯醚（PBDE）等有毒有害物质,经分拣处理且未被污染的,可列入限制进口的废五金电器类废物的整机及其零部件、拆散件、破碎件、砸碎件
十四、其他				
110	2520	废石膏	废石膏	包括烟气脱硫石膏、磷石膏、硼石膏等
111	2524	废石棉（灰尘和纤维）	废石棉（灰尘和纤维）	
112	6806	废矿物纤维、矿渣棉、岩石棉及类似矿质棉、陶瓷质纤维等	与石棉物理化学性质相类似的废陶瓷质纤维等	
113		从居民家收集的或从生活垃圾中分拣出的已使用过的塑料袋、膜、网,以及已使用过的农用塑料膜和已使用过的农用塑料软管	从居民家收集的或从生活垃圾中分拣出的已使用过的塑料袋、膜、网,以及已使用过的农用塑料膜和已使用过的农用塑料软管	

序号	海关商品编号	废物名称	简称	其他要求或注释
十四、其他				
114		废渔网	废渔网	
115		废编织袋和废麻袋	废编织袋和废麻袋	不包括满足 GB 16487.12 标准要求的废塑料编织袋
116		过期和废弃涂料、油漆	废涂料及废油漆	包括固态的
117		竹纤维废料、下脚料	竹纤维废料、下脚料	
118		成品型废硅片(即高纯硅表面已经过扩散、氧化、外延、涂层、光刻、封装等处理的表面不是裸硅的报废片或者碎硅片)	成品型废硅片	
119		绒毛浆废物	绒毛浆废物	
120		含硫淤泥(单质硫<80%,含水率≥10%)	含硫淤泥	
121		电子产品拆解产生的回收废荧光粉	废荧光粉	
122		含镍的矿渣、矿灰、残渣	含镍的矿渣、矿灰、残渣	包括含镍废催化剂及其提取钒、钼之后的镍渣,铜、镍电解废液处理(如蒸发)后的残渣
123		含钒废催化剂	含钒废催化剂	
124		废枕木	废枕木	
125		其他未列名固体废物	其他未列名固体废物	指未明确列入《进口废物管理目录》的固体废物

注:海关商品编号栏仅供参考。

限制进口类可用作原料的固体废物目录

序号	海关商品编号	废物名称	证书名称	适用环境保护控制标准	其他要求或注释
一、金属熔化、熔炼和精炼产生的含金属废物					
1	2618001001	主要含锰的冶炼钢铁产生的粒状熔渣,含锰量>25%(包括熔渣砂)	含锰大于25%的冶炼钢铁产生的粒状熔渣	GB 16487.2	Mn>25%
2	2619000010	轧钢产生的氧化皮	轧钢产生的氧化皮	GB 16487.2	Fe>68%,CaO 和 SiO$_2$ 总量<3%
3	2619000030	含铁量大于80%的冶炼钢铁产生的渣钢铁	含铁量大于80%的冶炼钢铁产生的渣钢铁	GB 16487.2	指钢铁冶炼渣中经过冷却破碎、磁选出的含有少量冶金渣的废钢铁,含铁量>80%,S 和 P 总量<0.7%,用作钢铁冶炼的原料

序号	海关商品编号	废物名称	证书名称	适用环境保护控制标准	其他要求或注释
二、塑料废碎料及下脚料					
4	3915100000	乙烯聚合物的废碎料及下脚料	乙烯聚合物的废碎料及下脚料,不包括铝塑复合膜	GB 16487.12	工业来源废塑料(指在塑料生产及塑料制品加工过程中产生的热塑性下脚料、边角料和残次品)
5			铝塑复合膜	GB 16487.12	
6	3915200000	苯乙烯聚合物的废碎料及下脚料	苯乙烯聚合物的废碎料及下脚料	GB 16487.12	
7	3915300000	氯乙烯聚合物的废碎料及下脚料	氯乙烯聚合物的废碎料及下脚料	GB 16487.12	工业来源废塑料(指在塑料生产及塑料制品加工过程中产生的热塑性下脚料、边角料和残次品)
8	3915901000	聚对苯二甲酸乙二酯废碎料及下脚料	PET 的废碎料及下脚料,不包括废 PET 饮料瓶(砖)	GB 16487.12	
9			废 PET 饮料瓶(砖)	GB 16487.12	
10	3915909000	其他塑料的废碎料及下脚料	其他塑料的废碎料及下脚料,不包括废光盘破碎料	GB 16487.12	
11			废光盘破碎料	GB 16487.12	
三、回收(废碎)纸及纸板					
12	4707100000	回收(废碎)的未漂白牛皮、瓦楞纸或纸板	废纸	GB 16487.4	
13	4707200000	回收(废碎)的漂白化学木浆制的纸和纸板(未经本体染色)	废纸	GB 16487.4	
14	4707300000	回收(废碎)的机械木浆制的纸或纸板(例如,废报纸、杂志及类似印刷品)	,废纸	GB 16487.4	
四、金属和合金废碎料(金属态且非松散形式的,非松散形式指不包括属粉状、淤渣状、尘状或含有危险液体的固体状废物)					
15	7204210000	不锈钢废碎料	不锈钢废碎料	GB 16487.6	
16	8101970000	钨废碎料	钨废碎料	GB 16487.7	
17	8104200000	镁废碎料	镁废碎料	GB 16487.7	
18	8106001092	其他未锻轧铋废碎料	铋废碎料	GB 16487.7	
19	8108300000	钛废碎料	钛废碎料	GB 16487.7	
20	8109300000	锆废碎料	锆废碎料	GB 16487.7	
21	8112921010	未锻轧锗废碎料	锗废碎料	GB 16487.7	
22	8112922010	未锻轧的钒废碎料	钒废碎料	GB 16487.7	
23	8112924010	铌废碎料	铌废碎料	GB 16487.7	
24	8112929011	未锻轧的铪废碎料	铪废碎料	GB 16487.7	
25	8112929091	未锻轧的镓、铼废碎料	镓、铼废碎料	GB 16487.7	
26	8113001010	颗粒或粉末状碳化钨废碎料	颗粒或粉末状碳化钨废碎料	GB 16487.7	

序号	海关商品编号	废物名称	证书名称	适用环境保护控制标准	其他要求或注释
四、金属和合金废碎料(金属态且非松散形式的,非松散形式指不包括属粉状、淤渣状、尘状或含有危险液体的固体状废物)					
27	8113009010	其他碳化钨废碎料,颗粒或粉末除外	其他碳化钨废碎料,颗粒或粉末除外	GB 16487.7	
五、混合金属废物,包括废汽车压件和废船					
28	7204490010	废汽车压件	废汽车压件	GB 16487.13	
29	7204490020	以回收钢铁为主的废五金电器	以回收钢铁为主的废五金电器	GB 16487.10	
30	7404000010	以回收铜为主的废电机等(包括废电机、电线、电缆、五金电器)	以回收铜为主的废电机等	GB 16487.8 GB 16487.9 GB 16487.10	
31	7602000010	以回收铝为主的废电线等(包括废电线、电缆、五金电器)	以回收铝为主的废电线等	GB 16487.9 GB 16487.10	
32	8908000000	供拆卸的船舶及其他浮动结构体	废船,不包括航空母舰	GB 16487.11	不包括航空母舰

注:海关商品编号栏仅供参考。

非限制进口类可用作原料的固体废物目录

序号	海关商品编号	废物名称	证书名称	适用环境保护控制标准	其他要求或注释
一、木及软木废料					
1	4401310000	木屑棒	木废料	GB 16487.3	
2	4401390000	其他锯末、木废料及碎片	木废料	GB 16487.3	
3	4501901000	软木废料	软木废料	GB 16487.3	
二、金属和金属合金废碎料					
4	7112911010	金的废碎料	金的废碎料	GB 16487.7	
5	7112911090	包金的废碎料(但含有其他贵金属除外)	包金的废碎料	GB 16487.7	
6	7112921000	铂及包铂的废碎料(但含有其他贵金属除外、主要用于回收铂)	铂及包铂的废碎料	GB 16487.7	
7	7204100000	铸铁废碎料	废钢铁	GB 16487.6	
8	7204290000	其他合金钢废碎料	废钢铁	GB 16487.6	
9	7204300000	镀锡钢铁废碎料	废钢铁	GB 16487.6	
10	7204410000	机械加工中产生的钢铁废料(机械加工指车、刨、铣、磨、锯、锉、剪、冲加工)	废钢铁	GB 16487.6	
11	7204490090	未列明钢铁废碎料	废钢铁	GB 16487.6	
12	7204500000	供再熔的碎料钢铁锭	废钢铁	GB 16487.6	

序号	海关商品编号	废物名称	证书名称	适用环境保护控制标准	其他要求或注释
二、金属和金属合金废碎料					
13	7404000090	其他铜废碎料	铜废碎料	GB 16487.7	
14	7503000000	镍废碎料	镍废碎料	GB 16487.7	
15	7602000090	其他铝废碎料	铝废碎料	GB 16487.7	
16	7902000000	锌废碎料	锌废碎料	GB 16487.7	
17	8002000000	锡废碎料	锡废碎料	GB 16487.7	
18	8103300000	钽废碎料	钽废碎料	GB 16487.7	

2018 年年底调整为禁止进口的固体废物目录

序号	海关商品编号	废物名称	简称	其他要求或注释
1	2618001001	主要含锰的冶炼钢铁产生的粒状熔渣,含锰量＞25％(包括熔渣砂)	含锰大于 25％的冶炼钢铁产生的粒状熔渣	
2	2619000010	轧钢产生的氧化皮	轧钢产生的氧化皮	
3	2619000030	含铁大于 80％的冶炼钢铁产生的渣钢铁	含铁大于 80％的冶炼钢铁产生的渣钢铁	
4	3915100000	乙烯聚合物的废碎料及下脚料	乙烯聚合物的废碎料及下脚料,不包括铝塑复合膜	工业来源废塑料(指在塑料生产及塑料制品加工过程中产生的热塑性下脚料、边角料和残次品)
5			铝塑复合膜	
6	3915200000	苯乙烯聚合物的废碎料及下脚料	苯乙烯聚合物的废碎料及下脚料	
7	3915300000	氯乙烯聚合物的废碎料及下脚料	氯乙烯聚合物的废碎料及下脚料	
8	3915901000	聚对苯二甲酸乙二酯废碎料及下脚料	PET 的废碎料及下脚料,不包括废 PET 饮料瓶(砖)	
9			废 PET 饮料瓶(砖)	
10	3915909000	其他塑料的废碎料及下脚料	其他塑料的废碎料及下脚料,不包括废光盘破碎料	
11			废光盘破碎料	
12	7204490010	废汽车压件	废汽车压件	
13	7204490020	以回收钢铁为主的废五金电器	以回收钢铁为主的废五金电器	
14	7404000010	以回收铜为主的废电机等(包括废电机、电线、电缆、五金电器)	以回收铜为主的废电机等	
15	7602000010	以回收铝为主的废电线等(包括废电线、电缆、五金电器)	以回收铝为主的废电线等	
16	8908000000	供拆卸的船舶及其他浮动结构体	废船	

注:海关商品编号栏仅供参考。

2019 年年底调整为禁止进口的固体废物目录

序号	海关商品编号	废物名称	简称	其他要求或注释
1	4401310000	木屑棒	木废料	
2	4401390000	其他锯末、木废料及碎片		
3	4501901000	软木废料	软木废料	
4	7204210000	不锈钢废碎料	不锈钢废碎料	
5	8101970000	钨废碎料	钨废碎料	
6	8104200000	镁废碎料	镁废碎料	
7	8106001092	其他未锻轧铋废碎料	铋废碎料	
8	8108300000	钛废碎料	钛废碎料	
9	8109300000	锆废碎料	锆废碎料	
10	8112921010	未锻轧锗废碎料	锗废碎料	
11	8112922010	未锻轧的钒废碎料	钒废碎料	
12	8112924010	铌废碎料	铌废碎料	
13	8112929011	未锻轧的铪废碎料	铪废碎料	
14	8112929091	未锻轧的镓、铼废碎料	镓、铼废碎料	
15	8113001010	颗粒或粉末状碳化钨废碎料	颗粒或粉末状碳化钨废碎料	
16	8113009010	其他碳化钨废碎料,颗粒或粉末除外	其他碳化钨废碎料,颗粒或粉末除外	

注：海关商品编号栏仅供参考。

附录 3 《国家危险废物名录》

第一条 根据《中华人民共和国固体废物污染环境防治法》的有关规定，制定本名录。

第二条 具有下列情形之一的固体废物（包括液态废物），列入本名录：

（一）具有腐蚀性、毒性、易燃性、反应性或者感染性等一种或者几种危险特性的；

（二）不排除具有危险特性，可能对环境或者人体健康造成有害影响，需要按照危险废物进行管理的。

第三条 医疗废物属于危险废物。医疗废物分类按照《医疗废物分类目录》执行。

第四条 列入《危险化学品目录》的化学品废弃后属于危险废物。

第五条 列入本名录附录《危险废物豁免管理清单》中的危险废物，在所列的豁免环节，且满足相应的豁免条件时，可以按照豁免内容的规定实行豁免管理。

第六条 危险废物与其他固体废物的混合物，以及危险废物处理后的废物的属性判定，按照国家规定的危险废物鉴别标准执行。

第七条 本名录中有关术语的含义如下：

（一）**废物类别**，是在《控制危险废物越境转移及其处置巴塞尔公约》划定的类别基础上，结合我国实际情况对危险废物进行的分类。

（二）**行业来源**，是指危险废物的产生行业。

（三）**废物代码**，是指危险废物的唯一代码，为 8 位数字。其中，第 1～3 位为危险废物产生行业代码［依据《国民经济行业分类（GB/T 4754—2011）》确定］，第 4～6 位为危险废物顺序代码，第 7～8 位为危险废物类别代码。

（四）危险特性，包括腐蚀性（Corrosivity，C）、毒性（Toxicity，T）、易燃性（Ignita-bility，I）、反应性（Reactivity，R）和感染性（Infectivity，In）。

第八条 对不明确是否具有危险特性的固体废物，应当按照国家规定的危险废物鉴别标准和鉴别方法予以认定。

经鉴别具有危险特性的，属于危险废物，应当根据其主要有害成分和危险特性确定所属废物类别，并按代码"900-000-××"（××为危险废物类别代码）进行归类管理。

经鉴别不具有危险特性的，不属于危险废物。

第九条 本名录自2016年8月1日起施行。2008年6月6日环境保护部、国家发展和改革委员会发布的《国家危险废物名录》（环境保护部、国家发展和改革委员会令第1号）同时废止。

附表

国家危险废物名录

废物类别	行业来源	废物代码	危险废物	危险特性
HW01 医疗废物	卫生	831-001-01	感染性废物	In
		831-002-01	损伤性废物	In
		831-003-01	病理性废物	In
		831-004-01	化学性废物	T
		831-005-01	药物性废物	T
	非特定行业	900-001-01	为防治动物传染病而需要收集和处置的废物	In
HW02 医药废物	化学药品原料药制造	271-001-02	化学合成原料药生产过程中产生的蒸馏及反应残余物	T
		271-002-02	化学合成原料药生产过程中产生的废母液及反应基废物	T
		271-003-02	化学合成原料药生产过程中产生的废脱色过滤介质	T
		271-004-02	化学合成原料药生产过程中产生的废吸附剂	T
		271-005-02	化学合成原料药生产过程中的废弃产品及中间体	T
	化学药品制剂制造	272-001-02	化学药品制剂生产过程中的原料药提纯精制、再加工产生的蒸馏及反应残余物	T
		272-002-02	化学药品制剂生产过程中的原料药提纯精制、再加工产生的废母液及反应基废物	T
		272-003-02	化学药品制剂生产过程中产生的废脱色过滤介质	T
		272-004-02	化学药品制剂生产过程中产生的废吸附剂	T
		272-005-02	化学药品制剂生产过程中产生的废弃产品及原料药	T
	兽用药品制造	275-001-02	使用砷或有机砷化合物生产兽药过程中产生的废水处理污泥	T
		275-002-02	使用砷或有机砷化合物生产兽药过程中蒸馏工艺产生的蒸馏残余物	T
		275-003-02	使用砷或有机砷化合物生产兽药过程中产生的废脱色过滤介质及吸附剂	T

废物类别	行业来源	废物代码	危险废物	危险特性
HW02 医药废物	兽用药品 制造	275-004-02	其他兽药生产过程中产生的蒸馏及反应残余物	T
		275-005-02	其他兽药生产过程中产生的废脱色过滤介质及吸附剂	T
		275-006-02	兽药生产过程中产生的废母液、反应基和培养基废物	T
		275-007-02	兽药生产过程中产生的废吸附剂	T
		275-008-02	兽药生产过程中产生的废弃产品及原料药	T
	生物药品 制造	276-001-02	利用生物技术生产生物化学药品、基因工程药物过程中产生的蒸馏及反应残余物	T
		276-002-02	利用生物技术生产生物化学药品、基因工程药物过程中产生的废母液、反应基和培养基废物（不包括利用生物技术合成氨基酸、维生素过程中产生的培养基废物）	T
		276-003-02	利用生物技术生产生物化学药品、基因工程药物过程中产生的废脱色过滤介质（不包括利用生物技术合成氨基酸、维生素过程中产生的废脱色过滤介质）	T
		276-004-02	利用生物技术生产生物化学药品、基因工程药物过程中产生的废吸附剂	T
		276-005-02	利用生物技术生产生物化学药品、基因工程药物过程中产生的废弃产品、原料药和中间体	T
HW03 废药物、药品	非特定行业	900-002-03	生产、销售及使用过程中产生的失效、变质、不合格、淘汰、伪劣的药物和药品（不包括 HW01、HW02、900-999-49 类）	T
HW04 农药废物	农药制造	263-001-04	氯丹生产过程中六氯环戊二烯过滤产生的残余物；氯丹氯化反应器的真空汽提产生的废物	T
		263-002-04	乙拌磷生产过程中甲苯回收工艺产生的蒸馏残渣	T
		263-003-04	甲拌磷生产过程中二乙基二硫代磷酸过滤产生的残余物	T
		263-004-04	2,4,5-三氯苯氧乙酸生产过程中四氯苯蒸馏产生的重馏分及蒸馏残余物	T
		263-005-04	2,4-二氯苯氧乙酸生产过程中产生的含 2,6-二氯苯酚残余物	T
		263-006-04	乙烯基双二硫代氨基甲酸及其盐类生产过程中产生的过滤、蒸发和离心分离残余物及废水处理污泥；产品研磨和包装工序集（除）尘装置收集的粉尘和地面清扫废物	T
		263-007-04	溴甲烷生产过程中反应器产生的废水和酸干燥器产生的废硫酸；生产过程中产生的废吸附剂和废水分离器产生的废物	T
		263-008-04	其他农药生产过程中产生的蒸馏及反应残余物	T

废物类别	行业来源	废物代码	危险废物	危险特性
HW04 农药废物	农药制造	263-009-04	农药生产过程中产生的废母液与反应罐及容器清洗废液	T
		263-010-04	农药生产过程中产生的废滤料和吸附剂	T
		263-011-04	农药生产过程中产生的废水处理污泥	T
		263-012-04	农药生产、配制过程中产生的过期原料及废弃产品	T
	非特定行业	900-003-04	销售及使用过程中产生的失效、变质、不合格、淘汰、伪劣的农药产品	T
HW05 木材防腐剂废物	木材加工	201-001-05	使用五氯酚进行木材防腐过程中产生的废水处理污泥,以及木材防腐处理过程中产生的沾染该防腐剂的废弃木材残片	T
		201-002-05	使用杂酚油进行木材防腐过程中产生的废水处理污泥,以及木材防腐处理过程中产生的沾染该防腐剂的废弃木材残片	T
		201-003-05	使用含砷、铬等无机防腐剂进行木材防腐过程中产生的废水处理污泥,以及木材防腐处理过程中产生的沾染该防腐剂的废弃木材残片	T
	专用化学产品制造	266-001-05	木材防腐化学品生产过程中产生的反应残余物、废弃滤料及吸附剂	T
		266-002-05	木材防腐化学品生产过程中产生的废水处理污泥	T
		266-003-05	木材防腐化学品生产、配制过程中产生的废弃产品及过期原料	T
	非特定行业	900-004-05	销售及使用过程中产生的失效、变质、不合格、淘汰、伪劣的木材防腐化学品	T
HW06 废有机溶剂与含有机溶剂废物	非特定行业	900-401-06	工业生产中作为清洗剂或萃取剂使用后废弃的含卤素有机溶剂,包括四氯化碳、二氯甲烷、1,1-二氯乙烷、1,2-二氯乙烷、1,1,1-三氯乙烷、1,1,2-三氯乙烷、三氯乙烯、四氯乙烯	T,I
		900-402-06	工业生产中作为清洗剂或萃取剂使用后废弃的有毒有机溶剂,包括苯、苯乙烯、丁醇、丙酮	T,I
		900-403-06	工业生产中作为清洗剂或萃取剂使用后废弃的易燃易爆有机溶剂,包括正己烷、甲苯、邻二甲苯、间二甲苯、对二甲苯、1,2,4-三甲苯、乙苯、乙醇、异丙醇、乙醚、丙醚、乙酸甲酯、乙酸乙酯、乙酸丁酯、丙酸丁酯、苯酚	I
		900-404-06	工业生产中作为清洗剂或萃取剂使用后废弃的其他列入《危险化学品目录》的有机溶剂	T/I
		900-405-06	900-401-06 中所列废物再生处理过程中产生的废活性炭及其他过滤吸附介质	T

废物类别	行业来源	废物代码	危险废物	危险特性
HW06 废有机溶剂与 含有机溶剂废物	非特定行业	900-406-06	900-402-06 和 900-404-06 中所列废物再生处理过程中产生的废活性炭及其他过滤吸附介质	T
		900-407-06	900-401-06 中所列废物分馏再生过程中产生的高沸物和釜底残渣	T
		900-408-06	900-402-06 和 900-404-06 中所列废物分馏再生过程中产生的釜底残渣	T
		900-409-06	900-401-06 中所列废物再生处理过程中产生的废水处理浮渣和污泥(不包括废水生化处理污泥)	T
		900-410-06	900-402-06 和 900-404-06 中所列废物再生处理过程中产生的废水处理浮渣和污泥(不包括废水生化处理污泥)	T
HW07 热处理含氰废物	金属表面处理及热处理加工	336-001-07	使用氰化物进行金属热处理产生的淬火池残渣	T
		336-002-07	使用氰化物进行金属热处理产生的淬火废水处理污泥	T
		336-003-07	含氰热处理炉维修过程中产生的废内衬	T
		336-004-07	热处理渗碳炉产生的热处理渗碳氰渣	T
		336-005-07	金属热处理工艺盐浴槽釜清洗产生的含氰残渣和含氰废液	R,T
		336-049-07	氰化物热处理和退火作业过程中产生的残渣	T
HW08 废矿物油与 含矿物油废物	石油开采	071-001-08	石油开采和炼制产生的油泥和油脚	T,I
		071-002-08	以矿物油为连续相配制钻井泥浆用于石油开采所产生的废弃钻井泥浆	T
	天然气开采	072-001-08	以矿物油为连续相配制钻井泥浆用于天然气开采所产生的废弃钻井泥浆	T
	精炼石油产品制造	251-001-08	清洗矿物油储存、输送设施过程中产生的油/水和烃/水混合物	T
		251-002-08	石油初炼过程中储存设施、油-水-固态物质分离器、积水槽、沟渠及其他输送管道、污水池、雨水收集管道产生的含油污泥	T,I
		251-003-08	石油炼制过程中隔油池产生的含油污泥,以及汽油提炼工艺废水和冷却废水处理污泥(不包括废水生化处理污泥)	T
		251-004-08	石油炼制过程中溶气浮选工艺产生的浮渣	T,I
		251-005-08	石油炼制过程中产生的溢出废油或乳剂	T,I
		251-006-08	石油炼制换热器管束清洗过程中产生的含油污泥	T
		251-010-08	石油炼制过程中澄清油浆槽底沉积物	T,I
		251-011-08	石油炼制过程中进油管路过滤或分离装置产生的残渣	T,I
		251-012-08	石油炼制过程中产生的废过滤介质	T

废物类别	行业来源	废物代码	危险废物	危险特性
HW08 废矿物油与 含矿物油废物	非特定行业	900-199-08	内燃机、汽车、轮船等集中拆解过程产生的废矿物油及油泥	T,I
		900-200-08	珩磨、研磨、打磨过程产生的废矿物油及油泥	T,I
		900-201-08	清洗金属零部件过程中产生的废弃煤油、柴油、汽油及其他由石油和煤炼制生产的溶剂油	T,I
		900-203-08	使用淬火油进行表面硬化处理产生的废矿物油	T
		900-204-08	使用轧制油、冷却剂及酸进行金属轧制产生的废矿物油	T
		900-205-08	镀锡及焊锡回收工艺产生的废矿物油	T
		900-209-08	金属、塑料的定型和物理机械表面处理过程中产生的废石蜡和润滑油	T,I
		900-210-08	油/水分离设施产生的废油、油泥及废水处理产生的浮渣和污泥(不包括废水生化处理污泥)	T,I
		900-211-08	橡胶生产过程中产生的废溶剂油	T,I
		900-212-08	锂电池隔膜生产过程中产生的废白油	T
		900-213-08	废矿物油再生净化过程中产生的沉淀残渣、过滤残渣、废过滤吸附介质	T,I
		900-214-08	车辆、机械维修和拆解过程中产生的废发动机油、制动器油、自动变速器油、齿轮油等废润滑油	T,I
		900-215-08	废矿物油裂解再生过程中产生的裂解残渣	T,I
		900-216-08	使用防锈油进行铸件表面防锈处理过程中产生的废防锈油	T,I
		900-217-08	使用工业齿轮油进行机械设备润滑过程中产生的废润滑油	T,I
		900-218-08	液压设备维护、更换和拆解过程中产生的废液压油	T,I
		900-219-08	冷冻压缩设备维护、更换和拆解过程中产生的废冷冻机油	T,I
		900-220-08	变压器维护、更换和拆解过程中产生的废变压器油	T,I
		900-221-08	废燃料油及燃料油储存过程中产生的油泥	T,I
		900-222-08	石油炼制废水气浮、隔油、絮凝沉淀等处理过程中产生的浮油和污泥	T
		900-249-08	其他生产、销售、使用过程中产生的废矿物油及含矿物油废物	T,I
HW09 油/水、烃/水混 合物或乳化液	非特定行业	900-005-09	水压机维护、更换和拆解过程中产生的油/水、烃/水混合物或乳化液	T
		900-006-09	使用切削油和切削液进行机械加工过程中产生的油/水、烃/水混合物或乳化液	T
		900-007-09	其他工艺过程中产生的油/水、烃/水混合物或乳化液	T

废物类别	行业来源	废物代码	危险废物	危险特性
HW10 多氯(溴)联苯类 废物	非特定行业	900-008-10	含多氯联苯(PCBs)、多氯三联苯(PCTs)、多溴联苯(PBBs)的电容器、变压器	T
		900-009-10	含有 PCBs、PCTs 和 PBBs 的电力设备的清洗液	T
		900-010-10	含有 PCBs、PCTs 和 PBBs 的电力设备中废弃的介质油、绝缘油、冷却油及导热油	T
		900-011-10	含有或沾染 PCBs、PCTs 和 PBBs 的废弃包装物及容器	T
HW11 精(蒸)馏残渣	精炼石油产品制造	251-013-11	石油精炼过程中产生的酸焦油和其他焦油	T
	炼焦	252-001-11	炼焦过程中蒸氨塔产生的残渣	T
		252-002-11	炼焦过程中澄清设施底部的焦油渣	T
		252-003-11	炼焦副产品回收过程中萘、粗苯精制产生的残渣	T
		252-004-11	炼焦和炼焦副产品回收过程中焦油储存设施中的焦油渣	T
		252-005-11	煤焦油精炼过程中焦油储存设施中的焦油渣	T
		252-006-11	煤焦油分馏、精制过程中产生的焦油渣	T
		252-007-11	炼焦副产品回收过程中产生的废水池残渣	T
		252-008-11	轻油回收过程中蒸馏、澄清、洗涤工序产生的残渣	T
		252-009-11	轻油精炼过程中的废水池残渣	T
		252-010-11	炼焦及煤焦油加工利用过程中产生的废水处理污泥(不包括废水生化处理污泥)	T
		252-011-11	焦炭生产过程中产生的酸焦油和其他焦油	T
		252-012-11	焦炭生产过程中粗苯精制产生的残渣	T
		252-013-11	焦炭生产过程中产生的脱硫废液	T
		252-014-11	焦炭生产过程中煤气净化产生的残渣和焦油	T
		252-015-11	焦炭生产过程中熄焦废水沉淀产生的焦粉及筛焦过程中产生的粉尘	T
		252-016-11	煤沥青改质过程中产生的闪蒸油	T
	燃气生产和供应业	450-001-11	煤气生产行业煤气净化过程中产生的煤焦油渣	T
		450-002-11	煤气生产过程中产生的废水处理污泥(不包括废水生化处理污泥)	T
		450-003-11	煤气生产过程中煤气冷凝产生的煤焦油	T
	基础化学原料制造	261-007-11	乙烯法制乙醛生产过程中产生的蒸馏残渣	T
		261-008-11	乙烯法制乙醛生产过程中产生的蒸馏次要馏分	T
		261-009-11	苄基氯生产过程中苄基氯蒸馏产生的蒸馏残渣	T

废物类别	行业来源	废物代码	危险废物	危险特性
HW11 精(蒸)馏残渣	基础化学 原料制造	261-010-11	四氯化碳生产过程中产生的蒸馏残渣和重馏分	T
		261-011-11	表氯醇生产过程中精制塔产生的蒸馏残渣	T
		261-012-11	异丙苯法生产苯酚和丙酮过程中产生的蒸馏残渣	T
		261-013-11	萘法生产邻苯二甲酸酐过程中产生的蒸馏残渣和轻馏分	T
		261-014-11	邻二甲苯法生产邻苯二甲酸酐过程中产生的蒸馏残渣和轻馏分	T
		261-015-11	苯硝化法生产硝基苯过程中产生的蒸馏残渣	T
		261-016-11	甲苯二异氰酸酯生产过程中产生的蒸馏残渣和离心分离残渣	T
		261-017-11	1,1,1-三氯乙烷生产过程中产生的蒸馏残渣	T
		261-018-11	三氯乙烯和四氯乙烯联合生产过程中产生的蒸馏残渣	T
		261-019-11	苯胺生产过程中产生的蒸馏残渣	T
		261-020-11	苯胺生产过程中苯胺萃取工序产生的蒸馏残渣	T
		261-021-11	二硝基甲苯加氢法生产甲苯二胺过程中干燥塔产生的反应残余物	T
		261-022-11	二硝基甲苯加氢法生产甲苯二胺过程中产品精制产生的轻馏分	T
		261-023-11	二硝基甲苯加氢法生产甲苯二胺过程中产品精制产生的废液	T
		261-024-11	二硝基甲苯加氢法生产甲苯二胺过程中产品精制产生的重馏分	T
		261-025-11	甲苯二胺光气化法生产甲苯二异氰酸酯过程中溶剂回收塔产生的有机冷凝物	T
		261-026-11	氯苯生产过程中的蒸馏及分馏残渣	T
		261-027-11	使用羧酸肼生产1,1-二甲基肼过程中产品分离产生的残渣	T
		261-028-11	乙烯溴化法生产二溴乙烯过程中产品精制产生的蒸馏残渣	T
		261-029-11	α-氯甲苯、苯甲酰氯和含此类官能团的化学品生产过程中产生的蒸馏残渣	T
		261-030-11	四氯化碳生产过程中的重馏分	T
		261-031-11	二氯乙烷单体生产过程中蒸馏产生的重馏分	T
		261-032-11	氯乙烯单体生产过程中蒸馏产生的重馏分	T
		261-033-11	1,1,1-三氯乙烷生产过程中蒸汽汽提塔产生的残余物	T
		261-034-11	1,1,1-三氯乙烷生产过程中蒸馏产生的重馏分	T

废物类别	行业来源	废物代码	危险废物	危险特性
HW11 精（蒸）馏残渣	基础化学原料制造	261-035-11	三氯乙烯和四氯乙烯联合生产过程中产生的重馏分	T
		261-100-11	苯和丙烯生产苯酚和丙酮过程中产生的重馏分	T
		261-101-11	苯泵式消化生产硝基苯过程中产生的重馏分	T
		261-102-11	铁粉还原硝基苯生产苯胺过程中产生的重馏分	T
		261-103-11	苯胺、乙酸酐或乙酰苯胺为原料生产对硝基苯胺过程中产生的重馏分	T
		261-104-11	对氯苯胺氨解生产对硝基苯胺过程中产生的重馏分	T
		261-105-11	氨化法、还原法生产邻苯二胺过程中产生的重馏分	T
		261-106-11	苯和乙烯直接催化、乙苯和丙烯共氧化、乙苯催化脱氢生产苯乙烯过程中产生的重馏分	T
		261-107-11	二硝基甲苯还原催化生产甲苯二胺过程中产生的重馏分	T
		261-108-11	对苯二酚氧化生产二甲氧基苯胺过程中产生的重馏分	T
		261-109-11	萘磺化生产萘酚过程中产生的重馏分	T
		261-110-11	苯酚、三甲苯水解生产 4,4′-二羟基二苯砜过程中产生的重馏分	T
		261-111-11	甲苯硝基化合物羰基法、甲苯碳酸二甲酯法生产甲苯二异氰酸酯过程中产生的重馏分	T
		261-112-11	苯直接氯化生产氯苯过程中产生的重馏分	T
		261-113-11	乙烯直接氯化生产二氯乙烷过程中产生的重馏分	T
		261-114-11	甲烷氯化生产甲烷氯化物过程中产生的重馏分	T
		261-115-11	甲醇氯化生产甲烷氯化物过程中产生的釜底残液	T
		261-116-11	乙烯氯醇法、氧化法生产环氧乙烷过程中产生的重馏分	T
		261-117-11	乙炔气相合成、氧氯化生产氯乙烯过程中产生的重馏分	T
		261-118-11	乙烯直接氯化生产三氯乙烯、四氯乙烯过程中产生的重馏分	T
		261-119-11	乙烯氧氯化法生产三氯乙烯、四氯乙烯过程中产生的重馏分	T
		261-120-11	甲苯光气法生产苯甲酰氯产品精制过程中产生的重馏分	T

废物类别	行业来源	废物代码	危险废物	危险特性
HW11 精（蒸）馏残渣	基础化学 原料制造	261-121-11	甲苯苯甲酸法生产苯甲酰氯产品精制过程中产生的重馏分	T
		261-122-11	甲苯连续光氯化法、无光热氯化法生产氯化苄过程中产生的重馏分	T
		261-123-11	偏二氯乙烯氢氯化法生产1,1,1-三氯乙烷过程中产生的重馏分	T
		261-124-11	醋酸丙烯酯法生产环氧氯丙烷过程中产生的重馏分	T
		261-125-11	异戊烷（异戊烯）脱氢法生产异戊二烯过程中产生的重馏分	T
		261-126-11	化学合成法生产异戊二烯过程中产生的重馏分	T
		261-127-11	碳五馏分分离生产异戊二烯过程中产生的重馏分	T
		261-128-11	合成气加压催化生产甲醇过程中产生的重馏分	T
		261-129-11	水合法、发酵法生产乙醇过程中产生的重馏分	T
		261-130-11	环氧乙烷直接水合生产乙二醇过程中产生的重馏分	T
		261-131-11	乙醛缩合加氢生产丁二醇过程中产生的重馏分	T
		261-132-11	乙醛氧化生产醋酸蒸馏过程中产生的重馏分	T
		261-133-11	丁烷液相氧化生产醋酸过程中产生的重馏分	T
		261-134-11	电石乙炔法生产醋酸乙烯酯过程中产生的重馏分	T
		261-135-11	氢氰酸法生产原甲酸三甲酯过程中产生的重馏分	T
		261-136-11	β-苯胺乙醇法生产靛蓝过程中产生的重馏分	T
	常用有色 金属冶炼	321-001-11	有色金属火法冶炼过程中产生的焦油状残余物	T
	环境治理	772-001-11	废矿物油再生过程中产生的酸焦油	T
	非特定行业	900-013-11	其他精炼、蒸馏和热解处理过程中产生的焦油状残余物	T
HW12 染料、涂料废物	涂料、油墨、 颜料及类似 产品制造	264-002-12	铬黄和铬橙颜料生产过程中产生的废水处理污泥	T
		264-003-12	钼酸橙颜料生产过程中产生的废水处理污泥	T
		264-004-12	锌黄颜料生产过程中产生的废水处理污泥	T
		264-005-12	铬绿颜料生产过程中产生的废水处理污泥	T
		264-006-12	氧化铬绿颜料生产过程中产生的废水处理污泥	T

废物类别	行业来源	废物代码	危险废物	危险特性
HW12 染料、涂料废物	涂料、油墨、颜料及类似产品制造	264-007-12	氧化铬绿颜料生产过程中烘干产生的残渣	T
		264-008-12	铁蓝颜料生产过程中产生的废水处理污泥	T
		264-009-12	使用含铬、铅的稳定剂配制油墨过程中,设备清洗产生的洗涤废液和废水处理污泥	T
		264-010-12	油墨的生产、配制过程中产生的废蚀刻液	T
		264-011-12	其他油墨、染料、颜料、油漆(不包括水性漆)生产过程中产生的废母液、残渣、中间体废物	T
		264-012-12	其他油墨、染料、颜料、油漆(不包括水性漆)生产过程中产生的废水处理污泥、废吸附剂	T
		264-013-12	油漆、油墨生产、配制和使用过程中产生的含颜料、油墨的有机溶剂废物	T
	纸浆制造	221-001-12	废纸回收利用处理过程中产生的脱墨渣	T
	非特定行业	900-250-12	使用有机溶剂、光漆进行光漆涂布、喷漆工艺过程中产生的废物	T,I
		900-251-12	使用油漆(不包括水性漆)、有机溶剂进行阻挡层涂敷过程中产生的废物	T,I
		900-252-12	使用油漆(不包括水性漆)、有机溶剂进行喷漆、上漆过程中产生的废物	T,I
		900-253-12	使用油墨和有机溶剂进行丝网印刷过程中产生的废物	T,I
		900-254-12	使用遮盖油、有机溶剂进行遮盖油的涂敷过程中产生的废物	T,I
		900-255-12	使用各种颜料进行着色过程中产生的废颜料	T
		900-256-12	使用酸、碱或有机溶剂清洗容器设备过程中剥离下的废油漆、染料、涂料	T
		900-299-12	生产、销售及使用过程中产生的失效、变质、不合格、淘汰、伪劣的油墨、染料、颜料、油漆	T
HW13 有机树脂类废物	合成材料制造	265-101-13	树脂、乳胶、增塑剂、胶水/胶合剂生产过程中产生的不合格产品	T
		265-102-13	树脂、乳胶、增塑剂、胶水/胶合剂生产过程中合成、酯化、缩合等工序产生的废母液	T
		265-103-13	树脂、乳胶、增塑剂、胶水/胶合剂生产过程中精馏、分离、精制等工序产生的釜底残液、废过滤介质和残渣	T
		265-104-13	树脂、乳胶、增塑剂、胶水/胶合剂生产过程中产生的废水处理污泥(不包括废水生化处理污泥)	T
	非特定行业	900-014-13	废弃的黏合剂和密封剂	T
		900-015-13	废弃的离子交换树脂	T
		900-016-13	使用酸、碱或有机溶剂清洗容器设备剥离下的树脂状、黏稠杂物	T
		900-451-13	废覆铜板、印刷线路板、电路板破碎分选回收金属后产生的废树脂粉	T

废物类别	行业来源	废物代码	危险废物	危险特性
HW14 新化学物质废物	非特定行业	900-017-14	研究、开发和教学活动中产生的对人类或环境影响不明的化学物质废物	T/C/I/R
HW15 爆炸性废物	炸药、火工及焰火产品制造	267-001-15	炸药生产和加工过程中产生的废水处理污泥	R
		267-002-15	含爆炸品废水处理过程中产生的废活性炭	R
		267-003-15	生产、配制和装填铅基起爆药剂过程中产生的废水处理污泥	T,R
		267-004-15	三硝基甲苯生产过程中产生的粉红水、红水,以及废水处理污泥	R
	非特定行业	900-018-15	报废机动车拆解后收集的未引爆的安全气囊	R
HW16 感光材料废物	专用化学产品制造	266-009-16	显(定)影剂、正负胶片、像纸、感光材料生产过程中产生的不合格产品和过期产品	T
		266-010-16	显(定)影剂、正负胶片、像纸、感光材料生产过程中产生的残渣及废水处理污泥	T
	印刷	231-001-16	使用显影剂进行胶卷显影,定影剂进行胶卷定影,以及使用铁氰化钾、硫代硫酸盐进行影像减薄(漂白)产生的废显(定)影剂、胶片及废相纸	T
		231-002-16	使用显影剂进行印刷显影、抗蚀图形显影,以及凸版印刷产生的废显(定)影剂、胶片及废相纸	T
	电子元件制造	397-001-16	使用显影剂、氢氧化物、偏亚硫酸氢盐、醋酸进行胶卷显影产生的废显(定)影剂、胶片及废相纸	T
	电影	863-001-16	电影厂产生的废显(定)影剂、胶片及废相纸	T
	其他专业技术服务业	749-001-16	摄影扩印服务行业产生的废显(定)影剂、胶片及废相纸	T
	非特定行业	900-019-16	其他行业产生的废显(定)影剂、胶片及废相纸	T
HW17 表面处理废物	金属表面处理及热处理加工	336-050-17	使用氯化亚锡进行敏化处理产生的废渣和废水处理污泥	T
		336-051-17	使用氯化锌、氯化铵进行敏化处理产生的废渣和废水处理污泥	T
		336-052-17	使用锌和电镀化学品进行镀锌产生的废槽液、槽渣和废水处理污泥	T
		336-053-17	使用镉和电镀化学品进行镀镉产生的废槽液、槽渣和废水处理污泥	T
		336-054-17	使用镍和电镀化学品进行镀镍产生的废槽液、槽渣和废水处理污泥	T
		336-055-17	使用镀镍液进行镀镍产生的废槽液、槽渣和废水处理污泥	T
		336-056-17	使用硝酸银、碱、甲醛进行敷金属法镀银产生的废槽液、槽渣和废水处理污泥	T

废物类别	行业来源	废物代码	危险废物	危险特性
HW17 表面处理废物	金属表面处理及热处理加工	336-057-17	使用金和电镀化学品进行镀金产生的废槽液、槽渣和废水处理污泥	T
		336-058-17	使用镀铜液进行化学镀铜产生的废槽液、槽渣和废水处理污泥	T
		336-059-17	使用钯和锡盐进行活化处理产生的废渣和废水处理污泥	T
		336-060-17	使用铬和电镀化学品进行镀黑铬产生的废槽液、槽渣和废水处理污泥	T
		336-061-17	使用高锰酸钾进行钻孔除胶处理产生的废渣和废水处理污泥	T
		336-062-17	使用铜和电镀化学品进行镀铜产生的废槽液、槽渣和废水处理污泥	T
		336-063-17	其他电镀工艺产生的废槽液、槽渣和废水处理污泥	T
		336-064-17	金属和塑料表面酸(碱)洗、除油、除锈、洗涤、磷化、出光、化抛工艺产生的废腐蚀液、废洗涤液、废槽液、槽渣和废水处理污泥	T/C
		336-066-17	镀层剥除过程中产生的废液、槽渣及废水处理污泥	T
		336-067-17	使用含重铬酸盐的胶体、有机溶剂、黏合剂进行漩流式抗蚀涂布产生的废渣及废水处理污泥	T
		336-068-17	使用铬化合物进行抗蚀层化学硬化产生的废渣及废水处理污泥	T
		336-069-17	使用铬酸镀铬产生的废槽液、槽渣和废水处理污泥	T
		336-101-17	使用铬酸进行塑料表面粗化产生的废槽液、槽渣和废水处理污泥	T
HW18 焚烧处置残渣	环境治理业	772-002-18	生活垃圾焚烧飞灰	T
		772-003-18	危险废物焚烧、热解等处置过程产生的底渣、飞灰和废水处理污泥(医疗废物焚烧处置产生的底渣除外)	T
		772-004-18	危险废物等离子体、高温熔融等处置过程产生的非玻璃态物质和飞灰	T
		772-005-18	固体废物焚烧过程中废气处理产生的废活性炭	T
HW19 含金属羰基化合物废物	非特定行业	900-020-19	金属羰基化合物生产、使用过程中产生的含有羰基化合物成分的废物	T
HW20 含铍废物	基础化学原料制造	261-040-20	铍及其化合物生产过程中产生的熔渣、集(除)尘装置收集的粉尘和废水处理污泥	T

废物类别	行业来源	废物代码	危险废物	危险特性
HW21 含铬废物	毛皮鞣制及 制品加工	193-001-21	使用铬鞣剂进行铬鞣、复鞣工艺产生的废水处理污泥	T
		193-002-21	皮革切削工艺产生的含铬皮革废碎料	T
	基础化学 原料制造	261-041-21	铬铁矿生产铬盐过程中产生的铬渣	T
		261-042-21	铬铁矿生产铬盐过程中产生的铝泥	T
		261-043-21	铬铁矿生产铬盐过程中产生的芒硝	T
		261-044-21	铬铁矿生产铬盐过程中产生的废水处理污泥	T
		261-137-21	铬铁矿生产铬盐过程中产生的其他废物	T
		261-138-21	以重铬酸钠和浓硫酸为原料生产铬酸酐过程中产生的含铬废液	T
	铁合金冶炼	315-001-21	铬铁硅合金生产过程中集（除）尘装置收集的粉尘	T
		315-002-21	铁铬合金生产过程中集（除）尘装置收集的粉尘	T
		315-003-21	铁铬合金生产过程中金属铬冶炼产生的铬浸出渣	T
	金属表面处理 及热处理加工	336-100-21	使用铬酸进行阳极氧化产生的废槽液、槽渣及废水处理污泥	T
	电子元件制造	397-002-21	使用铬酸进行钻孔除胶处理产生的废渣和废水处理污泥	T
HW22 含铜废物	玻璃制造	304-001-22	使用硫酸铜进行敷金属法镀铜产生的废槽液、槽渣及废水处理污泥	T
	常用有色 金属冶炼	321-101-22	铜火法冶炼烟气净化产生的收尘渣、压滤渣	T
		321-102-22	铜火法冶炼电除雾除尘产生的废水处理污泥	T
	电子元件 制造	397-004-22	线路板生产过程中产生的废蚀铜液	T
		397-005-22	使用酸进行铜氧化处理产生的废液及废水处理污泥	T
		397-051-22	铜板蚀刻过程中产生的废蚀刻液及废水处理污泥	T
HW23 含锌废物	金属表面处理 及热处理加工	336-103-23	热镀锌过程中产生的废熔剂、助熔剂和集（除）尘装置收集的粉尘	T
	电池制造	384-001-23	碱性锌锰电池、锌氧化银电池、锌空气电池生产过程中产生的废锌浆	T
	非特定行业	900-021-23	使用氢氧化钠、锌粉进行贵金属沉淀过程中产生的废液及废水处理污泥	T
HW24 含砷废物	基础化学 原料制造	261-139-24	硫铁矿制酸过程中烟气净化产生的酸泥	T
HW25 含硒废物	基础化学 原料制造	261-045-25	硒及其化合物生产过程中产生的熔渣、集（除）尘装置收集的粉尘和废水处理污泥	T
HW26 含镉废物	电池制造	384-002-26	镍镉电池生产过程中产生的废渣和废水处理污泥	T

废物类别	行业来源	废物代码	危险废物	危险特性
HW27 含锑废物	基础化学 原料制造	261-046-27	锑金属及粗氧化锑生产过程中产生的熔渣和集（除）尘装置收集的粉尘	T
		261-048-27	氧化锑生产过程中产生的熔渣	T
HW28 含碲废物	基础化学 原料制造	261-050-28	碲及其化合物生产过程中产生的熔渣、集（除）尘装置收集的粉尘和废水处理污泥	T
HW29 含汞废物	天然气开采	072-002-29	天然气除汞净化过程中产生的含汞废物	T
	常用有色金属矿采选	091-003-29	汞矿采选过程中产生的尾砂和集（除）尘装置收集的粉尘	T
	贵金属矿采选	092-002-29	混汞法提金工艺产生的含汞粉尘、残渣	T
	印刷	231-007-29	使用显影剂、汞化合物进行影像加厚（物理沉淀）以及使用显影剂、氨氯化汞进行影像加厚（氧化）产生的废液及残渣	T
	基础化学 原料制造	261-051-29	水银电解槽法生产氯气过程中盐水精制产生的盐水提纯污泥	T
		261-052-29	水银电解槽法生产氯气过程中产生的废水处理污泥	T
		261-053-29	水银电解槽法生产氯气过程中产生的废活性炭	T
		261-054-29	卤素和卤素化学品生产过程中产生的含汞硫酸钡污泥	T
	合成材料制造	265-001-29	氯乙烯生产过程中含汞废水处理产生的废活性炭	T,C
		265-002-29	氯乙烯生产过程中吸附汞产生的废活性炭	T,C
		265-003-29	电石乙炔法聚氯乙烯生产过程中产生的废酸	T,C
		265-004-29	电石乙炔法生产氯乙烯单体过程中产生的废水处理污泥	T
	常用有色金属冶炼	321-103-29	铜、锌、铅冶炼过程中烟气制酸产生的废甘汞，烟气净化产生的废酸及废酸处理污泥	T
	电池制造	384-003-29	含汞电池生产过程中产生的含汞废浆层纸、含汞废锌膏、含汞废活性炭和废水处理污泥	T
	照明器具制造	387-001-29	含汞电光源生产过程中产生的废荧光粉和废活性炭	T
	通用仪器仪表制造	401-001-29	含汞温度计生产过程中产生的废渣	T
	非特定行业	900-022-29	废弃的含汞催化剂	T
		900-023-29	生产、销售及使用过程中产生的废含汞荧光灯管及其他废含汞电光源	T
		900-024-29	生产、销售及使用过程中产生的废含汞温度计、废含汞血压计、废含汞真空表和废含汞压力计	T
		900-452-29	含汞废水处理过程中产生的废树脂、废活性炭和污泥	T

废物类别	行业来源	废物代码	危险废物	危险特性
HW30 含铊废物	基础化学 原料制造	261-055-30	铊及其化合物生产过程中产生的熔渣、集(除)尘装置收集的粉尘和废水处理污泥	T
HW31 含铅废物	玻璃制造	304-002-31	使用铅盐和铅氧化物进行显像管玻璃熔炼过程中产生的废渣	T
	电子元件 制造	397-052-31	线路板制造过程中电镀铅锡合金产生的废液	T
	炼钢	312-001-31	电炉炼钢过程中集(除)尘装置收集的粉尘和废水处理污泥	T
	电池制造	384-004-31	铅蓄电池生产过程中产生的废渣、集(除)尘装置收集的粉尘和废水处理污泥	T
	工艺美术品 制造	243-001-31	使用铅箔进行烤钵试金法工艺产生的废烤钵	T
	废弃资源 综合利用	421-001-31	废铅蓄电池拆解过程中产生的废铅板、废铅膏和酸液	T
	非特定行业	900-025-31	使用硬脂酸铅进行抗黏涂层过程中产生的废物	T
HW32 无机氟化物废物	非特定行业	900-026-32	使用氢氟酸进行蚀刻产生的废蚀刻液	T,C
HW33 无机氰化物 废物	贵金属矿 采选	092-003-33	采用氰化物进行黄金选矿过程中产生的氰化尾渣和含氰废水处理污泥	T
	金属表面处理 及热处理加工	336-104-33	使用氰化物进行浸洗过程中产生的废液	R,T
	非特定行业	900-027-33	使用氰化物进行表面硬化、碱性除油、电解除油产生的废物	R,T
		900-028-33	使用氰化物剥落金属镀层产生的废物	R,T
		900-029-33	使用氰化物和双氧水进行化学抛光产生的废物	R,T
HW34 废酸	精炼石油 产品制造	251-014-34	石油炼制过程产生的废酸及酸泥	C
	涂料、油墨、 颜料及类似 产品制造	264-013-34	硫酸法生产钛白粉(二氧化钛)过程中产生的废酸	C
	基础化学 原料制造	261-057-34	硫酸和亚硫酸、盐酸、氢氟酸、磷酸和亚磷酸、硝酸和亚硝酸等的生产、配制过程中产生的废酸及酸渣	C
		261-058-34	卤素和卤素化学品生产过程中产生的废酸	C
	钢压延加工	314-001-34	钢的精加工过程中产生的废酸性洗液	C,T
	金属表面处理 及热处理加工	336-105-34	青铜生产过程中浸酸工序产生的废酸液	C
	电子元件 制造	397-005-34	使用酸进行电解除油、酸蚀、活化前表面敏化、催化、浸亮产生的废酸液	C
		397-006-34	使用硝酸进行钻孔蚀胶处理产生的废酸液	C
		397-007-34	液晶显示板或集成电路板的生产过程中使用酸浸蚀剂进行氧化物浸蚀产生的废酸液	C

废物类别	行业来源	废物代码	危险废物	危险特性
HW34 废酸	非特定行业	900-300-34	使用酸进行清洗产生的废酸液	C
		900-301-34	使用硫酸进行酸性碳化产生的废酸液	C
		900-302-34	使用硫酸进行酸蚀产生的废酸液	C
		900-303-34	使用磷酸进行磷化产生的废酸液	C
		900-304-34	使用酸进行电解除油、金属表面敏化产生的废酸液	C
		900-305-34	使用硝酸剥落不合格镀层及挂架金属镀层产生的废酸液	C
		900-306-34	使用硝酸进行钝化产生的废酸液	C
		900-307-34	使用酸进行电解抛光处理产生的废酸液	C
		900-308-34	使用酸进行催化(化学镀)产生的废酸液	C
		900-349-34	生产、销售及使用过程中产生的失效、变质、不合格、淘汰、伪劣的强酸性擦洗粉、清洁剂、污迹去除剂以及其他废酸液及酸渣	C
HW35 废碱	精炼石油产品制造	251-015-35	石油炼制过程产生的废碱液及碱渣	C,T
	基础化学原料制造	261-059-35	氢氧化钙、氨水、氢氧化钠、氢氧化钾等的生产、配制中产生的废碱液、固态碱及碱渣	C
	毛皮鞣制及制品加工	193-003-35	使用氢氧化钙、硫化钠进行浸灰产生的废碱液	C
	纸浆制造	221-002-35	碱法制浆过程中蒸煮制浆产生的废碱液	C,T
	非特定行业	900-350-35	使用氢氧化钠进行煮炼过程中产生的废碱液	C
		900-351-35	使用氢氧化钠进行丝光处理过程中产生的废碱液	C
		900-352-35	使用碱进行清洗产生的废碱液	C
		900-353-35	使用碱进行清洗除蜡、碱性除油、电解除油产生的废碱液	C
		900-354-35	使用碱进行电镀阻挡层或抗蚀层的脱除产生的废碱液	C
		900-355-35	使用碱进行氧化膜浸蚀产生的废碱液	C
		900-356-35	使用碱溶液进行碱性清洗、图形显影产生的废碱液	C
		900-399-35	生产、销售及使用过程中产生的失效、变质、不合格、淘汰、伪劣的强碱性擦洗粉、清洁剂、污迹去除剂以及其他废碱液、固态碱及碱渣	C
HW36 石棉废物	石棉及其他非金属矿采选	109-001-36	石棉矿选矿过程中产生的废渣	T
	基础化学原料制造	261-060-36	卤素和卤素化品生产过程中电解装置拆换产生的含石棉废物	T

废物类别	行业来源	废物代码	危险废物	危险特性
HW36 石棉废物	石膏、水泥制品及类似制品制造	302-001-36	石棉建材生产过程中产生的石棉尘、废石棉	T
	耐火材料制品制造	308-001-36	石棉制品生产过程中产生的石棉尘、废石棉	T
	汽车零部件及配件制造	366-001-36	车辆制动器衬片生产过程中产生的石棉废物	T
	船舶及相关装置制造	373-002-36	拆船过程中产生的石棉废物	T
	非特定行业	900-030-36	其他生产过程中产生的石棉废物	T
		900-031-36	含有石棉的废绝缘材料、建筑废物	T
		900-032-36	含有隔膜、热绝缘体等石棉材料的设施保养拆换及车辆制动器衬片的更换产生的石棉废物	T
HW37 有机磷化合物废物	基础化学原料制造	261-061-37	除农药以外其他有机磷化合物生产、配制过程中产生的反应残余物	T
		261-062-37	除农药以外其他有机磷化合物生产、配制过程中产生的废过滤吸附介质	T
		261-063-37	除农药以外其他有机磷化合物生产过程中产生的废水处理污泥	T
	非特定行业	900-033-37	生产、销售及使用过程中产生的废弃磷酸酯抗燃油	T
HW38 有机氰化物废物	基础化学原料制造	261-064-38	丙烯腈生产过程中废水汽提器塔底的残余物	R,T
		261-065-38	丙烯腈生产过程中乙腈蒸馏塔底的残余物	R,T
		261-066-38	丙烯腈生产过程中乙腈精制塔底的残余物	T
		261-067-38	有机氰化物生产过程中产生的废母液及反应残余物	T
		261-068-38	有机氰化物生产过程中催化、精馏和过滤工序产生的废催化剂、釜底残余物和过滤介质	T
		261-069-38	有机氰化物生产过程中产生的废水处理污泥	T
		261-140-38	废腈纶高温高压水解生产聚丙烯腈-铵盐过程中产生的过滤残渣	T
HW39 含酚废物	基础化学原料制造	261-070-39	酚及酚类化合物生产过程中产生的废母液和反应残余物	T

废物类别	行业来源	废物代码	危险废物	危险特性
HW39 含酚废物	基础化学 原料制造	261-071-39	酚及酚类化合物生产过程中产生的废过滤吸附介质、废催化剂、精馏残余物	T
HW40 含醚废物	基础化学 原料制造	261-072-40	醚及醚类化合物生产过程中产生的醚类残液、反应残余物、废水处理污泥（不包括废水生化处理污泥）	T
HW45 含有机 卤化物废物	基础化学 原料制造	261-078-45	乙烯溴化法生产二溴乙烯过程中废气净化产生的废液	T
		261-079-45	乙烯溴化法生产二溴乙烯过程中产品精制产生的废吸附剂	T
		261-080-45	芳烃及其衍生物氯代反应过程中氯气和盐酸回收工艺产生的废液和废吸附剂	T
		261-081-45	芳烃及其衍生物氯代反应过程中产生的废水处理污泥	T
		261-082-45	氯乙烷生产过程中的塔底残余物	T
		261-084-45	其他有机卤化物的生产过程中产生的残液、废过滤吸附介质、反应残余物、废水处理污泥、废催化剂（不包括上述 HW06、HW39 类别的废物）	T
		261-085-45	其他有机卤化物的生产过程中产生的不合格、淘汰、废弃的产品（不包括上述 HW06、HW39 类别的废物）	T
		261-086-45	石墨作阳极隔膜法生产氯气和烧碱过程中产生的废水处理污泥	T
	非特定行业	900-036-45	其他生产、销售及使用过程中产生的含有机卤化物废物（不包括 HW06 类）	T
HW46 含镍废物	基础化学 原料制造	261-087-46	镍化合物生产过程中产生的反应残余物及不合格、淘汰、废弃的产品	T
	电池制造	394-005-46	镍氢电池生产过程中产生的废渣和废水处理污泥	T
	非特定行业	900-037-46	废弃的镍催化剂	T
HW47 含钡废物	基础化学 原料制造	261-088-47	钡化合物（不包括硫酸钡）生产过程中产生的熔渣、集（除）尘装置收集的粉尘、反应残余物、废水处理污泥	T
	金属表面处理 及热处理加工	336-106-47	热处理工艺中产生的含钡盐浴渣	T
HW48 有色金 属冶炼废物	常用有色 金属矿采选	091-001-48	硫化铜矿、氧化铜矿等铜矿物采选过程中集（除）尘装置收集的粉尘	T
		091-002-48	硫砷化合物（雌黄、雄黄及硫砷铁矿）或其他含砷化合物的金属矿石采选过程中集（除）尘装置收集的粉尘	T
	常用有色 金属冶炼	321-002-48	铜火法冶炼过程中集（除）尘装置收集的粉尘和废水处理污泥	T
		321-003-48	粗锌精炼加工过程中产生的废水处理污泥	T

废物类别	行业来源	废物代码	危险废物	危险特性
HW48 有色金属冶炼废物	常用有色金属冶炼	321-004-48	铅锌冶炼过程中，锌焙烧矿常规浸出法产生的浸出渣	T
		321-005-48	铅锌冶炼过程中，锌焙烧矿热酸浸出黄钾铁矾法产生的铁矾渣	T
		321-006-48	硫化锌矿常压氧浸或加压氧浸产生的硫渣（浸出渣）	T
		321-007-48	铅锌冶炼过程中，锌焙烧矿热酸浸出针铁矿法产生的针铁矿渣	T
		321-008-48	铅锌冶炼过程中，锌浸出液净化产生的净化渣，包括锌粉-黄药法、砷盐法、反向锑盐法、铅锑合金锌粉法等工艺除铜、锑、镉、钴、镍等杂质过程中产生的废渣	T
		321-009-48	铅锌冶炼过程中，阴极锌熔铸产生的熔铸浮渣	T
		321-010-48	铅锌冶炼过程中，氧化锌浸出处理产生的氧化锌浸出渣	T
		321-011-48	铅锌冶炼过程中，鼓风炉炼锌锌蒸气冷凝分离系统产生的鼓风炉浮渣	T
		321-012-48	铅锌冶炼过程中，锌精馏炉产生的锌渣	T
		321-013-48	铅锌冶炼过程中，提取金、银、铋、镉、钴、铟、锗、铊、碲等金属过程中产生的废渣	T
		321-014-48	铅锌冶炼过程中，集（除）尘装置收集的粉尘	T
		321-016-48	粗铅精炼过程中产生的浮渣和底渣	T
		321-017-48	铅锌冶炼过程中，炼铅鼓风炉产生的黄渣	T
		321-018-48	铅锌冶炼过程中，粗铅火法精炼产生的精炼渣	T
		321-019-48	铅锌冶炼过程中，铅电解产生的阳极泥及阳极泥处理后产生的含铅废渣及废水处理污泥	T
		321-020-48	铅锌冶炼过程中，阴极铅精炼产生的氧化铅渣及碱渣	T
		321-021-48	铅锌冶炼过程中，锌焙烧矿热酸浸出黄钾铁矾法、热酸浸出针铁矿法产生的铅银渣	T
		321-022-48	铅锌冶炼过程中产生的废水处理污泥	T
		321-023-48	电解铝过程中电解槽维修及废弃产生的废渣	T
		321-024-48	铝火法冶炼过程中产生的初炼炉渣	T
		321-025-48	电解铝过程中产生的盐渣、浮渣	T
		321-026-48	铝火法冶炼过程中产生的易燃性撇渣	I
		321-027-48	铜再生过程中集（除）尘装置收集的粉尘和废水处理污泥	T
		321-028-48	锌再生过程中集（除）尘装置收集的粉尘和废水处理污泥	T
		321-029-48	铅再生过程中集（除）尘装置收集的粉尘和废水处理污泥	T
		321-030-48	汞再生过程中集（除）尘装置收集的粉尘和废水处理污泥	T
	稀有稀土金属冶炼	323-001-48	仲钨酸铵生产过程中碱分解产生的碱煮渣（钨渣）、除钼过程中产生的除钼渣和废水处理污泥	T

废物类别	行业来源	废物代码	危险废物	危险特性
HW49 其他废物	石墨及其他 非金属矿物 制品制造	309-001-49	多晶硅生产过程中废弃的三氯化硅和四氯化硅	R/C
	非特定行业	900-039-49	化工行业生产过程中产生的废活性炭	T
		900-040-49	无机化工行业生产过程中集（除）尘装置收集的粉尘	T
		900-041-49	含有或沾染毒性、感染性危险废物的废弃包装物、容器、过滤吸附介质	T/In
		900-042-49	由危险化学品、危险废物造成的突发环境事件及其处理过程中产生的废物	T/C/I/R/In
		900-044-49	废弃的铅蓄电池、镉镍电池、氧化汞电池、汞开关、荧光粉和阴极射线管	T
		900-045-49	废电路板（包括废电路板上附带的元器件、芯片、插件、贴脚等）	T
		900-046-49	离子交换装置再生过程中产生的废水处理污泥	T
		900-047-49	研究、开发和教学活动中，化学和生物实验室产生的废物（不包括 HW03、900-999-49）	T/C/I/R
		900-999-49	未经使用而被所有人抛弃或者放弃的；淘汰、伪劣、过期、失效的；有关部门依法收缴以及接收的公众上交的危险化学品	T
HW50 废催化剂	精炼石油 产品制造	251-016-50	石油产品加氢精制过程中产生的废催化剂	T
		251-017-50	石油产品催化裂化过程中产生的废催化剂	T
		251-018-50	石油产品加氢裂化过程中产生的废催化剂	T
		251-019-50	石油产品催化重整过程中产生的废催化剂	T
	基础化学原 料制造	261-151-50	树脂、乳胶、增塑剂、胶水/胶合剂生产过程中合成、酯化、缩合等工序产生的废催化剂	T
		261-152-50	有机溶剂生产过程中产生的废催化剂	T
		261-153-50	丙烯腈合成过程中产生的废催化剂	T
		261-154-50	聚乙烯合成过程中产生的废催化剂	T
		261-155-50	聚丙烯合成过程中产生的废催化剂	T
		261-156-50	烷烃脱氢过程中产生的废催化剂	T
		261-157-50	乙苯脱氢生产苯乙烯过程中产生的废催化剂	T
		261-158-50	采用烷基化反应（歧化）生产苯、二甲苯过程中产生的废催化剂	T
		261-159-50	二甲苯临氢异构化反应过程中产生的废催化剂	T
		261-160-50	乙烯氧化生产环氧乙烷过程中产生的废催化剂	T
		261-161-50	硝基苯催化加氢法制备苯胺过程中产生的废催化剂	T
		261-162-50	乙烯和丙烯为原料，采用茂金属催化体系生产乙丙橡胶过程中产生的废催化剂	T
		261-163-50	乙炔法生产醋酸乙烯酯过程中产生的废催化剂	T

废物类别	行业来源	废物代码	危险废物	危险特性
HW50 废催化剂	基础化学原料制造	261-164-50	甲醇和氨气催化合成、蒸馏制备甲胺过程中产生的废催化剂	T
		261-165-50	催化重整生产高辛烷值汽油和轻芳烃过程中产生的废催化剂	T
		261-166-50	采用碳酸二甲酯法生产甲苯二异氰酸酯过程中产生的废催化剂	T
		261-167-50	合成气合成、甲烷氧化和液化石油气氧化生产甲醇过程中产生的废催化剂	T
		261-168-50	甲苯氯化水解生产邻甲酚过程中产生的废催化剂	T
		261-169-50	异丙苯催化脱氢生产 α-甲基苯乙烯过程中产生的废催化剂	T
		261-170-50	异丁烯和甲醇催化生产甲基叔丁基醚过程中产生的废催化剂	T
		261-171-50	甲醇空气氧化法生产甲醛过程中产生的废催化剂	T
		261-172-50	邻二甲苯氧化法生产邻苯二甲酸酐过程中产生的废催化剂	T
		261-173-50	二氧化硫氧化生产硫酸过程中产生的废催化剂	T
		261-174-50	四氯乙烷催化脱氯化氢生产三氯乙烯过程中产生的废催化剂	T
		261-175-50	苯氧化法生产顺丁烯二酸酐过程中产生的废催化剂	T
		261-176-50	甲苯空气氧化生产苯甲酸过程中产生的废催化剂	T
		261-177-50	羟丙腈氨化、加氢生产 3-氨基-1-丙醇过程中产生的废催化剂	T
		261-178-50	β-羟基丙腈催化加氢生产 3-氨基-1-丙醇过程中产生的废催化剂	T
		261-179-50	甲乙酮与氨催化加氢生产 2-氨基丁烷过程中产生的废催化剂	T
		261-180-50	苯酚和甲醇合成 2,6-二甲基苯酚过程中产生的废催化剂	T
		261-181-50	糠醛脱羰制备呋喃过程中产生的废催化剂	T
		261-182-50	过氧化法生产环氧丙烷过程中产生的废催化剂	T
		261-183-50	除农药以外其他有机磷化合物生产过程中产生的废催化剂	T

废物类别	行业来源	废物代码	危险废物	危险特性
HW50 废催化剂	农药制造	263-013-50	农药生产过程中产生的废催化剂	T
	化学药品 原料药制造	271-006-50	化学合成原料药生产过程中产生的废催化剂	T
	兽用药品制造	275-009-50	兽药生产过程中产生的废催化剂	T
	生物药品制造	276-006-50	生物药品生产过程中产生的废催化剂	T
	环境治理	772-007-50	烟气脱硝过程中产生的废钒钛系催化剂	T
	非特定行业	900-048-50	废液体催化剂	T
		900-049-50	废汽车尾气净化催化剂	T

附录　危险废物豁免管理清单

本目录各栏目说明：

1. "序号"指列入本目录危险废物的顺序编号；

2. "废物类别/代码"指列入本目录危险废物的类别或代码；

3. "危险废物"指列入本目录危险废物的名称；

4. "豁免环节"指可不按危险废物管理的环节；

5. "豁免条件"指可不按危险废物管理应具备的条件；

6. "豁免内容"指可不按危险废物管理的内容。

序号	废物类别/代码	危险废物	豁免环节	豁免条件	豁免内容
1	家庭源危险废物	家庭日常生活中产生的废药品及其包装物、废杀虫剂和消毒剂及其包装物、废油漆和溶剂及其包装物、废矿物油及其包装物、废胶片及废相纸、废荧光灯管、废温度计、废血压计、废镍镉电池和氧化汞电池以及电子类危险废物等	全部环节	未分类收集	全过程不按危险废物管理
			收集	分类收集	收集过程不按危险废物管理
2	193-002-21	含铬皮革废碎料	利用	用于生产皮件、再生革或静电植绒	利用过程不按危险废物管理
3	252-014-11	煤气净化产生的煤焦油	利用	满足《煤焦油标准》(YB/T 5075—2010)，且作为原料深加工制取萘、洗油、蒽油等	利用过程不按危险废物管理
4	772-002-18	生活垃圾焚烧飞灰	处置	满足《生活垃圾填埋场污染控制标准》(GB 16889—2008)中6.3条要求，进入生活垃圾填埋场填埋	填埋过程不按危险废物管理

序号	废物类别/代码	危险废物	豁免环节	豁免条件	豁免内容
4	772-002-18	生活垃圾焚烧飞灰	处置	满足《水泥窑协同处置固体废物污染控制标准》（GB 30485—2013），进入水泥窑协同处置	水泥窑协同处置过程不按危险废物管理
5	772-003-18	医疗废物焚烧飞灰	处置	满足《生活垃圾填埋场污染控制标准》（GB 16889—2008)中6.3条要求，进入生活垃圾填埋场填埋	填埋过程不按危险废物管理
6	772-003-18	危险废物焚烧产生的废金属	利用	用于金属冶炼	利用过程不按危险废物管理
7	900-451-13	采用破碎分选回收废覆铜板、印刷线路板、电路板中金属后的废树脂粉	运输	运输工具满足防雨、防渗漏、防遗撒要求	不按危险废物进行运输
			处置	进入生活垃圾填埋场填埋	处置过程不按危险废物管理
8	900-041-49	农药废弃包装物	收集	村、镇农户分散产生的农药废弃包装物的收集活动	收集过程不按危险废物管理
9	900-041-49	废弃的含油抹布、劳保用品	全部环节	混入生活垃圾	全过程不按危险废物管理
10	900-042-49	由危险化学品、危险废物造成的突发环境事件及其处理过程中产生的废物	转移	经接受地县级以上环境保护主管部门同意，按事发地县级以上地方环境保护主管部门提出的应急处置方案进行转移	转移过程不按危险废物管理
			处置	按事发地县级以上地方环境保护主管部门提出的应急处置方案进行处置或利用	处置或利用过程可不按危险废物进行管理
11	900-044-49	阴极射线管含铅玻璃	运输	运输工具满足防雨、防渗漏、防遗撒要求	不按危险废物进行运输

序号	废物类别/代码	危险废物	豁免环节	豁免条件	豁免内容
12	900-045-49	废弃电路板	运输	运输工具满足防雨、防渗漏、防遗撒要求	不按危险废物进行运输
13	HW01	医疗废物	收集	从事床位总数在19张以下(含19张)的医疗机构产生的医疗废物的收集活动	收集过程不按危险废物管理
14	831-001-01	感染性废物	处置	按照《医疗废物高温蒸汽集中处理工程技术规范》(HJ/T 276—2006)或《医疗废物化学消毒集中处理工程技术规范》(HJ/T 228—2006)或《医疗废物微波消毒集中处理工程技术规范》(HJ/T 229—2006)进行处理后	进入生活垃圾填埋场填埋处置或进入生活垃圾焚烧厂焚烧处置,处置过程不按危险废物管理
15	831-002-01	损伤性废物	处置	按照《医疗废物高温蒸汽集中处理工程技术规范》(HJ/T 276—2006)或《医疗废物化学消毒集中处理工程技术规范》(HJ/T 228—2006)或《医疗废物微波消毒集中处理工程技术规范》(HJ/T 229—2006)进行处理后	进入生活垃圾填埋场填埋处置或进入生活垃圾焚烧厂焚烧处置,处置过程不按危险废物管理
16	831-003-01	病理性废物(人体器官和传染性的动物尸体等除外)	处置	按照《医疗废物化学消毒集中处理工程技术规范》(HJ/T 228—2006)或《医疗废物微波消毒集中处理工程技术规范》(HJ/T 229—2006)进行处理后	进入生活垃圾焚烧厂焚烧处置,处置过程不按危险废物管理

附录4 《限制进口类可用作原料的固体废物环境保护管理规定》

一、适用范围

本规定适用于列入《限制进口类可用作原料的固体废物目录》中固体废物进口的环境保护管理。

进口特定类别固体废物环境保护有专门规定的,从其规定。

二、加工利用企业环境保护要求

进口固体废物加工利用企业应当符合以下环境保护要求：

（一）属于依法成立的具有固体废物加工利用经营范围的企业法人。

（二）具有加工利用所申请进口固体废物的场地、设施、设备及配套的污染防治设施和措施，并符合国家或者地方环境保护标准规范的要求。

（三）符合建设项目环境保护管理有关规定。

（四）具有防止进口固体废物污染环境的相关制度和措施，包括建立了进口固体废物加工利用的经营情况记录制度、日常环境监测制度；设置专门部门或专人负责检查、督促、落实本单位进口可用作原料的固体废物的相关环境保护和污染防治工作，相关工作人员和管理人员应当掌握国家相关政策法规、标准规范的规定；依法开展了清洁生产审核等。

（五）自营进口的，应当具有进口可用作原料的固体废物国内收货人注册登记资格；委托其他企业代理进口的，所委托的代理进口企业应当具有进口可用作原料的固体废物国内收货人注册登记资格，且加工利用企业为相应《进口可用作原料的固体废物国内收货人注册登记证书》中列明的"国内利用企业"；以加工贸易方式进口固体废物的，应当位于出口加工区内，或者已获得商务主管部门签发的有效的加工贸易业务批准文件。

（六）申请进口固体废物数量与加工利用能力和污染防治能力相适应；进口口岸符合就近原则和国家有关口岸管理规定。

（七）加工利用企业及其法定代表人或者所委托的代理进口企业及其法定代表人，近两年内没有以下违法行为记录：

1. 进口属于禁止进口的固体废物；

2. 隐瞒有关情况或者提供虚假材料申请固体废物进口许可证；

3. 以欺骗或者其他不正当手段获取固体废物进口许可证；

4. 转让固体废物进口许可证。

（八）近一年内没有以下违反环境保护等法律、法规的行为记录：

1. 超过国家或者地方规定的污染物排放标准或者总量控制要求排放污染物；

2. 所加工利用的进口固体废物不符合进口可用作原料的固体废物环境保护控制标准或者相关技术规范等强制性要求；

3. 生产过程产生的固体废物以及进口固体废物中的夹杂物未进行无害化利用或者处置；

4. 环境监测记录或者进口固体废物经营情况未按规定向环境保护部门报告，或者在报告时弄虚作假；

5. 其他违反环境保护、海关、检验检疫等法律、法规的行为。

（九）从事《限制进口类可用作原料的固体废物目录》内固体废物加工利用的企业，应当符合国家或者省、自治区、直辖市有关规划以及"圈区管理"等要求。

三、申请、审批和监督管理

（一）申请

1. 申请单位（限制进口类固体废物加工利用企业）应当通过全国固体废物管理信息系统（以下简称信息系统）向环境保护部提出申请，提交电子申请材料的同时需提交相同内容的纸质材料。申请材料包括：

（1）申请报告。申请报告应包括：拟进口废物的名称、数量、来源国、进口口岸及进口方式，本年度已申请许可证的使用情况等。

（2）申请表（见附1）。申请表通过信息系统在线填写并打印，纸质申请表与信息系统申请表内容必须一致。

（3）环境保护报告（见附2）。本规定发布实施后首次申请限制进口类可用作原料的固体废物的加工利用企业应提供企业环境保护报告。

（4）符合环境保护要求的证明材料（见附3），包括省级环境保护主管部门根据县级以上地方环境保护主管部门的监督管理情况，出具的对加工利用企业监督管理情况及初步意见表（见附4）。

2. 近3年内领取过相同种类固体废物进口许可证的单位，加工利用场地、设施、设备及配套的污染防治设施和措施，相关环境管理制度或人员未发生变化的，可免予提交相应证明材料；按照相关法律规定，不需要重新履行环评和验收等手续的，免予提交有关符合建设项目环境保护管理有关规定的证明材料。上述未变化事项，应当在申请表中备注栏注明上次申请日期及未发生变化的事项。

3. 固体废物加工利用企业向环境保护部提出申请，由省级环境保护主管部门代收。省级环境保护主管部门可通过书面审查和实地核查等方式对申请材料进行初步审查，在10个工作日内，将监督管理情况及初步意见表和申请材料报送至环境保护部。监督管理情况及初步意见表的纸质材料应加盖公章，监督管理情况及初步意见表的电子件应通过信息系统报送。

每年11月15日起，可受理下一年度限制进口类固体废物进口申请，原则上不再受理当年固体废物进口申请。

（二）技术审查

环境保护部委托环境保护部固体废物与化学品管理技术中心（以下简称固管中心）受理申请材料并进行技术审查。

固管中心收到电子材料与纸质材料后，应在5个工作日内开展受理工作。在10个工作日内，对受理的申请通过书面审查或实地核查等方式进行技术审查，并将技术审查情况予以公示，征求公众意见，公示期为3个工作日。对公众意见，由环境保护部组织进行核实。技术审查工作原则上以电子材料为准。

公示期满，固管中心将技术审查情况和公示情况报送环境保护部。

（三）审批

环境保护部根据固管中心的技术审查意见，在10个工作日内对进口固体废物的申请进行审定。

（四）许可证的颁发

环境保护部委托固管中心原则上将固体废物进口许可证统一邮寄至省级环境保护主管部门，由省级环境保护主管部门代为发放。

（五）监督管理

省级环境保护主管部门应当组织对本地区进口固体废物加工利用企业进行监督检查，并及时对限制进口固体废物加工利用企业出具监督管理情况表，作为审查申请单位是否有违法行为的重要依据。

（六）资料保存

进口固体废物申请材料的保存期限为三年。

四、变更、遗失和延期处理

（一）变更

固体废物进口许可证上载明的事项发生变化的,加工利用企业应当按照原申请程序和要求重新申请领取固体废物进口许可证,并交回原证。

(二)遗失

加工利用企业遗失所申领的固体废物进口许可证,应当在全国性的综合或环境类报纸上刊登作废声明,并向环境保护部、所在地省级环境保护主管部门及许可证注明的进口口岸地海关书面报告挂失。

在有效期内需要重新办理固体废物进口许可证的,加工利用企业应按原申请程序和要求重新申请固体废物进口许可证。环境保护部根据加工利用企业的遗失报告、声明作废的报样等材料,扣除已使用的数量后,撤销或者注销原证并换发新证,并在新证备注栏注明原证证号和"遗失换证"字样。

(三)延期

固体废物进口许可证因故在有效期内未使用完的,加工利用企业可在有效期届满 30 日前,按原申请程序和要求提出延期申请,并交回原证。

环境保护部扣除已使用的数量后,重新签发固体废物进口许可证,并在新证备注栏注明原证证号和"延期使用"字样。

固体废物进口许可证只能延期一次,延期最长不超过 60 日。延期批准数量计入下年度固体废物进口许可证的批准数量。

五、经营情况和年度环境保护报告备案

进口限制进口类固体废物的加工利用企业应当于每季度第一个月 15 日之前将上季度进口固体废物经营情况,通过信息系统向所在地省级环境保护主管部门报告并附报表(报表样式见附 6)。

进口限制进口类固体废物的加工利用企业应当于每年 1 月 15 日之前将上年度企业环境保护报告(并附上年度进口固体废物加工利用经营情况报表,见附 6),通过信息系统向所在地省级环境保护主管部门报告。省级环境保护主管部门应当将有关情况汇总后于每年 3 月 31 日前通过信息系统报环境保护部。报告样式见附 7。

附 1:限制进口类可用作原料的固体废物进口许可证申请表

附 2:限制进口类可用作原料的固体废物加工利用企业环境保护报告

附 3:有关证明材料的说明

附 4:关于对申请进口限制进口类可用作原料的固体废物的监督管理情况及初步意见表

附 5:限制进口类固体废物加工利用经营情况记录簿参考样式

附 6:限制进口类固体废物加工利用经营情况报表

附 7:省(区、市)年　限制进口固体废物经营情况

附 1　限制进口类可用作原料的固体废物进口许可证申请表

加工利用企业(申请单位)	(章)	
进口方式	自营进口□	委托代理进口□
进口企业	(章)	
进口企业海关代码		
申请的进口废物名称		
进口废物海关商品编号		

申请进口数量(吨)		
申请年度许可证	申领许可证分证份数	
贸易方式	一般贸易□	加工贸易□
报关口岸		
申请类型	三年内首次申请□年度首次申请□ 年度非首次申请□	
	变更□ 延期使用□ 遗失换证□	
加工利用企业联系人	姓名: 固定电话:	
	手机: 传 真:	
进口企业联系人	姓名: 固定电话:	
	手机: 传 真:	
受理机关受理人		
受理日期		
受理意见	受 理□ 不 受 理□	

中华人民共和国生态环境部制

1. 基本情况

加工利用企业	法人名称(中文): (章)	
	法人名称(英文):	
	工商营业执照号(或统一社会信用代码):	
	住所: _____省(区、市)_____市(地、州、盟)_____县(区、市、旗) _____邮编:	
	法定代表人: 电话: 手机: 传真: Email:	
	是否应当实施强制性清洁生产审核 □是□否 是否开展了清洁生产审核 □是□否	
进口企业	法人名称(中文): (章)	
	法人名称(英文):	
	工商营业执照号(或统一社会信用代码):	
	进口废物国内收货人注册登记证书号:	
	住所: _____省(区、市)_____市(地、州、盟)_____县(区、市、旗) _____邮编:	
	法定代表人: 电话: 手机: 传真: Email:	

加工利用企业对所申请的进口废物的总加工利用能力(吨/年):

说明:废纸、废塑料(废光盘破碎料、废PET饮料瓶砖除外)、废五金、废纺织原料、含钒废料、废糖蜜、硅废碎料的加工利用能力可按照大类填写,其他品种的加工利用能力按照具体品种填写。

变更/延期使用/ 遗失换证申请	原许可证号	
	申请内容和理由	
备注:		

2. 生产场地、设施、设备情况表

加工利用场地地址：

_____省（区、市）_____市（地、州、盟）_____县（区、市、旗）_____

邮编：_____

总面积（平方米）		生产加工区面积（平方米）	

备注：

1. 总面积：指加工利用设施所在厂区的总面积，包括办公、道路、生产加工区、仓储等区域的面积。

2. 生产加工区面积：指加工利用所申请的进口废物的直接操作区域（包括贮存区域）的面积，不包括行政办公场所、道路、绿地以及其他与直接加工利用进口废物活动无关区域的面积。

本加工利用场地设施对所申请的进口废物的加工利用能力（吨/年）：

对所申请的进口废物的主要加工利用设施、设备

名 称	规格型号	数量	处理的废物名称和类别	设计能力	备注

备注：

注：1. 本表可增加附页；

2. 加工利用场地地址按照企业加工利用进口废物的设施所在的实际地址填写，有多个加工利用设施且地址不同的，要每个地址填写一张表。

3. 污染防治设施和措施情况表

废水、废气、噪声治理设施情况

固体废物（包括对进口固体废物中夹杂物）的贮存设施情况及处理处置方案

其他污染防治措施及需要说明的问题

备注：

注：1. 本页可增加附页；

2. 有多个加工利用设施且地址不同的，要对每个地址的污染防治设施和措施填写一张表；

3. 委托其他单位对污水、进口固体废物加工利用后所产生的残余废物及其他污染物进行利用处置的，应当提供委托合同和所委托单位相关资质证明的复印件。

4. 所申请进口固体废物的加工利用情况

废物名称	典型组成成分及其比例	可能夹杂物、危害物质及其比例

产生过程

加工利用流程和最终产品名称（按照每类进口废物分别填写，生产流程末端必须注明加工利用固体废物所得的原料或者产品的种类或者名称）

注：本页可增加附页。

5. 申请单位声明

我声明，据我所知，本申请表及有关附带资料是完整的、真实的和正确的。本单位保证遵守中华人民共和国环境保护法律法规、固体废物进口管理的各项规定和相关环境保护控制标准及要求，将进口的固体废物全部在本单位以环境无害化方式加工利用，对无法加工利用的固体废物进行无害化处理处置，并如实记录加工利用进口废物的情况，接受有关部门的监督检查。

申请单位(加工利用企业)法定代表人签名：

(单位公章)

年　　　月　　　日

本部分仅限代理进口企业填写：

我声明，据我所知，本单位保证遵守中华人民共和国环境保护法律法规、固体废物进口管理的各项规定和相关环境保护控制标准及要求，将进口的固体废物全部交付所代理的加工利用企业使用，并如实记录进口废物的来源、种类、重量或数量、去向等情况，接受有关部门的监督检查。

代理进口企业法定代表人签名：

(单位公章)

年　　　月　　　日

填 写 说 明

1. 申请单位填写申请表前应认真学习相关法律法规。相关法律法规可参见生态环境部、商务部、国家发展改革委、海关总署、国家质量监督检验检疫总局的网站。

2. 电子申请表应依据《限制进口类可用作原料的固体废物目录》，通过信息系统在线填写、提交。纸质申请表应通过信息系统打印，其内容必须与电子申请表内容完全一致；申请单位应在提示处签盖公章，单位名称必须与单位公章完全一致。

除编号为 4707100000，4707200000，4707300000 的废纸外，一份申请表只能申请一种固体废物，一份申请表同时申请多种或多类固体废物的无效。

3. 申请表及附带的有关证明材料必须是完整的、真实的和正确的。申请单位对全部申请材料的真实性负责。纸质申请表必须提供原件，手写、涂改、复制件均无效。

4. 申请表必须填写申请许可证分证份数。加工利用企业联系人应当为加工利用企业专门负责废物进口管理工作的人员；联系电话应为联系人的常用固定电话及手机。

5. 贸易方式分为加工贸易和一般贸易两种，申请加工贸易的必须提供商务主管部门签发的有效的《加工贸易业务批准证》(复印件)或者所处出口加工区管理机构出具的加工贸易业务证明。

6. 进口废五金电器、废电线电缆和废电机的申请单位必须是已通过所在地省级环境保护行政主管部门认定，报生态环境部备案的定点加工利用企业。

7. 申请单位在不同的设区的市级行政区域具有多处进口废物加工利用场地的，需就各处场地分别提出申请。

8. 近 3 年内领取过相同种类固体废物的进口许可证的单位，加工利用场地、设施、设备及配套的污染防治设施和措施，相关环境管理制度或人员未发生变化的，可免予提交相应证明材料；按照相关法律规定，不需要重新履行环评和验收等手续的，免予提交有关符合建设项目环境保护管理有关规定的证明材料。上述未变化事项，应当在申请表中备注栏注明上次申请日期及未发生变化的事项。

附 2　限制进口类可用作原料的固体废物

加工利用企业环境保护报告

_____省/自治区/直辖市
_____市

单位：　　　　　（公章）

报告人：

职务：

电话/传真：

报告日期：

目　　录

一、单位基本情况。

二、生产场地、设施、设备和工艺情况。

三、上年度生产经营情况，包括可用作原料的固体废物进口、加工利用情况。

四、环境保护及污染防治情况，包括企业环境保护的管理规章制度，污染物排放达标情况，污染防治设施及其运行情况，固体废物利用处置情况，缴纳排污费情况，排污申报情况，环保守法情况。

五、存在问题和改进措施。

六、其他相关情况。

附 3　有关证明材料的说明

所有证明材料均通过信息系统在线提交。信息系统提交的证明材料格式应为使用 Adobe 编制的或者扫描的 PDF（Portable Document Format）电子件，PDF 电子件应保证有足够清晰的分辨率。在线提交电子证明材料的同时，需提交内容相同的纸质证明材料，并加盖企业公章。有关证明材料说明如下：

一、固体废物加工利用经营范围的企业法人。

如：加工利用企业有效的法人营业执照副本。

二、具有加工利用所申请进口固体废物的场地、设施、设备及配套的污染防治设施和措施，并符合国家或者地方环境保护标准规范的要求。

如：申请表填报的场地（包括厂区入口及厂牌、厂区概览、原料和成品贮存场地、加工利用场地）、设施、设备、污染防治设施设备的彩色照片及文字说明。

三、符合建设项目环境保护管理有关规定。

如：加工利用企业建设项目环境影响评价文件及其批准文件和项目竣工环境保护验收批准文件。

四、具有防止进口固体废物污染环境的相关制度和措施，包括建立了进口固体废物加工利用的经营情况记录制度、日常环境监测制度；设置专门部门或专人负责检查、督促、落实本单位进口可用作原料的固体废物的相关环境保护和污染防治工作，相关工作人员和管理人员应当掌握国家相关政策法规、标准规范的规定；依法开展了清洁生产审核等。

如：有关经营情况记录簿样本、环境监测等环境管理制度文本，以及相关防止进口不符合国家环境保护控制标准的固体废物的管理制度和措施。

加工利用企业经营情况记录簿，应如实记载每批进口固体废物所使用的许可证号、报关日期、进口金额、进口口岸、进口数量，到厂日期和数量，运输单位的名称和联系方式；加工处理或者利用进口废物量、时间、产品产量和流向；进口固体废物中夹杂物（定义见《进口可用作原料的固体废物环境保护控制标准》）以及生产过程中产生的固体废物的名称、数量及利用和处置情况；进口固体废物中夹杂物和生产过程中产生的固体废物的记录应当分别填写，确实难以区分的，应当说明理由；上述记录应当由经办人签字。有关固体废物进口、运输，产品销售，进口固体废物中的夹杂物和生产过程中产生的固体废物利用处置等环节的原始凭证，如合同、付款单据、发票、纳税申报表、税收缴款书（完税凭证）等，应作为经营情况记录簿的附件保存备查，保存期为5年。经营情况记录簿参考样式见附5，企业可根据实际情况予以修改或调整，但应满足上述基本原则和要求。

环境监测方案应确定监测指标和频率，以及应急监测预案，其中特征污染物应当每季度至少监测一次；实行"圈区管理"的区内加工利用企业，特征污染物应当每六个月至少监测一次。进口固体废物加工利用企业应当自行监测或委托监测：自行监测的，应当出具监测资质证明和持证上岗证，制定监测仪器的维护和标定方案，定期维护，标定并记录结果；委托监测的，应当提供委托合同和委托监测机构的监测资质证明文件。

本单位有关环境保护岗位职责与考核标准的规章制度；相关工作人员和管理人员的环保培训材料等。

依据《清洁生产促进法》第二十八条和《清洁生产审核暂行办法》（国家发展改革委、原国家环境保护总局令第16号）第八条，应当实施强制性清洁生产审核的企业，根据清洁生产审核开展阶段提供相应证明文件。

五、自营进口的，应当具有进口可用作原料的固体废物国内收货人注册登记资格；委托其他企业代理进口的，所委托的代理进口企业应当具有进口可用作原料的固体废物国内收货人注册登记资格，且加工利用企业为相应《进口可用作原料的固体废物国内收货人注册登记证书》中列明的"国内利用企业"；以加工贸易方式进口固体废物的，应当位于出口加工区内，或者已获得商务主管部门签发的有效的加工贸易业务批准文件。

如：加工利用企业自营进口的，应当提供加工利用企业有效的进口可用作原料的固体废物国内收货人注册登记证书、进出口货物收发货人报关注册登记证书。

委托其他企业代理进口的，提供代理进口企业年检有效的工商营业执照副本、进口可用作原料的固体废物国内收货人注册登记证书、进出口货物收发货人报关注册登记证书以及代理进口合同。代理进口合同中，应当订明以下条款：1. 有关进口固体废物的种类、数量、价格和质量要求；2. 有关进口固体废物必须符合我国进口固体废物环境保护控制标准，以及对不符合环境保护控制标准固体废物退运责任的规定；3. 有关不得将所进口固体废物弃货以及不得转让固体废物进口许可证的规定。

申请以加工贸易方式进口固体废物的，提供商务主管部门签发的有效的加工贸易业务批准文件复印件或者所处出口加工区管理机构出具的加工贸易业务证明。

六、省级环境保护行政主管部门出具的对加工利用企业监督管理情况及初步意见表。

提供加工利用场地所在地省级环境保护行政主管部门根据县级以上地方环境保护行政主管部门的监督管理情况，出具的对加工利用企业监督管理情况和初步意见表（见附4）。

七、其他证明符合本规定的文件和材料。

附4 关于对（填写企业名称）申请进口限制进口类可用作原料的固体废物的监督管理情况及初步意见表

填报部门：＿＿＿＿＿＿＿＿＿＿＿＿＿省（区、市）环境保护厅（局）（章）

1 利用设施地址				
2 所在地空气质量功能区划类别			3 废水排水去向	
4 受纳水体名称			5 受纳水体规划功能类别	

6 污染治理设施运行情况	废水治理设施	□正常□不正常 □其他	废气治理设施	□正常□不正常 □其他
	噪声治理设施	□正常□不正常 □其他	固体废物贮存设施	□正常□不正常 □其他

7 一般工业固体废物利用或者处置情况		□合格　□不合格　□其他

8 危险废物利用或者处置情况	□合格□不合格 □其他	接受危险废物单位的名称及经营许可证号：

9 污染物排放达标情况	废水：□合格□不合格□其他	废气：□合格□不合格□其他

10 污染物排放总量控制情况	控制项目	控制要求	企业污染物排放总量	是否符合总量控制要求
	COD			
	SO$_2$			
	NO$_x$			
	NH$_3$-N			
	其他			

11 守法行为记录情况	11.1 近两年内是否有以下违法行为记录：	
	进口属于禁止进口的固体废物	□是□否
	隐瞒有关情况或者提供虚假材料申请固体废物进口许可证	□是□否
	以欺骗或者其他不正当手段获取固体废物进口许可证	□是□否
	转让固体废物进口许可证	□是□否
	11.2 近一年内是否有以下违反环境保护等法律、法规的行为记录：	
	超过国家或者地方规定的污染物排放标准或者总量控制要求排放污染物	□是□否
	对进口固体废物加工利用所产生的残余废物未进行无害化利用或者处置	□是□否
	所加工利用的进口固体废物不符合进口可用作原料的固体废物环境保护控制标准或者相关技术规范等强制性要求	□是□否
	环境监测记录或者进口固体废物经营情况未按规定向环境保护部门报告，或者在报告时弄虚作假	□是□否
	其他违反环境保护、海关、检验检疫等法律、法规的行为	□是□否
	11.3 清洁生产审核情况：	
	是否应当实施强制性清洁生产审核	□是□否
	是否开展了清洁生产审核	□是□否

12 省级环保部门初步意见	（对进口固体废物加工利用企业是否符合《限制进口类可用作原料的固体废物环境保护管理规定》中规定的各项加工利用企业环境保护要求以及是否同意进口给出初步意见，并提出建议批准数量。）

填报人：　　　　审核人：　　　　联系电话：　　　　日期：　年　月　日

填写说明

1. 企业名称按照经工商行政管理部门核准进行法人登记的名称填写。利用设施地址按照企业加工利用进口固体废物的设施的实际地址填写，有多个利用设施且地址不同的，要每个地址填写一张表。

2. 根据《环境空气质量标准》（GB 3095），环境空气质量功能区分为三类：一类区为自然保护区、风景名胜区和其他需要特殊保护的地区；二类区为城镇规划中确定的居民区、商业交通居民混合区、文化区、一般工业区和农村地区；三类区为特定工业区。企业所在地空气质量功能区划以企业所在地地级市（含）以上环境保护行政主管部门划分，同级人民政府批准为准。请按上述规定分别填写一类、二类或者三类。

3. 废水排水去向分为：直接入河、排入污水处理厂或者排入市政管网。

4. 根据排水去向，直接入河填写河流名称；排入污水处理厂填写污水处理厂名称；排入市政管网的填写市政排污口名称。

5. 受纳水体属于地表水的，根据《地表水环境质量标准》（GB 3838）中相关规定划分，填写地表水水域功能类别Ⅰ～Ⅴ类；受纳水体属于海域的，根据《海水水质标准》（GB 3097）中相关规定划分，填写海水水质类别一～四类；或根据地方近岸海域环境功能区水质保护目标划分，填写一～四类近岸海域环境功能区；排入污水处理厂及城市市政管网不用填写。请按上述规定分别填写地表水Ⅰ～Ⅴ类或海水一～四类。

6. 根据企业实际情况填写各环境保护污染治理设施是否正常运行。有多个设施的，要分别考核。

以下条件均满足者为合格。有按环境影响评价要求建设并经验收合格的废水、废气、噪声治理设施及固体废物贮存设施；排污口达到国家或者地方规范化整治要求；建立污染治理设施的运行管理制度、操作规程，并有专职管理人员；污染治理设施运行正常，申请之前1年内未发现有擅自停运、闲置污染治理设施的现象；申请之前1年内未有因污染导致的纠纷和群众投诉，或者污染纠纷与投诉已得到妥善解决。

7. 填写企业一般工业固体废物是否进行环境无害化处置或利用。

以下条件均满足者为合格：一般工业固体废物以填埋方式处置的，必须符合《一般工业固体废物贮存、处置场污染控制标准》（GB 18599）；自行处置或者利用的，其处置或者利用设施必须符合《固体废物污染环境防治法》第十四条的规定；不自行处置或者利用的，所委托的利用处置单位必须符合建设项目环境保护有关规定，并能够提供交接记录及相关原始凭证。

8. 填写企业危险废物是否进行环境无害化处置或利用。

以下条件均满足者为合格：危险废物贮存、处置必须符合《危险废物贮存污染控制标准》（GB 18597）、《危险废物焚烧污染控制标准》（GB 18484）和《危险废物填埋污染控制标准》（GB 18598）；自行处置或者利用危险废物的，其处置或者利用必须符合《固体法》第十四条的规定；不自行处置或者利用的，必须依法提供或者委托给有相应危险废物经营许可证的企业处置或者利用，并能够提供危险废物转移联单及相关原始凭证。

9. 污染物排放达标情况要附监测报告。监测报告的时间距省级环境保护行政主管部门出具意见的时间超过6个月的无效。有多个排污口的，要分别考核。

以下情况为不合格：污染物监测值超过相应执行标准限值的，该污染物排放不达标；有一个监测项目超标，该类型（废水、废气）污染物排放不达标。

10. 污染物排放总量控制项目和排放量以企业所在地设区的市级（含）以上环境保护行政主管部门批准为准。企业有一个（含）以上规定污染物排放总量控制项目超标，则该企业不符合总量控制要求。

11. 守法行为记录情况由省级环境保护行政主管部门根据企业加工利用场地所在地县级以上地方环境保护行政主管部门的监督管理情况记录填写。意见自出具之日起 6 个月内有效。

12. 加工利用场地所在地省级环境保护行政主管部门填写，对进口固体废物加工利用企业是否符合《限制进口类可用作原料的固体废物环境保护管理规定》中规定的各项加工利用企业环境保护要求以及是否同意进口给出初步意见，并提出建议批准数量。

附 5　限制进口类固体废物加工利用经营情况记录簿参考样式

表 1　固体废物进口许可证的基本情况表

许可证号	进口企业	海关商品编号	废物名称	批准数量/t	进口口岸	有效期	备注

注：本表中的"废物名称"指固体废物进口许可证打印的废物名称。

表 2　固体废物进口许可证的使用情况登记表（每份许可证的分证填写一张表，按日填写）

序号	废物名称	海关报关日期	海关计量数量/t	进口金额/万美元	到厂日期	实际到厂数量/t	运输单位名称及联系方式	交货人签字	收货人签字	备注
小计	—			—	—		—			

注：本表中的"废物名称"应当填写进口废物的具体品种名称，以实际到厂的废物为准，与报关单报的名称不一致的，应当查找并记录原因和处理结果。

表 3　进口固体废物的加工利用情况（每类废物填写一张表，按日填写）

序号	日期	加工利用数量/t	产品名称	产品生产数量/t	记录人签字
小计	—				

注：本表中的"产品名称"应当填写以进口废物为原料直接生产的原材料或者产品的名称。例如，加工利用废纸所得的产品可以是"废纸浆"，加工利用废电线所得的产品可以是"铜米""塑料"等。

表 4　以进口固体废物为原料的产品销售情况（每类废物填写一张表，按日填写）

序号	日期	产品名称	自用或者销售去向	自用或者销售数量/t	记录人签字
小计	—	—			

注：本表中的"产品名称"应当填写以进口废物为原料直接生产的原材料或者产品的名称。去向为企业内部下一工序自用的，在"自用或者销售去向"栏中填写自用的去向，并在"自用或者销售数量"栏中填写相应的自用数量。例如，加工利用氧化皮所产生的产品烧结矿的去向可以是"自用，转炉炼钢"。

表5 进口固体废物中的夹杂物利用及处置情况（按日填写）

序号	日期	夹杂物名称	数量/t	利用情况		处置情况		记录人签字
				利用数量/t	去向	处置数量/t	去向	
小计	—		—					—

注：1. 处置包括填埋、焚烧等方式；

　　2. 去向指自行或委托外单位利用或处置；

　　3. 自行利用或处置的，应当填写利用或处置设施；

　　4. 委托外单位利用或处置的，应当填写外单位的名称及其联系人和联系方式。

表6 生产过程产生的固体废物利用及处置情况（按日填写）

序号	日期	固体废物名称	数量/t	利用情况		处置情况		记录人签字
				利用数量/t	去向	处置数量/t	去向	
小计	—		—					—

注：1. 处置包括填埋、焚烧等方式；

　　2. 去向指自行或委托外单位利用或处置；

　　3. 自行利用或处置的，应当填写利用或处置设施；

　　4. 委托外单位利用或处置的，应当填写外单位的名称及其联系人和联系方式。

表7 有关原始凭证的汇总清单（按月汇总）

废物种类						备注
序号	进口废物付款付汇证明					备注
	收款收汇单位名称	付款付汇单位名称	总金额/万美元	付款付汇日期	单据名称及号段	
小计	—					
序号	进口废物加工利用员工劳动报酬支付证明①					备注
小计	—					
序号	进口废物加工利用产品销售证明					备注
	收货单位名称	发货单位名称	总金额/万元	日期	增值税发票号段	
小计	—					
序号	税收缴款书(完税凭证)					备注
	银行名称		总金额/万元	日期	缴款书号段	
小计						

① 由从事进口废塑料、废PET饮料瓶(砖)、废光盘破碎料、废汽车压件以及废五金的加工利用单位填写。

附6 限制进口类固体废物加工利用经营情况报表

加工利用企业名称：_____（章）

加工利用企业法定代表人签字：　　　　日期：年　月　日

报告起止日期：年　月　日至　年　月　日（一季报□　二季报□　三季报□　四季报□年报□）

表 1　固体废物进口许可证的基本情况

序号	许可证号码	进口企业	海关商品编号	废物名称	批准数量/t	报告期内进口数量/t	报告期内进口总金额/万美元	备注

表 2　进口固体废物的加工利用情况　　　　　　　　　　　　　单位：t

废物种类				
报告期内进口数量：	报告期内加工利用数量：	报告期内员工劳动报酬总额①/万元	报告期内员工平均劳动报酬①/[元/(人·月)]：	
报告期内的产品生产和销售情况	名称	生产数量	自用或者销售数量	
	小计			
进口固体废物中的夹杂物利用处置情况	名称	产生数量	利用处置数量	
			总数量	委托处理处置数量
	小计			
生产过程中产生的固体废物利用处置情况	名称	产生数量	利用处置数量	
			总数量	委托处理处置数量
	小计			

制表人：　　　　　　审核人：　　　　　　填写日期：　　　　　　年　　　月　　　日

① 由从事进口废塑料、废 PET 饮料瓶(砖)、废光盘破碎料、废汽车压件以及废五金的加工利用企业填写。

注：1. 可增加附页。

2. 每类废物填写一份表格。"废物种类"按照以下种类划分："废纸；废塑料；废五金；废纺织原料；含钒废料；废糖蜜；硅废碎料；轧钢产生的氧化皮；含锰大于 26％的冶炼钢铁产生的粒状熔渣；含铁大于 80％的冶炼钢铁产生的渣钢；废 PET 饮料瓶(砖)；废光盘破碎料；未硫化橡胶碎料及下脚料；皮革边角料；不锈钢废碎料；钨废碎料；镁废碎料；铋废碎料；钛废碎料；锆废碎料；锗废碎料；铌废碎料；铪废碎料；镓、铼废碎料；碳化钨废碎料；废汽车压件；废船"。废纸包括 4707100000，4707200000，4707300000，4707900090；废塑料包括 3915100000，3915200000，3915300000，3915901000，3915909000；废五金包括 7204490020，7404000010，7602000010；废纺织原料包括 5103109090，5103209090，5103300090，5104009090，5202100000，5202910000，5202990000，5505100000，5505200000，6310100010，6310900010；含钒废料包括 2619000020，2620999010，8112922010；废糖蜜包括 1703100000，1703900000；硅废碎料包括 2804619001，2804619090。

附 7　_____省（区、市）____年限制进口固体废物经营情况汇总表

填报部门：_____省（区、市）环境保护厅（局）（章）

序号	废物名称	加工利用企业数	批准量/t	实际进口量/t	进口总金额/万美元	加工利用情况				现场检查次数	处罚情况	备注
						加工利用量/t	进口固体废物中的夹杂物/t					
							数量	利用处置量	委托利用处置量			
1	废纸											
2	废塑料											
3	废五金											
5	含钒废料											
6	废糖蜜											
7	硅废碎料											
8	轧钢产生的氧化皮											

序号	废物名称	加工利用企业数	批准量/t	实际进口量/t	进口总金额/万美元	加工利用情况					现场检查次数	处罚情况	备注
						加工利用量/t	进口固体废物中的夹杂物/t						
							数量	利用处置量	委托利用处置量				
9	云母废料												
10	含锰大于25%的冶炼钢铁产生的粒状熔渣												
11	含铁大于80%的冶炼钢铁产生的渣钢												
12	废PET饮料瓶(砖)												
13	废光盘破碎料												
14	未硫化橡胶废碎料及下脚料												
15	皮革边角料												
30	不锈钢废碎料												
16	钨废碎料												
17	镁废碎料												
18	铋废碎料												
19	钛废碎料												
20	锆废碎料												
21	锗废碎料												
22	铌废碎料												
23	铪废碎料												
24	镓、铼废碎料												
25	碳化钨废碎料												
26	废汽车压件												
27	废船												

填报人：　　　　审核人：　　　　　　联系电话：　　　　　日期：年　　　月　　　日

注：废纸包括4707100000,4707200000,4707300000,4707900090;废塑料包括3915100000,3915200000,3915300000,3915901000,3915909000,但废PET饮料瓶(砖)和废光盘破碎料除外;废五金包括7204490020,7404000010,7602000010;废纺织原料包括5103109090,5103209090,5103300090,5104009090,5202100000,5202910000,5202990000,5505100000,5505200000,6310100010,6310900010;含钒废料包括2619000020,2620999010,8112922010;废糖蜜包括1703100000,1703900000;硅废碎料包括2804619001,2804619090。其他品种均单独统计。

附录5 《进口可用作原料的固体废物检验检疫监督管理办法》

第一章 总 则

第一条 为加强进口可用作原料的固体废物检验检疫监督管理，保护环境，根据《中华人民共和国进出口商品检验法》及其实施条例、《中华人民共和国国境卫生检疫法》及其实施细则、《中华人民共和国进出境动植物检疫法》及其实施条例、《中华人民共和国固体废物污染环境防治法》等有关法律法规规定，制定本办法。

第二条 本办法适用于进口可用作原料的固体废物（以下简称废物原料）的检验检疫和监督管理。

进口废物原料应当属于可用作原料的再生资源，具有可利用价值。

进口废物原料应当符合中国法律法规、国家环境保护控制标准和国家技术规范的其他强制性要求。

第三条 国家质量监督检验检疫总局（以下简称质检总局）主管全国进口废物原料的检验检疫和监督管理工作。

质检总局设在各地的出入境检验检疫部门（以下简称检验检疫部门）负责所辖区域进口废物原料的检验检疫和监督管理。

第四条 国家对进口废物原料的国外供货商（以下简称供货商）、国内收货人（以下简称收货人）实行注册登记制度。供货商、收货人在签订对外贸易合同前，应当取得注册登记。

注册登记有效期为5年。

第五条 国家对进口废物原料实行装运前检验制度。进口废物原料在装运前，应当由检验检疫部门或者承担装运前检验的检验机构（以下简称装运前检验机构）实施装运前检验并出具装运前检验证书。

质检总局不予指定检验机构从事进口废物原料装运前检验。

质检总局对装运前检验和装运前检验机构依法实施监督管理。

第六条 进口废物原料到货后，由检验检疫部门依法实施检验检疫监管。

收货人应当在进口废物原料入境口岸向检验检疫部门报检，报检时应当提供本办法第五条规定的装运前检验证书。

第七条 质检总局对进口废物原料实行检验检疫风险预警和快速反应管理。

第八条 质检总局对供货商、收货人、装运前检验机构实施诚信管理。

进口废物原料供货商、收货人、装运前检验机构应当按照中国法律法规规定从事进口废物原料生产经营及装运前检验活动，保证进口废物原料符合中国法律法规规定和相关技术要求。

第二章 供货商注册登记

第九条 质检总局负责进口废物原料供货商注册登记申请的受理、审查、批准和监督管理工作。

第十条 申请供货商注册登记应当符合下列条件：

（一）具有所在国家（地区）合法的经营资质；

（二）在其所在国家（地区）具有固定的办公场所及相应基础设施；

（三）熟悉并遵守中国出入境检验检疫、环境保护、固体废物管理的法律法规及相关标准；

（四）获得 ISO 9001 质量管理体系或 RIOS 体系等认证；

（五）具有对所供废物原料进行环保质量控制的措施和能力，保证其所供废物原料符合中国出入境检验检疫、环境保护、固体废物管理的国家技术规范的强制性要求；

（六）具备放射性检测设备、设施及检测能力；

（七）近 3 年内未发生过重大的安全、卫生、环保、欺诈等问题。

第十一条　申请人应当通过进境货物检验检疫监管系统提交注册登记申请，并在网络提交注册登记申请成功后的 30 天内向质检总局提交以下书面材料：

（一）注册登记申请书；

（二）经公证的税务登记文件，有商业登记文件的还需提供经公证的商业登记文件；

（三）组织机构、部门和岗位职责的说明；

（四）标明尺寸的固定办公场所平面图，有加工场地的，还应当提供加工场地平面图，3 张以上能全面展现上述场所和场地实景的照片；

（五）ISO 9001 质量管理体系或者 RIOS 体系等认证证书彩色复印件；

（六）委托代理人提出注册登记申请的，应当提交委托书原件以及委托双方身份证明复印件。

提交的文字材料，应当使用中文或者中英文对照文本。

第十二条　质检总局对申请人提出的注册登记申请，应当根据下列情况分别作出处理：

（一）申请材料不齐全或者不符合法定形式的，应当当场或者在收到申请材料后 5 日内一次告知申请人需要补正的全部内容，逾期不告知的，自收到申请材料之日起即为受理；

（二）申请材料齐全、符合法定形式，或者申请人按照质检总局的要求提交全部补正申请材料且补正材料符合法定形式的，应当予以受理；

（三）未在规定期限内补正有关申请材料的，应当终止办理注册登记，并书面告知申请人；

（四）未按照要求全部补正申请材料或者补正后申请材料仍不符合法定形式的，不予受理，并书面告知申请人。

第十三条　质检总局应当自受理注册登记申请之日起 10 日内组成专家评审组，实施书面评审。专家评审所需时间不计算在审查与决定期限内，但应当书面告知申请人。

评审组应当在评审工作结束后作出评审结论，向质检总局提交评审报告。

第十四条　质检总局自收到评审报告之日起 10 日内作出是否准予注册登记的决定。

质检总局对审查合格的，准予注册登记并颁发注册登记证书；对审查不合格的，不予注册登记，并书面说明理由，告知申请人享有依法申请行政复议或者提起行政诉讼的权利。

第十五条　供货商注册登记内容发生变化的，应当自变化之日起 30 天内向质检总局提出变更申请，并按照本办法第十一条规定办理。

涉及注册登记证书内容变更的，供货商申请变更时应当交回原证书。质检总局批准的变更涉及原注册登记证书内容的，应当重新颁发证书。

供货商的名称、商业登记地址、法定代表人三项中累计两项及以上发生变化的，应当重新向质检总局申请注册登记。

第十六条　供货商需要延续注册登记有效期的，应当在注册登记有效期届满 90 天前向质检总局提出延续申请，并按照本办法第十一条规定办理。

供货商未按规定期限提出延续申请的，质检总局可以认定为不符合注册登记延续的法定条件，不予受理该申请。注册登记有效期届满后，注册登记自动失效。

第十七条　质检总局应当根据供货商的申请，在注册登记有效期届满前作出是否准予延续注册登记的决定；逾期未作出决定的，视为准予延续。

第十八条　质检总局作出不予受理注册登记、终止办理注册登记、不予注册登记决定的，申请人可以向质检总局重新申请注册登记，并按本办法第十一条的规定办理。

<h3 align="center">第三章　收货人注册登记</h3>

第十九条　直属检验检疫局负责所辖区域收货人注册登记申请的受理、审查、批准和监督管理工作。

第二十条　申请收货人注册登记应当符合下列条件：

（一）具有合法进口经营资质的加工利用企业；

（二）具有固定的办公场所及相应基础设施，具备放射性检测设备及检测能力；

（三）熟悉并遵守中国出入境检验检疫、环境保护、固体废物管理的法律法规及相关标准；

（四）具有对废物原料进行环保质量控制及加工利用的措施和能力，并建立相应的管理制度，保证废物原料符合中国出入境检验检疫、环境保护、固体废物管理的国家技术规范的强制性要求。

第二十一条　申请人应当通过进境货物检验检疫监管系统提交注册登记申请，并在网络提交注册登记申请成功后的 30 天内向直属检验检疫局提交以下书面材料：

（一）注册登记申请书；

（二）营业执照及其复印件；

（三）进口经营资质证明文件及其复印件；

（四）管理制度文件；

（五）环保部门批准从事进口固体废物加工利用的书面证明文件。

第二十二条　直属检验检疫局对申请人提出的收货人注册登记申请，应当根据下列情况分别作出处理：

（一）申请材料不齐全或者不符合法定形式的，应当当场或者在 5 日内一次告知申请人需要补正的全部内容，逾期不告知的，自收到申请材料之日起即为受理；

（二）申请材料齐全、符合法定形式，或者申请人按照检验检疫部门的要求提交全部补正申请材料且补正材料符合法定形式的，应当予以受理；

（三）未在规定期限内补正有关申请材料的，应当终止办理注册登记，并书面告知申请人；

（四）未按照要求全部补正申请材料或者补正后申请材料仍不符合法定形式的，不予受理该申请。

第二十三条　直属检验检疫局应当自受理申请之日起 10 日内组成专家评审组，实施书面评审和现场核查。专家评审所需时间不计算在审查与决定期限内，但应当书面告知申请人。

评审组应当在评审工作结束后作出评审结论，向直属检验检疫局提交评审报告。

第二十四条　直属检验检疫局自收到评审报告之日起 10 日内作出是否准予注册登记的

决定。

直属检验检疫局对审查合格的，准予注册登记并颁发注册登记证书；对审查不合格的，不予注册登记，并书面说明理由，告知申请人享有依法申请行政复议或者提起行政诉讼的权利。

第二十五条　收货人注册登记内容发生变化的，应当自变化之日起30天内向批准注册登记的直属检验检疫局提出变更申请，并按本办法第二十一条的规定办理。

涉及注册登记证书内容变更的，收货人申请变更时应当将原证书交回。直属检验检疫局批准的变更涉及原注册登记证书内容的，应当重新颁发证书。

收货人的名称、商业登记地址、法定代表人三项中累计两项及以上发生变化的，应当重新向直属检验检疫局提出注册登记申请。

第二十六条　收货人需要延续注册登记有效期的，应当在注册登记有效期届满90天前向批准注册登记的直属检验检疫局提出延续申请，并按本办法第二十一条的规定办理。

第二十七条　直属检验检疫局应当在注册登记有效期届满前，作出是否准予延续注册登记决定。

收货人未按时提交延续申请的，直属检验检疫局可以认定为不符合注册登记延续的法定条件，不予受理该申请。注册登记有效期届满后，注册登记自动失效。

第二十八条　直属检验检疫局作出不予受理注册登记、终止办理注册登记、不予注册登记决定的，申请人可以重新申请注册登记，并按本办法第二十一条的规定办理。

第四章　装运前检验

第二十九条　质检总局负责开发、维护进口废物原料装运前检验电子管理系统（以下简称装运前检验电子管理系统），实现装运前检验工作信息化管理。

第三十条　供货商应当在废物原料装运前，通过装运前检验电子管理系统申请检验检疫部门或者委托装运前检验机构实施装运前检验。

检验检疫部门、装运前检验机构应当通过进口废物原料装运前检验电子管理系统受理供货商的装运前检验申请、录入装运前检验结果、签发装运前检验证书。

第三十一条　装运前检验机构应当是在所在国家（地区）合法注册的检验机构。

装运前检验机构应当提前将下列信息向质检总局备案：

（一）经公证的所在国家（地区）合法注册的第三方检验机构资质证明；

（二）所在国家（地区）固定的办公和经营场所信息；

（三）通过ISO/IEC 17020认可的证明材料；

（四）从事装运前检验的废物原料种类；

（五）装运前检验证书授权签字人信息及印签样式；

（六）公司章程。

提交的信息，应当使用中文或者中英文对照文本。

对提交材料完备的装运前检验机构，由质检总局对外公布。

第三十二条　检验检疫部门、装运前检验机构应当在境外装货地或者发货地，按照中国国家环境保护控制标准、相关技术规范的强制性要求和装运前检验规程实施装运前检验。

第三十三条　检验检疫部门、装运前检验机构对经其检验合格的废物原料签发电子和纸质的装运前检验证书。

检验证书应当符合以下要求：

（一）检验依据准确、检验情况明晰、检验结果真实；

（二）有统一、可追溯的编号；

（三）检验证书应当为中文或者中英文，以中文为准；

（四）检验证书有效期不超过 90 天。

第三十四条　检验检疫部门在口岸到货检验检疫监管中发现货证不符或者环保项目不合格的，实施装运前检验的检验检疫部门或者装运前检验机构应当向质检总局报告装运前检验情况，并提供记录检验过程等情况的图像和书面资料。

第三十五条　装运前检验机构及其关联机构不能申请或者代理申请供货商注册登记，不能从事废物原料的生产和经营活动。

第三十六条　装运前检验机构备案信息发生变化的，应当自变化之日起 30 天内向质检总局提交变更材料，并按照本办法第三十一条的规定办理。

第三十七条　质检总局对已备案的装运前检验机构实施分类管理，按照诚信管理的原则将已备案的装运前检验机构分为 A、B 两类。

符合下列条件的装运前检验机构，按照自愿原则可以申请成为 A 类装运前检验机构：

（一）从事检验鉴定业务 5 年以上；

（二）具有与装运前检验业务相适应的检验人员及检测设备；

（三）具备按照中国环境保护、固体废物管理的国家技术规范的强制性要求和质检总局关于进口废物原料装运前检验有关规定开展检验的能力。

（四）遵守法律法规，重视企业信用管理工作，严格履行承诺，具有较健全的质量管理体系，服务质量稳定。

不符合本条前款规定的装运前检验机构，列入 B 类装运前检验机构。

第五章　到货检验检疫

第三十八条　废物原料运抵口岸后，收货人或者其代理人应当向入境口岸检验检疫部门报检，接受检验检疫监管。报检时应当提供以下纸质或者电子材料：

（一）供货商注册登记证书（复印件）；

（二）收货人注册登记证书（复印件）；

（三）装运前检验证书；

（四）限制类的废物原料，应当提供进口许可证明；

（五）合同、发票、装箱单、提/运单等必要的单证。

第三十九条　检验检疫部门应当依照检验检疫相关法律法规和规程、国家环境保护控制标准或者国家技术规范的其他强制性要求在入境口岸对进口废物原料实施检验检疫监管，根据污染程度实施消毒、熏蒸等卫生处理，未经检疫处理，不得放行。

质检总局可以依法指定在其他地点检验检疫。

第四十条　由 B 类装运前检验机构实施装运前检验的进口废物原料，检验检疫部门应当实施全数检验。

第四十一条　检验检疫部门实施进口废物原料检验检疫监管工作的场所应当符合进口废物原料检验检疫场所建设规范的要求。

第四十二条　从事进口废物原料检验检疫监管工作的人员应当经过质检总局的培训并考试合格。

第四十三条　检验检疫部门对经检验检疫未发现不符合国家环境保护控制标准、国家技术规范的其他强制性要求的进口废物原料，出具通关证明并放行；对不符合国家环境保护控制标准、国家技术规范的其他强制性要求的，出具退货处理通知单并书面告知海关；对发现动植物疫情的，要实施有效的检疫除害处理措施，如无有效处理措施则依法作退回或者销毁处理，并实施检疫监管。

第六章 监督管理

第四十四条 供货商和收货人应当依照注册登记的业务范围开展供货、进口等活动。

收货人所进口的废物原料，仅限用于自行加工利用，不得以任何方式交付其他单位、组织或者个人。

供货商、收货人及其关联机构不能从事废物原料装运前检验业务。

第四十五条 质检总局、检验检疫部门可以依照职责对供货商、收货人、装运前检验机构实施现场检查、验证、追踪货物环保质量状况等形式的监督管理。

第四十六条 装运前检验机构应当遵守中国相关法律法规和质检总局的有关规定，以第三方的身份独立、公正地开展进口废物原料装运前检验工作，并对其所出具的装运前检验证书的真实性、准确性负责。

第四十七条 质检总局或者检验检疫部门在进口废物原料检验监管工作中，发现装运前检验机构存在下列情形之一的，质检总局可以发布警示通报并决定在一定时期内不予认可其出具的装运前检验证书，但最长不超过 3 年：

（一）出具的装运前检验证书存在违反本办法第三十三条规定的；

（二）装运前检验机构存在违反本办法第三十五条、第四十六条、第五十九条规定情形的。

第四十八条 供货商、收货人有下列情形之一的，质检总局、直属检验检疫局依照职权撤销其注册登记：

（一）申请注册登记的地址不存在的；

（二）供货商商业登记文件无效、税务文件无效的；

（三）收货人营业执照无效的；

（四）法定代表人不存在的；

（五）隐瞒有关情况或者提供虚假材料取得注册登记的；

（六）以欺骗、贿赂等不正当手段取得注册登记的。

第四十九条 质检总局、检验检疫部门对供货商、收货人和装运前检验机构实施 A、B、C 三类风险预警及快速反应管理。

第五十条 对源自特定国家（地区）、特定类别的废物原料，检验检疫部门可以根据不同的风险预警类别采取加严检验、全数检验或者不予受理报检等措施。

第一节 供货商监督管理

第五十一条 供货商发生下列情形之一的，由质检总局实施 A 类风险预警措施，检验检疫部门 1 年内不受理其所供废物原料进口报检申请：

（一）废物原料存在严重疫情风险的；

（二）废物原料存在严重货证不符，经查确属供货商责任的；

（三）B 类预警期间再次被检出环保项目不合格或者重大疫情的。

第五十二条 供货商发生下列情形之一的，由质检总局实施 B 类风险预警措施，检验检疫部门对其所供废物原料实施为期不少于 180 天且不少于 100 批的全数检验：

（一）1 年内货证不符或者环保项目不合格累计 3 批及以上的；

（二）检疫不合格并具有较大疫情风险的；

（三）供货商注册登记内容发生变更，未在规定期限内向质检总局办理变更手续的；

（四）注册登记被撤销后重新获得注册登记的；

（五）按本办法第五十一条实施的 A 类风险预警措施解除后，恢复受理进口报检申请的；

（六）现场检查发现质量管理体系存在严重缺陷的。

第五十三条　供货商发生下列情形之一的，由质检总局实施 C 类风险预警措施，检验检疫部门对供货商所供的废物原料实施加严检验：

（一）废物原料环保项目不合格的；

（二）需采取风险管控措施的。

第五十四条　供货商发生下列情形之一的，质检总局撤销其注册登记：

（一）输出的废物原料环保项目严重不合格的；

（二）输出的废物原料应当退运，供货商不配合收货人退运的；

（三）输出的废物原料应当退运，自检验检疫部门出具环保项目不合格证明之日起 6 个月内，因供货商原因未将废物原料退运出境的；

（四）将已退运的不合格废物原料再次运抵中国大陆地区的；

（五）将注册登记证书或者注册登记编号转让其他企业使用的；

（六）提供虚假材料，包括提供虚假入境证明文件的；

（七）输出废物原料时存在弄虚作假等欺诈行为的；

（八）不接受检验检疫机构监督管理，情节严重的；

（九）违反本办法第四十四条第一款规定，超出业务范围供货的；

（十）违反本办法第四十四条第三款规定，供货商或者其关联机构从事装运前检验的；

（十一）不再具备本办法第十条规定的条件的。

第二节　收货人监督管理

第五十五条　收货人发生下列情形之一的，由质检总局实施 A 类风险预警措施，检验检疫部门 1 年内不受理其废物原料进口报检申请：

（一）废物原料存在严重货证不符，经查确属收货人责任的；

（二）B 类预警期间再次被检出环保项目不合格或者重大疫情，经查确属收货人责任的。

第五十六条　收货人发生下列情形之一的，质检总局实施 B 类风险预警措施，检验检疫部门对其报检的废物原料实施为期不少于 180 天且不少于 100 批的全数检验：

（一）废物原料存在货证不符、申报不实，经查确属收货人责任的；

（二）收货人注册登记内容发生变更，未在规定期限内向直属检验检疫局办理变更手续的；

（三）1 年内货证不符或者环保项目不合格累计 3 批及以上，经查确属收货人责任的；

（四）注册登记被撤销后重新获得注册登记的；

（五）按本办法第五十五条实施的 A 类风险预警措施解除后，恢复受理进口报检申请的；

（六）现场检查发现质量控制体系存在缺陷的。

第五十七条　收货人发生下列情形之一的，质检总局实施 C 类风险预警措施，检验检疫部门对其报检的废物原料实施加严检验：

（一）废物原料环保项目不合格的；

（二）需采取风险管控措施的。

第五十八条　收货人发生下列情形之一的，直属检验检疫局撤销其注册登记：

（一）伪造、变造、买卖或者使用伪造、变造的有关证件的；

（二）提供虚假材料，包括提供虚假入境证明文件的；

（三）将注册登记证书或者注册登记编号转让其他企业使用的；

（四）进口废物原料时存在弄虚作假等欺诈行为的；

（五）进口废物原料不合格拒不退运的；

（六）进口废物原料不合格，检验检疫部门出具环保项目不合格证明后 6 个月内因收货人原因未将不合格货物退运出境的；

（七）不接受检验检疫机构监督管理，情节严重的；

（八）违反本办法第四十四条规定的；

（九）不再具备本办法第二十条规定的条件的。

第三节　装运前检验机构监督管理

第五十九条　装运前检验机构发生下列情形之一的，质检总局实施 A 类风险预警措施，检验检疫部门不受理经其实施装运前检验的废物原料进口报检申请：

（一）经其实施装运前检验的废物原料，1 个月内被检验检疫部门检出环保项目不合格累计 5 批及以上且环保项目不合格检出率达 0.5％及以上的；

（二）经其实施装运前检验的废物原料，1 年内被检验检疫部门检出环保项目严重不合格累计 3 批及以上的；

（三）给未实施装运前检验的废物原料出具装运前检验证书的；

（四）B 类预警期间，经其实施装运前检验的废物原料再次被检验检疫部门检出环保项目不合格的；

（五）不接受监督管理，情节严重的。

第六十条　装运前检验机构发生下列情形之一的，质检总局实施 B 类风险预警措施，检验检疫部门对经其实施装运前检验的废物原料实施为期不少于 180 天且不少于 1000 批的全数检验：

（一）经其实施装运前检验的废物原料，1 个月内被检验检疫部门检出环保项目不合格累计 3 批及以上且环保项目不合格检出率达 0.5％以上的；

（二）经其实施装运前检验的废物原料，被检验检疫部门检出环保项目严重不合格的；

（三）经其实施装运前检验的废物原料，被检验检疫部门检出环保项目不合格，装运前检验机构未按照规定向质检总局报告有关情况的；

（四）未按照规定实施装运前检验出具装运前检验证书的；

（五）日常监管中发现质量管理体系存在缺陷的；

（六）按照本办法第五十九条实施的 A 类风险预警措施解除后，恢复受理进口报检申请的。

第六十一条　装运前检验机构发生下列情形之一的，质检总局实施 C 类风险预警措施，检验检疫部门对其实施装运前检验的废物原料实施加严检验：

（一）装运前检验机构备案信息发生变化，未按照规定要求提交变更材料的；

（二）经其实施装运前检验的废物原料，被检验检疫部门检出环保项目不合格情况未达到本办法第五十九条、第六十条规定的预警条件的；

（三）需要采取风险管控措施的。

第七章　法律责任

第六十二条　供货商、收货人因隐瞒有关情况或者提供虚假材料被不予受理或者不予注册登记的，质检总局或者直属检验检疫局给予警告；供货商、收货人在 1 年内不得再次提起申请。

第六十三条　供货商、收货人以欺骗、贿赂等不正当手段取得注册登记后被撤销注册登记的，在 3 年内不得再次提起申请；构成犯罪的，依法追究刑事责任。

第六十四条　进口可用作原料的固体废物，供货商、收货人未取得注册登记，或者未进行装运前检验的，按照国家有关规定责令退货；情节严重的，由检验检疫部门按照《中华人民共和国进出口商品检验法实施条例》的规定并处 10 万元以上 100 万元以下罚款。

第六十五条　进口废物原料的收货人不如实提供进口废物原料的真实情况，取得检验检疫部门有关证单的，由检验检疫部门按照《中华人民共和国进出口商品检验法实施条例》的规定没收违法所得，并处进口废物原料货值金额 5％以上 20％以下罚款。

第六十六条　收货人违反本办法第四十四条第一款规定超出业务范围开展进口活动的，由检验检疫部门责令改正；情节严重的，处 3 万元以下罚款。

第六十七条　进口废物原料检验检疫工作人员玩忽职守、徇私舞弊或者滥用职权，依法给予行政处分；构成犯罪的，依法追究其刑事责任。

第八章　附　则

第六十八条　对从境外进入保税区、出口加工区、自贸区等特殊监管区域的废物原料的管理，依照本办法执行。

第六十九条　通过赠送、出口退运进境、提供样品等方式进境物品属于允许进口的废物原料的，除另有规定外，依照本办法执行。

海关特殊监管区和场所内单位在生产加工过程中产生的废品、残次品、边角料以及受灾货物属于废物原料需出区进入国内的，免于实施进口检验，依据有关规定签发通关证明。

第七十条　对进口废船舶，检验检疫部门依法实施检验检疫，免于提交供货商注册登记证书和装运前检验证书。

第七十一条　对外籍船舶、航空器及器材在境内维修产生的废物原料，检验检疫部门依法实施检验检疫，免于提交供货商注册登记证书、收货人注册登记证书、装运前检验证书和进口许可证明。

第七十二条　本办法中的"日"为工作日，不含法定节假日；"天"为自然日，含法定节假日。

第七十三条　来自中国香港、澳门和台湾地区的废物原料的检验检疫监督管理依照本办法执行。

第七十四条　进口废物原料的供货商、收货人向质检总局或者检验检疫部门提交的所有文件均以中文文本为准。

第七十五条　检验检疫部门根据业务需要，可以聘请相关专业人员辅助现场核查工作。

第七十六条　供货商、收货人注册登记和装运前检验机构管理实施细则，由质检总局另行制定。

第七十七条　本办法由质检总局负责解释。

第七十八条　本办法自 2018 年 2 月 1 日起施行。原国家检验检疫局 1999 年 11 月 22 日发布的《进口废物原料装运前检验机构认可管理办法（试行）》（原国家出入境检验检疫局令第 2 号）、国家质检总局 2009 年 8 月 21 日发布的《进口可用作原料的固体废物检验检疫监督管理办法》（国家质检总局令第 119 号）同时废止。

附录6　《进口可用作原料的固体废物装运前检验监督管理实施细则》

第一章　总则

第一条　为加强和规范对进口可用作原料的固体废物（以下简称"废物原料"）装运前检验和装运前检验机构的监督管理，根据《中华人民共和国进出口商品检验法实施条例》《进口可用作原料的固体废物检验检疫监督管理办法》，制定本细则。

第二条　本细则适用于进口废物原料装运前检验活动、装运前检验机构的备案管理，以及相关的监督管理工作。

第三条　海关总署负责对装运前检验实施监督管理，对装运前检验机构实施备案管理，并对其活动依法实施监督管理。

第四条　海关总署不予指定检验机构从事进口废物原料装运前检验。

第五条　海关总署对进口废物原料装运前检验机构实施备案管理。第三方检验机构在从事废物原料装运前检验业务之前，应当向海关总署提出备案申请。

第六条　海关总署对装运前检验机构实施风险预警及快速反应管理。

第七条　装运前检验机构应当遵守中国相关法律法规和海关总署的有关规定，以第三方身份独立、公正地开展进口废物原料装运前检验工作，并对其所出具的装运前检验证书的真实性、准确性负责。

第八条　装运前检验机构及其关联机构不能申请或者代理申请供货商注册登记，不能从事废物原料的生产和经营活动。

第二章　装运前检验

第九条　装运前检验是指在进口废物原料运往中国境内之前，依照中国法律法规、国家环境保护控制标准和国家技术规范的其他强制性要求，以及装运前检验规程等的要求，由装运前检验机构对其进行检验、监装和施加封识，然后出具装运前检验证书的行为。

第十条　装运前检验机构应当在进口废物原料的境外装货地或者发货地，按照中国国家环境保护控制标准、相关技术规范的强制性要求和装运前检验规程实施装运前检验。

第十一条　根据装运前检验工作质量风险特性与管理要求，装运前检验机构应当在其合法注册所在的国家或地区开展装运前检验活动。

第十二条　装运前检验机构应当具备与其实施装运前检验活动相适应的规模、检验人员数量和检验设施设备，确保经其检验的废物原料符合中国法律法规、国家环境保护控制标准和国家技术规范的其他强制性要求。

第十三条　装运前检验机构应当分别设置检验、授权签字等关键岗位，保持相互独立，同时制定任职的专业背景条件，持续接受业务培训和教育，确保检验员、授权签字人熟悉掌握与废物原料有关的中国法律法规、国家环境保护控制标准和国家技术规范的其他强制性要求，以及相关的管理规定。

第十四条　装运前检验机构应当依据本细则第十条的规定，制定适合本机构情况的装运前检验工作程序或者作业指导书，规范现场装运前检验活动。

第十五条　装运前检验机构应当依靠自身检验能力，完整地实施检验、监装和施加封识等工作程序，并对其工作质量负全责，不得委托其他机构、组织或人员实施。

第十六条　装运前检验机构应当以适当方式，真实、完整、可追溯地记录其实施的装运前检验活动过程，并妥善贮存、保管检验原始记录，至少保存5年。

第三章　备案管理

第十七条　装运前检验机构应当提前向海关总署备案，并提交以下材料：

（一）备案申请书；

（二）经公证的所在国家（地区）合法注册的第三方检验机构资质证明；

（三）固定的办公地点、检验场所使用权证明材料；办公场所和经营场所平面图，能全面展现上述场所实景的视频或者5张以上照片；

（四）ISO/IEC 17020体系认证证书彩色复印件及相关质量管理体系文件；

（五）从事装运前检验的废物原料种类；

（六）装运前检验证书授权签字人信息及印签样式；

（七）公司章程。

提交的备案申请材料应当使用中文或者中英文对照文本。

第十八条　备案申请人在准备好申请材料后，将全套材料提交海关总署，以海关总署收到的书面申请资料为准。

第十九条　海关总署在收到备案申请书面材料后，根据下列情况分别处理：

（一）备案申请材料不齐全，或者不符合要求的，当场或者5个工作日内一次性告知备案申请人需要补正的全部内容，要求备案申请人须在30天内补正完毕；

（二）备案申请材料齐全、符合要求的，或者备案申请人补正材料后，经审查材料齐全、符合规定要求的，予以受理；

（三）逾期未补正的，终止办理备案；

（四）未按照要求全部补正备案申请材料或者补正后备案申请材料仍不符合要求的，不予受理。

第二十条　海关总署自受理装运前检验机构备案申请之日起10个工作日内组成专家组，按照《进口可用作原料的固体废物装运前检验机构备案审核记录表》的要求，审核申请人资格、申请材料的完整性、符合性等情况。

专家组应当在审核工作结束后作出审核结论，向海关总署提交审核报告。

第二十一条　海关总署自收到审核报告之日起10个工作日内作出是否同意备案的意见。审核合格的，同意备案，签发《进口可用作原料的固体废物装运前检验机构备案证书》；审核不合格的，不予备案。

第二十二条　海关总署自受理备案申请之日起20个工作日内作出同意备案或不予备案的意见。专家组审核时间不计算在内，但应将专家组审核所需时间书面告知备案申请人。

第二十三条　海关总署应及时将已备案的装运前检验机构的信息对外公开。

装运前检验机构的联系电话、传真、电子邮件发生变化的，应当及时告知海关总署。

第二十四条　装运前检验机构拟增加实施装运前检验的废物原料种类，或者机构名称、商业登记地址、法定代表人、出资方或所有权发生变化的，应在变化后的30天内向海关总署申请重新备案。

申请重新备案的流程按照本章第十七条的规定实施。

第二十五条　装运前检验机构通过提供虚假材料、隐瞒有关情况取得备案，海关总署可以撤销其备案。

被撤销备案的装运前检验机构，3年内不得再申请备案。

第四章　监督管理

第二十六条　海关总署依照职责对装运前检验机构及其装运检验工作实施现场检查、验证、追踪货物环保质量状况等形式的监督管理。

装运前检验机构不接受、不配合监督管理的，海关总署可以撤销其备案。

第二十七条　装运前检验机构出现（但不限于）以下情况时，海关总署可视需要随时安排监督检查：

（一）备案要求或机构的备案信息发生变化时；

（二）需要对投诉或其他情况反映进行核实调查；

（三）被海关总署实施风险预警措施的；

（四）发现装运前检验工作质量问题的；

（五）未按规定报送年度报告或在年度报告中隐瞒有关情况的；

（六）海关总署认为有必要进行的专项检查验证时。

监督检查方式可以是现场检查，也可以是其他方式，如书面调查、文件审核等。

第二十八条　检查人员进行现场检查时，可以采取现场见证、采集样品、查阅或者复制相关资料等措施。被检查的机构应当如实反映情况，提供必要的材料。检查人员应当为被检查的机构保守技术秘密和业务秘密。

第二十九条　装运前检验机构应当积极主动配合做好现场检查的各项准备工作，协助检查人员办理有关进出境手续。

海关总署决定采取文件审核方式实施监督检查的，被检查机构应当在收到通知后的10天内，将存在问题的有关说明材料和证明文件提交海关总署。

第三十条　检查人员按照《进口可用作原料的固体废物装运前检验机构现场检查记录表》实施现场检查。重点检查以下方面的真实性、有效性和符合性：

（一）向海关总署提交的备案信息文件；

（二）确保装运前检验活动的独立性和公正性的制度措施；

（三）质量管理体系运行情况；

（四）现场见证被检查机构按照中国环境保护、固体废物管理的国家技术规范的强制性要求和海关总署关于进口废物原料装运前检验有关规定开展检验的能力。

第三十一条　对于现场检查发现的不符合项，被检查机构应当及时实施纠正，需要时提出预防措施，并在2个月内完成。检查组应对纠正预防措施的有效性进行验证。如需再次进行现场验证，被检查机构应当配合。

纠正预防措施验证完毕后，检查人员汇总最终检查结果和意见，形成现场检查报告提交海关总署。

第三十二条　海关总署对现场检查报告，或者装运前检验机构提交的说明材料进行审查，必要时可要求检验机构补充提交证据。

现场检查报告和说明材料可作为海关总署确定或调整机构管理类别，以及撤销备案的依据。

第三十三条 经装运前检验机构实施装运前检验的进口废物原料，在口岸到货检验中被发现货证不符或者环保项目不合格的，装运前检验机构应当在收到海关总署通知后的 15 日内，向海关总署报告相关批次废物原料的装运前检验情况，并提供记录检验过程等情况的图像和书面资料。

第三十四条 海关总署或者各地海关在进口废物原料检验监管工作中，发现装运前检验机构存在下列情形之一的，海关总署可以发布警示通报并决定在一定时期内不予认可其出具的装运前检验证书，但最长不超过 3 年：

（一）出具的装运前检验证书存在违反《进口可用作原料的固体废物检验检疫监管管理办法》第三十三条规定的；

（二）装运前检验机构存在违反《进口可用作原料的固体废物检验检疫监管管理办法》第三十五条、第四十六条、第五十九条规定情形的。

第三十五条 装运前检验机构应当在每年度第一个月内向海关总署报送上一年度的工作报告。报告内容包括机构现状及经营管理情况、装运前检验业务的实施情况、检验发现的不合格情况、受到的投诉举报和被调查情况，以及其他需要报告的情况等。

第五章 附则

第三十六条 如无特指，本细则中所称"日"均为工作日，不含法定节假日；"天"为自然日，含法定节假日。

第三十七条 本细则由海关总署负责解释。

第三十八条 本细则自 2018 年 6 月 1 日起施行。

附录7 《进口可用作原料的固体废物国内收货人注册登记管理实施细则》

第一章 总则

第一条 为加强和规范进口可用作原料的固体废物（以下简称"废物原料"）国内收货人（以下简称"收货人"）的注册登记及其监督管理，依据《中华人民共和国进出口商品检验法实施条例》《进口可用作原料的固体废物检验检疫监督管理办法》，制定本细则。

第二条 本细则适用于进口废物原料收货人的注册登记和监督管理工作。收货人注册登记管理包括注册登记的受理、审查、批准和监督管理等事项。

第三条 海关总署主管全国进口废物原料的检验检疫和监督管理工作。直属海关负责所辖区域收货人注册登记申请的受理、审查、批准和监督管理工作。

第四条 申请进口废物原料收货人注册登记的企业，应当先取得海关进出口货物收发货人注册登记。

第五条 收货人应当依照注册登记的业务范围开展进口等活动。

收货人所进口的废物原料，仅限用于自行加工利用，不得以任何方式交付其他单位、组织或者个人。

收货人及其关联机构不能从事废物原料装运前检验业务。

第六条 申请收货人注册登记应当符合下列条件：

（一）具有合法进口经营资质的加工利用企业；

（二）具有固定的办公场所及相应基础设施；具备放射性检测设备及检测能力；

（三）熟悉并遵守中国出入境检验检疫、环境保护、固体废物管理的法律法规及相关标准；

（四）具有对废物原料进行环保质量控制及加工利用的措施和能力，并建立相应的管理制度，保证废物原料符合中国出入境检验检疫、环境保护、固体废物管理的国家技术规范的强制性要求。

第二章　受理

第七条　申请人应当通过进境货物检验检疫监管系统提交注册登记申请，并在网络提交注册登记申请成功后的 30 天内向直属海关提交以下书面材料：

（一）通过申请系统生成并打印的注册登记申请书；

（二）环保部门批准从事进口固体废物加工利用的书面证明文件。

第八条　直属海关对申请人提出的收货人注册登记申请，应当根据下列情况分别作出处理：

（一）申请材料不齐全或者不符合法定形式的，应当当场或者在收到书面材料后 5 日内一次告知申请人需要补正的全部内容，通知申请人在 30 天内补正。逾期不告知的，自收到申请材料之日起即为受理。

（二）申请材料齐全、符合法定形式，或者申请人按照海关要求提交全部补正申请材料且补正材料符合法定形式的，予以受理。

（三）未在规定期限内补正有关申请材料的，终止办理注册登记。

（四）未按照要求全部补正申请材料或者补正后申请材料仍不符合法定形式的，不予受理该申请。

第三章　审查和批准

第九条　直属海关应当自受理申请之日起 10 日内组成专家评审组，实施书面评审和现场核查。

第十条　审查分为书面评审和现场核查两部分进行，以验证申请资料的真实性、有效性和一致性，查证收货人企业内部管理及质量控制措施的有效性，评估其进口废物原料符合中国环境保护控制标准要求的能力。

第十一条　评审组负责对申请人提供的书面材料进行书面评审以及对书面评审合格的申请人进行现场核查。评审组由收货人所在地直属海关组织，由 2~5 人组成，可视情况邀请主要进口口岸直属海关参加，并可根据业务需要，聘请相关专业人员辅助现场核查工作。评审工作实行组长责任制。评审组组长负责评审的组织和协调工作。

第十二条　经对申请人所提交书面材料的真实性、有效性、一致性进行书面评审后，评审组应填写《进口可用作原料的固体废物国内收货人注册登记书面评审记录》，并做出书面评审结论。

第十三条　对书面评审合格的申请人，评审组应当按照《进口可用作原料的固体废物国内收货人注册登记现场核查程序》和《进口可用作原料的固体废物国内收货人注册登记现场核查记录表》中的核查要求进行现场核查。核查过程中应注重收集相关证据，认真做好核查记录，并对评为"不符合"的核查项目填写不符合项报告。

第十四条　经评审组现场核查，可以对申请人做出以下 3 种核查结论：合格、有条件通过、不合格。

第十五条　被判为现场核查有条件通过的，申请人应在规定的期限内，对存在的不符合项进行整改，申请人整改完毕，经评审组跟踪核查通过后，现场核查合格；否则，现场核查不合格。

第十六条　评审组应当在评审工作结束后作出评审结论，向直属海关提交评审报告。

第十七条　直属海关自收到评审报告之日起10日内做出是否准予注册登记的决定。

第十八条　对评审合格的申请人，准予注册登记，按照《进口可用作原料的固体废物国内收货人注册登记证书编号规则》编制证书号，颁发《进口可用作原料的固体废物国内收货人注册登记证书》（以下简称"注册登记证书"）。

第十九条　注册登记证书有效期为5年。

第二十条　对书面评审不合格、现场核查不合格或者新发现存在违反我国法律法规情况的，不予注册登记。

第二十一条　海关总署和直属海关根据情况可对评审组的工作质量进行监督和抽查。

第四章　变更、重新申请和延续

第二十二条　收货人注册登记内容发生变化的，应当自变化之日起30天内向批准注册登记的直属海关提出变更申请，并按本细则第七条的规定提交相应材料。

第二十三条　直属海关应当自受理收货人变更注册登记申请之日起20日内，做出是否准予变更注册登记的决定。

第二十四条　涉及注册登记证书内容变更的，收货人申请变更时应将原证书交回。直属海关批准的变更涉及原注册登记证书内容的，应当重新颁发证书。

第二十五条　收货人的名称、商业登记地址、法定代表人3项中累计两项及以上发生变化的，应当重新向直属海关提出注册登记申请。

第二十六条　收货人需要延续注册登记有效期的，应当在注册登记证书有效期届满90天前向批准注册登记的直属海关提出延续申请，并按本细则第七条的规定提交相应材料。

第二十七条　直属海关应当自受理收货人延续注册登记申请之日起20日内，作出是否准予延续注册登记决定。

收货人未按时提交延续申请的，直属海关可以认定为不符合注册登记延续的法定条件，不予受理该申请。注册登记有效期届满后，注册登记自动失效。

第二十八条　直属海关作出不予受理注册登记、终止办理注册登记、不予注册登记决定的，申请人可以重新申请注册登记，并按本细则第二、三章的规定办理。

第五章　监督管理

第二十九条　海关对收货人实施信用管理，可以依照职责对收货人实施现场检查、验证、追踪货物环保质量状况等形式的监督管理。

第三十条　直属海关对本辖区的收货人进行监督管理的主要内容包括：

（一）核查收货人有无违反我国进口废物原料相关法律法规和有关规定的行为；

（二）掌握收货人环保项目不合格废物原料的退运情况；

（三）抽查其质量控制体系是否正常；

（四）其他监督管理工作。

第三十一条　直属海关发现非本辖区收货人存在违法行为的，应及时通报出具注册登记证书的直属海关；对于发现收货人涉嫌走私违法犯罪行为的，应当按照有关管辖规定及时移送相关部门处理。

第三十二条　海关总署、直属海关对收货人实施 A、B、C 共 3 类风险预警及快速反应管理。

第三十三条　收货人发生下列情形之一的，由海关总署实施 A 类风险预警措施，主管海关 1 年内不受理其废物原料进口报检申请：

（一）废物原料存在严重货证不符，经查确属收货人责任的；

（二）B 类预警期间再次被检出环保项目不合格或者重大疫情，经查确属收货人责任的。

第三十四条　收货人发生下列情形之一的，海关总署实施 B 类风险预警措施，主管海关对其报检的废物原料实施为期不少于 180 天且不少于 100 批的全数检验：

（一）废物原料存在货证不符、申报不实，经查确属收货人责任的；

（二）收货人注册登记内容发生变更，未在规定期限内向直属海关办理变更手续的；

（三）1 年内货证不符或者环保项目不合格累计 3 批及以上，经查确属收货人责任的；

（四）注册登记被撤销后重新获得注册登记的；

（五）按本办法第三十三条实施的 A 类风险预警措施解除后，恢复受理进口报检申请的；

（六）现场检查发现质量控制体系存在缺陷的。

第三十五条　收货人发生下列情形之一的，海关总署实施 C 类风险预警措施，主管海关对其报检的废物原料实施加严检验：

（一）废物原料环保项目不合格的；

（二）需采取风险管控措施的。

第三十六条　收货人因隐瞒有关情况或者提供虚假材料被不予受理或者不予注册登记的，直属海关给予警告，收货人在 1 年内不得再次提起申请。

收货人以欺骗、贿赂等不正当手段取得注册登记后被撤销注册登记的，在 3 年内不得再次提起申请；构成犯罪的，依法追究刑事责任。

收货人因走私违法犯罪受到刑事或者行政处罚，以及涉嫌走私违法犯罪但拒不到案接受调查的，由直属海关撤销其注册登记资格，不得再申请注册登记。

第六章　附则

第三十七条　本细则下列用语的含义：

收货人指进口废物原料对外贸易合同的买方，同时为实际从事进口废物原料加工利用的企业。

全数检验指对以集装箱、汽车或列车装运的废物原料每箱、车、车皮均实施掏箱或落地检验，散运的废物原料每舱均实施落地检验。

第三十八条　变更、延续注册登记的审查和批准的程序适用第三章的程序实施。视变更注册登记的不同情形，直属海关可仅进行书面评审。

第三十九条　进口废物原料收货人申请注册登记的工作程序按照《进口可用作原料的固体废物国内收货人申请注册登记基本流程图》执行。

第四十条　从事进口废物原料收货人注册登记评审的人员应为取得海关总署废物原料检验检疫监管岗位资格的人员。

第四十一条　海关总署建立进口废物原料国内收货人注册登记数据库和信息管理系统，对收货人注册登记信息进行统一管理，实现信息共享。

第四十二条　负责进口废物原料收货人注册登记评审的单位和人员，应对收货人的商业机密、技术信息保密，维护其合法权益。

第四十三条　直属海关应按有关规定，建立健全进口废物原料收货人注册登记管理工作档案。

第四十四条　本细则中的"日"为工作日，不含法定节假日；"天"为自然日，含法定节假日。

第四十五条　本细则由海关总署负责解释。

第四十六条　本细则自 2018 年 8 月 1 日起试行。《进口可用作原料的固体废物国内收货人注册登记管理实施细则（试行）》（原质检总局公告 2009 年第 91 号公布）同时废止。

附录 8　《禁止洋垃圾入境推进固体废物进口管理制度改革实施方案》

国办发〔2017〕70 号

20 世纪 80 年代以来，为缓解原料不足，我国开始从境外进口可用作原料的固体废物。同时，为加强管理，防范环境风险，逐步建立了较为完善的固体废物进口管理制度体系。近年来，各地区、各有关部门在打击洋垃圾走私、加强进口固体废物监管方面做了大量工作，取得一定成效。但是由于一些地方仍然存在重发展轻环保的思想，部分企业为谋取非法利益不惜铤而走险，洋垃圾非法入境问题屡禁不绝，严重危害人民群众身体健康和我国生态环境安全。按照党中央、国务院关于推进生态文明建设和生态文明体制改革的决策部署，为全面禁止洋垃圾入境，推进固体废物进口管理制度改革，促进国内固体废物无害化、资源化利用，保护生态环境安全和人民群众身体健康，制定以下方案。

一、总体要求

（一）指导思想。全面贯彻党的十八大和十八届三中、四中、五中、六中全会精神，深入贯彻习近平总书记系列重要讲话精神和治国理政新理念新思想新战略，认真落实党中央、国务院决策部署，统筹推进"五位一体"总体布局和协调推进"四个全面"战略布局，牢固树立和贯彻落实创新、协调、绿色、开放、共享的发展理念，坚持以人民为中心的发展思想，坚持稳中求进工作总基调，以提高发展质量和效益为中心，以供给侧结构性改革为主线，以深化改革为动力，全面禁止洋垃圾入境，完善进口固体废物管理制度；切实加强固体废物回收利用管理，大力发展循环经济，切实改善环境质量、维护国家生态环境安全和人民群众身体健康。

（二）基本原则。坚持疏堵结合、标本兼治。调整完善进口固体废物管理政策，持续保持高压态势，严厉打击洋垃圾走私；提升国内固体废物回收利用水平。

坚持稳妥推进、分类施策。根据环境风险、产业发展现状等因素，分行业分种类制定禁止进口的时间表，分批分类调整进口固体废物管理目录；综合运用法律、经济、行政手段，大幅减少进口种类和数量，全面禁止洋垃圾入境。

坚持协调配合、狠抓落实。各部门要按照职责分工，密切配合、齐抓共管，形成工作合力，加强跟踪督查，确保各项任务按照时间节点落地见效。地方各级人民政府要落实主体责任，切实做好固体废物集散地综合整治、产业转型发展、人员就业安置等工作。

（三）主要目标。严格固体废物进口管理，2017 年年底前，全面禁止进口环境危害大、群众反映强烈的固体废物；2019 年年底前，逐步停止进口国内资源可以替代的固体废物。通过持续加强对固体废物进口、运输、利用等各环节的监管，确保生态环境安全。保持打击洋垃圾走私高压态势，彻底堵住洋垃圾入境。强化资源节约集约利用，全面提升国内固体废物无害化、资源化利用水平，逐步补齐国内资源缺口，为建设美丽中国和全面建成小康社会提供有力保障。

二、完善堵住洋垃圾进口的监管制度

（四）禁止进口环境危害大、群众反映强烈的固体废物。2017 年 7 月底前，调整进口固体废物管理目录；2017 年年底前，禁止进口生活来源废塑料、未经分拣的废纸以及纺织废料、钒渣等品种。（环境保护部、商务部、国家发展改革委、海关总署、质检总局负责落实）

（五）逐步有序减少固体废物进口种类和数量。分批分类调整进口固体废物管理目录，大幅减少固体废物进口种类和数量。（环境保护部、商务部、国家发展改革委、海关总署、质检总局负责落实，2019 年年底前完成）

（六）提高固体废物进口门槛。进一步加严标准，修订《进口可用作原料的固体废物环境保护控制标准》，加严夹带物控制指标。（环境保护部、质检总局负责落实，2017 年年底前完成）印发《进口废纸环境保护管理规定》，提高进口废纸加工利用企业规模要求。（环境保护部负责落实，2017 年年底前完成）

（七）完善法律法规和相关制度。修订《固体废物进口管理办法》，限定固体废物进口口岸，减少固体废物进口口岸数量。（环境保护部、商务部、国家发展改革委、海关总署、质检总局负责落实，2018 年年底前完成）完善固体废物进口许可证制度，取消贸易单位代理进口。（环境保护部、商务部、国家发展改革委、海关总署、质检总局负责落实，2017 年年底前完成）增加固体废物鉴别单位数量，解决鉴别难等突出问题。（环境保护部、海关总署、质检总局负责落实，2017 年年底前完成）适时提请修订《中华人民共和国固体废物污染环境防治法》等法律法规，提高对走私洋垃圾、非法进口固体废物等行为的处罚标准。（环境保护部、海关总署、质检总局、国务院法制办负责落实，2019 年年底前完成）

（八）保障政策平稳过渡。做好政策解读和舆情引导工作，依法依规公开政策调整实施的时间节点、管理要求。（中央宣传部、国家网信办、环境保护部、商务部、国家发展改革委、海关总署、质检总局负责落实，2020 年年底前完成）综合运用现有政策措施，促进行业转型，优化产业结构，做好相关从业人员再就业等保障工作。（各有关地方人民政府负责落实，2020 年年底前完成）

三、强化洋垃圾非法入境管控

（九）持续严厉打击洋垃圾走私。将打击洋垃圾走私作为海关工作的重中之重，严厉查处走私危险废物、医疗废物、电子废物、生活垃圾等违法行为。深入推进各类专项打私行动，加大海上和沿边非设关地打私工作力度，封堵洋垃圾偷运入境通道，严厉打击货运渠道藏匿、伪报、瞒报、倒证倒货等走私行为。对专项打私行动中发现的洋垃圾，坚决依法予以退运或销毁。（海关总署、公安部、中国海警局负责长期落实）联合开展强化监管严厉打击洋垃圾违法专项行动，重点打击走私、非法进口利用废塑料、废纸、生活垃圾、电子废物、废旧服装等固体废物的各类违法行为。（海关总署、环境保护部、质检总局、公安部负责落实，2017 年 11 月底前完成）对废塑料进口及加工利用企业开展联合专项稽查，重点查处倒卖证件、倒卖货物、企业资质不符等问题。（海关总署、环境保护部、质检总局负责落实，2017 年 11 月底前完成）

（十）加大全过程监管力度。从严审查进口固体废物申请，减量审批固体废物进口许可证，控制许可进口总量。（环境保护部负责长期落实）加强进口固体废物装运前现场检验、结果审核、证书签发等关键控制点的监督管理，强化入境检验检疫，严格执行现场开箱、掏箱规定和查验标准。（质检总局负责长期落实）进一步加大进口固体废物查验力度，严格落实"三个100％"（已配备集装箱检查设备的100％过机，没有配备集装箱检查设备的100％开箱，以及100％过磅）查验要求。（海关总署负责长期落实）加强对重点风险监管企业的现场检查，严厉查处倒卖、非法加工利用进口固体废物以及其他环境违法行为。（环境保护部、海关总署负责长期落实）

（十一）全面整治固体废物集散地。开展全国典型废塑料、废旧服装和电子废物等废物堆放处置利用集散地专项整治行动。贯彻落实《土壤污染防治行动计划》，督促各有关地方人民政府对电子废物、废轮胎、废塑料等再生利用活动进行清理整顿，整治情况列入中央环保督察重点内容。（环境保护部、国家发展改革委、工业和信息化部、商务部、工商总局、各有关地方人民政府负责落实，2017年年底前完成）

四、建立堵住洋垃圾入境长效机制

（十二）落实企业主体责任。强化日常执法监管，加大对走私洋垃圾、非法进口固体废物、倒卖或非法加工利用固体废物等违法犯罪行为的查处力度。加强法治宣传培训，进一步提高企业守法意识。（海关总署、环境保护部、公安部、质检总局负责长期落实）建立健全中央与地方、部门与部门之间执法信息共享机制，将固体废物利用处置违法企业信息在全国信用信息共享平台、"信用中国"网站和国家企业信用信息公示系统上公示，开展联合惩戒。（国家发展改革委、工业和信息化部、公安部、财政部、环境保护部、商务部、海关总署、工商总局、质检总局等负责长期落实）

（十三）建立国际合作机制。推动与越南等东盟国家建立洋垃圾反走私合作机制，适时发起区域性联合执法行动。利用国际执法合作渠道，强化洋垃圾境外源头地情报研判，加强与世界海关组织、国际刑警组织、联合国环境规划署等机构的合作，建立完善走私洋垃圾退运国际合作机制。（海关总署、公安部、环境保护部负责长期落实）

（十四）开拓新的再生资源渠道。推动贸易和加工模式转变，主动为国内企业"走出去"提供服务，指导相关企业遵守所在国的法律法规，爱护当地资源和环境，维护中国企业良好形象。（国家发展改革委、工业和信息化部、商务部负责长期落实）

五、提升国内固体废物回收利用水平

（十五）提高国内固体废物回收利用率。加快国内固体废物回收利用体系建设，建立健全生产者责任延伸制，推进城乡生活垃圾分类，提高国内固体废物的回收利用率，到2020年，将国内固体废物回收量由2015年的2.46亿吨提高到3.5亿吨。（国家发展改革委、工业和信息化部、商务部、住房城乡建设部负责落实）

（十六）规范国内固体废物加工利用产业发展。发挥"城市矿产"示范基地、资源再生利用重大示范工程、循环经济示范园区等的引领作用和回收利用骨干企业的带动作用，完善再生资源回收利用基础设施，促进国内固体废物加工利用园区化、规模化和清洁化发展。（国家发展改革委、工业和信息化部、商务部负责长期落实）

（十七）加大科技研发力度。提升固体废物资源化利用装备技术水平。提高废弃电器电子产品、报废汽车拆解利用水平。鼓励和支持企业联合科研院所、高校开展非木纤维造纸技术装备研发和产业化，着力提高竹子、芦苇、蔗渣、秸秆等非木纤维应用水平，加大非木纤维清洁制浆技术推广力度。（国家发展改革委、工业和信息化部、科技部、商务部负责长期落实）

（十八）切实加强宣传引导。加大对固体废物进口管理和打击洋垃圾走私成效的宣传力度，及时公开违法犯罪典型案例，彰显我国保护生态环境安全和人民群众身体健康的坚定决心。积极引导公众参与垃圾分类，倡导绿色消费，抵制过度包装。大力推进"互联网＋"订货、设计、生产、销售、物流模式，倡导节约使用纸张、塑料等，努力营造全社会共同支持、积极践行保护环境和节约资源的良好氛围。（中央宣传部、国家发展改革委、工业和信息化部、环境保护部、住房城乡建设部、商务部、海关总署、质检总局、国家网信办负责长期落实）

附录9　《关于发布限定固体废物进口口岸的公告》

海关总署　生态环境部 2018 年第 79 号公告

为进一步规范固体废物进口管理，防治环境污染，根据《中华人民共和国固体废物污染环境防治法》《固体废物进口管理办法》《国务院办公厅关于印发禁止洋垃圾入境推进固体废物进口管理制度改革实施方案的通知》及有关法律法规，海关总署、生态环境部对限定固体废物进口口岸事项公告如下：

一、国家允许进口的固体废物应当从《限定固体废物进口口岸目录》（详见附件）进口，并办理报关手续。

二、进口者申领固体废物进口许可证时应填写《限定固体废物进口口岸目录》中的关区代码。

《中华人民共和国环境保护部　中华人民共和国海关总署公告 2013 年第 40 号》同时废止。本公告自 2019 年 1 月 1 日起执行。

附件

限定固体废物进口口岸目录

序号	直属海关	关区代码	口岸名称	运输方式
1	天津海关	0202	天津港口岸新港港区	海运
2	石家庄海关	0412	唐山港口岸曹妃甸港区	海运
3	大连海关	0908	大连港口岸大窑湾港区	海运
4	上海海关	2225	上海港口岸外高桥港区	海运
5	上海海关	2248	上海港口岸洋山港区	海运
6	南京海关	2327	太仓港口岸	海运
7	杭州海关	2981	嘉兴港口岸	海运
8	宁波海关	3104	宁波港口岸北仑港区	海运
9	福州海关	3508	福州港口岸江阴港区	海运
10	厦门海关	3708	厦门港口岸海沧港区	海运
11	青岛海关	4258	青岛港口岸	海运
12	广州海关	5119	南海港口岸	海运
13	广州海关	5166	南沙港口岸	海运
14	深圳海关	5304/5349	深圳蛇口港口岸	海运
15	黄埔海关	5216	虎门港口岸	海运
16	江门海关	6821	新会港口岸	海运
17	湛江海关	6711	湛江港口岸霞山港区	海运
18	南宁海关	7203	梧州港口岸	河运

附录 10 《中华人民共和国固体废物污染环境防治法》 (修订草案) (征求意见稿)

第一章 总 则

第一条 为了防治固体废物污染环境，保障人体健康，维护生态安全，促进经济社会可持续发展，制定本法。

第二条 本法适用于中华人民共和国境内固体废物污染环境的防治。

固体废物污染海洋环境的防治和放射性固体废物污染环境的防治不适用本法。

第三条 国家对固体废物污染环境的防治，实行减少固体废物的产生量和危害性、充分合理利用固体废物和无害化处置固体废物的原则，促进清洁生产和循环经济发展。

利用固体废物不得污染环境、损害人体健康。国家采取有利于固体废物综合利用活动的经济、技术政策和措施，对固体废物实行充分回收和合理利用。

国家鼓励、支持采取有利于保护环境的集中处置固体废物的措施，促进固体废物污染环境防治产业发展。

第四条 县级以上人民政府应当将固体废物污染环境防治工作纳入国民经济和社会发展计划，并采取有利于固体废物污染环境防治的经济、技术政策和措施。

国务院有关部门、县级以上地方人民政府及其有关部门组织编制城乡建设、土地利用、区域开发、产业发展等规划，应当统筹考虑减少固体废物的产生量和危害性、促进固体废物的综合利用，最大限度降低固体废物填埋处置量。

第五条 国家对固体废物污染环境防治实行污染者依法负责的原则。

固体废物的产生者对其产生的固体废物依法承担固体废物污染环境防治责任。

第六条 公民应当增强环境保护意识，积极参与固体废物污染环境防治，践行简约适度、绿色低碳的生活方式，减少固体废物产生。

第七条 国家鼓励、支持固体废物污染环境防治的科学研究、技术开发、推广先进的防治技术和普及固体废物污染环境防治的科学知识，制定固体废物科技专项规划，加强固体废物污染环境防治科技支撑。

各级人民政府应当加强防治固体废物污染环境的宣传教育，将固体废物污染环境防治知识课程纳入中小学教育体系，倡导有利于环境保护的生产方式和生活方式。

第八条 国家鼓励单位和个人购买、使用再生产品和可重复利用产品。

第九条 各级人民政府对在固体废物污染环境防治工作以及相关的综合利用活动中作出显著成绩的单位和个人给予奖励。

第十条 任何单位和个人都有防治固体废物污染环境的义务。对造成固体废物污染环境的行为，公民、法人和其他组织有权向县级以上人民政府有关部门举报。

第十一条 国务院生态环境主管部门对全国固体废物污染环境的防治工作实施统一监督管理。国务院经济综合宏观调控、工业信息化、住房城乡建设、交通运输、农业农村、卫生健康等部门在各自的职责范围内组织开展固体废物污染环境防治工作。

县级以上生态环境主管部门对本行政区域内固体废物污染环境的防治工作实施统一监督管理。县级以上地方人民政府经济综合宏观调控、工业信息化、住房城乡建设、交通运输、农业农村、卫生健康等部门在各自的职责范围内组织开展固体废物污染环境防治工作。

第二章　固体废物污染环境防治的监督管理

第十二条　国务院生态环境主管部门会同国务院有关行政主管部门根据国家环境质量标准和国家经济、技术条件，制定国家固体废物鉴别标准和污染环境防治技术标准。

第十三条　设区的市级人民政府生态环境主管部门应当定期按要求发布固体废物的种类、产生量、处置状况等信息，供公众免费查阅、下载。

产生、利用、处置固体废物的企业，应当按照国家有关规定，及时公开固体废物产生、转移、利用、处置等信息，主动接受社会监督。上市公司应当公开固体废物污染环境防治信息。

集中利用、处置固体废物的企业，应当按照国家有关规定，向社会公众开放，协助提高公众环境意识和参与程度。

第十四条　建设产生固体废物的项目以及建设贮存、利用、处置固体废物的项目，必须依法进行环境影响评价，并遵守国家有关建设项目环境保护管理的规定。

第十五条　建设项目的固体废物污染环境防治设施，必须与主体工程同时设计、同时施工、同时投入使用。固体废物污染环境防治设施应当符合经批准或者备案的环境影响评价文件的要求。建设项目的初步设计，应当按照环境保护设计规范的要求，编制环境保护篇章，落实防治环境污染和生态破坏的措施以及环境保护设施投资概算。建设单位应当按照有关法律、法规的规定，对配套建设的固体废物污染环境防治设施进行验收，编制验收报告，并向社会公开。

第十六条　县级以上人民政府生态环境主管部门和其他有关部门，有权依据各自的职责对管辖范围内与固体废物污染环境防治有关的单位进行现场检查。被检查的单位应当如实反映情况，提供必要的资料。检察机关应当为被检查的单位保守技术秘密和业务秘密。

检察机关进行现场检查时，可以采取现场监测、采集样品、查阅或者复制与固体废物污染环境防治相关的资料等措施。检查人员进行现场检查，应当出示证件。

第十七条　县级以上人民政府生态环境主管部门可以依法对涉嫌违法收集、贮存、运输、利用、处置危险废物造成环境污染或者可能造成环境污染的场所、设备、工具、物品予以查封、扣押。

县级以上人民政府生态环境主管部门采取查封、扣押措施的，应当依法履行相关程序，并出具查封、扣押清单。

第三章　固体废物污染环境的防治
第一节　一般规定

第十八条　产生固体废物的单位和个人，应当采取措施，防止或者减少固体废物对环境的污染。

第十九条　收集、贮存、运输、利用、处置固体废物的单位和个人，必须采取防扬散、防流失、防渗漏或者其他防止污染环境的措施；不得擅自倾倒、堆放、丢弃、遗撒固体废物。

禁止任何单位或者个人向江河、湖泊、运河、渠道、水库及其最高水位线以下的滩地和岸坡等法律、法规规定禁止倾倒、堆放废弃物的地点倾倒、堆放固体废物。

第二十条　产生固体废物的单位，按照《中华人民共和国环境保护税法》规定缴纳环境保护税。

第二十一条　产品和包装物的设计、制造，应当遵守国家有关清洁生产的规定。国务院标准化行政主管部门应当根据国家经济和技术条件、固体废物污染环境防治状况以及产品的技术要求，组织制定有关标准，防止过度包装造成环境污染。

生产、销售、进口依法被列入强制回收目录的产品和包装物的企业，必须按照国家有关规定对该产品和包装物进行回收。强制回收的产品和包装物的名录及管理办法，由国务院经济综合宏观调控部门负责制定并组织实施。

第二十二条　国家鼓励科研、生产单位研究、生产易回收利用、易处置或者在环境中可降解的薄膜覆盖物和商品包装物。禁止生产、销售不易降解的薄膜覆盖物和商品包装物。

第二十三条　产生畜禽粪便、作物秸秆、废弃薄膜等农业固体废物的单位和个人，应当采取回收利用等措施，防止农业固体废物对环境的污染。

从事畜禽规模养殖应当按国家有关规定收集、贮存、利用或者处置养殖过程中产生的畜禽粪便，防止污染环境。

禁止在人口集中地区、机场周围、交通干线附近以及当地人民政府划定的区域露天焚烧秸秆。

各级人民政府农业农村主管部门负责组织建立农业固体废物回收利用体系，推进农业固体废物综合利用或无害化处置设施建设及正常运行，规范农业固体废物收集、贮存、利用、处置行为，防止污染环境。

第二十四条　城镇污水集中处理设施的运营单位应当安全处理处置污泥，保证处理处置后的污泥符合国家有关标准，对污泥的去向、用途、用量等进行跟踪、记录，并向城镇排水主管部门、生态环境主管部门报告，任何单位和个人不得擅自倾倒、堆放、丢弃、遗撒污泥，禁止处理处置不达标的污泥进入耕地。

县级以上人民政府城镇排水主管部门应当将污泥处理处置设施纳入城镇污水处理设施建设规划，推进污泥处理处置设施与污水处理设施同步建设，并将污泥处理处置成本纳入污水处理费计征。

第二十五条　利用固体废物必须遵守生态环境法律法规、符合固体废物污染环境防治技术标准规范。利用固体废物生产的综合利用产物，必须符合国家规定的产品或原料标准。相关产品或原料标准由工业信息化主管部门组织制定。

第二十六条　对收集、贮存、运输、利用、处置固体废物的设施、设备和场所，应当加强管理和维护，保证其正常运行和使用。

第二十七条　在国务院和国务院有关主管部门及省、自治区、直辖市人民政府划定的国家公园自然保护地和其他需要特别保护的区域内，禁止建设固体废物集中贮存、利用、处置的设施、场所。

第二十八条　转移固体废物出省、自治区、直辖市行政区域贮存、处置的，应当向固体废物移出地的省、自治区、直辖市人民政府生态环境主管部门提出申请。移出地的省、自治区、直辖市人民政府生态环境主管部门应当商经接受地的省、自治区、直辖市人民政府生态环境主管部门同意后，方可批准转移该固体废物出省、自治区、直辖市行政区域。未经批准的，不得转移。

第二十九条　禁止进口固体废物。

第三十条　进口者对海关将其所进口的货物纳入固体废物管理范围不服的，可以依法申请行政复议，也可以向人民法院提起行政诉讼。

第二节　工业固体废物污染环境的防治

第三十一条　国务院生态环境主管部门应当会同国务院经济综合宏观调控部门和其他有关部门对工业固体废物对环境的污染作出界定，制定防治工业固体废物污染环境的技术政策，组织推广先进的防治工业固体废物污染环境的生产工艺和设备。

第三十二条　国务院经济综合宏观调控部门应当会同国务院有关部门组织研究、开发和推广减少工业固体废物产生量和危害性的生产工艺和设备，公布限期淘汰产生严重污染环境的工业固体废物的落后生产工艺、落后设备的名录。

生产者、销售者、进口者、使用者必须在国务院经济综合宏观调控部门会同国务院有关部门规定的期限内分别停止生产、销售、进口或者使用列入前款规定的名录中的设备。生产工艺的采用者必须在国务院经济综合宏观调控部门会同国务院有关部门规定的期限内停止采用列入前款规定的名录中的工艺。

列入限期淘汰名录被淘汰的设备，不得转让给他人使用。

第三十三条　国务院清洁生产综合协调部门会同国务院有关部门，定期发布清洁生产技术、工艺、设备和产品导向目录，依法开展强制性清洁生产审核，促进工业固体废物减少产生和综合利用。

第三十四条　县级以上人民政府有关部门应当制定工业固体废物污染环境防治工作规划，推广能够减少工业固体废物产生量和危害性的先进生产工艺和设备，推动工业固体废物污染环境防治工作。

第三十五条　产生工业固体废物的单位应当建立、健全污染环境防治责任制度，采取防治工业固体废物污染环境的措施。

工业固体废物的产生者委托他人运输、利用、处置固体废物的，应当依法签订书面合同，并在合同中约定受委托者运输、利用、处置行为的污染防治要求。受委托者应依据国家法律法规的规定和同约定防治固体废物污染环境，并承担相应法律责任。工业固体废物的产生者应当对受委托者进行跟踪检查，保证受委托者的运输、利用、处置行为符合国家法律法规的规定和合同要求。

第三十六条　企业事业单位应当合理选择和利用原材料、能源和其他资源，采用先进的生产工艺和设备，减少工业固体废物产生量，降低工业固体废物的危害性。

第三十七条　国家实行工业固体废物排污许可制度。

产生工业固体废物的单位必须按照国务院生态环境主管部门的规定，向所在地设区的市级以上生态环境主管部门提供工业固体废物的种类、产生量、流向、贮存、处置等有关资料，以及减少固体废物产生、促进综合利用的具体措施，申请领取排污许可证，并按照排污许可证要求管理所产生的工业固体废物。

第三十八条　企业事业单位应当根据经济、技术条件对其产生的工业固体废物加以利用；对暂时不利用或者不能利用的，必须按照国务院生态环境主管部门的规定建设贮存设施、场所，安全分类存放，或者采取无害化处置措施。

建设工业固体废物贮存、处置的设施、场所，必须符合国家环境保护标准。

第三十九条　禁止擅自关闭、闲置或者拆除工业固体废物污染环境防治设施、场所；确有必要关闭、闲置或者拆除的，必须经所在地县级以上地方人民政府生态环境主管部门核准，并采取措施，防止污染环境。

第四十条　产生工业固体废物的单位需要终止的，应当事先对工业固体废物的贮存、处置的设施、场所采取污染防治措施，并对未处置的工业固体废物作出妥善处置，防止污染环境。

产生工业固体废物的单位发生变更的，变更后的单位应当按照国家有关环境保护的规定对未处置的工业固体废物及其贮存、处置的设施、场所进行安全处置或者采取措施保证该设施、场所安全运行。变更前当事人对工业固体废物及其贮存、处置的设施、场所的污染防治责任另有约定的，从其约定；但是，不得免除当事人的污染防治义务。

对本法施行前已经终止的单位未处置的工业固体废物及其贮存、处置的设施、场所进行安全处置的费用，由有关人民政府承担；但是，该单位享有的土地使用权依法转让的，应当由土地使用权受让人承担处置费用。当事人另有约定的，从其约定；但是，不得免除当事人的污染防治义务。

第四十一条　矿山企业应当采取科学的开采方法和选矿工艺，减少尾矿、矸石、废石等矿业固体废物的产生量和贮存量。

尾矿、矸石、废石等矿业固体废物贮存设施停止使用后，矿山企业应当按照国家有关环境保护规定进行封场，防止造成环境污染和生态破坏。

第四十二条　国家建立电器电子等产品的生产者责任延伸制度，鼓励生产者开展生态设计、建立回收体系，促进资源回收利用。

产生废弃机动车船的单位和个人，应依法承担废弃机动车船的回收责任。禁止将废弃机动车船交由不符合国家有关规定的企业或个人拆解。

第四十三条　拆解、利用、处置废弃电器电子产品和废弃机动车船，应当遵守有关法律、法规的规定，采取措施，防止污染环境。

各级人民政府商务主管部门负责组织开展报废汽车拆解、利用污染环境防治工作。

第三节　生活垃圾污染环境的防治

第四十四条　地方各级人民政府应当统筹规划建设城乡生活垃圾分类、收集、贮存、运输、处置设施，并保障其正常运行，提高生活垃圾的利用率和无害化处置率，促进生活垃圾收集、处置的产业化发展，逐步建立和完善生活垃圾污染环境防治的社会服务体系。

在编制城乡规划和土地利用等空间规划中，地方人民政府及相关部门应统筹生活垃圾处理等环卫设施项目建设需求和布局，预留用地，并在其周围划定环境安全缓冲地带，不得再安排居住、公共管理与公共服务、商业服务业设施等类型用地。

第四十五条　地方各级人民政府环境卫生行政主管部门应当组织对城乡生活垃圾进行清扫、收集、运输和处置。

第四十六条　国务院住房城乡建设行政主管部门和县级以上地方人民政府环境卫生行政主管部门应当制定生活垃圾清扫、收集、贮存、运输和处置设施、场所建设运行技术规范标准，发布生活垃圾分类指导目录，并对有关单位进行监督检查。对不符合有关建设运行技术规范标准的单位，国务院住房城乡建设行政主管部门和县级以上地方人民政府环境卫生行政主管部门可以责令整改，情节严重的可以责令停业整顿。

第四十七条　对城乡生活垃圾应当按照环境卫生行政主管部门的规定，在指定的地点放置，不得随意倾倒、抛撒或者堆放。

第四十八条　清扫、收集、贮存、运输、处置城乡生活垃圾，应当遵守国家有关环境保护和环境卫生管理的规定，防止污染环境。

第四十九条　国家推行生活垃圾分类制度，地方各级人民政府应做好分类投放、分类收集、分类运输、分类处理体系建设，采取符合本地实际的分类方式，配置相应的设施设备，促进可回收物充分利用，实现生活垃圾减量化、资源化和无害化。

第五十条　地方各级人民政府应当有计划地改进燃料结构，发展城市煤气、天然气、液化气和其他清洁能源。

地方各级政府有关部门应当组织净菜进城，减少城市生活垃圾。

地方各级政府有关部门应当统筹规划，合理安排收购网点，促进生活垃圾的回收利用工作。

第五十一条　建设生活垃圾处置的设施、场所，必须符合国务院生态环境主管部门和国务院建设行政主管部门规定的环境保护和环境卫生标准。

生活垃圾处置企业应当按照国家有关规定，安装污染源监控设备，实时监测污染物的排放情况，将污染排放数据实时公开。企业自动监控系统应与生态环境主管部门联网。

禁止擅自关闭、闲置或者拆除生活垃圾处置的设施、场所；确有必要关闭、闲置或者拆除的，必须经所在地的市、县级人民政府环境卫生行政主管部门商所在地生态环境主管部门同意后核准，并采取措施，防止污染环境。

第五十二条　从生活垃圾中回收的物质必须按照国家规定的用途或者标准使用，不得用于生产可能危害人体健康的产品。

从生活垃圾中分类出的有害垃圾，必须以环境无害化方式进行管理，防止污染环境。

第五十三条　县级以上环境卫生行政主管部门负责组织开展建筑垃圾综合利用、无害化处置等工作。

工程施工单位应当及时清运工程施工过程中产生的建筑垃圾等固体废物，并按照环境卫生行政主管部门的规定进行利用或者处置。

第五十四条　县级以上环境卫生行政主管部门负责组织开展餐厨垃圾综合利用和无害化处置工作。

居民家庭和餐饮经营场所产生的餐厨垃圾应交由具备相应资质条件的专业化单位进行无害化处理。严禁利用餐厨垃圾加工制作食品和供人食用的各类物品。

第五十五条　从事公共交通运输的经营单位，应当按照国家有关规定，清扫、收集运输过程中产生的生活垃圾。

第五十六条　从事城市新区开发、旧区改建和住宅小区开发建设、村镇建设的单位，以及机场、码头、车站、公园、商店等公共设施、场所的经营管理单位，应当按照国家有关环境卫生的规定，配套建设生活垃圾收集设施。

第五十七条　按照产生者付费原则，县级以上地方人民政府可以根据本地实际建立差别化的生活垃圾排放收费制度。

第四章　危险废物污染环境防治的特别规定

第五十八条　危险废物污染环境的防治，适用本章规定；本章未做规定的，适用本法其他有关规定。

第五十九条　国务院生态环境主管部门应当会同国务院有关部门制定国家危险废物名录，规定统一的危险废物鉴别标准、鉴别方法、识别标志、鉴别程序和鉴别单位管理要求。

国务院生态环境主管部门根据危险废物的危害性和产生数量，科学评估其环境风险，制定分级管理要求。

第六十条　对危险废物的容器和包装物以及收集、贮存、运输、利用、处置危险废物的设施、场所，必须设置危险废物识别标志。

第六十一条　产生危险废物的单位，必须按照国家有关规定制定危险废物管理计划，并向所在地设区的市级以上地方人民政府生态环境主管部门提交危险废物的种类、产生量、流向、贮存、处置等有关资料，申请领取排污许可证，并按照排污许可证要求管理所产生的危险废物。

前款所称危险废物管理计划应当包括减少危险废物产生量和危害性的措施以及危险废物贮存、利用、处置措施。危险废物管理计划应当报产生危险废物的单位所在地县级以上地方人民政府生态环境主管部门备案。

第六十二条　省级人民政府应当组织有关部门编制危险废物集中处置设施、场所的建设规划，确保本行政区域内的危险废物得到妥善处置。编制危险废物集中处置设施、场所的建设规划，应当征求有关行业协会、企业事业单位、专家和公众等方面的意见。

国家鼓励临近省、自治区、直辖市之间开展区域合作，统筹建设区域性危险废物集中处置设施。

第六十三条　产生危险废物的单位，必须按照国家有关规定处置危险废物，不得擅自倾倒、堆放；不处置的，由所在地县级以上地方人民政府生态环境主管部门责令限期改正；逾期不处置或者处置不符合国家有关规定的，由所在地县级以上地方人民政府生态环境主管部门指定单位按照国家有关规定代为处置，处置费用由产生危险废物的单位承担。

第六十四条　从事收集、贮存、利用、处置危险废物经营活动的单位，必须按照国家有关规定申请领取危险废物经营许可证。具体管理办法由国务院制定。

禁止无经营许可证或者不按照经营许可证规定从事危险废物收集、贮存、利用、处置的经营活动。

禁止将危险废物提供或者委托给无经营许可证的单位从事收集、贮存、利用、处置的经营活动。

第六十五条　收集、贮存危险废物，必须按照危险废物特性分类进行。禁止混合收集、贮存、运输、处置性质不相容而未经安全性处置的危险废物。

贮存危险废物必须采取符合国家环境保护标准的防护措施，并不得超过一年；确需延长期限的，必须报经设区的市级以上地方人民政府生态环境主管部门批准；法律、行政法规另有规定的除外。

禁止将危险废物混入非危险废物中贮存。

第六十六条　转移危险废物的企事业单位，必须按照国家有关规定填写、运行危险废物转移联单。危险废物转移管理的具体办法，由国务院生态环境主管部门会同国务院交通运输主管部门和公安部门规定。跨省、自治区、直辖市转移危险废物的，应当向危险废物移出地省、自治区、直辖市人民政府生态环境主管部门申请。移出地省、自治区、直辖市人民政府生态环境主管部门应当商经接受地省、自治区、直辖市人民政府生态环境主管部门同意后，方可批准转移该危险废物。未经批准的，不得转移。

转移危险废物途经移出地、接受地以外行政区域的，危险废物移出地设区的市级以上地方人民政府生态环境主管部门应当及时通知沿途经过的设区的市级以上地方人民政府生态环境主管部门。

第六十七条　运输危险废物，必须采取防止污染环境的措施，并遵守国家有关危险货物运输管理的规定。

禁止将危险废物与旅客在同一运输工具上载运。

第六十八条　收集、贮存、运输、利用、处置危险废物的场所、设施、设备和容器、包装物及其他物品转作他用时，必须经过消除污染的处理，方可使用。

第六十九条　产生、收集、贮存、运输、利用、处置危险废物的单位，应当按照有关规定制定意外事故的防范措施和应急预案，并向所在地县级以上地方人民政府生态环境主管部门备案；生态环境主管部门应当进行检查。

第七十条　因发生事故或者其他突发性事件，造成危险废物严重污染环境的单位，必须立即采取措施消除或者减轻对环境的污染危害，及时通报可能受到污染危害的单位和居民，并向所在地县级以上地方人民政府生态环境主管部门和有关部门报告，接受调查处理。

第七十一条　在发生或者有证据证明可能发生危险废物严重污染环境、威胁居民生命财产安全时，县级以上地方人民政府生态环境主管部门或者其他固体废物污染环境防治工作的监督管理部门必须立即向本级人民政府和上一级人民政府有关行政主管部门报告，由人民政府采取防止或者减轻危害的有效措施。有关人民政府可以根据需要责令停止导致或者可能导致环境污染事故的作业。

第七十二条　重点危险废物集中处置设施、场所的退役费用应当预提，列入投资概算或者经营成本。具体提取和管理办法，由国务院财政部门、价格主管部门会同国务院生态环境主管部门规定。

第七十三条　收集、贮存、运输、利用、处置危险废物的单位，应按照国家有关规定，参加环境污染强制责任保险。

第七十四条　禁止经中华人民共和国过境转移危险废物。

第五章　法律责任

第七十五条　县级以上人民政府生态环境主管部门或者其他固体废物污染环境防治工作的监督管理部门违反本法规定，有下列行为之一的，由本级人民政府或者上级人民政府有关行政主管部门责令改正，对负有责任的主管人员和其他直接责任人员依法给予行政处分；构成犯罪的，依法追究刑事责任：

（一）不依法作出行政许可或者办理批准文件的；

（二）发现违法行为或者接到对违法行为的举报后不予查处的；

（三）有不依法履行监督管理职责的其他行为的。

第七十六条　违反本法规定，有下列行为之一的，由县级以上人民政府生态环境主管部门责令停止违法行为，限期改正，处以罚款：

（一）产生、利用、处置固体废物的企业，未按照国家有关规定及时公开固体废物产生、利用、处置等信息的；

（二）未依法取得排污许可证，或者未按照排污许可证要求管理所产生的工业固体废物或者危险废物的；

（三）将列入限期淘汰名录被淘汰的设备转让给他人使用的；

（四）擅自关闭、闲置或者拆除工业固体废物污染环境防治设施、场所的；

（五）在国家公园自然保护地和其他需要特别保护的区域内，建设固体废物集中贮存、利用、处置的设施、场所的；

（六）擅自转移固体废物出省、自治区、直辖市行政区域贮存、处置的；

（七）擅自倾倒、堆放、丢弃、遗撒工业固体废物，或者未采取相应防范措施，造成工业固体废物扬散、流失、渗漏或者造成其他环境污染的；

（八）工业固体废物的产生者与他人恶意串通，以发生环境违法行为或损害公共利益为目的签订委托合同，转移固体废物的；

（九）工业固体废物的产生者委托他人运输、利用、处置固体废物，受委托者的运输、利用、处置行为违反国家环境管理有关规定的。

有前款第一项行为之一的，处一万元以上十万元以下的罚款；有前款第二项、第三项、第四项、第五项、第六项、第七项、第八项行为之一的，处二万元以上二十万元以下的罚款；有前款第九项行为的，分别对工业固体废物的产生者和受委托人处一万元以上十万元以下的罚款。

第七十七条　以拖延、围堵、滞留执法人员等方式拒绝、阻挠生态环境主管部门或者其他依照本法规定行使监督管理权的部门的监督检查，或者在接受监督检查时弄虚作假的，由县级以上人民政府生态环境部门或者其他依照本法规定行使监督管理权的部门责令改正，处二万元以上二十万元以下的罚款。

第七十八条　从事畜禽规模养殖未按照国家有关规定收集、利用、贮存、处置畜禽粪便，造成环境污染的，由县级以上地方人民政府生态环境主管部门责令限期改正，可以处五万元以下的罚款。

第七十九条　违反本法规定，城镇污水处理设施维护运营单位或者污泥处理处置单位对产生的污泥以及处理处置后的污泥的去向、用途、用量等未进行跟踪、记录的，或者处理处置后的污泥不符合国家有关标准的，由城镇排水主管部门责令限期采取治理措施，给予警告；造成严重后果的，处十万元以上二十万元以下罚款；逾期不采取治理措施的，城镇排水主管部门可以指定有治理能力的单位代为治理，所需费用由当事人承担；造成损失的，依法承担赔偿责任。

违反本法规定，擅自倾倒、堆放、丢弃、遗撒污泥的，由城镇排水主管部门责令停止违法行为，限期采取治理措施，给予警告；造成严重后果的，对单位处十万元以上五十万元以下罚款，对个人处二万元以上十万元以下罚款；逾期不采取治理措施的，城镇排水主管部门可以指定有治理能力的单位代为治理，所需费用由当事人承担；造成损失的，依法承担赔偿责任。

第八十条　违反本法规定，生产、销售、进口或者使用淘汰的设备，或者采用淘汰的生产工艺的，由县级以上人民政府经济综合宏观调控部门责令改正；情节严重的，由县级以上人民政府经济综合宏观调控部门提出意见，报请同级人民政府按照国务院规定的权限决定停业或者关闭。

第八十一条　尾矿、矸石、废石等矿业固体废物贮存设施停止使用后，未按照国家有关环境保护规定进行封场的，由县级以上地方人民政府生态环境主管部门责令限期改正，可以处五万元以上二十万元以下的罚款。

第八十二条　违反本法有关城市生活垃圾污染环境防治的规定，有下列行为之一的，由县级以上地方人民政府环境卫生行政主管部门责令停止违法行为，限期改正，处以罚款：

（一）随意倾倒、抛撒或者堆放生活垃圾的；

（二）擅自关闭、闲置或者拆除生活垃圾处置设施、场所的；

（三）工程施工单位不及时清运施工过程中产生的固体废物，造成环境污染的；

（四）工程施工单位不按照环境卫生行政主管部门的规定对施工过程中产生的固体废物

进行利用或者处置的；

（五）在运输过程中沿途丢弃、遗撒生活垃圾的。

单位有前款第一项、第三项、第五项行为之一的，处五千元以上五万元以下的罚款；有前款第二项、第四项行为之一的，处一万元以上十万元以下的罚款。个人有前款第一项、第五项行为之一的，处二百元以下的罚款。

第八十三条　违反本法有关危险废物污染环境防治的规定，有下列行为之一的，由县级以上人民政府生态环境主管部门责令停止违法行为，限期改正，处以罚款：

（一）不设置危险废物识别标志的；

（二）不按照国家规定制定危险废物管理计划的；

（三）擅自关闭、闲置或者拆除危险废物集中处置设施、场所的；

（四）非法排放、倾倒、处置危险废物的；

（五）将危险废物提供或者委托给无经营许可证的单位从事经营活动的；

（六）不按照国家规定填写危险废物转移联单或者未经批准擅自转移危险废物的；

（七）将危险废物混入非危险废物中贮存的；

（八）未经安全性处置，混合收集、贮存、运输、处置具有不相容性质的危险废物的；

（九）将危险废物与旅客在同一运输工具上载运的；

（十）未经消除污染的处理将收集、贮存、运输、处置危险废物的场所、设施、设备和容器、包装物及其他物品转作他用的；

（十一）未采取相应防范措施，造成危险废物扬散、流失、渗漏或者造成其他环境污染的；

（十二）在运输过程中沿途丢弃、遗撒危险废物的；

（十三）未制定危险废物意外事故防范措施和应急预案的。

有前款第一项、第二项、第七项、第八项、第九项、第十项、第十一项、第十二项、第十三项行为之一的，处二万元以上二十万元以下的罚款；有前款第三项、第四项、第五项、第六项行为之一的，处十万元以上一百万元以下的罚款。

第八十四条　违反本法规定，危险废物产生者不处置其产生的危险废物又不承担依法应当承担的处置费用的，由县级以上地方人民政府生态环境主管部门责令限期改正，处代为处置费用一倍以上三倍以下的罚款。

第八十五条　无经营许可证或者不按照经营许可证规定从事收集、贮存、利用、处置危险废物经营活动的，由县级以上人民政府生态环境主管部门责令限制生产、停产整治，并处十万元以上一百万元以下的罚款；情节严重的，报经有批准权的人民政府批准，责令停业、关闭。

不按照经营许可证规定从事前款活动的，还可以由发证机关吊销经营许可证。

第八十六条　违反本法规定，将中华人民共和国境外的固体废物进境倾倒、堆放、利用、处置的，由海关责令退运该固体废物，可以并处十万元以上一百万元以下的罚款；构成犯罪的，依法追究刑事责任。进口者不明的，由承运人承担退运该固体废物的责任，或者承担该固体废物的处置费用。

逃避海关监管将中华人民共和国境外的固体废物运输进境，构成犯罪的，依法追究刑事责任。

第八十七条　违反本法规定，经中华人民共和国过境转移危险废物的，由海关责令退运该危险废物，可以并处十万元以上一百万元以下的罚款。

第八十八条　对已经非法入境的固体废物，由省级以上人民政府生态环境主管部门依法向海关提出处理意见，海关应当依照本法第八十六条的规定作出处罚决定；已经造成环境污染的，由省级以上人民政府生态环境主管部门责令进口者消除污染。

第八十九条　违反本法规定，造成固体废物严重污染环境的，由县级以上人民政府生态环境主管部门按照国务院规定的权限决定限期治理；逾期未完成治理任务的，由本级人民政府决定停业或者关闭。

第九十条　违反本法规定，造成固体废物污染环境事故的，由县级以上人民政府生态环境主管部门处二万元以上二十万元以下的罚款；造成一般或者较大固体废物污染环境事故的，按照污染事故造成的直接经济损失的一倍以上三倍以下计算罚款，造成重大或者特大固体废物污染环境事故的，按照污染事故造成的直接经济损失的三倍以上五倍以下计算罚款，并由县级以上人民政府按照国务院规定的权限决定停业或者关闭；对直接负责的主管人员和其他直接责任人员依法给予行政处分，并可以处上一年度从本单位取得的收入百分之五十以下的罚款；有非法排放、倾倒、处置危险废物等行为，尚不构成犯罪的，由公安机关对直接负责的主管人员和其他直接责任人员处十日以上十五日以下的拘留；情节较轻的，处五日以上十日以下的拘留。

第九十一条　企业事业单位和其他生产经营者违反本法第七十六条第一款第二项或者第八十三条第一款第四项的规定，受到罚款处罚，被责令改正的，依法作出处罚决定的行政机关应当组织复查，发现其继续实施该违法行为或者拒绝、阻挠复查的，依照《中华人民共和国环境保护法》的规定按日连续处罚。

第九十二条　对于固体废物污染环境、破坏生态，损害社会公共利益的行为，社会组织可以依照《中华人民共和国环境保护法》第五十八条的规定，向人民法院提起诉讼。

第九十三条　对固体废物污染环境、破坏生态给国家造成重大损失或者损害社会公共利益的，由设区的市级以上地方人民政府组织与造成环境污染和生态破坏的企业事业单位和其他生产经营者进行磋商，要求其承担损害赔偿责任，开展生态环境修复；磋商未达成一致的，依法提起诉讼。

各省、自治区、直辖市人民政府可以设立固体废物生态环境损害治理修复基金。磋商、诉讼所获得的赔偿金、生态环境修复费用等纳入固体废物生态环境损害治理修复基金进行统一管理。

第九十四条　违反本法规定，构成犯罪的，依法追究刑事责任。

第九十五条　受到固体废物污染损害的单位和个人，有权要求依法赔偿损失。

赔偿责任和赔偿金额的纠纷，可以根据当事人的请求，由生态环境主管部门或者其他固体废物污染环境防治工作的监督管理部门调解处理；调解不成的，当事人可以向人民法院提起诉讼。当事人也可以直接向人民法院提起诉讼。

国家鼓励法律服务机构对固体废物污染环境诉讼中的受害人提供法律援助。

第九十六条　造成固体废物污染环境的，应当排除危害，依法赔偿损失，并采取措施恢复环境原状。

第九十七条　因固体废物污染环境引起的损害赔偿诉讼，由加害人就法律规定的免责事由及其行为与损害结果之间不存在因果关系承担举证责任。

第九十八条　固体废物污染环境的损害赔偿责任和赔偿金额的纠纷，当事人可以委托环境监测机构提供监测数据。环境监测机构应当接受委托，如实提供有关监测数据。

第六章 附 则

第九十九条 本法下列用语的含义：

（一）固体废物，是指在生产、生活和其他活动中产生的丧失原有利用价值或者虽未丧失利用价值但被抛弃或者放弃的固态、半固态和置于容器中的气态的物品、物质以及法律、行政法规规定纳入固体废物管理的物品、物质。

（二）工业固体废物，是指在工业生产活动中产生的固体废物。

（三）生活垃圾，是指在日常生活中或者为日常生活提供服务的活动中产生的固体废物以及法律、行政法规规定视为生活垃圾的固体废物。

（四）危险废物，是指列入国家危险废物名录或者根据国家规定的危险废物鉴别标准和鉴别方法认定的具有危险特性的固体废物。

（五）有害垃圾，是指生活垃圾中的危险废物。

（六）农业固体废物，是指在农业生产活动中产生的固体废物。

（七）贮存，是指将固体废物临时置于特定设施或者场所中的活动。

（八）处置，是指将固体废物焚烧和用其他改变固体废物的物理、化学、生物特性的方法，达到减少已产生的固体废物数量、缩小固体废物体积、减少或者消除其危险成分的活动，或者将固体废物最终置于符合环境保护规定要求的填埋场的活动。

（九）利用，是指从固体废物中提取物质作为原材料或者燃料的活动。

第一百条 液态废物的污染防治，适用本法；但是排入水体的废水的污染防治适用有关法律，不适用本法。

第一百零一条 中华人民共和国缔结或者参加的与固体废物污染环境防治有关的国际条约与本法有不同规定的，适用国际条约的规定；但是，中华人民共和国声明保留的条款除外。

第一百零二条 本法自201□年□月□日起施行。

附录 11 《进口固体废物属性鉴别实验室检验鉴别基本流程》 （试行)

1 目的

为规范进口固体废物属性鉴别业务工作，制定本流程。

2 业务受理

鉴别机构根据委托方电话或现场咨询内容，初步判定是否具有承检能力，并针对具体样品告知委托方具体的送样要求，包括样品要求、资料要求、鉴别周期及鉴别费用。

2.1 样品要求

2.1.1 需鉴别样品要满足鉴别工作的需要，包装必须完好，各个独立的样品不能由于包装的缺陷导致相互混合或受到污染，否则，应重新送样。

2.1.2 如样品无法满足鉴别工作的需要时，鉴别机构暂不能接受委托。

2.2 资料要求

2.2.1 送样同时要提交《固体废物属性鉴别委托申请表》（附件1），写明样品名称、来源地、基本要求、联系人、联系方式、委托日期等，单位委托申请要加盖单位公章，个人委托申请要有签名。

鉴别机构应有专人负责接受鉴别样品，每次接受样品应进行登记并保存样品的相关资料信息，记录样品来源、进口物品数量、委托方、送样人、收样日期等；直接送样时，送样人应对登记内容签字确认。

2.2.2 委托方送样时必须勾选样品是第一次鉴别还是重新鉴别。

2.2.3 除提交样品与申请表，还应同时提供（但不限于）以下附属资料：

1）报关单，涉及数量/重量时还需提供海关入仓单；

2）已有的检测报告、成分说明等；

3）产品的生产工艺（来源）；

4）产品的使用工艺，产品的用途说明（附照片或视频）；

5）走私案件时需提供笔录或口供；

6）反映整批货物情况的清晰照片。每个集装箱的货物应提供至少6张照片（其他装载工具参照执行）：未开柜门1张，（显示有柜号等），打开柜门1张，卸下货物未开箱/包前1张（每种包装各1张），打开包装的货物照片至少3张（每个包装各1张，另外，如1个柜中有多种不同形式、不同规格、不同颜色的货物，则应分别提供经开箱/包的货物照片，每种3箱/包，各1张）。

7）电池的规格、容量、充放电截止电压等参数（电池类产品）；

8）如果需要"货物标记"请提前注明，例如"××船走私案"等；

9）其他需要说明的材料（如购销合同等）。

以上附属材料必须清晰、真实，根据样品的种类不同和实际情况可适当增减。

2.3 鉴别周期

受理业务后，鉴别机构应尽快开展鉴别工作，出具鉴别报告，对委托样品的鉴别周期从正式受理鉴别样品时间算起，原则上不应超过20个工作日；当鉴别样品数量较多需要更长鉴别时间时，鉴别机构应及时告知委托方。

2.4 鉴别费用

委托方应支付相关鉴别费用。

2.5 注意事项

2.5.1 鉴别机构对同一批物品来源的样品，原则上不应接受委托方同时委托不同鉴别机构的鉴别。

2.5.2 对已经接收的样品，如果出现不能鉴别的情况，应在十个工作日之内通知委托方或送样人，说明理由，并退还收取的费用。

3 取样

3.1 原则上由委托方对需要鉴别的进口货物进行取样。遇特殊或必要情形（如无法取制样的大件、杂乱、种类繁多等情形），鉴别机构也可在委托方要求下去现场指导委托方取样或双方共同取样，同时做好取样记录（包括现场拍照、影像等）并对样品做好标识记录。

3.2 集装箱货物采用简单随机方法抽样，在开箱之前随机确定整批货物集装箱抽取数量及集装箱顺序号，采集样品份数与随机抽取集装箱数量相匹配，取样份数满足表1中的要求。

抽样时，一般应先从前、中、后及上、中、下等多部位抽箱/或包查验，以确定货物的种类，每种货物抽样一份。

样品应具有代表性，每一份样品仅代表一类货物，不应将不同类别的物品混合形成一份样品。

开箱或拆包查验后，当发现货物外观有明显差异时，应对其中有明显差异的货物再适当增加取样份数，并且单独包装。

应尽量避免过度取样，大量增加鉴别工作量、鉴别时间和费用。

表1　集装箱个数和取样份数

整批货物集装箱数量/个	1~3	4~8	9~17	18~30	31~55	56~80	81~120	120以上
随机抽取集装箱数量/个≥	1	2	4	7	9	12	16	20
最小取样份数/个	2	3	5	7	9	12	16	20

3.3　散装陆运和海运货物的取样份数按照每20~30t/件货物折算成1个集装箱货物，再参照表1的要求进行取样。

对万吨以上的超大量疑似进口废物，应考虑货物的均匀性和外观状态，视情况可适当增加取样份数。

3.4　一个盛装容器的液态货物，从盛装容器中采取2个样品送检，尽量分别从容器的前部和后部（或上部和下部）采取；多个盛装容器的液态货物参照表1进行取样。

3.5　已经转移到货场或堆场的大批量散货（≥200t，包括拆包后的散货），如果外观具有相对一致性和均匀性，表1的取样份数可适当减少，但应做好相应的记录和情况说明。

3.6每份/个样品取样重量遵循各鉴别机构的要求，无特殊要求时推荐固态样品为1~3kg，液态样品为2~2.5kg。委托方保留相同备份样品，取样过程中如果发现有明显不同特征的货物，应尽量分别取样、分开包装、分别送检。

4　制样和检测

4.1　在保持原样的状态下观察样品，当样品具有较好的均一性时，可选取代表性样品进行制样和检测；当出现样品性状不一的情形时，应根据鉴别需要分别提取典型性子样进行制样和检测。

4.2　对样品的检测，遵循必要、合理、有用原则，避免检测的盲目性、过度性和以偏概全。检测结果作为判断物质产生来源和属性的基础。除非特殊要求，这些检测数据仅作为属性鉴别之用，不作为结算、仲裁等他用。

4.3　检测项目包括但不限于：外观特征、性能指标、理化指标、结构特征、典型特征指标、有毒有害物质含量、材料或产品加工性能、产品技术指标、危险废物特性、其他等。

4.4　样品的制样和检测可以由鉴别机构自身完成，也可以委托给符合相关资质的其他检测机构完成。

5　现场鉴别

5.1　做好现场鉴别的相关记录。

5.2　现场鉴别掏箱查验数不少于该批鉴别货物集装箱数量的10%，根据现场情况，掏箱操作实行全掏、半掏或1/3掏，记录和描述掏箱货物特征。如果开箱后的货物较少，不需要掏箱便可准确判断整个箱内货物状况，则可以不实施掏箱。

6　分析判断

6.1　鉴别依据

（1）《中华人民共和国固体废物污染环境防治法》；

（2）《中华人民共和国进出口商品检验法》；

（3）《固体废物进口管理办法》；

（4）《进口废物管理目录》；

（5）《固体废物鉴别标准　通则》（GB 34330）；

（6）《进口可用作原料的固体废物环境保护控制标准》（GB 16487）；

（7）《进口可用作原料的废物检验检疫规程》（SN/T 1791）；

（8）《中华人民共和国进出口税则》；

（9）《国家危险废物名录》；

（10）《危险废物鉴别标准》（GB 5085）；

（11）其他。

6.2　样品物质来源属性分析

（1）将样品的检测结果与查找的文献资料、产品标准等进行对比分析，确定样品的基本产生工艺过程和物质属性。

（2）必要时可通过咨询行业专家，为进一步判断鉴别样品的物质来源属性提供支持依据。

7　鉴别报告

（1）鉴别报告应包含必要的鉴别信息，如报告编号、委托方信息、样品来源地、样品标记、收样时间、报告签发日期、鉴别依据、第一次鉴别还是重新鉴别、鉴别内容等。鉴别内容包括样品外观描述、检测结果、鉴别结论等。依据现场鉴别完成的鉴别报告，这些要素信息可适当予以简化。

（2）鉴别报告应明确鉴别结论。对鉴别结论属于固体废物的，应根据《进口废物管理目录》明确废物类别，即应明确属于禁止、限制还是非限制，适当时，给出建议性的商品归类编码。

（3）鉴别报告至少应有鉴别人员和审核人员签字，应加盖鉴别机构公章。

（4）需要对已经发出的鉴别报告进行修改或补充时，应收回已发出的报告原件，然后重新出具鉴别报告，并在报告中进行必要的说明。

（5）附件二：报告模板基本格式。

附1　《固体废物属性鉴别委托申请表》参考模板

××××××

固体废物属性鉴别委托申请表

表格版本：

填写本申请表前请详细阅读背页的填表说明，表格中带 * 号为必填项。　　　　　　申请编号(内部使用)：

* 委托方				报告编号：		
* 地址						
* 联系人		* 手机：		传真：		E-mail：
样品信息	* 样品名称			* 进口数量/重量		进口口岸：
	样品标识			* 进口/来源地		其他：

样品信息	规格/型号		* 样品数量/质量			其他:
	货柜号		样品包装			
	样品封识号		* 验毕样品	□退回; □不退回		
	* 来样方式:□自送样　　□抽样　　□海关封样　　□现场鉴别					
	* □第一次鉴别　　□重新鉴别(须附上次送检的鉴别报告)					
	* 货物图片:　　□纸质附件　　□电子版　　□					
	□样品量仅满足一次检测需求,不做留样复检。　　签字(盖章):					

鉴别要求			
服务要求	是否要求标准环境中检测: □是　□否	是否同意分包测试: □是　□否	* 报告语种: □中文　□英文
	支付方式	□自取　□快递(到付) 快递物品:□报告　□发票□验毕样品	邮寄信息:√同委托方信息:□其他地址 /联系人/电话:
		其他要求:	

委托方声明:

1. 我方已阅读本申请表背面的说明,理解并接受相关服务的全部内容;

2. 我方对所提供的一切资料、信息和实物的真实性负责,并提供必要合作;

3. 我方认可本委托测试所发生的费用;

4. 我方此次申请鉴别的样品未同时送其他机构鉴别。

　　　　　　　　　　　　　　　　　　　　* 委托方(盖章)/签字:

　　　　　　　　　　　　　　　　　　　　日期:　　年　　月　　日

以下内容由××××(鉴别机构)填写	
受理人/日期:	收费:¥＿＿＿元　收费人/日期:＿＿＿
	备注:

说明:1. 申请编号和报告编号为鉴别机构填写;

　　　2. 样品名称、进口数量/质量应与报关单信息一致;

　　　3. 样品数量/质量:可填写 3kg,50 个,1 袋(1kg)等;

　　　4. 样品包装:塑胶袋、塑胶瓶、纸袋……

　　　5. 样品封识号:海关封样/抽样时填写;

　　　6. 委托方必须说明是否为第一次鉴别;

　　　7. 委托方应同时提交货物图片的纸质版或电子版,现场鉴定的另行协商;其他货物附属资料同时提交;

　　　8. 其他:如:请在报告中注明"001 号船走私案"等;

　　　9. 鉴别要求:进口固体废物属性鉴别、疑似固体废物属性鉴别……

　　　10. 委托方签字/盖章:单位委托的,必须加盖公章,与填报的委托人名称一致;

　　　11. 鉴别机构填写的内容可自行设计。

附2　鉴别报告模板参考格式

鉴别报告

委托方：	×××××××××××（同委托申请表信息）
地址：	××××××××××
样品名称：	×××××××
报关单号：	××××××××××××
进口数量：	×××××千克
货柜号	××××××××××
来源地：	国家/地区
鉴别目的：	固体废物属性鉴别

＊以上样品信息内容由委托单位提供，本鉴别机构对其真实性不负任何责任。

来样方式：	海关封样（封识号：××××）
来样数量：	×袋（约×××克）
接样日期：	2018—××—××
鉴别依据：	《中华人民共和国固体废物污染环境防治法》 《固体废物进口管理办法》 《进口废物管理目录》（联合公告：2017年第39号） 《关于发布固体废物属性鉴别机构名单及鉴别程序的通知》（环发〔2008〕18号公告） GB 34330—2017《固体废物鉴别标准　通则》

鉴别结果：

见下页。

检验：　　　　审核：　　　　签发：

续上页：

鉴别结果

1、样品性状描述；

2、外观检验；

3、理化分析；

4、结果判断。

所送样品属于我国目前禁止进口\限制进口的固体废物。

附样品照片

＊＊＊＊＊＊ 　　　　＊＊＊＊＊＊ 　　　　＊＊＊＊＊＊

以下空白

说明：1. 样品信息可根据委托方的要求增加；

　　　2. 鉴别依据可根据样品的不同种类添加；

　　　3. 接样日期为鉴别机构正式受理样品的日期。